2014年版

循环流化床锅炉运行及事故处理

刘德昌　陈汉平　张世红　赫　俏　编著

中国电力出版社
CHINA ELECTRIC POWER PRESS

内容提要

本书的中心内容是循环流化床锅炉的运行问题及处理。全书共 15 章：绪论，循环流化床流体动力特性，流化床燃烧，循环流化床传热，流化床燃烧对气体污染排放物的控制，我国几种典型的循环流化床燃烧锅炉，循环流化床锅炉金属受热面的磨损及预防措施，循环流化床锅炉耐火耐磨材料及相关问题，循环流化床锅炉风帽的漏渣及防磨措施，循环流化床锅炉的燃烧事故及预防，提高循环流化床锅炉燃烧效率及降低灰、渣含碳量的措施，循环流化床锅炉燃煤粒径保证，循环流化床锅炉灰渣冷却装置，循环流化床锅炉运行中的其他问题及处理以及循环流化床锅炉改造实例。重点介绍循环流化床锅炉运行中的常见问题、相应的处理方法和措施。有理论、有实践、有解决问题的实例。

本书对从事电厂锅炉运行操作管理工作的工程技术人员，对从事循环流化床锅炉设计、制造、安装及调试工作的工程技术人员，对大专院校、科研单位从事循环流化床锅炉科研和教学的广大人员，均有参考价值。

图书在版编目（CIP）数据

循环流化床锅炉运行及事故处理/刘德昌等编著. —北京：中国电力出版社，2006.4（2019.12 重印）
ISBN 978-7-5083-4055-5

Ⅰ.循...　Ⅱ.刘...　Ⅲ.①流化床－循环锅炉－锅炉运行②流化床－循环锅炉－锅炉事故－处理　Ⅳ.TK229.5

中国版本图书馆 CIP 数据核字（2006）第 001225 号

中国电力出版社出版、发行
（北京市东城区北京站西街 19 号　100005　http://www.cepp.sgcc.com.cn）
三河市百盛印装有限公司印刷
各地新华书店经售

*

2006 年 4 月第一版　2019 年 12 月北京第六次印刷
787 毫米×1092 毫米　16 开本　21.25 印张　519 千字
印数 11501—12000 册　定价 50.00 元

前　言

循环流化床锅炉具有对燃料适应性特别好、燃烧效率高、气体污染物排放低、负荷调节范围大和灰渣可综合利用等优点，近 20 年来，特别是近 4 年来在我国得到了突飞猛进的发展。目前，我国在役的 10t/h 以上蒸发量的循环流化床锅炉近 3000 台，35t/h 以上的有 2000余台，220 ~ 480t/h 的近 260 台。300MW、蒸发量为 1025t/h 的大型循环流化床锅炉正在安装过程中，2006 年年内可投入运行。我国循环流化床锅炉的总台数、总蒸发量为世界第一。

随着循环流化床锅炉的迅猛发展，积累了丰富的设计、制造、安装、调试和运行经验，但也暴露了一些问题。最主要的问题为：锅炉受热面的磨损、爆管；耐火防磨内衬磨损、开裂、脱落；风帽漏渣和磨损；冷渣器的结渣和堵塞；燃煤粒径的保证；飞灰含碳量高；燃烧熄火、结渣和爆炸；给煤堵、卡，过热器超温，负荷调节等。这些问题是发展中的问题，通过实践和总结是不难解决的。本书正是在总结循环流化床锅炉运行中的一些常见问题的基础上，提出了可行的解决和防预措施。对工作在循环流化床锅炉领域的广大工程技术管理人员、教学科研人员和相关专业的大专院校师生均有参考价值。

本书有理论知识、实践经验，还有解决问题的实例，对工程的实际指导意义很强。

本书由华中科技大学刘德昌、陈汉平、张世红、赫俏主编。各章编写人员如下：第一章、第三章、第五章、第七章 ~ 第十一章、第十四章、第十五章第七节由刘德昌编写，第二章、第十三章由陈汉平编写，第三章、第十五章由张世红编写，第四章、第六章、第十二章由赫俏编写。王贤华、王战民参与编写了第三章。阎润生参与编写了第七章 ~ 第九章。最后由刘德昌对全书进行了统稿工作。

书中引用了大量的文献资料，并且得到了有关大学、锅炉制造厂家、耐火材料研究院和热电公司的大力支持，由于篇幅有限，未能一一列出，谨在此向有关单位和人员致以衷心的感谢。

作者还要感谢华中科技大学煤燃烧国家重点实验室王贤华博士研究生、杨国来博士研究生和唐汝江硕士研究生，他们为编写此书收集和整理了大量资料，并提供了许多帮助。

限于水平，疏漏与不足之处在所难免，敬请读者给予批评、指正。

编　者

2005 年 5 月于华中科技大学校园

目　录

第一章

绪　　论

第一节　我国的能源形势和环境污染

一、我国的能源资源状况

我国的能源资源状况为：煤炭资源的可开采储量为1145亿t，居世界第三位（美国煤炭资源的可开采储量为2410亿t，居世界第一位，原独联体国家煤炭资源的可开采储量为2405亿t，居世界第二位）；水电资源可供开发的储量为3.79亿kW，占世界第一位；已探明的核能资源储量相当于15.75亿t标准煤。我国人均能源资源占有量只有世界人均占有量的1/2，只有美国人均能源资源占有量的1/10，我国是一个能源资源贫乏的国家。

我国能源资源中以煤炭资源最为丰富，在化石燃料构成中，煤炭资源占95.4%，石油占3.3%，天然气占1.3%。按人口平均计算，我国人均煤炭资源占有量只有233.4t，而美国人均煤炭资源占有量为1045t，前苏联人均煤炭资源占有量为1846t，世界人均煤炭资源占有量为312.7t。我国人均煤炭资源占有量比世界人均煤炭资源占有量少79.3t。从人均煤炭资源占有量来看，我国也是一个煤炭资源十分贫乏的国家。节约能源资源、造福子孙后代是摆在能源工作者面前的迫切任务。

美国能源资源十分丰富，但他们的能源政策是尽量少开发利用本国化石燃料资源，多使用中东地区的石油能源资源。

根据我国能源资源贫乏的实际情况，保护和节约能源资源应成为我国的基本国策；破坏和浪费能源资源的情况应该严格禁止。

二、我国化石燃料的生产情况

2003年我国煤炭生产量突破15亿t。2002年我国原油产量达到1.689亿t，石油消费量达2.457亿t，进口石油1.004亿t。2002年我国天然气产量达到326亿m^3。由此看出，我国是以煤炭作为主要能源的国家。

三、我国煤炭燃料的消费和使用情况

利用煤炭的大户主要是电站锅炉、工业和取暖锅炉。前者的消费近几年来一般占35%左右，2003年电站锅炉耗煤量为5亿t左右；后者的消费一般为40%左右，2003年工业及取暖锅炉耗煤量为6亿t左右。除电站锅炉热效率达到90%左右外，工业锅炉和取暖锅炉平均热效率仅有60%左右。

电站锅炉的热效率比工业、取暖锅炉高30%，但1kW·h电的发电煤耗比发达国家还高许多。2000年我国1kW·h电的煤耗为367g标准煤，而同期世界上发达国家1kW·h电的煤耗为330g标准煤。2000年我国火力发电量为11079亿kW·h。按此发电量计算，一年多耗标准煤近4100万t。工业、取暖锅炉热效率与世界上发达国家的差距更大，浪费煤炭的情况更严重。如果我们的电站锅炉发电煤耗和工业、取暖锅炉的热效率能达到世界上发达国家的水平，一年可少消费1亿多吨标准煤。

目前我国人均能源消耗量不到世界人均能源消耗量的一半，不到美国人均能源消耗量的1/14。如果我们今后要达到世界上中等发达国家水平，不提高煤炭燃料的利用效率，其后果是极其可怕的。

四、燃煤对大气带来的污染

煤燃烧后产生的烟尘、SO_2、NO_x、N_2O、CO、C_xH_y 及 CO_2 等气体对大气环境造成了严重污染。排到大气中的 70% 的烟尘、90% 的 SO_2、70% 的 NO_x、71% 的 CO、43% 的 C_xH_y 和 85% 的 CO_2 均来自于煤的燃烧。2003 年煤燃烧排放的烟尘大约为 735 万 t，排放的 SO_2 大约为 1943 万 t。

大型火力发电厂采取静电除尘器，除尘效率达 98%～99%，在控制烟尘排放方面取得了较好的成绩。但是，静电除尘器难以除去烟气中 5 μm 以下的烟尘。人们吸入这样的烟尘之后，对人的身体健康危害极大。

我国燃煤中低硫优质煤只占 17%，中硫煤占 58%，高硫煤占 25%。中、高硫煤生成的 SO_2 对大气造成了严重污染。SO_2 是一种无色有臭味的窒息性气体，对人体健康危害极大，对动植物的生长和金属结构件的腐蚀也带来严重影响。

无酸雨区
频繁酸雨区
酸雨控制区
主要的 SO_2 排放点

图 1-1　1998 年酸雨形势图

1998 年全国 16 位知名的酸雨问题专家提交的《中国酸雨问题专家报告》中指出：中国 pH 值小于 5.6（通常作为酸雨的判断标准）的降水面积在近 8 年中大大增加，从 175 万 km^2 扩大到 280 万 km^2。专家报告还指出：中国的酸雨主要由燃煤排放的 SO_2 引起。图 1-1 表示了 1998 年我国酸雨控制区、频繁酸雨区和主要的 SO_2 排放点的分布。从图中可以看出，酸雨控制区面积已达 11.4%，频繁酸雨区面积已达 40%，且酸雨严重地区已从北向南转移。据统计，全国因酸雨污染带来的经济损失多达 1100 多亿元。脱除燃煤 SO_2 对大气的污染费用较高，如利用国外技术及设备，湿式石灰石/石灰—石膏法脱硫，平均费用为 1000～1200 元/kW，一个 300MW 机组的烟气脱硫装置的投资为 3 亿～3.6 亿元。利用国产化设备脱硫平均投资可控制在 700 元/kW，一台 300MW 火电机组湿式石灰石/石灰—石膏法脱硫装置需投资 2.1 亿元。经济上的困难是制约我国酸雨治理和燃煤烟气脱硫的主要问题。SO_2 的污染和酸雨问题还有进一步恶化的趋势。

NO、NO_2 等氮氧化物总称 NO_x。煤燃烧过程中氮氧化物的生成量与燃烧装置、燃烧温度和过量空气系数等有关。在通常的燃烧工况下，煤燃烧生成的 NO 占 90% 以上，NO_2 占 5%～10%。

排入大气中的 NO 会被迅速氧化成为 NO_2。NO_2 经紫外线照射并与气态碳氢化合物接触即生成一种浅蓝色光化学烟雾。光化学烟雾对人的眼、鼻、心、肺及造血组织等均有强烈的刺激和损害作用。氮氧化物在大气中的浓度大于 0.05mg/L 时，会对人体产生危害作用。

大气中的 NO_x 会形成 HNO_3，即硝酸雾，也是生成酸雨的一个方面。目前，我国的酸雨还是属于硫酸型。但随着大量燃煤电站的发展和汽车数量的增加，它们的排气中的 NO_x 对硝酸雨的贡献会加大。硫酸型酸雨和硝酸型酸雨的共同作用，将使我国的酸雨控制问题变得更加严峻。对燃煤电站烟气中 NO_x 脱除的技术难度比脱除 SO_2 更大，投资比脱除 SO_2 更高。

N_2O 也是一种氮氧化物，是在煤低温燃烧下生成的一种有害气体，俗称笑气。N_2O 如同 NO_x、CO_2 气体一样，是一种温室效应气体。目前，大气中 N_2O 的浓度比 CO_2 小得多，但它吸收红外线的能力是 CO_2 的 100 倍以上。如果 N_2O 以目前年增 $0.18\% \sim 0.26\%$ 的速度增加，50 年之后，N_2O 的温室效应将会等于 CO_2 的温室效应。

N_2O 还是一种破坏大气中臭氧层的气体。N_2O 在大气同温层与臭氧反应生成 NO，消耗了臭氧。臭氧层有很强的吸收太阳光中紫外线的能力，减少了紫外线光对人类的照射，保护了人类的安全。研究表明：同温层中臭氧每减少 1%，人类皮肤癌患者将会增加 3%。美国环保局估计，由于臭氧层的破坏，下一个 50 年，美国死于皮肤癌的人数将增加 20 万。

循环流化床燃烧属低温燃烧，当燃烧温度低于 750℃之后，生成的 N_2O 较多。从控制 N_2O 的排放浓度来看，循环流化床锅炉燃烧温度以控制在 $850 \sim 900$℃为宜。

CO_2 是一种主要的温室效应气体，它主要来自于化石燃料的燃烧。我国发电锅炉和工业、取暖锅炉主要以煤作为燃料，CO_2 的排放主要来自于煤的燃烧。目前我国 CO_2 的排放量占世界总排放量的 11.8%，为世界第二位，仅次于美国。对我国 CO_2 排放量的控制主要靠改变能源生产结构，增加水电、核电的发电量，利用生物质燃料和各种可再生能源，逐步减少化石燃料的利用。另外，发展清洁煤燃烧技术，以减少单位发电量和单位供热量 CO_2 的排放量。脱除 CO_2 的各种新技术的研究在美国等发达国家进行。华中科技大学煤燃烧国家重点实验室也在进行增氧和 CO_2 循环燃烧处理 CO_2 的技术基础研究。研究发现：CO_2 的浓缩处理对降低 SO_2 和 NO_x 的排放十分有利。对 CO_2 的排放控制研究还处在探索研究阶段，要走的路还很长，其技术难度和耗资与脱除 SO_2 和 NO_x 相比更大。

燃煤过程中生成的碳氢化合物——烷烃、烯烃、芳烃及多环芳烃等有机化合物，以及含有苯及苯的同系物——甲苯、二甲苯、三甲苯的有机化合物，和含有芘、蒽等多环芳烃有机化合物等是强致癌物质，对这些致癌物质的排放控制目前还是难题。

煤燃烧过程中微量重金属的排放控制也越来越受到人们的重视。煤中一般含有 Hg、Pb、Cr、As 等微量重金属元素。这些微量重金属元素在煤燃烧过程中随着粉尘和炉渣排入大气中。这些微量重金属附在 $0.01 \sim 10\mu m$ 的微细烟尘上，通过人的呼吸系统吸收，对身心健康带来危害。另外，通过雨水侵入水源中同样对人类健康带来损害。这些微量重金属元素排放对人类和生物的危害还未被人们认识和重视。

煤燃烧给我国生产了主要的能源，带来了社会的全面发展。但是煤燃烧产生的各种污染物质严重地破坏了我国的环境质量，对人类和动植物的生存带来了负面影响。发展清洁煤燃烧技术，减轻对大气环境的影响和损害，是 21 世纪面临的重大环境工程问题之一，是摆在煤燃烧工作者和环境保护工作者面前的重大课题，要求我们共同来承担。

第二节　循环流化床燃烧锅炉组成

循环流化床燃烧的基本原理是燃料在流化状态下进行燃烧。一般粗粒子在燃烧室下部燃烧，较细的粒子在燃烧室上部燃烧。被吹出燃烧室的细粒子经分离器收集下来之后，通过返料器送回燃烧室实现循环燃烧。

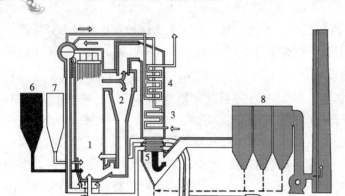

图1-2　循环流化床锅炉

1—燃烧室；2—高温旋风分离器；3—省煤器；4—过热器；5—空气
预热器；6—煤仓；7—石灰石仓；8—电除尘器

循环流化床锅炉燃烧系统一般由布风装置、燃烧室、飞灰分离收集装置及返料装置组成，如图1-2所示。有的循环流化床锅炉还带有外部流化床热交换器，如图1-3所示。燃料在燃烧系统内完成燃烧及大部分热量传递。

一、布风装置

布风装置主要由风室、布风板和风帽等组成。它的主要作用是支承床料并均匀分配进入燃烧室的流化空气，保证良好的床料流化质量。另外，还要防止床料漏入风室。布风装置有水冷型和非水冷型两种。风帽型式有许多种，不同的锅炉制造厂采用不同形式的风帽。

二、燃烧室

循环流化床锅炉燃烧室以二次风口为界分为两个区：二次风口以下为大粒子为主的还原气氛燃烧区，二次风口以上为小粒子为主的氧化气氛燃烧区。燃烧室下部布置有加煤口、返料口、人孔门及各种观测孔。燃烧室各面布置有受热面，在大型高压循环流化床锅炉燃烧室内还布置有附加受热面（没有外部流化床热交换器的循环流化床锅炉）。燃料的燃烧过程、石灰石的脱硫过程、NO_x和N_2O的生成及分解过程主要在燃烧室内完成；床料和受热面之间的传热过程大部分也在燃烧室内完成。燃烧室既是一个流化设备、燃烧设备、热交换设备，

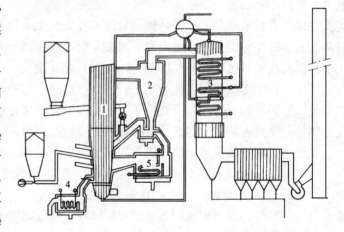

图1-3　带外部流化床热交换器的循环流化床锅炉

1—燃烧室；2—高温分离器；3—尾部烟道；4—冷渣器；
5—外部流化床热交换器

也是一个脱硫、脱硝设备。燃烧室是流化床锅炉的主体，对燃烧室流化速度的选取和高度的确定是燃烧室设计中最重要的问题。

三、飞灰分离收集装置

循环流化床锅炉飞灰分离收集装置是循环流化床燃烧系统的关键部件之一，是循环流化床锅炉的心脏。飞灰分离收集装置的形式决定了燃烧系统和锅炉整体布置的形式和紧凑性。它的性能对燃烧室的气动力特性、传热特性、燃烧特性，对飞灰循环流量、燃烧效率和飞灰含碳量，对锅炉出力和蒸汽参数，对石灰石的利用率和脱硫效率，对负荷的调节范围和锅炉启动所需的时间，对受热面的磨损，对锅炉散热损失和维修费用等均有重要影响。

国外普遍采用的飞灰分离收集装置是高温耐火材料内砌的旋风分离器、水冷或汽冷旋风分离器。国内除采用上述旋风分离器之外，华中科技大学发明的下排气中温旋风分离器，清华大学研制的方形水冷分离器，东北电力学院研发的炉内卧式旋风分离器也得到了较好的应用。某些惯性分离器，如槽形分离器、带落灰腔的分离器在小型循环流化床锅炉上也有应用。

从分离效率上来看上排气高温旋风分离器收集效率高，下排气旋风分离器、方形水冷旋风分离器次之，各种惯性形式的分离器最低。惯性分离器一般与其他分离器组合成复合式分离器，很少单独采用。

提高循环流化床锅炉分离器的收集效率，特别是开发 600MW 飞灰分离收集装置，是循环流化床锅炉发展过程中被普遍重视的研究课题。

对飞灰分离收集装置的基本要求是分离效率高，阻力损失小，体积小，质量轻，防磨性能好，便于维修且维修费用低，启动性能好。

四、飞灰回送装置

飞灰回送装置也是循环流化床锅炉的重要部件之一。它的作用是将分离器收集下来的飞灰可控地送入燃烧室内，实现循环燃烧。

对飞灰回送器的基本要求：有自动调节送灰量的功能，即来灰多，送入多；来灰少，送入少。维持料腿中料柱在一定高度波动，防止回送装置被吹空，也不产生收集飞灰自流现象。飞灰回送装置内不发生超温结渣，飞灰不漏入送灰器的风室。

飞灰回送装置既是一个飞灰回送器，也是一个锁气器。如果这两者中任何一个失常，飞灰循环燃烧过程就建立不起来，锅炉变成了一个鼓泡床锅炉。锅炉达不到设计蒸发量，锅炉燃烧效率大大降低。

我国循环流化床锅炉采用的飞灰回送器品种多，但基本都属于流化密封送灰器类型。

五、外部流化床热交换器

循环流化床锅炉有两大类型：一种是采用外部流化床热交换器的循环流化床锅炉，如德国鲁奇型，如图 1-3 所示；另一种是不带外部流化床热交换器的循环流化床锅炉，如奥斯龙型，如图 1-2 所示。

从图 1-2 可以看出：奥斯龙循环流化床燃烧系统由布风装置、燃烧室、高温旋风分离器、飞灰回送装置组成。对高压、大型循环流化床锅炉燃烧室内布置有附加受热面。

从图 1-3 可以看出：鲁奇型循环流化床燃烧系统与奥斯龙型相比，增加了一个外部流化床热交换器。燃烧室内没有布置附加受热面。分离器收集下来的飞灰分两支，一支直接从返料器送入燃烧室内循环燃烧，另一支经控制进入外部流化床热交换器，将其冷却到 500℃左右，然后通过送灰器送入燃烧室内循环燃烧。

外部流化床热交换器实质上是一个细粒子鼓泡流化床热交换器。它的作用是解决高压大型循环流化床锅炉燃烧室包覆面上受热面布置不下的问题。外部流化床热交换器内有几个区，不同区内布置有蒸发受热面、过热器和再热器受热面。外部流化床热交换器的流化速度为 $0.3 \sim 0.45 \text{m/s}$，床料与埋管之间的传热系数高，为 $398 \sim 568 \text{W/}(\text{m}^2 \cdot \text{℃})$，床料对埋管的磨损小。另外，外部流化床热交换器的采用为燃烧室温度，过热蒸汽、再热蒸汽温度的调节提供了很好的手段。外部流化床热交换器的采用加大了锅炉的负荷调节范围和对燃料的适应性。带外部流化床热交换器的循环流化床锅炉的缺点（与不带外部流化床热交换器的奥斯龙型循环流化床锅炉相比）是系统、设备及整体布置比较复杂，锅炉造价比较高。

目前我国除引进的 300MW 循环流化床锅炉采用带外部流化床热交换器之外，其他 50 ~ 135MW 循环流化床锅炉均为不带外部流化床热交换器的奥斯龙型。

第三节　循环流化床锅炉的优缺点

循环流化床锅炉是在鼓泡流化床锅炉基础上发展起来的，它克服了鼓泡流化床锅炉燃烧效率不高（烧 0 ~ 10mm 煤）的缺点。人们普遍认为：循环流化床锅炉在烧高硫燃料、劣质燃料和各种固体、液体和气体废弃物方面与其他燃烧方式的锅炉（如煤粉锅炉、链条锅炉）相比有绝对的优势。

一、循环流化床锅炉的优点

（1）对燃料的适应性特别好。飞灰循环量大小的改变可调节燃烧室内的吸热份额和燃烧室的温度。外部流化床热交换器的采用对燃烧室内吸热份额和燃烧室内燃烧温度的调节范围更大。这使得循环流化床锅炉对燃料的适应性特别好。循环流化床燃烧方式可烧优质燃料，也可烧各种劣质燃料。只要燃料燃烧放出的热量能够将燃料本身和燃烧所需的空气加热到稳定燃烧所需的温度（850 ~ 900℃），这种燃料就能在循环床内稳定燃烧（床内不布置受热面）。循环流化床锅炉用来烧各种劣质燃料是特别适宜的。

（2）燃料的着火条件特别优越。流化床的床料量很大，床料温度为 850 ~ 950℃，床料中 95% 以上为惰性物质，5% 左右是可燃物质。一般每分钟新加入的燃料只占床料量的 1% ~ 0.20%（取决于煤的热值）。大量惰性热床料不与新加入的燃料争夺氧气，却为加热新燃料提供了丰富的热量，使燃料迅速加热，析出挥发分并着火燃烧。因此，流化床燃烧对难燃燃料（低挥发分无烟煤、石油焦）的着火不存在任何困难。这就是循环流化床锅炉既能烧易着火燃料又能烧难着火燃料的原因。

（3）燃烧效率高。对常规工业锅炉和煤粉锅炉，若燃烧煤种偏离设计煤种，其燃烧效率不高，一般为 85% ~ 90%。循环流化床锅炉采用飞灰循环燃烧，烧劣质燃料和优质燃料时，燃烧效率能达到 95% ~ 99%，可与煤粉锅炉竞争。

（4）热强度大。由于飞灰循环燃烧和流化速度比常规流化床燃烧锅炉高，燃烧比较均匀地发生在整个燃烧室高度内，沿燃烧室高度方向燃烧温度相差不大。从而提高了循环流化床锅炉的截面热强度和容积热强度。常规流化床锅炉燃烧室截面热强度为 $1 ~ 3MW/m^2$，而循环流化床锅炉为 $3 ~ 8MW/m^2$。常规流化床锅炉燃烧室容积热强度为 $0.1 ~ 0.2MW/m^3$，而循环流化床锅炉燃烧室容积热强度为 $0.16 ~ 0.32MW/m^3$。

（5）脱硫效果好。由于燃烧温度可控制在最佳脱硫温度及石灰石或氧化钙与 SO_2 的循环反应，当钙硫比为 1.5 ~ 2.0 时，脱硫效率可达 85% ~ 95%。而常规流化床，由于没有脱硫剂的循环反应，钙硫比为 3 ~ 4 时，脱硫效率才能到 85% ~ 95%。后者的石灰石消耗量增加一倍多。与煤粉锅炉燃烧方式相比，循环流化床锅炉烧高硫煤有绝对的优势。

（6）脱 NO_x 效果好。由于循环流化床锅炉采用分级燃烧，并将燃烧温度控制在 850 ~ 900℃范围内，只有燃料中的氮转化成 NO_x，空气中的氮不会生成 NO_x。故循环流化床锅炉 NO_x 的排放浓度低，体积分数一般为 $(100 ~ 200) \times 10^{-6}$（100 ~ 200ppm）。而煤粉燃烧锅炉 NO_x 的体积分数为 $(500 ~ 600) \times 10^{-6}$（500 ~ 600ppm）。要从烟气中脱除 NO_x，在技术难度

和费用方面比脱除 SO_2 还要大得多。循环流化床锅炉 NO_x 排放量能达到环境排放标准,使它与煤粉燃烧锅炉竞争时有绝对的优势。

(7) 负荷调节范围大,调节性能好。循环流化床锅炉由于采用飞灰循环燃烧和外部流化床热交换器,锅炉负荷能在 25% ~ 100% 之间变化。负荷变化速率为每分钟 5% ~ 10%。当负荷变化时,只需调节给煤量、给风量和床料量就可满足负荷的变化。当负荷低于 30% 时,视情况是否需要切断飞灰循环燃烧系统。常规流化床锅炉大负荷的变化需采取分床压火技术。对煤粉锅炉,低负荷时需要采用燃油助燃。这一优点使循环流化床锅炉作为电网中的调峰机组,作为热负荷变化大的热电联产机组和供热工业锅炉是特别适宜的。

(8) 给煤点数量少。循环流化床锅炉由于燃烧室下部粒子浓度比常规流化床锅炉低,粒子横向混合特性比较好,给煤点数量比常规流化床锅炉少。130t/h 的常规流化床锅炉有 6 个给煤点,而 410t/h 的循环流化床锅炉只有 4 个给煤点。给煤点数量的减少简化了给煤装置的布置,为流化床锅炉的大型化创造了有利条件。

(9) 灰渣能综合利用。循环流化床锅炉床渣的含碳量一般为 1% ~ 3%,飞灰含碳量为 4% ~ 15%。大型循环流化床锅炉由于燃烧室高度高,飞灰含碳量较低。中小型循环流化床锅炉由于燃烧室高度低,飞灰含碳量较高。飞灰和床渣含碳量低,灰渣综合利用程度就高。循环流化床锅炉燃烧温度为 850 ~ 950℃,与煤粉燃烧锅炉相比,属低温燃烧。低温燃烧下的灰渣活性好,可直接作为水泥掺合料,如美国夏威夷的 100MW 循环流化床锅炉的灰渣 100% 地被综合利用,成为灰渣零排放的锅炉。

(10) 无埋管磨损。循环流化床锅炉燃烧室为全膜式水冷壁结构,取消了埋管受热面,从而消除了泡床锅炉埋管磨损问题。

(11) 一种很有前途的清洁煤燃烧技术。循环流化床燃烧技术是介于层燃燃烧与煤粉悬浮燃烧之间的一种燃烧技术,在锅炉结构设计、制造工艺方面与煤粉燃烧锅炉有许多近似之处。正压流化床锅炉和整体煤气化联合循环发电,其发电效率较高,但整体结构较复杂,投资大。而循环流化床锅炉结构相对较简单,投资也比较小。所以它的商业化和大型化与上述的两种先进清洁煤燃烧技术相比有很大的优势。

(12) 改造煤粉锅炉的优势。我国旧煤粉锅炉一般来说设备陈旧、运行事故多、运行费用高,对煤种适应性差,不能烧劣质煤,无脱硫、脱 NO_x 装置,SO_2 和 NO_x 的排放对大气带来严重污染。20 世纪 60 年代投运的煤粉锅已超龄。我国大多旧煤粉锅炉为 Ⅱ 型布置。循环流化床锅炉的整体布置与煤粉锅炉相近,考虑到烧高硫燃料,并使 SO_2 和 NO_x 排放达到国家环境排放标准,用循环流化床燃烧技术改造煤粉锅炉,无论从技术上、经济上,还是环境上来看,都不愧为最佳选择方案。世界上的发达国家,如美国、法国发展循环流化床锅炉的历史,就是用循环流化床技术在老电厂中改造旧锅炉的历史。

二、循环流化床锅炉的缺点

任何事物都是一分为二的,有优点,也有缺点。这些年来的发展和实践表明循环流化床锅炉也有某些缺点。有的缺点是发展中的,经过不断努力和实践可以完善和克服;有的缺点是该技术本身所固有的,难以克服。

(1) 一次风机压头较鼓泡床锅炉高,电耗大。循环流化床锅炉取消了埋管,运行时的料层比鼓泡床锅炉高,一次风机压头高。另外,还有送灰风机、二次风机,有的还有冷渣器风机。一般循环流化床锅炉电厂的厂用电比煤粉锅炉高 4% ~ 5%。

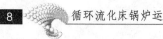

（2）燃烧室下部膜式壁与耐火防磨层交界处的磨损严重。循环流化床锅炉无埋管磨损问题，但是如果耐火防磨层与膜式壁交界处的结构处理不好，带来的交界处管壁的磨损比鼓泡床锅炉的埋管磨损更难处理。

（3）耐火耐磨层磨损、开裂和脱落。循环流化床锅炉使用耐火材料的部位和数量比其他形式的锅炉多许多。由于耐火耐磨材料选择不当，或施工工艺不合理，或烘炉和点火启动过程中温控不好，升温、降温过快，导致耐火材料内衬中蒸发的水气不能及时排出，或耐火内衬中热应力过大，而造成耐火内衬破裂和脱落。燃烧室内耐火防磨隔热层脱落，将破坏流化工况，造成床料结渣。分离器内耐火防磨层脱落，将堵塞返料系统，造成飞灰不能循环燃烧，循环流化床锅炉变成鼓泡床锅炉，蒸发量急剧下降。返料器内耐火隔热层脱落，同样造成返料器内结渣，返料器不能正常运行，严重影响锅炉的正常运行，造成蒸发量下降，飞灰含碳量增加，锅炉燃烧效率下降。料腿和返料管内耐火隔热层脱落，堵塞管道，同样破坏飞灰循环燃烧效果。

（4）点火启动时间长。循环流化床锅炉点火启动过程除受汽包升温速率的影响外，还受耐火防磨层内衬温升和能承受的热应力的限制。升温太快，耐火层内（特别是高温绝热旋风分离器耐火防磨层内）热应力超过允许热应力而破裂。所以，对循环流化床锅炉点火启动时间和升温速率有严格要求。对高温绝热旋风筒分离器的循环流化床锅炉，从冷态启动到带满负荷的时间控制在 12 ~ 16h。对汽冷旋风筒分离器循环流化床锅炉，从冷态启动到带满负荷的时间控制在 6 ~ 8h。

（5）对燃煤粒径要求严格。一般鼓泡床锅炉燃煤粒径范围为 0 ~ 10mm，平均粒径为 5mm 左右，对粒径的分布要求不严。循环流化床锅炉燃煤粒径范围要求在 0 ~ 8mm，平均粒径为 2.5 ~ 3.5mm，对煤粒径的分布有一定的要求。如果达不到要求，将带来许多不良后果：锅炉达不到设计蒸发量，飞灰含量高，尾部受热面磨损严重。

（6）N_2O 生成量较高。与高温煤粉燃烧过程相比，循环流化床燃烧温度较低，NO_x 生成量较小，但 N_2O 生成量较大。N_2O 是一种强温室效应气体，对大气臭氧层有破坏作用，导致直射到地球上的紫外线强度增加，引发皮肤癌。

（7）锅炉尾部受热面磨损。循环流化床锅炉的飞灰份额比煤粉锅炉小，但飞灰的粒径比煤粉锅炉的大许多。如果锅炉尾部受热面的气流速度选择偏高，将使过热器受热面和省煤器受热面磨损严重。

（8）风帽磨损。风帽使用寿命不长主要由于床料对风帽的横向冲刷引起。解决风帽的磨损问题，主要靠提高风帽材质的抗磨性能实现。

（9）运行维护费用较高。循环流化床锅炉本体，包括耐火防磨层、金属受热面和风帽磨损比较严重，加上煤破碎机磨损亦十分严重，导致循环流化床锅炉的日常维修费用较高。

（10）循环流化床锅炉累计连续运行小时数不长。由于循环流化床锅炉本体和辅机事故比煤粉锅炉多，它的连续累计运行时间目前比煤粉锅炉短。

（11）循环流化床锅炉的厂用电比率比煤粉炉高。

（12）循环流化床锅炉本体金属消耗量比煤粉锅炉大，造价比较高。

（13）循环流化床锅炉的辅机配套还存在一些问题，由于辅机故障引起锅炉停炉的比率较高。

（14）中小型循环流化床锅炉飞灰含碳量还比较高，提高分离器的分离效率，降低飞灰含碳量，是值得进一步研究的问题。

总之，目前循环流化床锅炉运行中的问题与煤粉燃烧锅炉相比要多，它的连续运行小时数比煤粉锅炉短。

第四节　发展循环流化床锅炉的意义

我国是一个以煤为主要能源的国家，煤在一次能源结构中约占75%。煤的燃烧带来了严重的污染。循环流化床锅炉具有高效、低污染的特点，近些年来在世界上和我国得到了迅速的发展。结合我国国情发展循环流化床锅炉，其意义更为重大。

一、节约煤炭资源

我国有50多万台工业及取暖锅炉，它们的燃烧效率比世界先进水平低5%~10%。发展先进的循环流化床锅炉取代落后的链条燃煤锅炉，对节约煤炭资源有重要的意义。

二、利用劣质煤燃料

我国煤炭的质量差异随地区变化大，南方劣质煤多，北方积累的洗煤矸石也很多。发展循环流化床燃烧锅炉，因地制宜地利用这些劣质煤无疑有十分重要的意义。

三、清洁能源

我国煤炭资源中高硫煤占25%，中硫煤占58%。用循环流化床锅炉能实现床内加钙脱硫，发展循环流化床锅炉，利用高硫煤，减少 SO_2 对大气的污染，对我国有特别重要的意义。

我国 NO_x 总排放量中的70%来自于煤的燃烧。循环流化床锅炉的分级和低温燃烧能使 NO_x 的排放浓度达到环保要求。发展循环流化床锅炉，控制 NO_x 的排放，对减少酸雨危害和光化学烟雾危害有十分重要的意义。

我国 CO_2 总排放量中的85%来自于煤的燃烧。CO_2 排放总量占世界 CO_2 排放总量的11.8%，仅次于美国，居世界第二位。研究报告指出：由于 CO_2 等气体的温室效应，地球的海平面在过去100年中升高了14cm。专家估计：如果现在地球变暖的趋势不加控制，到2100年，地球海平面将升高1m。这将威胁沿海几亿人口的居住问题，如孟加拉国领土的15%将被海水淹没，埃及12%~15%的可耕田地将变成海洋。总之，这一情况对世界上许多岛国的影响是十分严重的。就我国来说，将涉及到上海等沿海大中城市的淹没问题。

循环流化床燃烧首先采用床内加钙脱硫，然后再用湿法脱除烟气中的残余 SO_2。烟气中 SO_2 含量极微的情况下，用压力为 $3.535 \times 10^5 Pa$ 的蒸汽轰击烟气能回收 CO_2，使其压缩和液化，最后通过过滤达到食用等级的质量，以液体和干冰的形式出售。不纯的干冰也可采取其他储存方式。

循环流化床燃烧锅炉与其他燃烧方式的锅炉相比，它燃煤带来的有害气体对大气的污染要小得多，这无疑对保护生态环境有重要的意义。

四、灰渣综合利用，保护耕地面积

大量灰渣排放要占用土地，且带来二次污染。我国人均可耕地面积只有 $1000 m^2$，远远低于世界人均可耕地面积 $3100 m^2$。2002年仅全国电厂灰场就占用了近 $27 \times 10^7 m^2$ 可耕地。随着电力工业的发展，灰场占地面积每年以10%的幅度增加。流化床燃烧产生的灰渣含碳量低、活性好，可以做水泥渗合料和建筑材料。发展循环流化床锅炉，减少灰渣排放占用耕田，对保护我国土地资源可起到一定作用。

五、改善电网调峰能力

我国燃煤锅炉机组发电占总发电量的 70%～75%。煤粉锅炉机组调负荷的性能较差。一般当负荷低于 50%～70% 时，需要投油枪助燃。因油价格高，故运行成本高。循环流化床锅炉的优点之一是负荷调节范围大（25%～100%）。增加电网中循环流化床锅炉机组的发电量，对改善电网的调峰能力是有好处的。循环流化床锅炉还可压火备用，这对一些周末停产的企业是特别适宜的。

六、用循环流化床燃烧技术改造旧锅炉意义重大

我国 20 世纪 60 年代投运的煤粉锅炉燃烧工况恶化，对大气污染严重，已到退役年龄。用循环流化床燃烧技术改造旧煤粉锅炉，延长服役期，技术上是可行的，经济上是有利的（只有新建电厂投资的 60% 左右），环保上能达到国家对有害气体的排放标准。

我国 125MW 以下的煤粉锅炉机组装机容量约为 80GW，这个容量为美国的 4 倍。美国为了证实循环流化床锅炉对燃料的适应性和它的环境性能，80 年代美国能源部实施了三个煤粉锅炉改循环流化床锅炉的示范工程。法国紧跟美国，在 90 年代也实施了两个煤粉锅炉改循环流化床锅炉示范工程。这些工程都取得了成功。

美国能源部资助的 20 世纪清洁煤计划示范工程之一——JEA（Jacksonville Electric Authority）大型循环流化床锅炉改造工程，是将 Northside 发电厂两台电功率为 275MW 的燃油燃气锅炉改造成纯烧石油焦、煤或煤与石油焦混烧的循环流化床锅炉。改造后的锅炉电功率为 297.5MW。这两台锅炉都于 2002 年投产发电。

目前世界上除美国、法国外，波兰、乌克兰等国都在利用美国、法国的循环流化床燃烧技术对他们的旧锅炉进行改造，并且取得了成功。

我国是一个发展中国家，资金不足，电力紧缺。在新建电厂的同时，不可忽视对旧锅炉的改造。美国、法国、波兰和乌克兰等国用循环流化床燃烧技术改造旧锅炉的经验值得我们学习。

第五节　世界上大型循环流化床锅炉的发展

循环流化床锅炉具有煤种适应性广、燃烧效率高、环境性能好、负荷调节范围大和灰渣综合利用等优点，近十年来在工业锅炉、电站锅炉、旧锅炉改造和燃烧各种固体废弃物等领域得到迅速的发展。世界上 100～300MW 级的各种类型的大型循环流化床锅炉有 100 多台在运行中，600MW 循环流化床锅炉的方案设计已完成。可以预计，循环流化床锅炉将以它的高性能和对环境友好，与常规煤粉锅炉展开激烈竞争。特别在烧中、高硫煤时，循环流化床锅炉有绝对的优势。

近几年来，循环流化床锅炉的发展出现了竞争十分激烈的局面：法国 GEC - Alstom 吞并了美国 ABB - CE 公司，美国 F&W 公司吞并了 Ahlstrom Pyropower 公司。吞并之后，两种流派的循环流化床燃烧技术互相渗透，互相结合，加速了大型循环流化床锅炉的发展。

现在世界上大型循环流化床锅炉的发展落到了美国 F&W 公司，法国 GEC - Alstom 公司和中国三大锅炉厂——哈尔滨锅炉厂有限责任公司、东方锅炉厂和上海锅炉厂的身上。下面分别介绍他们大型循环流化床锅炉的发展。

一、F&W 大型循环流化床锅炉的发展

福斯特惠勒（F&W）公司于 1995 年收购了奥斯龙 Pyropower 公司。奥斯龙型循环流化床锅炉是不带外部流化床热交换器的，燃烧室内布置有附加受热面，具有与受热面整装的紧凑形式的水冷方形分离器。F&W 循环流化床锅炉的热交换器为与锅炉整装的 Intrex 外部流化床热交换器，燃烧室内没有布置附加受热面。奥斯龙型循环流化床锅炉采用的是高温绝热式旋风分离器，而 F&W 型循环流化床锅炉采用的汽冷旋风分离器。两种炉型一些专利技术的结合，技术上取长补短，使 F&W 公司循环流化床锅炉的发展进入了一个新的时期，对发展 300、600MW 的大型和特大型循环流化床锅炉是十分有利的。

1.F&W 公司大型循环流化床锅炉的发展历程

（1）Nuclar 110MW 循环流化床锅炉改造工程。F&W 公司大型循环流化床锅炉的业绩始于 1987 年的 Nuclar 电站 420t/h、电功率为 110MW 的循环流化床锅炉。该锅炉为 Pyroflow 炉型，是一个十分典型的旧电厂翻新改造工程。

（2）Vaskiluodon 125MW 循环流化床锅炉。蒸发量为 400t/h，蒸汽参数为 15.6MPa、535℃，中间再过热。设计燃料为 100% 的泥煤，锅炉炉型为 Pyroflow 型。1990 年投入商业运行。

（3）Nisco 100MW 循环流化床锅炉。锅炉蒸发量为 375t/h，蒸汽参数为 11.3MPa、540℃，中间再过热。设计燃料为高硫石油焦。这是一个烧天然气锅炉改造为烧石油焦的工程，是世界上第一台烧石油焦的大型循环流化床锅炉。

（4）Nova Scotia 电力公司 180MW 循环流化床锅炉。锅炉蒸发量为 525t/h，蒸汽参数为 12.8MPa、540℃，设计燃料为高硫无烟煤。锅炉为 Pyroflow 型。1994 年投入商业运行。

（5）Turow 电厂循环流化床锅炉改造工程。Turow 电厂位于波兰 Bogatynia，有 10 台煤粉锅炉。为了提高锅炉热效率，减少大气污染，电厂决定将电功率为 200MW 的 1~6 号煤粉锅炉分期分批改造成电功率为 235MW 的循环流化床锅炉。7 号锅炉拆除，8~10 号锅炉安装脱硫设备。

F&W 承担了锅炉改造任务。锅炉蒸发量为 665t/h，蒸汽参数为 13.7MPa、540℃。设计燃料为褐煤。锅炉炉型为 Pyroflow 型。1、2 号锅炉已改造成功，于 1998 年投入商业运行。这是旧电厂典型的翻新改造工程。

（6）Northside 发电厂 JEA（Jacksonville Electric Authority）大型循环流化床锅炉改造示范工程。该工程属美国能源部资助的清洁煤计划示范工程之一。该工程将电厂中燃油、燃气的 1 号和 2 号电功率为 275MW 的旧锅炉翻新改造成带 Intrex 热交换器的福斯特惠勒型循环流化床锅炉。锅炉蒸发量为 908t/h，蒸汽参数为 17.15MPa、537.8℃，中间再过热。设计燃料为煤和石油焦。煤和石油焦可纯烧，也可混烧。锅炉改造后的电功率为 297.5MW。2 号锅炉于 2002 年 2 月 19 日投入运行，1 号锅炉于 2002 年 5 月 29 日投入运行。纯烧煤和煤与石油焦混烧取得了成功。100% 烧石油焦时，在循环燃烧系统，特别在分离器和 Intrex 热交换器内发生床料成团堵塞问题，影响连续运行。此问题正在研究解决之中。

2.F&W 世界上最大烧废木头的循环流化床锅炉

F&W 公司 240MW 电功率，烧废木头的循环流化床锅炉是目前世界上最大的烧生物质燃料的锅炉。锅炉蒸汽参数为 16.53MPa、545℃。锅炉为全膜式壁、汽冷旋风分离器形式。设计燃料为树皮、木头废物、泥煤和煤，煤作为备用燃料。各种燃料可单烧，也可以与煤混

烧。树皮、废木头的水分为55%～58%，煤的水分为11%。两种燃料水分相差很大。燃煤时采用烟气再循环。

3. F&W 公司 600MW 循环流化床锅炉方案设计

从 F&W 公司大型循环流化床锅炉的发展历程中可以看出，该公司自 1987 年至今已有近20 台 100～300MW 电功率的循环流化床锅炉投入运行。福斯特惠勒公司吞并奥斯龙 Pyropower 锅炉公司之后，两大流派的循环流化床锅炉技术互相结合，取长补短，设计了新型 600MW 循环流化床燃烧锅炉。

600MW 循环流化床锅炉方案设计要点如下：

a. 燃烧室为一个膜式水冷壁分隔式炉膛。

b. 炉膛后部有 8 个整体式外部流化床热交换器（发展了原 Intrex 专利技术）。热交换器冷却床内和床外循环物料。

c. 采用紧凑形上排气方形水冷旋风分离器，分离器个数为 8 个（原 Pyropower 专利技术）。

d. 尾部平行双烟道设计。

e. 其他技术，如启动管道燃烧器，选择性流化床底渣冷却器。布风装置和燃料供给系统均是在 100～300MW 大型循环流化床锅炉中采用过的技术。

二、GEC – Alstom 大型循环流化床锅炉的发展

法国 GEC – Alstom（Stein Industrie）公司收购了美国 ABB – CE 之后，进一步扩大了他们的锅炉市场，增加了竞争能力，加速了他们的大型循环流化床锅炉的发展。

1. GEC – Alstom 公司大型循环流化床锅炉的发展历程

法国 GEC – Alstom 的 stein Industrie 锅炉公司于 1984 年引进 Lurgi 公司循环流化床锅炉技术，开始发展大型循环流化床锅炉。美国 ABB – CE 公司也引进 Lurgi 循环流化床锅炉技术，于 1995 年开发了他们自己的 Flextech 循环流化床锅炉。这两家公司的原始技术都是 Lurgi 的循环流化床燃烧技术，不同之处是外部流化床热交换器的设计。GEC – Alstom 吞并 ABB – CE 公司之后，其技术、经济实力进一步加强，市场占有份额进一步扩大，成为世界上循环流化床锅炉最大制造商之一。它具有与美国 F&W 公司竞争的实力。至今，该公司已有近 20 台100MW 以上电功率的循环流化床锅炉在运行中。

该公司大型循环流化床锅炉的发展进程如下：

（1）第一台蒸发量为 296t/h 的 Lurgi 型循环流化床锅炉于 1986 年在美国费城附近的 Scott 投运。

（2）第一台蒸发量为 693t/h，电功率为 220MW 的 Flextech 型循环流化床锅炉于 1998 年在韩国江原道电厂投入运行。

（3）两台容量为 500t/h、电功率为 175MW 的 Flextech 型循环流化床锅炉于 1990 年投入运行。

（4）法国艾米路希 125MW 烧洗煤泥的煤粉锅炉改烧洗煤泥浆的循环流化床锅炉投运。

艾米路希 125MW 烧洗煤泥的煤粉锅炉到 1987 年已运行了 30a。烧洗煤泥干粉运行费用高，对大气污染严重。Stein Industrie 锅炉公司将其改成直接烧洗煤泥浆的循环流化床锅炉，这样电厂可延长使用寿命 30a，而造价只有新建电厂的 60%。

该锅炉蒸发量为 367t/h，蒸汽参数为 13.4MPa、545℃，中间再过热。锅炉为 Lurgi 炉型。

洗煤泥浆水分为 33%，干燥基灰分为 45%。煤泥粒径为 0～3mm，小于 0.45mm 的粒径占 50%。洗煤泥浆的低位发热量为 10466.8kJ/kg。锅炉于 1990 年投入运行。

（5）Gardanne 电厂 4 号煤粉锅炉改循环流化床锅炉。法国 Gardanne 电厂有 5 台煤粉锅炉，烧高硫煤（硫含量为 3.68%），SO_2 和 NO_x 对大气的污染十分严重。为了满足环保的要求，电厂决定将电功率为 250MW 的煤粉锅炉改为循环流化床锅炉。锅炉改造由 Stein Industrie 锅炉公司实施。锅炉为典型的 Lurgi 型，燃烧室下部为裤衩形，蒸发量为 700t/h，蒸汽参数为 16.3MPa、565℃，中间再过热。燃煤粒径为 0～10mm，小于 1mm 的煤粒占 50%。锅炉于 1995 年投运。那时是世界上运行中最大容量的循环流化床锅炉。运行中 SO_2 的排放为 50～250mg/m³（标准状态下），NO_x 的排放为 240mg/m³（标准状态下）左右。

（6）密西西比 Red Hills 250MW 电功率循环流化床锅炉。GEC－Alstom 收购 ABB－CE 之后，竞争能力增强，获得了世界上多个 300MW 级电功率的循环流化床锅炉合同，Red Hills 循环流化床锅炉是第一个。锅炉蒸发量为 753t/h，蒸汽参数为 18.1MPa、568℃，中间再过热。锅炉设计燃料为褐煤，高位发热量为 12305kJ/kg。飞灰含碳量为 0.04%～0.60%，床渣含碳量为 0.07%～0.25%，污染物的排放 SO_2 为 325mg/m³（标准状态下），NO_x 为 260mg/m³（标准状态下）。锅炉热效率为 82.6%。

（7）AES PUERTO RICO 能源工程（电功率为 260MW）。该工程位于 PUERTO RICO 附近的 Guayama。两台蒸发量为 819.2t/h 的循环流化床锅炉。锅炉蒸汽参数为 17.37MPa、541℃，中间再过热。锅炉为 Flextech 型。

（8）Seward 电厂。该厂位于宾州的 Indiana 县。循环流化床锅炉的电功率为 292MW，设计燃料为当地废煤。高位发热量为 12794kJ/kg，锅炉蒸发量为 871.8t/h，蒸汽参数为 17.37MPa、541℃，中间再过热。锅炉于 2004 年投入商业运行。

（9）东肯塔基电力公司 E.A.Gilbert 3 号机组工程。该工程循环流化床锅炉的蒸发量为 872t/h，电功率为 294MW。锅炉蒸汽参数为 17.4MPa、541℃，中间再过热。为了满足肯塔基的污染物排放标准，循环流化床锅炉尾部烟气还采用了 Alstom 的快速干燥吸收剂专利脱硫技术和选择性非催化脱 NO_x 技术。采用这些技术之后，SO_2 的排放浓度为 245mg/m³（标准状态下），NO_x 的排放浓度为 123mg/m³（标准状态下）。该锅炉已在 2004 年投运。

（10）ENEL－SULCIS 改造工程。Alstom 公司正在向意大利的 Sulcis 电厂提供一台电功率为 340MW 的循环流化床锅炉以取代一台老锅炉。锅炉设计煤种为当地高硫煤或进口低硫煤。高硫煤含硫量为 5.99%。锅炉蒸发量为 1013t/h，蒸汽参数为 17MPa、565℃，中间再过热。锅炉投运之后，NO_x 的排放为 200mg/m³（标准状态下），烧进口低硫煤时，SO_2 排放为 200mg/m³（标准状态下），烧高硫煤时 SO_2 排放为 400mg/m³（标准状态下）。

2. 法国 Gardanne 250MW 循环床锅炉烧石油焦试验

循环流化床锅炉对燃料的适应性特别好，这样对一台已有的循环流化床锅炉有可能选择最便宜的燃料，以降低生产成本。为了达到这个目的，法国电力部和 GEC－Alstom 公司在 Gardanne 700t/h 循环流化床锅炉上进行了烧石油焦的试验。试验按 4 个方案进行（如表 1－1 所示）。试验结果见表 1－2 和表 1－3。从表 1－2 看出，纯烧石油焦、纯烧进口煤与烧设计煤种相比，锅炉性能变化不大，各项污染物的排放能达到法国环保标准。结果是令人满意的。

表 1 – 1　　石油焦燃烧试验方案

方　　案	石油焦（%）	进口煤（%）	Prorenal 褐煤（%）
1	30	70	
2	50	50	50
3	100		
4	50		

表 1 – 2　　烧石油焦的性能比较

名　　称	石油焦	褐　煤	进口煤
负荷（%）	100	100	94
燃烧室平均温度（℃）	+ 27	参考值	+ 26
燃烧室内压力降（%）	– 10		– 15
锅炉效率（%）	91.0	92.6	91.62
飞灰含碳量（%）	3.7	0.5	7.7

表 1 – 3　　污染物的排放比较

名　　称	单　　位	石　油　焦	褐　　煤	进　口　煤
负荷	%	100	100	94
SO_2	mg/m³（标准状态下）	289	37	114
NO_x		108	204	303
Ca/S	mol/mol	< 0.5	~ 3	< 2.5

烧石油焦床料成团堵塞问题。在 2001 年进行石油焦纯烧或与煤混烧的 5 个月试验中，发生了循环回路中床料成团堵塞现象。石油焦与褐煤混烧的 3 个月试验运行中，没有发生循环回路中床料成团现象。床料成团的原因现在还难以确定，可能与床料中含有 $CaSO_4$、铝和硅酸盐有关。

3. GEC – Alstom 公司 600MW 循环流化床锅炉方案设计

GEC – Alstom 公司在 300MW 级循环流化床锅炉投入商业运行的基础上，自 1985 年以来对开发 600MW 电功率的循环流化床锅炉进行了大量的试验研究。他们认为：大型循环流化床锅炉由于对燃料适应性好、高性能、对环境友好及可承受的价格，今后将与煤粉锅炉展开竞争，并可能取代联合循环发电。

GEC – Alstom 600MW 循环流化床锅炉方案设计要点如下：

a. 采用超临界，27.5MPa、600℃。

b. 燃烧室下部采用裤衩形式。

c. 6 个旋风分离器，直径 8.3m。

d. 给煤点在返料管上，6 个给煤点。

e. 燃烧室、外部流化床热交换器、分离器和尾部烟道的汽水系统组装。

f. 过热器和再热器布置在 4 个外部流化床热交换器和尾部烟道中。

g. 外部流化床热交换器冷却床内和床外循环粒子。

三、中国大型循环流化床锅炉的发展

中国是一个能源生产与消耗大国，能源的 75% 来自于煤炭。煤炭燃烧产生了动力，促进了国民经济的发展，同时给大气环境带来了严重污染。循环流化床燃烧技术是一种高性能、低污染、低成本的燃烧技术，与加压流化床联合循环发电和有烟气脱硫、脱氮氧化物的煤粉燃烧技术，以及整体煤气化联合循环发电相比，有极大的竞争优势。理所当然的，循环流化床燃烧技术在大型锅炉上的应用与发展在中国得到了高度重视。近几年来大型循环流化床锅炉的发展特别快：至 2002 年中国三大锅炉厂制造的 5 ~ 135MW 的大型循环流化床锅炉已达 117 台，至 2003 年济南锅炉厂生产的 5MW 以上的循环流化床锅炉达 80 余台。中国大型

循环流化床锅炉的总台数和总蒸发量为世界第一。

中国大型循环流化床锅炉的发展是两条腿走路的方针。一是在引进消化、吸收国外先进技术的基础上开发大型循环流化床锅炉；二是高等学校、研究院与锅炉厂合作自主开发具有自己特色和专利技术的大型循环流化床锅炉。

1. 大型循环流化床锅炉在哈尔滨锅炉厂有限责任公司的发展

哈尔滨锅炉厂有限责任公司于1992年与大连化学工业公司一起引进美国原Pyropower公司的Pyroflow型220t/h高压循环流化床锅炉技术，哈锅分包了锅炉本体有关部件的生产制造。首台220t/h循环流化床锅炉于1995年11月在大连化学工业公司投入运行。

1999年哈锅引进了GEC－Alstom公司220～410t/h（含中间再过热）循环流化床锅炉技术。在吸收、消化引进技术的基础上，优化设计，开发了410、420、440、465和480t/h高压和超高压（中间再过热）循环流化床锅炉。其中，440t/h配135MW中间再过热循环流化床锅炉的特点如下：

a. 燃烧室为膜式水冷壁结构，燃烧室内布置双面水冷壁，上部布置有屏式二级过热器和末级再热器。

b. 水冷布风装置，钟罩式风帽。

c. 耐火砖内砌的两个高温旋风分离器布置在燃烧室和尾部烟道之间。

d. 返料器为流化密封形式。

e. 尾部烟道内布置三级、一级过热器，低温再热器，省煤器和空气预热器。

f. 省煤器以上的尾部烟道采用包墙膜式壁过热器。

首台440t/h超高压带中间再过热的循环流化床锅炉于2003年2月在新乡火电厂投入运行。至2002年，哈尔滨锅炉厂有限责任公司已有57台大型（5～135MW）循环流化床锅炉的生产业绩，成为我国生产锅炉台数最多的厂家。

2. 大型循环流化床锅炉在东方锅炉股份有限公司的发展

1992年，东方锅炉厂参加了四川内江高坝电厂从原芬兰奥斯龙公司引进的410t/h Pyroflow型高压循环流化床锅炉的吸收消化，并分包了锅炉本体相关部件的生产制造。该锅炉烧高硫煤，于1996年4月并网发电。

1994年东锅与美国F&W公司签订了大型循环流化床锅炉许可证技术转让合同。在消化、吸收国外技术的基础上设计、制造了220、410、450t/h高压循环流化床锅炉和460t/h超高压、中间再过热循环流化床锅炉。首台220t/h高压循环流化床锅炉于1997年5月在宁波中华纸业有限公司投入运行。燃烧煤种为大同烟煤，锅炉热效率达91.7%。至2002年东锅已有28台的生产业绩。

东锅循环流化床锅炉的特点为：

a. 全膜式水冷壁炉膛，炉膛内布置有翼形过热器屏和水冷分隔屏。

b. F&W汽冷旋风分离器。

c. 水冷内室，风帽为冂形。

d. J形返料器。

e. 选择性流化床冷渣器。

3. 大型循环流化床锅炉在上海锅炉厂股份有限公司的发展

为了加速大型循环流化床锅炉的发展，上锅与Alstom公司于2001年8月签订了Flextech

循环流化床锅炉技术转让合同。在消化引进技术的基础上至 2000 年已生产了 21 台大型循环流化床锅炉。其中有高压、也有超高压中间再过热锅炉。首台 465t/h 循环流化床锅炉装在山东里彦电厂，于 2003 年投运。原美国 ABB－CE 循环流化床锅炉有带 Flextech 外部流化床热交换器和不带外部流化床热交换器两种炉型。根据锅炉容量的大小和对炉温、过热、再热蒸汽温度的控制要求选用。

上锅循环流化床锅炉的特点为：

a. 燃烧室为膜式水冷壁结构，无外部流化床热交换器，燃烧室上部布置有屏式受热面。

b. 有 Flextech 外部流化床热交换器的锅炉，热交换器内布置蒸发受热面、过热器和再热器受热面。

c. 水冷布风装置和大口径 T 形风帽。

d. 采用绝热式高温旋风分离器。

e. 采用自平衡 U 形返料器。

f. 采用密封性能好的再生式空气预热器。

g. 对低灰分煤采用水冷绞龙冷渣器，对高灰分煤采用风水冷流化床选择性冷渣器。

4. 有中国专利技术的大中型循环流化床锅炉的发展

自 20 世纪 80 年代以来，中国各高等学校、研究院与锅炉厂家合作，在国家计委的支持下一直在开发有中国特色的循环流化床锅炉。为了结构紧凑，早期开发的锅炉多采用不同形式的惯性分离器。由于惯性分离器分离效率低，大多数循环流化床锅炉达不到设计蒸发量，飞灰含碳量高，对流受热面磨损严重，导致锅炉热效率低、运行维护费用高。目前，这些早期循环流化床锅炉都已经或正在利用新的分离技术被改造，以克服上述固有的缺点。

在发展过程中产生了两种循环流化床锅炉炉型：一种是采用下排气旋风分离器专利技术的循环流化床锅炉，另一种是采用有加速段的方形水冷分离器专利技术的循环流化床锅炉。这两种炉型的分离器具有明显的特色。

(1) 下排气中温旋风分离器循环流化床锅炉（图 1－4）。

从图 1－4 可以看出该锅炉的结构特点如下：

a. 下排气中温旋风分离器布置在锅炉水平烟道与尾部烟道相联的换向室，与锅炉整装为一体，呈典型的"∏"形布置，结构紧凑，占地面积小。

b. 分离器分离效率较高，阻力损失较小。

c. 采用一级飞灰分离循环燃烧技术，有大型化的优势。

世界循环流化床锅炉之父，瑞士苏黎士技术大学 Reh 教授评价："采用下排气旋风分离器，锅炉紧凑、占地面积小是它的特点。如果分离器能与锅炉受热面整装，大型化优势更好。"

该炉型由华中科技大学煤燃烧国家重点实验室与武汉天元锅炉有限责任公司共同开发。现已有 35、75、130、220t/h 的锅炉 100 余台的业绩。

(2) 方形水冷分离器循环流化床锅炉（图 1－5）。

从图 1－5 可以看出该锅炉结构特点如下：

a. 方形水冷分离器与锅炉受热面整装为一体，膨胀性能好。

b. 锅炉为三排柱结构，十分紧凑。

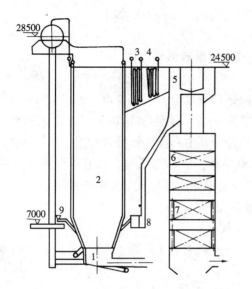
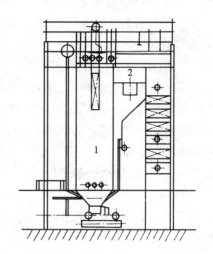
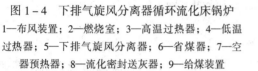

图 1-4　下排气旋风分离器循环流化床锅炉
1—布风装置；2—燃烧室；3—高温过热器；4—低温
过热器；5—下排气旋风分离器；6—省煤器；7—空
器预热器；8—流化密封送灰器；9—给煤装置

图 1-5　方形水冷分离器循环流化床锅炉
1—炉膛；2—方形水冷分离器

　　c. 分离器分离效率较高。

　　d. 飞灰一级分离循环燃烧，有大型化优势。

　　该炉型由清华大学与四川锅炉厂联合开发。首台 220t/h 锅炉于 2001 年在山东威海热电厂投入运行。至 2002 年已有 35、75、130、220t/h 蒸发量的锅炉 70 多台的业绩。

　　(3) 国家电力公司热工研究院与哈尔滨锅炉厂开发了 100MW 和 200MW 循环流化床锅炉。100MW、410t/h 循环流化床锅炉已于 2003 年投入运行。锅炉蒸汽参数为 9.8MPa、540℃，锅炉热效率达 90.5%。

　　该锅炉结构特点如下：

　　a. 燃烧室、尾部烟道均为膜式水冷壁结构，燃烧室上部布置二级屏式过热器和蒸发受热面。

　　b. 四台高温上排气热旋风筒分离器布置在燃烧室两侧。

　　c. 采用自平衡 U 形返料阀。

　　d. 风帽采用大口径钟罩式。

　　e. 一电场除尘灰送至燃烧室循环燃烧。

　　f. 尾部烟道内依次布置过热器、省煤器和空气预热器。

　　g. 床底渣采用风水冷流化床选择性冷渣器。

　　(4) 清华大学与哈尔滨锅炉厂有限责任公司联合开发的 135MW 循环流化床锅炉。该锅炉已于 2003 年投入运行。

　　该锅炉结构特点如下：

　　a. 燃烧室为膜式水冷壁结构。

　　b. 燃烧室内布置有屏式二级过热器和末级再热器。

c. 两个高温绝热旋风筒分离器布置在燃烧室出口，结构上有如下特点：

● 分离器进口烟气管向下倾斜一定角度。

● 中心排气管为变截面圆形管，其烟气进口有蘑菇形导流体。

● 排气管偏心布置。

（5）中国科学院工程热物理研究所与济南锅炉厂联合开发了 240、450t/h 循环流化床锅炉。锅炉蒸汽参数为 9.8MPa、540℃，热效率为 90%。首台 240t/h 循环流化床锅炉于 2002 年在山东郯城投入运行。该锅炉采用汽冷分离器，其中心排气管偏置布置。锅炉结构特点如下：采用高温旋风分离器；分离器料腿为水冷结构；蘑菇形风帽；U 形返料器。到 2003 年止，济南锅炉厂已有 80 余台蒸发量为 240t/h 以上的高压循环流化床锅炉业绩。

5. 四川白马 300MW 循环流化床锅炉示范工程

白马 300MW 循环流化床锅炉示范工程锅炉简介：

a. 锅炉为亚临界中间再过热 Lurgi 炉型——单炉膛双支腿式燃烧室，主蒸汽参数为 17.4MPa、540℃，再热蒸汽压力为 3.7MPa。

b. 锅炉燃烧四川宜宾芙蓉无烟煤，热值为 18495kJ/kg，硫分为 3.54%。

c. 锅炉蒸发量为 1025t/h。

d. 4 个内径为 8.77m 的绝热式旋风分离器布置在燃烧室左右两侧。

e. 锅炉双支腿外侧标高 6.7m 装设 4 个外置热交换床，外置床内布置有低温段过热器，中温段过热器和高温段再热器。

f. 双支腿下部外侧布置有 4 个流化床选择性冷渣器。

g. 锅炉烟气污染物设计排放浓度：Ca/S 摩尔比 $\leqslant 1.8$，$SO_2 \leqslant 600mg/m^3$（标准状态下），$NO_x \leqslant 250mg/m^3$（标准状态下）。

h. 不投油最低稳燃负荷为锅炉额定负荷的 35% ±5%。

四、大型循环流化床锅炉的发展潜力

（1）近十年来，大型循环流化床锅炉在美国、法国和中国得到了快速的发展。随着 300MW 等级的循环流化床锅炉在法国、美国的投运以及被中国的引进、开发，可以预料，300MW 循环流化床锅炉由于它的高性能、低成本，必将与煤粉锅炉展开激烈竞争，在烧高硫煤、劣质燃料时，必将取代煤粉锅炉。

（2）大型循环流化床锅炉发展方向。

a. 开发大型和超大型循环流化床锅炉。

b. 用循环流化床燃烧技术改造超龄的、对环境污染严重的煤粉锅炉和运行成本高的燃油、燃气锅炉。

c. 发展循环流化床燃烧技术燃烧各种废弃物，如垃圾、各种生物质燃料和工业废弃物，也是近几年来各工业发达国家十分关注的问题。

（3）美国 F&W 公司、法国 Alstom 公司已经推出了 600MW 循环流化床锅炉的设计。围绕 600MW 循环流化床锅炉开展了锅炉燃烧室、分离器、流化床热交换器和尾部烟道放大的研究，以及炉内气固两相流动、传热、污染物控制和燃煤热破碎特性的研究。中国将在白马示范工程 300MW 循环流化床锅炉运行经验的基础上加快 300MW 循环流化床锅炉的国产化。预计在国家"十一五"计划安排开发 600MW 超临界循环流化床锅炉的研究课题。

第六节　循环流化床锅炉的运行问题

超常规的循环流化床锅炉的发展速度使循环流化床锅炉运行出现了一些问题。这些问题的存在影响了循环流化床锅炉的连续、安全、经济运行，还带来了维修工作量大、运行费用高等问题。

一、燃烧室内受热面的磨损

中参数、中小型循环流化床锅炉燃烧室内下部布置有埋管受热面，上部布置有光管水冷壁受热面或膜式壁受热面；高参数大型循环流化床锅炉燃烧室内布置有膜式水冷壁受热面和附加受热面。这些受热面直接受床料固体粒子的冲刷和碰撞，从而使某些部位出现严重磨损。由于燃烧室内受热面磨损引起爆管，造成事故停炉的事故率较高，如美国 Nucla 420t/h 循环流化床锅炉的受热面运行事故率达 27.9%。

二、耐火材料层的磨损、脱落

为了防磨和热平衡的要求，循环流化床锅炉的燃烧室下部用耐火材料覆盖，旋风分离器、返料器及其连接管内部也全部敷设耐火防磨层。这些耐火防磨层直接受床料和循环物料的冲刷，而出现严重的磨损。在循环流化床锅炉运行初期，由于耐火防磨层磨损和脱落造成的事故停炉率占总事故率的 30% 左右。

三、冷渣器结渣

冷渣器是循环流化床锅炉的重要辅机之一。它的正常运行对循环流化床锅炉的连续、安全运行影响很大。冷渣器是否结渣与冷渣器结构、设计有关，更多的与燃煤粒径不合理有关。有的结渣也与运行操作人员的水平有关。根据煤的特性合理选择冷渣器类型、设计冷渣器和积累操作冷渣器经验是防止冷渣器结渣的重要措施。冷渣器进渣和排渣不畅有时也会造成锅炉不能带满负荷，堵塞严重时也可造成锅炉事故停炉。

四、风帽磨损和漏灰

风帽均匀布置在布风板上。风帽磨损与风帽材质的选择以及风帽的结构设计有关，也与风帽的布置有关。正确地选用耐高温、耐磨损材料，合理设计风帽的结构尺寸、风帽之间距离以及有利于防磨的风帽外形形状是消除或减轻风帽磨损的重要措施。风帽漏灰主要与布风装置的阻力有关。风帽阻力小、燃烧脉动大是造成风帽漏灰的主要原因，风帽结构形式也对风帽漏灰有一定作用。风帽磨损造成风帽断头和磨穿，破坏床的流化质量并产生漏灰。风帽漏灰严重时，可造成风室被灰堵满，被迫停炉清灰。

五、循环流化床锅炉燃煤粒径的配制

循环流化床燃烧方式能烧各种燃料，对燃料的适应性特别好，同一台循环流化床锅炉对燃料的适应范围也比较宽。循环流化床锅炉按燃煤热值可分为三个档次：4186.8 ~ 8373.6kJ/kg 的各种低热值煤可设计一种循环流化床锅炉，8373.6 ~ 18840.6kJ/kg 的各种中热值煤可设计一种循环流化床锅炉，18840.6 ~ 27214.2kJ/kg 的各种优质煤可设计一种循环流化床锅炉。这就是说，三种形式的循环流化床锅炉能烧各种形式的煤。但是循环流化床锅炉对燃煤粒径的分配有较为严格的要求。燃煤的冷破碎特性、热爆裂特性、磨损特性对床料的粒径分布有决定性的影响。对鼓泡床循环流化床锅炉，燃煤的平均粒径为 4.5mm 左右；对循环流化床锅炉，燃煤的平均粒径为 2.5mm 左右。对优质煤流化床锅炉，其燃煤平均粒径取

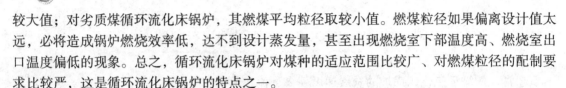

较大值；对劣质煤循环流化床锅炉，其燃煤平均粒径取较小值。燃煤粒径如果偏离设计值太远，必将造成锅炉燃烧效率低，达不到设计蒸发量，甚至出现燃烧室下部温度高、燃烧室出口温度偏低的现象。总之，循环流化床锅炉对煤种的适应范围比较广、对燃煤粒径的配制要求比较严，这是循环流化床锅炉的特点之一。

六、循环流化床锅炉的燃烧事故

常见的循环流化床锅炉的燃烧事故为：熄火和结渣；喷火烧伤人；燃烧室爆炸；尾部再燃；床料排空；返料器运行不稳定；返料器内结渣。以上这些事故多数发生在锅炉点火启动过程中，有的也发生在正常运行过程中。多数事故由于操作不当引起。

七、循环流化床锅炉分离器效率低

分离器是循环流化床锅炉的重要部件之一，人们称它为循环流化床锅炉的心脏。循环流化床锅炉分离器有两大类，一类是惯性分离器，一类是旋风分离器。惯性分离器是利用气体惯性小，能改变流动方向，而气体中的固体颗粒惯性大，不易改变流动方向而碰撞某种障碍物，从而被分离下来。此种分离器结构简单，阻力小，缺点是分离效率低。旋风分离器是利用气流中粒子在旋风子内的旋转运动产生的离心力，使粒子碰壁面分离下来。此种分离器结构也较简单，分离效率高，缺点是体积大，阻力较大。分离器效率低将使锅炉燃烧效率低，飞灰含碳量高，锅炉达不到设计蒸发量。我国初期开发的一大批循环流化床锅炉，如平面流分离器循环流化床锅炉，两级百叶窗分离器循环流化床锅炉，都因分离器效率低而造成锅炉达不到设计蒸发量，带来了飞灰含碳量高及燃烧室后部对流受热面磨损等严重问题。正确选用旋风分离器，并优化其结构尺寸，保证较高的分离效率，是循环流化床锅炉设计中最关键的问题。

八、飞灰含碳量高

中小型循环流化床锅炉飞灰含碳量高是一个比较普遍的问题。影响循环流化床锅炉飞灰含碳量的主要因素如下：

a. 煤的种类的影响。烟煤、褐煤飞灰含碳量低，无烟煤、贫煤飞灰含碳量高。

b. 燃烧温度的影响。燃烧温度高，飞灰含碳量低；相反，燃烧温度低，飞灰含碳量高。

c. 分离器分离效率的影响。分离器分离效率高，切割粒径小，飞灰含碳量低；相反，分离器分离效率低，切割粒径大，飞灰含碳量高。

d. 锅炉蒸发量的影响。锅炉蒸发量大，相应的燃烧室高度高，一次通过燃烧室燃烧的粒子（分离器收集不下来的粒子）燃烧时间长，燃尽度较高，飞灰含碳量低；相反，飞灰含碳量高。对中小型循环流化床锅炉燃烧难燃煤种时，除了适当提高燃烧室温度和提高分离器的分离效率之外，采取除尘灰部分循环或全部循环燃烧是降低飞灰含碳量的重要措施之一。

九、其他运行问题

与煤粉锅炉相比，循环流化床锅炉的负荷调节、降低点火油耗和调节过热蒸汽温度都有其特殊性。掌握了这些特殊性，对循环流化床锅炉的负荷调节，过热蒸汽温度调节和降低点火油耗就不难了。

第二章

循环流化床流体动力特性

循环流化床中的物质可分为两部分——流体介质和固体颗粒。在流体介质的作用下，固体颗粒也能表现出类似流体的一些宏观特性，即流态化或流化。

循环流化床流体动力特性是指循环流化床中的流体介质与固体颗粒之间相互作用及其运动所表现出来的规律性。对燃煤循环流化床锅炉而言，流体介质即为气体（包括空气和烟气），固体颗粒即为床料（包括煤粒和灰粒等）。燃煤循环流化床所特有的流体动力特性，决定了循环流化床锅炉在燃烧与传热、污染控制与排放，设计计算以及运行操作等方面具有其显著的特点。为了实现循环流化床锅炉的优化设计和正常运行，首先必须对其内部的流体动力特性有充分的认识和了解。

第一节　流态化过程的基本原理

一、流态化现象

当流体连续向上流过固体颗粒堆积的床层，在流体速度较低的情况下，固体颗粒静止不动，流体从颗粒之间的间隙流过，床层高度维持不变，这时的床层称为固定床。在固定床内，固体物料的质量由炉排所承载。随着流体速度的增加，颗粒与颗粒之间克服了内摩擦而互相脱离接触，固体散料悬浮于流体之中。颗粒扣除浮力以后的质量完全由流体对它的曳力所支持，于是床层显示出相当不规则的运动。床层的空隙率增加了，床层出现膨胀，床层高度也随之升高，并且床层还呈现出类似于流体的一些性质。例如：较

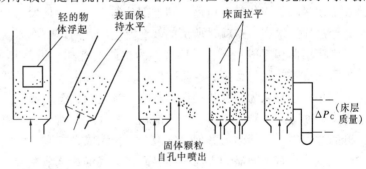

图 2－1　固体颗粒流态化的流体特性

轻的大物体可以悬浮在床层表面；床层的上界面保持基本水平；床层容器的底部侧壁开孔时，能形成孔口出流现象；不同床层高度的流化床连通时，床面会自动调整至同一水平面，见图 2－1。这种现象就是固体流态化，这样的床层称为流化床。

流化床具有各种不同的形式。随着流体流速的逐渐增加，流态化将从散式流态化经过鼓泡流态化、湍流流态化、快速流态化、密相气力输送状态，最后转变为稀相气力输送状态，这已经属于气流床的范畴了。

二、流化床的分类

由于流体介质及其流过床层时速度的不同，以及固体颗粒性质、尺度的差异，使得固体

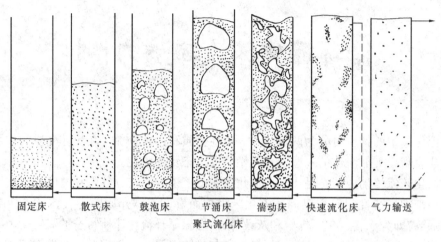

图 2-2 固体颗粒的各种流化状态

颗粒在流体中的悬浮状态不尽相同，因而形成各种不同类型的流化状态，如图 2-2 所示。

单由流体介质的不同来区分，即以液体还是气体作为流化介质，就有两种不同类型的流化现象。以液体为流化介质时，当液体流速增加，固体颗粒会均匀分散地悬浮其间，这样的流化现象称为散式流态化。如果以气体作为流化介质，当气体流速增加时，固体颗粒以各种非均匀的状态分布在流体中，称为聚式流态化。流化床燃煤锅炉涉及的都是气固两相的聚式流化床。

气固两相的聚式流态化，由于气流速度的不同，可以有各种不同的流型。当气流速度刚刚达到使床层流化，也即床层处于临界流化状态，这时的气流速度为临界流化速度 u_{mf}。当气体速度超过临界流化速度以后，超过部分的气体不再是均匀地流过颗粒床层，而是以气泡的形式经过床层逸出，这就是所谓的鼓泡流化床，简称鼓泡床。

鼓泡床由两相组成：一相是以气体为主的气泡相，虽然其中常常也携带有少数固体颗粒，但是它的颗粒数量稀少，空隙率较大；另一相由气体和悬浮其间的颗粒组成，被形象地称为乳化相。通常认为，乳化相保持着临界流化的状态。显然，乳化相的颗粒密度比气泡相要大得多，而空隙率则要小得多。气泡相随着气流不断上升。由于气泡间的相互作用，气泡在上升的过程中，可能会与其他小气泡合并长大成大气泡，大气泡也有可能破碎分裂成小气泡。鼓泡流化床有个明显的界面，在界面之下气泡相与乳化相组成了"密相区"。当气泡上升到床层界面时发生破裂，并喷出或携带部分颗粒，这些颗粒被上升的气流所带走，造成所谓的颗粒夹带现象，于是在床层上部的自由空域形成了"稀相区"。上述的界面就是两个相区的分界面。

当气流速度继续增加时，气泡破碎的作用加剧，使得鼓泡床内的气泡尺寸越来越小，气泡上升的速度也变慢了。床层的压力脉动幅度却变得越来越大，直到这些微小气泡与乳化相的界限已分不出来，床层的压力脉动幅度达到了极大值。于是床层进入了湍流流态化，称为湍流流化床。实际上，湍流流态化是鼓泡床的气固密相流态化与下面将提到的快速流化床的气固稀相流态化的过渡流型。

如果进一步提高气流速度的话，气流携带颗粒量急剧增加，需要依靠连续加料或颗粒循环来不断补充物料，才不至于使床中颗粒被吹空，于是就形成了快速流化床。这时固体颗粒除了弥散于气流中之外，还集聚成大量颗粒团形式的絮状物。由于强烈的颗粒混返以及外部的物料循环，造成颗粒团不断解体，又不断重新形成，并向各个方向激烈运动。快速流化床不再像鼓泡流化床那样具有明显的界面，而是固体颗粒团充满整个上升段空间。快速流化床不但气速高，固体物料处理量大，而且具有特别好的气固接触条件和温度均匀性。快速流化床与气固物料分离装置、颗粒物料回送装置等一起组成了循环流化床。

图2-3表明了随着气流速度的增加，床层压降的变化规律及鼓泡流化床转变为循环流化床的工作状态。

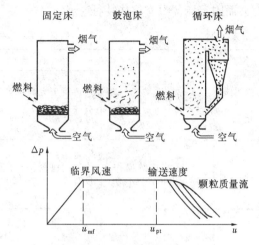

图2-3 流化床流态转化过程

在循环流化床运行工况下，整个炉内的床料密度要比鼓泡床低得多。因为对于颗粒尺寸相同的鼓泡床，固体颗粒基本上只飘浮在床层内，没有向上的净流出量，其颗粒的质量流率等于零，气固间有很大的相对速度，此时床层膨胀比和床料密度只决定于流化速度。但在循环流化床工况下，除了气体向上流动外，固体颗粒也向上流动，此时两相之间存在的相对速度称为滑移速度，如图2-4所示。此时，气固两相混合物的密度不单纯取决于流化速度，还与固体颗粒的质量流率有关。在一定的气流速度下，质量流率越大，则床料密度越大，固体颗粒的循环量越大，气固间的滑移速度越大。

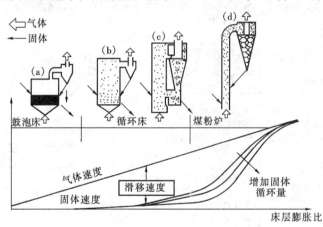

图2-4 气固滑移速度与床层膨胀比

三、流化床的特点

利用流化床具有液体的性能，可以设计出不同的气体与固体的接触方式。流化床的特性，既有有利的一面，也有不利的一面。表2-1给出了气固反应系统接触方式的比较。

同其他气固接触方式相比，它具有如下优点：

（1）由于流化的固体颗粒有类似液体的特性，因此颗粒的流动平稳，其操作可连续自动控制。从床层中取出颗粒或向床层中加入新的颗粒特别方便，容易实现操作的连续化和自动化。

（2）固体颗粒混合迅速均匀，使整个反应器内处于等温状态。由于固体颗粒的激烈运动和返混，使床层温度均匀。此外，流化床所用的固体颗粒比固定床的小得多，颗粒的比表面积（即单位体积的表面积）很大，因此，气固之间的传热和传质速率要比固定床的高得多。床层的温度分布均匀和传热速率高，这两个重要特征使流化床容易调节并维持所需要的温

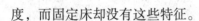

度，而固定床却没有这些特征。

表 2-1　　　　　　　　　　　　气固反应系统接触方式的比较

类别	固 定 床	移 动 床	流 化 床	平流气力输送
固体催化的气相反应	仅适用于缓慢失活或不失活的催化剂。严重的温度控制问题限制了装置规模	适用于大颗粒容易失活的催化剂。可能进行较大规模操作	用于小颗粒或粉状非脆性迅速失活的催化剂。温度控制极好，可以大规模操作	仅适用于快速反应
气固反应	不适合连续操作，间歇操作时产物不均	可用粒度大小相当均匀的进料，但有或仅有少量粉末，可能进行大规模操作	可用有大量细粉的宽粒级固体。可进行温度均匀的大规模操作。间歇操作好，产物均匀	
床层中温度分布	当有大量热量传递时，温度梯度较大	以适量气流能控制温度梯度，或以大量固体循环能使之减小到最低限度	床层温度几乎恒定。可由热交换，或连续加添和取出适量固体颗粒加以控制	用足够量的固体循环能使固体颗粒流动方向的温度梯度减少到最低限度
颗粒	相当大和均匀。温度控制不好，可能烧结并堵塞反应器	相当大和均匀。最大受气体上升速度所限，最小受临界流化速度所限	宽粒度分布且可带大量细粉。容器和管子的磨蚀，颗粒的粉碎以及夹带均为严重	颗粒要求同流化床。最大粒度受最小输送速度所限
压降	气速低和粒径大，除了在低压系统压降不严重	介于固定床与流化床之间	对于高床层，压降大，造成大量动力消耗	细颗粒时压降低，但对大颗粒则较可观
热交换和热量传递	热交换效率低，所以需要大的换热面积。这常常是放大中的控制因素	热交换效率低，但由于固体颗粒热容量大，循环颗粒传递的热量能相当大	热交换效率高，由循环颗粒传递大量的热量，所以热问题很少是放大时的限制因素	介于移动床和流化床之间
转化	气体呈活塞流，如温度控制适当（这是很困难的），转化率可能接近理论值的100%	可变通，接近于理想的逆流和并流接触，转化率可能接近理论值的100%	固体颗粒返混并且气体接触方式不理想，结果其性能较其他方式反应器为差，要达到高转化率，必须多段操作	气体和固体的流动接近于并流活塞流，转化率有可能较高

（3）通过两床之间固体颗粒的循环，很容易实现提供（取出）大型反应器中需要（产生）的大量热量。

（4）气体与固体颗粒之间的传热和传质速率高。

（5）由于流化床中固体颗粒的激烈运动，不断冲刷换热器壁面，使不利于换热的壁面上的气膜变薄，从而提高了床层对壁面的换热系数。通常，流化床对换热面的传热系数为固定床的十倍左右，因此流化床所需的传热面积也较小，只需要较小体积的床内换热器，降低了造价。

由于颗粒浓度高、体积大，能够维持较低温度运行，这对某些反应是有利的，如劣质煤燃烧、燃烧中脱硫等。

与此同时，流态化装置也具有一些不利的特点：

（1）气体流动状态难以描述，当设计或操作不当时会产生不正常的流化形式，由此导致气固接触效率的显著降低，当要求反应气体高效转化时，问题尤为严重。

（2）由于颗粒在床内混合迅速，从而导致颗粒在反应器中的停留时间不均匀。连续进料时，使得产物不均匀，降低转化率。间歇进料时，有助于产生一种均匀的固体产物。

（3）脆性固体颗粒易形成粉末并被气流夹带，需要经常补料以维持稳定运行。

（4）气流速度较高时床内埋件表面和床四周壁面磨损严重。

（5）对于易于结团和灰熔点低的颗粒，需要低温运行，从而降低了反应速率。

（6）与固体床相比，流化床能耗较高。

虽然流化床存在一些严重的缺点，但流化床装置总的经济效果是好的，特别是在煤燃烧方面，已经成规模地应用于工业领域，并呈现出良好的发展前景。对流化床的运动规律有了正确充分的了解之后，就能够最大限度地扬长避短，使流态化技术得到更好的推广和应用。

四、非正常流化的几种状态

实际燃煤流化床中气固两相流动状况是很不均匀的。作为流化介质的空气和烟气，它们的组分、状态及量随空间位置和时间发生变化。而被流化的固体颗粒群，其组分、状态及量的不均匀性更为突出：既有刚送入床中还没有开始燃烧的煤粒，也有正在燃烧的炽热炭粒；也可能还有送入床内进行脱硫的石灰石或白云石等脱硫剂，还有上述物质燃烧反应生成的固态物质或残留物。它们均处于不规则的运动中，其物理性质和化学性质也随时随地发生变化。给煤和排渣的局部集中性，也同样造成了流化床中各种浓度场（如各种气体浓度场，粒子浓度场等）、温度场和粒度场的不均匀性。很明显，实际燃煤流化床中的气体和固体颗粒并不是均匀分布的。如果设计不合理或运行操作不当，就会加剧这种分布的不均匀性，致使床层出现非正常流化的状态，常见的非正常流化的状态有如下几种。

1. 沟流

当空床流速尚未达到临界流化速度时，气流在宽筛分料层中的分布是不均匀的，料层中颗粒大小的分布和空隙也是不均匀的。因此在料层阻力小的地方，所通过的气流量和气流速度都较大。如果料层中的颗粒分布非常不均匀或布风严重不均匀时，即使空床流速超过正常的临界流化速度，料层并不流化，此时大量的气体从阻力小的地方穿过料层，形成了所谓的气流通道，而其余部分仍处于固定床状态，这种现象就称为沟流或穿孔。沟流有两种：一种沟流穿过整个料层，称为贯穿沟流，如图2-5（a）所示；另一种沟流仅发生在床层局部高度，称为局部沟流或中间沟流，如图2-5（b）所示。

沟流常出现在床层阻力不均匀、空床流速较低的情况下，如点火启动及压火后再启动时，容易产生沟流现象，若在运行时发生高温结渣也会形成沟流。沟流形成时，床层阻力会突然降低，随空床流速的增加，床层阻力可能回升，但达不到正常的床层阻力值，其床层阻力特性曲线如图2-6所示。显然，中间沟流的床层阻力要比贯穿沟流大。

床层中产生沟流时，会引起床层结渣，使床层无法正常运行。因此，产生沟流后应当迅速予以消除。在运行中消除沟流的有效办法是加厚料层，压火时关严所有风门等。特别是应当防患于未然，消除产生沟流的影响因素。

产生沟流的影响因素有：

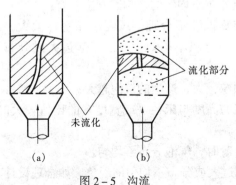

图2-5 沟流

（a）贯穿沟流；（b）中间沟流

（1）料层中颗粒粒径分布不均匀，细小颗粒过多，运行时空床流速过低；

（2）料层太薄或料层太湿易黏连；

（3）布风装置设计不合理致使布风不均匀，如单床面积过大或风帽节距太大等；

（4）启动及压火的方法不当。

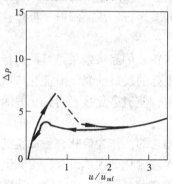

图2-6　床层产生沟流时的压降

图2-7　气泡

2．气泡过大或分布不均

实际燃煤流化床属聚式流化，必然会产生气泡，如图2-7所示。气固流化床中气泡是非常主要的因素，正是由于气泡的运动造成了固体颗粒迅速而充分的混合，致使气固流化床具有许多独特的优势。气泡越小，分布越均匀，则流化质量越好，气固之间的接触越好；相反，若气泡过大或分布很不均匀，会使床运行不正常或流化质量不佳。气泡过大或分布很不均匀时，一方面会使气泡在向上运动时，引起床层表面很大的起伏波动，带来床层压降的起伏，如图2-8所示，造成运行不稳定。而当气泡在床层表面破裂时，还会夹带很多床料粒子溅出床层，一些细小的粒子被气流带走，若未能捕集并循环燃烧，会造成不完全燃烧，热损失增加。另一方面，气泡相在初始时，其中储存着大量的空气，而密相颗粒相则空气相对不足，虽然随着气泡的上升、长大，气泡中的氧会有一部分与颗粒相之间实现交换，但其余部分则不起作用而逸出床外。气泡越大，上升速度越快，气泡内的氧短路逸出床外的越多，有时甚至是全部，这时两相之间的热质交换条件最差。很明显，这对床层中煤粒的燃烧是十分不利的。因此，气泡过大或分布很不均匀对流化床锅炉运行的稳定性和燃烧的经济性都是不利的。

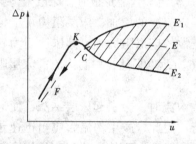

图2-8　气泡的阻力特性

气泡过大或分布不均匀的影响因素主要有：

（1）布风装置设计不合理，风帽小孔直径太大，或风帽节距太大，或布风不均匀，致使气泡过大或分布不均匀；

（2）床层颗粒越大，产生的气泡越大；

（3）流化床的高度与床径（或宽度）的比值较大时，气泡也较大；

（4）料层太薄时，气泡分布不均匀。

因此，应当采取相应的措施，防止或改善气泡过大或分布不均匀的现象，如合理设计布风装置，维持适当的床层厚度等都有利于消除大气泡的产生，并使气泡分布均匀，改善流化质量。

3. 腾涌

料层中气泡会汇合长大，当气泡直径长大到接近床截面时，料层会被分成几段，成为相互间隔的一段气泡一段颗粒层，颗粒层被气泡像推动活塞一样向上运动，如图2－9所示。达到某一高度后会崩裂，大量的细小颗粒被抛出床层，被气流带走，大颗粒则雨淋般落下，这种现象称为腾涌，或节涌、气截。在出现腾涌现象时，气泡向上推动颗粒层，由于颗粒层与器壁摩擦造成床层压降高于理论值，而在气泡破裂时又低于理论值，因此，出现腾涌时，床层压降会在理论值范围附近大幅度地波动，如图2－10所示。

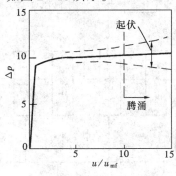

图2－9 腾涌 　　　　　　　图2－10 腾涌的阻力特性

流化床发生腾涌时，很难维持正常运行，风压波动十分剧烈，风机也受到冲击，床层底部会沉积物料，易引起结渣，还会加剧壁面的磨损。另外，腾涌对气固两相的接触也是极为不利的。因此对燃烧和传热都将产生不良影响，还会引起飞灰量增大，致使热损失增大，影响经济运行。

产生腾涌的原因与产生大气泡的原因是相同的，只是程度更为严重些，腾涌的影响因素有：

（1）床料粒子筛分范围太窄且大颗粒过多；

（2）床层高度与床径（或宽度）的比值较大；

（3）运行风速过高。

对于燃煤流化床锅炉，大多燃用宽筛分煤粒，且床高与床径比值较小，只要运行风速不是太高，一般不大会产生腾涌现象。如果在运行中发生了腾涌，应及时处理，如增加小颗粒的比例，适当减少风量，降低料层厚度等。

4. 分层

若流化床料层中有大小不同的颗粒，特别是过粗和过细的颗粒所占的比例均很大时，较多小颗粒集中在床层上部，而大颗粒则沉积在床层底部，这种现象称为分层，如图2－11所示。当风速较低，特别是风速刚刚超过大颗粒的临界流化速度时，分层现象较为明显。分层发生后，会造成上部小颗粒流化而底部大颗粒仍处于固定床状态的"假流化"现象，这是导致流化床锅炉结渣的原因之一。流化床锅炉在点火启动过程中，由于风量较小，容易发生分层现象。正常运行时，风速较高，混合十分强烈，料层分层现象不太明显。但如果料层中"冷渣"（料层中有少量密度较大或粒径较

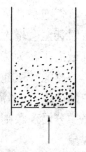

图2－11 分层

大的石块或金属等，或少量燃煤因局部高温而粘结成大块，都沉积在床层底部，即称为冷渣）沉积太多，就会产生分层现象，影响床层的流化质量，甚至影响床层的安全稳定运行，因此应及时排"冷渣"，以防分层发生。另外，合理配风，采用颗粒分布较均匀、较窄筛分范围的燃料或点火床料以及倒锥形炉膛结构等都可防止或改善分层现象。

为帮助加深对固体颗粒流化过程和现象的理解，图 2－12 给出了气固流化过程及有关现象的方框图。

当气流通过床层时，如流速较低，气流从粒子间的空隙中通过，粒子不动。当流速稍许增大时，颗粒会被气流吹动而稍微移动其位置，颗粒的排列变得疏松些，但颗粒与颗粒仍保持接触，床层体积几乎没有变化，此即固定床。如流速渐增，则粒子间空隙率将开始增加，床层体积逐渐增大，成为膨胀床，但整个床层并未全部流化。只有当流速达到某一限值，床层刚刚能被流体托起时，床内全部粒子才开始流化起来

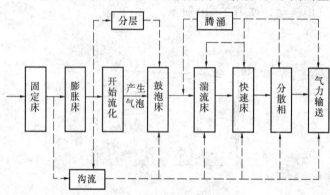

图 2－12　气固流化过程与现象

了。如果流速进一步提高，床层中将大量鼓泡，流速愈高，气泡造成的扰动愈剧烈，但仍有一个清晰的床面，这就是鼓泡床。随着流速的进一步提高，床层中的湍动也随之加剧，此时鼓泡激烈以至难以识别气泡，并且床层密度的波动变得十分严重，许多较小的颗粒被夹带，床层的界面也模糊起来，这就是所谓的湍流床。再进一步增加流速，将导致颗粒被大量带出，为了维持床层的稳定，必须进行粒子循环，这便是快速床。在快速床阶段，原来较清晰的床面已经不存在，颗粒与气体的滑动速度增大并有一最大值。如果流速继续增加，颗粒与气体的滑动速度又趋减小，进入所谓的分散相，即初始气力输送状态。随着流速的进一步增加，颗粒与气流的滑动速度减为零，颗粒随气流一起运动，进入了气力输送状态。

很明显，从临界流化开始一直到气力输送，床层中的气体随流速的增加，从非连续相（气泡）一直转变到连续相的整个区间都属于流态化的范围。

至于非正常流化现象之一——沟流如果产生，将会在固定床向膨胀床，或膨胀床向流化状态转化的过程中产生，并将根据沟流的严重程度，相应地转入鼓泡床或湍流床或快速床或分散相，最后成为气力输送状态。

气泡是从流化开始后就产生了。随着流速的增加，气泡数量增多，体积一般都会增大，有时甚至会增大至形成另一种不正常流化状态——腾涌。如果腾涌未形成，气泡将一直存在到鼓泡床转为湍流床，到了湍流床状态，鼓泡已剧烈到无法识别气泡了。

腾涌在鼓泡床形成之后，随流速的增大，气泡汇合长大很严重时产生（一般在小直径床中易产生）。腾涌产生后，可能转为湍流床或快速床或分散相，最后成为气力输送。

分层现象则可能出现在由膨胀床到鼓泡床状态的整个过程，但并不是必然会出现的一种现象。

第二节　固体颗粒的物理特性

流化床的流体动力特性不仅与流体介质密切相关，而且还与固体颗粒的物理特性，如几何尺寸、形状、密度、宽筛分的分布等性质以及床层的空隙率等有关。特别是循环流化床锅炉的燃料颗粒更是大小不均、形状各异，对于床层流体动力特性有着直接的影响。

一、颗粒的物理特性参数

1. 单颗粒的尺寸

粒径表示颗粒尺寸的大小。只有在球形粒子的特殊情况下才可用直径唯一地加以规定，对非球形粒子，一般可用等效直径来规定粒子的大小。从表 2-2 中不难看出，不规则形状粒子的大小与用来确定等效直径的方法密切相关。除球体外，同一颗粒因计算方法不同，其结果是不相同的。因此，应按研究的不同目的来选择计算等效直径的方法。在流化床中通常把形状不规则的颗粒等效地用相应的球形颗粒来替代。

表 2-2　　　　　　　　　　　　不规则形状粒子的等效直径

等效直径	定　　义	数学定义
长度直径	直径在一给定方向上测量	$d = l$
平均直径	在 n 个给定方向上测量的粒子的平均直径	$d = \Sigma d_i/n$
投影-周长直径	与粒子有同样投影周长的圆的直径	$d = P/\pi$
投影-面积直径	与粒子有同样投影面积的圆的直径	$d = (4A_p/\pi)^{0.5}$
表面积直径	与粒子有相同表面积的球的直径	$d = (A_S/\pi)^{0.5}$
体积直径	与粒子同体积的球的直径	$d = (6V/\pi)^{1/3}$
质量直径	与粒子同质量同密度的球的直径	$d = (6m/\pi\rho_p)^{1/3}$
Stokes 直径	与粒子同密度和同沉降速度的球的直径	$d = [18\mu u/(\rho_p - \rho_f)g]^{0.5}$

注　P 为粒子的投影周长，A_p 为粒子的投影面积，A_S 为粒子的表面积，V 为粒子的体积，m 为粒子的质量，ρ_p 为粒子的密度，ρ_f 为空气的密度，μ 为空气的黏度，u 为粒子的沉降速度。

2. 颗粒的粒径分布

流化床锅炉中遇到的颗粒通常都是一定尺寸范围内大小不同颗粒的混合体（即所谓的颗粒群），呈现不同粒度的宽筛分分布。流化床层物料的粒径大小及分布对于分析流化工况和流化质量是十分重要的。

（1）粒径分布的表示方法。颗粒群的粒径分布，一般有三种表示形式：表格式、图示和函数式。函数式是粒径分布最精确的描述，通常采用频率（或份额）f 和累积率 D 来表示粒径分布的规律。

1）频率 $f'_{nj} = n_j / \sum_{i=1}^{N} n_i$（计数量）或 $f'_{mj} = m_j / \sum_{i=1}^{N} m_i$（计质量）

2）累积率 $D_{nk} = \sum_{i=1}^{k} n_i / \sum_{i=1}^{N} n_i$（计数量）或 $D_{mk} = \sum_{i=1}^{k} m_i / \sum_{i=1}^{N} m_i$（计质量）

式中：n_j, m_j 分别为在总数为 N 个的分区段内任一区段 j 的颗粒数量或质量；f'_{nj}, f'_{mj} 为任一区段的颗粒数量或质量在颗粒群总数目或总质量中所占的份额；D_{nk}, D_{mk} 为从第 1 区段到第

k 区段所有的颗粒数量或质量在颗粒群总数目或总质量中所占的份额。

显然有如下关系

$$\sum_{i=1}^{N} f'_i = 1 \quad D_N = 1$$

进一步地，可用概率方法来改造频率的表示方法，即采用概率分布密度（简称分布密度）$f(\delta_j) = \lim\limits_{\Delta\delta \to 0} \dfrac{f'_j}{\Delta\delta}$，分布密度在 $(0, \delta_j)$ 上的积分就是粒径的分布函数。它实际上就是粒径小于 δ_j 的所有颗粒的频率，即累积率，一般称为筛下累积率，用 D_j 表示，$D_j = \int_0^{\delta_j} f(\delta_i)\mathrm{d}\delta$，而对于粒径大于 δ_j 的所有颗粒的频率，称为筛上累积率，用 R_j 表示，$R_j = \int_{\delta_j}^{\infty} f(\delta_j)\mathrm{d}\delta$。显然

$$D_j + R_j = \int_0^{\infty} f(\delta_i)\mathrm{d}\delta = 1 \quad \text{且} \quad f(\delta_i) = \frac{\mathrm{d}D}{\mathrm{d}\delta} = -\frac{\mathrm{d}R}{\mathrm{d}\delta}$$

图 2 – 13 及图 2 – 14 为表示粒径分布的分布密度曲线及筛下和筛上累积率曲线。

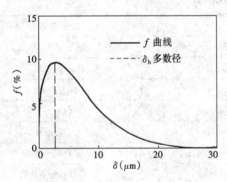

图 2 – 13　表示粒径分布的 $f(\delta_i)$

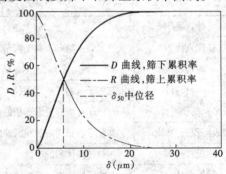

图 2 – 14　表示粒径分布的 D、R 曲线

（2）代表粒径。在代表颗粒群粒径分布规律的 $f(\delta_i)$ 及 D 曲线上，几个常用的特殊点如下：

1）多数径。即有最大分布密度的粒径，用 δ_h 表示，在该点处，$f(\delta_i)$ 曲线呈最大极值，即有 $\dfrac{\mathrm{d}f(\delta_i)}{\mathrm{d}\delta} = \dfrac{\mathrm{d}^2 D}{\mathrm{d}\delta^2} = 0$，该点又是 D 曲线或 R 曲线上的拐点。

2）中位径。即累积率 $D = 0.5$ 处的粒径，用 δ_{50} 表示，常用于颗粒分离和分级方面的研究。

3）平均径。即颗粒粒径的某种统计平均值，它与不同的平均计算方法有关。表 2 – 3 给出了计算平均径的三种方法，表中算术平均径与几何平均径相差较大，但当用于平均的粒径数目 N 增多时，这两种平均值就越来越接近。

在流化床中，由于固体颗粒中颗粒的份额、尺寸等不尽相同，因此，必须用适当的方法确定其平均粒径，定量地表示颗粒群粒径的大小，以具有平均直径的均匀颗粒来代替大小不均匀的宽筛分颗粒群。平均径是非常重要的参数，对颗粒群而言，可以用颗粒的

表 2 – 3　平均径计算方法

平均径	计算式
算术平均径	$\Sigma d_i / N$
几何平均径	$(\Pi d_i)^{1/N}$
调和平均径	$[\Sigma d_i^{-1} / N]^{-1}$

个数 n、长度 l、面积 S、体积 V 和重力矩 M 五个基准参数来表征。

由粒径分布计算平均粒径，不但与求平均径的方法有关，而且与粒径组成的基准有很大关系。以计数量和计质量表示的平均粒径可归纳为如下的平均径 d 的表达式

$$d_{\alpha\beta} = \Big(\sum_{i=1}^{N} n_i d_i^{\alpha} \Big/ \sum_{i=1}^{N} n_i d_i^{\beta} \Big)^{1/(\alpha-\beta)} = \Big(\sum_{i=1}^{N} f_{ni}' d^{\alpha} \Big/ \sum_{i=1}^{N} f_{ni}' d^{\beta} \Big)^{1/\alpha-\beta} \qquad (2-1)$$

$$d_{\alpha\beta} = \Big(\sum_{i=1}^{N} m_i d_i^{\alpha-3} \Big/ \sum_{i=1}^{N} m_i d_i^{\beta-3} \Big)^{1/(\alpha-\beta)} = \Big(\sum_{i=1}^{N} f_{mi}' d^{\alpha-3} \Big/ \sum_{i=1}^{N} f_{mi}' d^{\beta-3} \Big)^{1/\alpha-\beta} \qquad (2-2)$$

以计数量和计质量表示的平均径计算公式归纳于表 2-4。

表 2-4　　　　　　　　　　平均径计算公式

序号	α	β	名　称	符号	按数量计	按质量计
1	1	0	个数长度平均径	d_{nl}	$\Sigma(n_i d_i)/\Sigma n_i$	$\Sigma(m_i/d_i^2)/\Sigma(m_i/d_i^3)$
2	2	0	个数面积平均径	d_{nS}	$[\Sigma(n_i d_i^2)/\Sigma n_i]^{1/2}$	$[\Sigma(m_i/d_i)/\Sigma(m_i/d_i^3)]^{1/2}$
3	2	1	长度面积平均径	d_{lS}	$\Sigma(n_i d_i^2)/\Sigma(n_i d_i)$	$\Sigma(m_i/d_i)/\Sigma(m_i/d_i^2)$
4	3	0	个数体积平均径	d_{nV}	$[\Sigma(n_i d_i^3)/\Sigma n_i]^{1/3}$	$[\Sigma m_i/\Sigma(m_i/d_i^3)]^{1/3}$
5	3	1	长度体积平均径	d_{lV}	$[\Sigma(n_i d_i^3)/\Sigma(n_i d_i)]^{1/2}$	$[\Sigma m_i/\Sigma(m_i/d_i^2)]^{1/2}$
6	3	2	面积体积平均径	d_{SV}	$\Sigma(n_i d_i^3)/\Sigma(n_i d_i^2)$	$\Sigma m_i/\Sigma(m_i/d_i)$
7	4	0	个数重力矩平均径	d_{nM}	$[\Sigma(n_i d_i^4)/\Sigma n_i]^{1/4}$	$[\Sigma(m_i d_i)/\Sigma(m_i/d_i^3)]^{1/4}$
8	4	1	长度重力矩平均径	d_{lM}	$[\Sigma(n_i d_i^4)/\Sigma(n_i d_i)]^{1/3}$	$[\Sigma(m_i d_i)/\Sigma(m_i/d_i^2)]^{1/3}$
9	4	2	面积重力矩平均径	d_{lM}	$[\Sigma(n_i d_i^4)/\Sigma(n_i d_i^2)]^{1/2}$	$[\Sigma(m_i d_i)/\Sigma(m_i/d_i)]^{1/2}$
10	4	3	体积重力矩平均径	d_{VM}	$\Sigma(n_i d_i^4)/\Sigma(n_i d_i^3)$	$\Sigma(m_i d_i)/\Sigma m_i$
11	0	-1	调和平均径	d_{hm}	$\Sigma n_i/\Sigma(n_i/d_i)$	$\Sigma(m_i/d_i^3)/\Sigma(m_i/d_i^4)$

注　$d_{nl}d_{lS} = d_{nS}$，$d_{nl}d_{lS}d_{SV} = d_{nV}^3$，$d_{SV} = d_{nV}^3/d_{nS}^2$，$d_{VM} = d_{nM}^4/d_{nV}^3$，$d_{lS}d_{SV} = d_{lV}^2$，$d_{VM} > d_{SV} > [d_{lS} > = < d_{nV}] > d_{nS} > d_{nl}$。

由表 2-4 可见，平均径的表示和计算方法很多。对于同一颗粒群，因计算平均径的方法不同，结果会有差异，有时差异还很大。对流化床中的颗粒，多采用面积体积平均径，也有采用体积重力矩平均径的。

（3）粒径分布函数。如前所述，$f(\delta)$、D 等都是连续函数，这样就可以用某种数学表达式来表示它。最简单的函数是包含两个常数——颗粒群的代表粒径和以此代表粒径为基准的粒径散布范围，有时还要增加一个常数以表示某个极限粒径。常用的函数形式有正态分布、对数正态分布、Weibull 分布、Rosin-Rammler（简称 RR）分布等。RR 分布适应范围很广，其表达式为

$$D(\delta) = 1 - \exp(-\beta\delta^n)$$

$$f(\delta) = n\beta\delta^{n-1}\exp(-\beta\delta^n)$$

式中：β 为常数，表示颗粒群的粗细程度，β 越大，颗粒越细；n 为分布指数，表示粒径分布范围的宽窄程度，n 越大，粒径分布越窄。对于粉尘及粉碎产物，往往 $n \leqslant 1$。

这种分布函数较简单，适用于机械破碎或粉碎所得的颗粒，实测资料表明，在 RR 分布中 β 与 n 之间有一定的内在联系，当 n 较大时，β 较小，$\beta = \delta_R^{-n}$，δ_R 为相当于 $D = 1 - 1/e =$

0.632 时的粒径。

一般来说，由物体破碎和分选等机械中产生的颗粒比较粗大，且粒径分布范围广；由燃烧等化学反应产生的烟尘则较细，其粒径分布范围窄。

对于流化床的各种粉尘的粒径分布进行回归处理，得到的结论是这些粉尘的粒径分布与RR 分布吻合较好。因此，对于循环流化床中所用的煤粒、飞灰物料、石灰石等均可优先采用 RR 分布进行拟合、表示。

3. 颗粒粒径及分布的测定

颗粒粒径及分布的测定方法种类繁多。由于采用的原理不同，所测得的粒径范围及参数也不相同，应根据使用目的和方法的适应性作出选择。测定及表达粒径的方法可分为长度、质量、横截面、表面积及体积五类。由于粒径测定的结果与测定方法及表示法有关，因此，测定的结果应指明测定方法与表示法。下面将扼要介绍常用的筛分法。

筛分法是粒径分布测量中使用早、应用广、最简单和快速的方法。一般大于 $40\mu m$ 的固体颗粒可用筛网来分级，筛分法是让粉尘试样通过一系列不同筛孔的标准筛，将其分离成若干个粒级，分别称量，求得以质量百分数表示的粒度分布。筛网开孔大小有各种标准，我国常用泰勒标准，与美、英、日等国十分接近。泰勒标准筛以每英寸筛网长度上的筛孔数来表示不同大小的筛孔，称为目。泰勒标准筛是一系列不同筛孔的筛子，相邻上下两层筛子的孔径尺寸比大致为 $\sqrt{2}$。泰勒标准筛的目数和孔径详见表 2 - 5。

表 2 - 5　　泰勒标准筛的目数和孔径

目　数	孔径（mm）	目　数	孔径（mm）	目　数	孔径（mm）
3	6.680	14	1.168	100	0.147
4	4.699	20	0.833	150	0.104
6	3.327	35	0.417	200	0.074
8	2.362	48	0.295	270	0.053
10	1.651	65	0.208	400	0.038

筛分时，影响测量结果的因素很多，较重要的有颗粒的物理性质、筛面上颗粒的数量、颗粒的几何形状、操作方法、操作的持续时间和取样方法等。应注意如下几个问题。

(1) 筛面上试样尽可能少，粗粒称样取 100 ~ 150g，细粒称样取 40 ~ 60g。

(2) 筛分时间一般不超过 10min。

(3) 要采用标准规定的操作方法，如手筛时，应将筛子稍稍倾斜一些，用手拍打，150次/min，每打 25 次后将筛子转 1/8 圈。

(4) 一般采用干法过筛，物料应烘干，有时也可加入 1% 分散剂以减少颗粒的团聚。对于很易团聚的物料，可用湿法筛分。

(5) 若筛分的各粒级质量与原试样质量差大于 0.5% ~ 1%，应重新筛分。

4. 颗粒的形状

除了粒子尺寸大小外，粒子形状对其运动也有很大影响。因此，还引入形状系数作为描述粒子形状的参数，一般多采用球形度 ϕ_p 来表示。粒子球形度 ϕ_p 定义为

$$\phi_p = 与颗粒等体积的圆球的表面积/颗粒的表面积$$

按此定义，对于球形颗粒，$\phi_p = 1$；对于其他形状粒子，$0 < \phi_p < 1$。

当用筛分法求取颗粒粒径时，对于远非球形的不规则颗粒，d_p 值比实际粒径为大。对于形状规则的非球形颗粒，d_p 值则视颗粒形状而异：薄片状颗粒，d_p 值比实际值大；棒状或长条状颗粒，d_p 值比实际小。因此，对于大多数非球形颗粒，需要考虑球形度。常见物料的球形度可参见表 2-6。

表 2-6　　　　　　　　　　　　　**非球形颗粒的球形度**

物　料	性　　状	球形度	物　　料	性　　状	球形度
原煤粒	大至 10mm	0.65	砂	平均值	0.75
破碎煤粉	—	0.73	硬砂	尖角状	0.65
烟道飞灰	熔融球状	0.89		尖片状	0.43
	熔融聚集状	0.55	渥太华砂	接近球形	0.95
碎玻璃屑	尖角状	0.65	砂	无棱角	0.83
鞍形填料	—	0.3		有棱角	0.73
拉西环	—	0.3	钨粉	—	0.89

球形度 ϕ_p 值虽然非常重要，但是要精确地获取其数值却比较困难，原因在于颗粒的表面积不易测定。测定表面积的方法有吸附法和渗透法，可参考有关专著。测定流态化所用颗粒球形度的常用方法为床层压降法，即测定固定床在层流范围内的压力降，然后采用 Ergun 公式计算。

实际上，球形度表征的是非球形粒子与球形粒子之间的差别，通过它就能将各种非球形粒子作为球形粒子来处理。球形度与非球形粒子粒径的乘积称为当量球形粒径，简称当量粒径，这样就通过球形度将非球形粒子转化为粒径为当量粒径的球形颗粒，从而可以采用球形粒子进行试验归纳出来的各种关系式，很方便地推广到由非球形粒子组成的颗粒系统中去，只要把适用于球形粒子的关系式中的粒径换成当量粒径即可。但必须指出，将非球形粒子的系统折算成球形粒子的系统，只能按照某种特性关系或性质进行折算。而这种折算的结果，从根本上说是不可任意地扩大到其他性质的关系式中去的。所以，球形度、当量粒径是解决非球形粒子系统的办法，但也绝不能因此而替代非球形粒子系统各种性质或规律的具体研究。

5．颗粒密度

颗粒密度是单位体积颗粒的质量。由于颗粒与颗粒之间存在着空隙，颗粒本身还会有内孔隙，所以颗粒的密度有真密度、表观密度、堆积密度等不同的定义。

（1）真密度 ρ_s。颗粒质量除以不包括内孔的颗粒的体积。它是组成颗粒材料本身的真实密度。

（2）视密度 ρ_p。指包括内孔的颗粒的密度。

（3）颗粒群的堆积密度。颗粒群的颗粒与颗粒间有许多空隙，在颗粒群自然堆积时，单位体积的质量就是堆积密度，记为 ρ_b。根据测定方法不同，堆积密度又分为充气密度、沉降密度或自由堆积密度和压紧密度。一般有

$$\rho_b = (1 - \varepsilon)\rho_p$$

式中：ε 为空隙率，视颗粒形状、大小及堆积方式而定。

显然，堆积密度不仅包括了颗粒的内孔，而且也包括了颗粒之间堆积时的空隙。在工业应用中堆放和运输物料时，堆积密度是具有实用价值的。

6. 空隙率与颗粒浓度

设流化床床层的总体积为 V_m，颗粒的总体积为 V_p，流体所占的体积为 V_g，则 $V_m = V_p - V_g$。床层的空隙率 ε 是指流体所占的体积 V_g 与床层总体积 V_m 之比，即

$$\varepsilon = \frac{V_g}{V_m} = 1 - \frac{V_p}{V_m} \qquad (2-3)$$

局部空隙率是指床层某点处的空隙率，也即该点小区域内空隙率的平均值。

床层的颗粒浓度 ε_s 是指颗粒所占的体积 V_p 与床层总体积 V_m 之比，显然有

$$\varepsilon_S = \frac{V_g}{V_m} = 1 - \varepsilon \qquad (2-4)$$

二、颗粒的分类

在了解固体颗粒流态化表现上，分类是一种很重要的手段，因为在相近的操作条件下，不同类的颗粒流动表现可能完全不同。在气固流化床中，颗粒的粒度以及颗粒与气体的密度差对于流化特性影响很大。通过对大量不同种类的颗粒床流化状态的研究，Geldart 于 1973 年提出了一种具有实用价值的颗粒分类方法。按照 Geldart 分类法，以颗粒的直径为横坐标、颗粒与流化气体密度之差为纵坐标，可将颗粒分为 C、A、B、D 四类，如图 2-15 所示（流化介质为空气、常温常压和流化速度小于 $10u_{mf}$ 时的情况）。同一类颗粒一般具有相同或相似的流化行为，而不同类别的颗粒将反映出不同的流化特性。某种固体颗粒是属于 C、A、B 还是 D 类，这主要取决于颗粒的尺寸和密度，同时也取决于流化气体的性质，因此与它的温度和压力有关。对于任何一种已知密度和尺寸大小的颗粒，这个图能给出所期望的流化状态。目前这个颗粒分类图得到了广泛的应用。

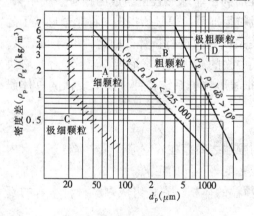

图 2-15　Geldart 颗粒分类法

1. C 类颗粒

C 类颗粒属超细颗粒或黏性颗粒，一般平均粒度小于 $30\mu m$。此类颗粒由于粒径很小，颗粒间的相互作用力相对变大，极易导致颗粒团聚。另外，由于它具有较强的黏聚性，所以容易产生沟流，极难流化。传统上认为这类颗粒不适用于流化操作，近年来，采取搅拌和振动的方式，也可以使 C 类颗粒顺利流化。

2. A 类颗粒

A 类颗粒粒度较细，粒径一般为 30 ~ $100\mu m$，表观密度也较小，一般小于 $1400kg/m^3$。这类颗粒的初始鼓泡速度明显高于初始流化速度，并且在达到流化态之后、气泡出现之前床层就明显膨胀。形成彭泡床后，乳化相中空隙率明显大于初始流化时的空隙率。床层中气固返混较剧烈，相间气体交换速度较高。催化裂化催化剂（FCC）是典型的 A 类颗粒。

3. B 类颗粒

B 类颗粒具有中等粒度，粒径一般为 $100 \sim 600\mu m$，其表观密度约为 $1400 \sim 4000 kg/m^3$。这类颗粒的初始鼓泡速度与初始流化速度相等。因此，当气体流速达到初始流化速度后，床层内即出现鼓泡现象。其乳化相中的气固返混较小，相间气体交换速度亦较低。砂粒是典型的 B 类颗粒。

4. D 类颗粒

D 类颗粒粒度和密度都最大，平均粒度一般在 0.6mm 以上，甚至大于 1mm。该类颗粒流化时易产生大气泡或节涌，使操作难以稳定，需要相当高的气流速度来流化，更适用于喷动床操作。大部分流化床锅炉用煤、玉米、小麦颗粒等属于这类颗粒。

四类颗粒的主要特征及其比较见表 2 - 7。

表 2 - 7　　　　　　　　　　　　四类颗粒的主要特征及其比较

特 征	颗 粒 类 别			
	C	A	B	D
粒度（$\rho_p = 2500 kg/m^3$）/μm	< 30	30 ~ 100	100 ~ 600	> 600
沟流程度	严重	轻微	可忽略	可忽略
可喷动性	无	无	浅床时有	明显
最小鼓泡速度 u_{mb}	无气泡	大于临界流化速度	等于临界流化速度	等于临界流化速度
气泡形状	只有沟流	平底圆帽	圆形有凹陷	圆形
固体混合	很低	高	中等	低
气体返混	很低	高	中等	低
气栓流	扁平面状气栓	轴对称	近似轴对称	近似贴壁
粒度对流体动力特性的影响	未知	明显	微小	未知

第三节　流化床流体动力特性参数

描述流化床流体动力特性的参数主要有床层压降 Δp、床层膨胀比 R、空隙率 ε、临界流化速度 u_{mf}、终端速度 u_t、夹带分离高度和扬析率等。对于燃煤流化床的研究、设计和运行，这些都是十分重要的参数或依据。

一、床层压降、膨胀比及空隙率

当流过床层的气体流速（指按照布风板面积计算的空床气流速度，也即表观速度，有时简称流速）不同时，固体床层将呈现不同的流型，气流通过床层的压降也不尽相同。为简单起见，假定为理想情况，床层由均匀粒度颗粒组成。图 2 - 16 为理想情况下，不同状况床层的压降 Δp、床层空隙率 ε 与气体流速 u 的关系。

当流速很低时，流体通过床层，颗粒之间保持固定的相互关系而静止不动，流体经颗粒之间的空隙流过，床层为固定床状态。随着气流速度的增加，床层厚度、空隙率 ε_0 不变，但阻力会随之而增加，呈幂函数关系，此时床层高度称为固定床高 h_0。

当流速增大到某一确定值 u_{mf} 时，床层中的颗粒不再保持静止状态，从固定床状态转为

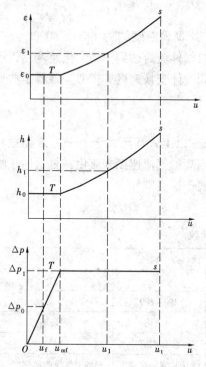

图 2-16　床层阻力、高度、
空隙率与流速

流化床状态，此转变点 T 即为临界流化状态。当空床流速继续增大时，床层膨胀得更厉害，固体颗粒上下翻滚，但并未被流体带走，而是在一定的高度范围内翻滚，床层仍有一个清晰的上界面，此时整个床层具有流体的一些宏观特性，这就是流化床。

在流化床阶段，随着流速的增大，床层阻力保持不变，这是因为随着流速的增大，料层高度相应增大，亦即床层体积膨胀，空隙率增加，流体在床内颗粒间的流通截面增大，使流体通过颗粒间的真实流速基本不变，因此料层阻力也保持不变，这是流化床的重要特性之一。

随着气流速度的增加，空隙率 ε 也将增加，床层高度 h 也随之增加。当气流速度超过 u_t 时，所有的固体颗粒都被气流带出燃烧室，此气流速度 u_t 被称为飞出速度或输送速度，床层处于输送床阶段。在理想情况下，床高为无穷大，此时床层压降在数值上等于床层颗粒重量，床层空隙率 ε 达到极大为 1.0。实际上，由于实际床高为有限，因此在该阶段，床层压降突然降为很小，空隙率接近于 1.0。

上述理想情况基本上反映了实际床层颗粒在不同阶段的主要特征。实际床层与理想床层的主要区别主要是对它的更为细致具体的刻画，如流化床阶段包括散式床、鼓泡床、湍流床和快速床等运动形状。

一般情况下，理想流态化具有以下特点：

（1）有确定的临界流态化点和临界流态化速度 u_{mf}，当流速达到 u_{mf} 以后，整个颗粒床层开始流化。

（2）流态化床层压降为一常数。

（3）具有一个平稳的流态化床层上面界。

（4）流态化床层的空隙率在任何流速下都具有一个代表性的均匀值，不因床层的位置和操作时间而变化，但随流速的变大而变小。

实际流化床压降和流速的关系较复杂。由于受颗粒之间作用力、颗粒分布、布风板结构特性、颗粒外部特征、床直径大小等因素的影响，造成实际流化床压降和流速的关系偏离理想曲线而呈各种状态。流速在接近临界流态化速度时，在压降还未达到单位面积的浮重之前，床层即有所膨胀，若原固定床充填较紧密，此效应更明显。此外，由于颗粒分布的不均匀以及床层充填时的随机性，造成床层内部局部透气性不一致，使固定床和流化床之间的流化曲线不是突变，而是一个逐渐过渡的过程。在此过程中，一部分颗粒先被流化，其他颗粒的质量仍部分由布风板支撑，故此时床层压降低于理论值。最后，随着流速的增加，床层颗粒质量才逐渐过渡到全部由流体支撑，压降接近理论值。此时对应床层质量完全由流体承受的最小流速 u_{mf}，亦即完全流态化速度。由于颗粒表面并不是理想的光滑表面，造成颗粒之间"架桥"现象。当床直径较小时，床层和器壁之间的摩擦更为明显，甚至形成初始流态化对应床层压降大于理论值的现象。当床层全部流化之后，颗粒和器壁之间以及颗粒之间不再相互接触或接触较少，压降和理论值相差不大。流化床内存在的循环流动会产生与流化介质运动方向相反的净摩擦力，导致异常压降的出现。当颗粒分布不均以及布风板不能使流体分布均匀时，可能出现局部沟流，结果是大部分流体短路通过沟道，而床层其余部分仍处于非流态化状态。因此，实际流态化过程总是偏离理想流态化的，而理想流态化在实际中是很难得到的，这与实际颗粒分布、床中流体分布等很难达到理想状态有关。实际流态化过程可能出现的压降和流速曲线见图 2-17。

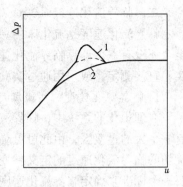

图 2-17　实际流化过程中压降与流速的关系
1—颗粒连锁；2—非流化区

流体通过固定床的压降和许多因素有关，如流体流速 u、流体密度 ρ_f 和黏度 μ、床层直径 D、颗粒直径 d_p、床层空隙率 ε、颗粒球形度 ϕ_S、颗粒表面粗糙度等，床层高度 h 对床层压降影响也很大。

在流化床阶段，随着流速的增大，料层阻力保持不变，这是流化床的重要特性之一。在实际操作中，就是利用流化床中风量增大即空床流速增大时料层压降不变这一显著特征，来判断料层是否进入流化状态的。此时料层阻力约等于单位面积床层的重力，即

$$\Delta p \approx \rho_p g h(1-\varepsilon) = \rho_p g h_0(1-\varepsilon_0) = \rho_b g h_0 \tag{2-5}$$

对于燃煤流化床，引入压降修正系数 λ，由式（2-5）即可将流化床的料层阻力用固定床状态的参数来估算，即

$$\Delta p = \lambda \rho_b g h_0 \tag{2-6}$$

压降修正系数 λ 由实验确定，主要与煤种有关，见表 2-8。

作为一经验公式，式（2-6）非常简单易求，对于指导流化床锅炉设计和运行都是十分有用的。

需要说明的是，由于许多实际因素的影响，当流速变化时，流化床料层阻力会有一些波动，保持不变只是相对而言的。

为描述流化床层的膨胀程度，定义流化床流化前后床层的高度之比为膨胀比，即

表 2-8　各煤种的 λ 值

燃料种类	λ 值
石煤、煤矸石	0.9~1.0
无烟煤	0.8
烟煤	0.77
烟煤矸石	0.82
油页岩	0.70
褐煤	0.50~0.60

$$R = h/h_0 = (1-\varepsilon_0)/(1-\varepsilon)$$
$$或\ \varepsilon = 1-(1-\varepsilon_0)/R \tag{2-7}$$

必须指出，式（2-7）只适用与等截面床，对于燃煤流化床常见的变截面床，需引入床层结构参数进行推导，得到床层空隙率 ε 与膨胀比 R 之间的关系。

流化床锅炉正常运行时，床层空隙率 $\varepsilon = 0.5~0.8$。当 $\varepsilon > 0.8$ 时将出现不稳定状态，是向气力输送过渡的阶段，对于床径较小的流化床，腾涌现象多出现在这个阶段。对于细粒度窄筛分的料层，腾涌几乎是流化床向气力输送转化的必经过程；对于粗颗粒宽筛分的料层，腾涌则不易发生。随着空床流速的增大，$\varepsilon \to 1$，这表明颗粒所占的份额达到最小，床料呈现气力输送状态。

二、临界流化速度

临界流化速度是流化床的一个重要的流体动力特性参数。但由于实际流化床的复杂性，至今还没有一个计算临界流化速度的理论公式。确定这一重要参数，都要依赖于实验，或由实验直接测定，或采用通过实验获得的比较合适的经验公式进行计算。

1. 临界流化速度的实验测定

在理想化的系统中，临界流化速度是固定床突然变到流态化状态时的速度。实际上可能有一个大的过渡区，由此可见临界流态化速度没有什么绝对的意义。对粒度分布宽的颗粒，确切的临界流化速度的定义就变得更为困难了。因为临界流化速度没有绝对的意义，所以需要一个标准来确定临界流化速度，使其能对不同系统的特性作出比较。用压降对流速的关系曲线来确定临界流化速度是最方便的方法。

现就不同粒度组成的床层的起始流化特性作一分析，先以一由均匀粒度颗粒组成的床层为例。在固定床通过的气体流速很低时，随着气体流速的增加，床层压降成正比增加，当风速达到一定值时，床层压降达到最大值 $\Delta p_{\max}$，如图 2-18（a）所示，该值略高于整个床层的静压。如果再继续提高气体流速，固定床突然"解锁"。换言之，床层空隙率由 ε 增大至 ε_{mf}，结果床层压降降为床层的静压。随着气体流速超过最小流化速度，床层出现膨胀和鼓泡现象，并导致床层处于非均匀状态，在一段较宽的范围内，进一步增加气体流速，床层的压降仍几乎维持不变。上述从低气体流速上升到高气体流速的压降—流速特性试验称为"上行"试验法。由于床料初始堆积情况的差异，实测临界流化风速往往采用从高气体流速区降低到低速固定床的压降—流速特性试验，通常称其为"下行"试验法。如果通过固定床区（用"下行"试验法）和流态化床区的各点画线，并撇开中间区的数据，这两直线的交点即为临界流化速度。

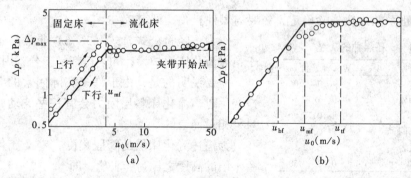

图 2-18　床层压降—流速特性曲线

(a) 均匀颗粒床层；(b) 宽筛分颗粒床层

图 2-18（b）是确定临界流化速度的实测方法。为了使测定的数据可靠，要求流化床布风均匀，测定时尽量模拟实际条件。用降低流速法使床层自流化床缓慢地复原至固定床，同时记下相应的气体流速和床层压降，在双对数坐标纸上标绘得到如图 2-18（b）的曲线。通过固定床区和流化床数据区的点各自画线（撇开中间区数据），这两条曲线的交点即是临界流态化点，其横坐标的值即是临界流化速度 u_{mf}。图中的 u_{bf} 为起始流态化速度，此时床层中有部分颗粒进入流化状态。u_{tf} 为完全流态化速度，此时床层中所有颗粒全部进入流化状态。对于粒度分布较窄的床层，u_{mf}、u_{bf}、u_{tf} 三者非常接近，很难区分。在工程手册中，有

一些现成的数据可供选用。

显而易见，用实验测定的临界流化速度不受计算公式和使用条件的限制，所得的数据对测定的系统比较可靠，但如果使用条件与实验条件有差异，则必须进行相应的校正。

2. 临界流化速度的计算

计算临界流化速度的推荐公式很多，但大多是建立在具体实验条件的基础上，计算所得的临界流化速度往往存在一定的误差，在应用时必须注意使用条件和适用范围，以免出现较大的误差。公式推导的方法很多，归纳起来主要有：

(1) 根据已知的影响临界流化速度的各种因素，采用因次分析方法，获得临界状态的无因次准则方程式的一般方程，然后通过实验确定方程式的具体形式。

(2) 根据床层中颗粒的受力情况，利用相似理论来分析床层内各相似准则数之间的关系，从而获得临界状态的无因次准则方程式的一般方程后，再通过实验确定方程式的具体形式。

(3) 利用临界流化速度的定义，联立求解固定床压降关系式和流化床压降关系式，并进行无因次化整理，得到临界状态的无因次准则关系式，然后由实验确定该准则关系式中的有关系数，即可得到临界流化速度的计算公式。由于压降关系式有多种，因而联立解也有多种形式。现按这种方法简单推导如下：

在固定床中，气流速度 u 与床层压差 Δp 的关系可用经典的 Ergun 公式来表示，即

$$\frac{\Delta p}{h} = 1.75 \times \frac{(1-\varepsilon)}{\varepsilon^3} \frac{\rho_g u^2}{\phi_p d_p} + 150 \times \frac{(1-\varepsilon)^2}{\varepsilon^3} \times \frac{\mu u}{(\phi_p d_p)^2} \tag{2-8}$$

式中：h 为床层高度，m；ε 为床层空隙率；ρ_g 为气体密度，kg/m³；ϕ_p 为颗粒的球形度；d_p 为颗粒直径，m；μ 为气体的动力黏度，Pa·s。

上式右边的第一项表示动能损失项，第二项表示黏滞损失项。

当床层处于流化态时，气体对固体颗粒产生的曳力等于颗粒在气体中的重力（扣除浮力）。如果忽略颗粒与气体以及颗粒与床壁之间的摩擦力，床层压降全部转化为气体对颗粒的曳力，所以有

$$\frac{\Delta p}{h} = (1-\varepsilon)(\rho_p - \rho_g)g \tag{2-9}$$

式中：ρ_p 为颗粒密度，kg/m³。

在临界流化点，固定床层压降与流化床层压降是相等的。以上两式联立起来，就能得到求解临界流化速度的方程式，即

$$\frac{1.75}{\phi_p \varepsilon_{mf}^3} \left(\frac{d_p u_{mf} \rho_g}{\mu}\right)^2 + \frac{150(1-\varepsilon_{mf})}{\phi_p^2 \varepsilon_{mf}^3} \left(\frac{d_p u_{mf} \rho_g}{\mu}\right) = \frac{d_p^3 \rho_g (\rho_p - \rho_g)g}{\mu^2} \tag{2-10}$$

式中：ε_{mf} 为床层处于临界流化态时的空隙率。

引入临界雷诺数 Re_{mf} 和阿基米德数 Ar

$$Re_{mf} = \frac{d_p u_{mf} \rho_g}{\mu} \qquad Ar = \frac{d_p^3 \rho_g (\rho_p - \rho_g)g}{\mu^2}$$

式 (2-10) 可变为

$$\frac{1.75}{\phi_p \varepsilon_{mf}^3} Re_{mf}^2 + \frac{150(1-\varepsilon_{mf})}{\phi_p^2 \varepsilon_{mf}^3} Re_{mf} = Ar$$

写成显函数形式为

$$u_{mf} = \frac{\mu}{\rho_g d_p}(\sqrt{C_1^2 + C_2 Ar} - C_1) \tag{2-11}$$

其中

$$C_1 = 42.86 \frac{1 - \varepsilon_{mf}}{\phi_p}, C_2 = \frac{\phi_p \varepsilon_{mf}^3}{1.75}$$

由于影响临界流化速度的因素很多，条件相同或比较接近的平行实验是很难实现的，不同学者可以得到上式中不相同的常数，因此用上式计算临界流化速度还有一些问题，只能用它得到比较粗糙的结果。但是，它表述了临界流化速度与颗粒、流体物性以及流动状态之间的定量关系，这是在对流化床进行理论分析和建模过程中经常用到的。

在总结大量实验数据的基础上，Wen 和 Yu 发现对于各种不同的系统，近似地有

$$\frac{1}{\phi_p \varepsilon_{mf}^3} = 14, \frac{(1 - \varepsilon_{mf})}{\phi_p^2 \varepsilon_{mf}^3} = 11 \tag{2-12}$$

于是有

$$24.5 Re_{mf}^2 + 1650 Re_{mf} = Ar$$

由此 可以计算出临界流化雷诺数 Re_{mf} 和临界流化速度 u_{mf}。

当气流速度较低时，亦即雷诺数较低时，左式的第二项黏滞损失项占主导，动能损失项可忽略；当气流速度较高时，亦即雷诺数较高时，则相反，左式的第一项动能损失项占主导，而黏滞损失项可忽略。因此，当雷诺数小于 20 或者大于 10^3 时，可直接得到临界流化速度 u_{mf} 的计算式为

$$Re < 20 \quad u_{mf} = \frac{d_p^2(\rho_p - \rho_g)g}{1650\mu} \tag{2-13}$$

$$Re > 10^3 \quad u_{mf} = \sqrt{\frac{d_p(\rho_p - \rho_g)g}{24.5\rho_g}} \tag{2-14}$$

雷诺数介于其间时，临界流化速度则为

$$u_{mf} = \frac{\mu}{d_p \rho_g}(\sqrt{1134 + 0.041 Ar} - 33.7) \tag{2-15}$$

以上得到的临界流化速度的计算公式是半经验公式，实用上有一定的局限。根据试验数据归纳出来的纯经验公式很多，一般表示成临界雷诺准则和阿基米德准则间的准则关系式，即 $Re_{mf} = f(Ar)$ 或 $Re_{mf} = f(Ar, \varepsilon)$，虽然其通用性稍差一些，但在其适用范围内准确度较高。因此，在应用这些计算公式时，必须注意使用条件和适用范围，以免出现较大的误差。

应该指出，流化床中的固体颗粒的大小通常不是均匀一致的。因此，在临界流化速度的计算式中，颗粒直径 d_p 要用平均颗粒直径。

3. 临界流化速度的影响因素

从以上临界流化速度的关系式可以明显地看出与临界流化速度有关的量为粒径 d_p、粒子密度 ρ_p、流体密度 ρ_g、流体动力黏度 μ 和临界状态下床层的空隙率 ε_{mf} 等。

对于燃煤流化床，ρ_g 和 μ 为温度 t 的函数，ε_{mf} 是 d_p 的函数（虽然空隙率 ε 对于非球形粒子还有粒子形状系数以及表面粗糙度等的影响，但大量的实验表明，床料最松散状态下的

空隙率即临界状态的空隙率是 d_p 的函数）。归纳起来，影响燃煤流化床临界速度的因素主要有 d_p、ρ_p 和 t。

很明显，随粒径 d_p、粒子密度 ρ_p 的增加，临界流化速度 u_{mf} 随之增加。粒径 d_p 增大 1 倍，临界流化速度 u_{mf} 约增加 40%；燃煤密度 ρ_p 由 1500kg/m³ 增加到 2200kg/m³，临界流化速度 u_{mf} 将增加大约 21%。热态（800~900℃）临界流化速度约为冷态（20℃）临界流化速度的 2 倍。但必须指出：虽然对于同一筛分范围的床料，随着床温的升高，其临界流化速度会增大，但这并不意味着必须增大运行风量才能保证热态运行时能超过增大的临界流化速度值。恰恰相反，热态时的临界流化风量要低于冷态时的临界流化风量。这是因为当床温升高时，临界流化速度虽然增加了，但烟气体积却相应地增加了更多。热态临界流化风量只有冷态临界流化风量的 1/2~2/3，这已为大量的实验所证实。

三、最小鼓泡速度

当气流速度超过临界流化速度时，一部分过剩的气体将以气泡的形式穿过床层形成鼓泡床。能使床层内产生气泡的最小气流速度称为最小鼓泡速度。

在鼓泡流化床中，当气体以较高速度从布风板的孔口喷入床层时，一部力气体以最小鼓泡速度流过颗粒之间，其余则以气泡的形式穿过床层。在气泡上升的过程中，小气泡会合并长大，同时大气泡又会破裂成小气泡。当气泡到达床层表面时会发生爆破，在气体冲入上部空间的同时，一部分颗粒也被夹带了上去。对于一般的颗粒，其终端速度大于气流速度，即使被夹带上去，仍然会沉降返回到床层中来。只有一些终端速度小于气流速度的颗粒会被气流夹带出去。

最小鼓泡速度 u_{mb} 一般通过实验测定，然后归纳成计算式。具有代表性的是下列三位学者所给出的计算式。

（1）Geldart 公式

$$\frac{u_{mb}}{u_{mf}} = \frac{4.125 \times 10^4 \mu^{0.9} \rho_g^{0.1}}{(\rho_p - \rho_g)gd_p} \qquad (2-16)$$

（2）Richardson 公式

$$\frac{u_{mb}}{u_{mf}} = \frac{2.3 \times 10^3 \mu^{0.523} \rho_g^{0.126} \exp(0.746F)}{(\rho_p - \rho_g)^{0.934} g^{0.934} d_p^{0.8}} \qquad (2-17)$$

（3）孙光林公式

$$\frac{u_{mb}}{u_{mf}} = \frac{3.22 d_p^{0.803} \rho_g^{0.104} \exp(0.529F)}{\mu^{0.42}} \qquad (2-18)$$

式中：F 为小于 $45\mu m$ 颗粒的质量占整个颗粒质量的比例。

四、颗粒终端速度

1.终端速度的定义与计算

观察在静止气体中开始处于静止状态的一个固体颗粒，由于重力的作用颗粒会加速沉降。随着颗粒降落速度的增加，气体对颗粒的向上曳力也不断增大，直到此曳力与颗粒扣除浮力后的重力相平衡，颗粒便作等速降落，这时颗粒的速度称为颗粒的自由沉降速度。由于该速度是颗粒加速段的最终速度，所以又称为颗粒终端速度。

根据以上定义，并假定固体颗粒为球形颗粒，颗粒终端速度 u_t 可由力的平衡方程式确

定，即

$$C_D \frac{\pi}{4} d_p^2 \frac{1}{2} \rho_g u_t^2 = \frac{\pi}{6} d_p^3 (\rho_p - \rho_g) g \qquad (2-19)$$

式中：C_D 为曳力系数，或称阻力系数。

于是颗粒终端速度 u_t 为

$$u_t = \sqrt{\frac{4}{3} \times \frac{g d_p (\rho_p - \rho_g)}{C_D \rho_g}} \qquad (2-20)$$

由此可见，要计算颗粒终端速度 u_t，关键是要确定曳力系数 C_D。实际上，气体对固体的曳力由两部分组成：一部分是气体对于颗粒表面的黏滞力在流动方向上的分力，主要与气体的黏性和固体的表面性质有关；另一部分是气体对颗粒的压力在流动方向上的分力，它与颗粒的粒径和迎流横截面积有关。当气流速度较低时，气体以层流方式绕流颗粒两侧，气体对颗粒主要表现为黏性力；当气流速度很大时，气体流过颗粒形成旋涡，气体对颗粒的压力成为主导。

颗粒的曳力系数 C_D 主要采用试验方法来确定，但对于球形颗粒在低雷诺数时，可用解析方法求出。单颗粒曳力系数 C_D 依赖于终端雷诺数 Re_t。对于球形颗粒，按照终端雷诺数 Re_t 的不同，可分为三个区域给出曳力系数的计算式。

层流区 $\qquad C_D = \frac{24}{Re_t} \quad Re_t < 0.4 \qquad (2-21)$

过渡区 $\qquad C_D = \frac{18.5}{Re_t^{0.6}} \quad 2 < Re_t < 500 \qquad (2-22)$

湍流区 $\qquad C_D = 0.44 \quad 500 < Re_t < 2 \times 10^5 \qquad (2-23)$

由此可以得到球形颗粒终端速度 u_t 的解析式，即

层流区 $\qquad u_t = \frac{g d_p^2 (\rho_p - \rho_g)}{18\mu} \quad Re_t < 0.4 \qquad (2-24)$

过渡区 $\qquad u_t = 0.153 \times \frac{g^{0.71} d_p^{1.14} (\rho_p - \rho_g)}{\rho_g^{0.29} \mu^{0.43}} \quad 2 < Re_t < 500 \qquad (2-25)$

湍流区 $\qquad u_t = 1.74 \sqrt{\frac{g d_p (\rho_p - \rho_g)}{\rho_g}} \quad 500 < Re_t < 2 \times 10^5 \qquad (2-26)$

以上的终端速度计算式仅适用于球形颗粒，对于非球形颗粒的终端速度 u_t，应作以下相应的修正：

$$u_t = K_1 \frac{g d_{V,sp}^2 (\rho_p - \rho_g)}{18\mu} \quad Re_t < 0.05 \qquad (2-27)$$

$$u_t = \sqrt{\frac{4}{3} \frac{g d_{V,sp} (\rho_p - \rho_g)}{C_D \rho_g}} \quad 0.05 < Re_t < 2 \times 10^3 \qquad (2-28)$$

$$u_t = 1.74 \sqrt{\frac{g d_{V,sp} (\rho_p - \rho_g)}{K_2 \rho_g}} \quad 2 \times 10^3 < Re_t < 2 \times 10^5 \qquad (2-29)$$

式中：$d_{V,sp}$ 为颗粒的体积当量直径，m；C_D 为非球形颗粒的曳力系数；K_1、K_2 为修正系数。

K_1、K_2 与颗粒的球形度有关，可分别计算如下：

$$K_1 = 0.843 \lg(\phi_p/0.065)$$
$$K_2 = 5.31 - 4.88\phi_p$$

式中，非球形颗粒的曳力系数 C_D 的数值见表 2-9。

表 2-9　　　　　　　　　　　非球形颗粒的曳力系数

ϕ_p	Re_t				
	1	10	100	400	1000
0.670	28	6	2.2	2.0	2.0
0.806	27	5	1.3	1.0	1.1
0.846	27	4.5	1.2	0.9	1.0
0.946	27.5	4.5	1.1	0.8	0.8
1.000	26.5	4.1	1.07	0.6	0.46

以上讨论的是单个颗粒在流体介质中的自由沉降（不受任何干扰），然而实际床层中颗粒之间有相互干扰，容器壁的边界效应也会减缓颗粒的自由沉降速度。因此在实际应用时，还必须根据这些因素的影响对 C_D 作出相应的修正。对于边界效应，可作下面的修正

$$(C_D)_r = C_W(C_D)_c$$
$$C_W = 1 + 2.104 d_p/D_t \quad (d_p/D_t) < 0.1$$
$$C_W = (1 - d_p/D_t)^{-2.5} \quad (d_p/D_t) > 0.1$$

式中：C_W 为边界效应修正系数；D_t 为容器的直径，m。

为了避免从床层中带出固体颗粒，流化床操作气体流速必须保持在临界流化速度 u_{mf} 和颗粒终端速度 u_t 之间。在计算 u_{mf} 时，必须记住要用实际存在于床层中粒度分布的平均直径 d_p；在计算 u_t 时，则必须用具有相当数量的最小颗粒的粒度。

实际上，如果供给床层一定量的颗粒，当气体流速大于颗粒的终端速度时，流化床内始终能维持一定厚度的稠密颗粒的床层。这是因为床层颗粒是由一定筛分粒径的颗粒组成的，通常计算的是平均粒径的终端速度。另一方面，在湍流床和快速床中，由于物料循环总存在并保持一定量的颗粒团，颗粒团的当量直径比颗粒的直径大很多，流化气体流速不会超过这些颗粒团的终端速度。

虽然有人用多孔球模拟过颗粒团的终端速度，但目前关于颗粒团终端速度可以信赖的研究结果公布得还很少。为了更深入地了解高气体流速流化床，还必须对颗粒团的终端速度有一定的了解。

在工程实际中，流化床煤颗粒燃烧时的阻力系数 $C_{D,h}$ 比冷态的非球形颗粒的阻力系数 C_D 要大，只有当雷诺数很大时 $[Re = (3.5 \sim 13) \times 10^3]$，热态煤颗粒的阻力系数才与冷态的非球形颗粒近似相等。

2. 颗粒终端速度与临界流化速度的关系

流化床中的气流量一方面受 u_{mf} 的限制，另一方面也受到固体颗粒被气体夹带的限制。当流化床中上升气流的速度等于颗粒的自由沉降速度时，颗粒就会悬浮于气流中而不会沉降。当气流的速度稍大于这一沉降速度时，颗粒就会被推向上方，因此流化床中颗粒的带出速度即等于颗粒在静止气体中的沉降速度。流态化操作时应使气流速度小于或者等于此沉降

速度，以防止颗粒被带出。发生夹带时，这些颗粒必须循环回去，或用新鲜物料来代替，以维持稳定操作状态。

常用 u_t / u_{mf} 的比值来评价流化床操作灵活性的大小，如比值较小，说明操作灵活性较差，反之则较好。这是因为比值大意味着流态化操作速度的可调节范围大，改变流化速度不会明显影响流化床的稳定操作，同时可供选择的操作速度范围也宽，有利于获得最佳流态化操作气体流速。因此比值 u_t / u_{mf} 是一项操作性能指标。另外，这一比值还可作为流化床最大允许床高的一个指标。因为流体通过床层时存在压降，压力降低必引起流速的增加。于是，床层的最大高度就是底部刚开始流化而顶部刚好达到 u_t 时的床高。

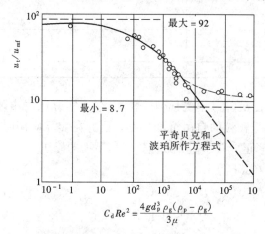

$$C_d Re^2 = \frac{4g d_p^3 \rho_g (\rho_p - \rho_g)}{3\mu}$$

图 2-19　颗粒终端速度与临界流化速度

Pinchbeck 和 Popper 推导了一个估算球形颗粒 u_t / u_{mf} 的方程式，其中使颗粒保持悬浮状态的总力取为黏滞阻力和流体撞击力的总和，然后用实验数据对照其方程式，如图 2-19所示。u_t / u_{mf} 的上下限值可直接采用前面介绍过的式子来计算。

对细颗粒　$Re < 0.4$　$\dfrac{u_t}{u_{mf}} = 91.6$

对大颗粒　$Re > 1000$　$\dfrac{u_t}{u_{mf}} = 8.72$

u_t / u_{mf} 的比值常在 10:1 和 90:1 之间。大颗粒的 u_t / u_{mf} 比值较小，说明其操作灵活性较小颗粒差。

事实上，气体流化床的满意操作范围可能因沟流和腾涌而明显地变得狭窄。对均匀粒度的大颗粒，这种现象会特别严重，常常很难使床层流化起来。合理地应用挡板或锥形流化床，可减轻这种不良的性状。

必须注意，在剧烈鼓泡的气体流化床中，操作气体流速可超过几乎所有固体颗粒的终端速度，有一些夹带，但不一定严重。这种情况之所以存在，可能是因为气流的大部分作为几乎无固体的大气泡通过床层，而床层颗粒则是被相对来说慢速流动的气体所悬浮起来的。此外，当采用了旋风分离器使夹带固体颗粒返回，还可用更高的气体流速。

五、夹带分离高度、扬析与夹带速率

夹带分离高度、扬析和夹带速率，是流化床流体动力特性中很重要的特性参数。夹带和扬析在循环流化床锅炉设计和运行中是非常重要的，这是因为锅炉燃烧的煤是由一定范围的颗粒组成的，在燃烧和循环过程中，由于煤颗粒收缩、破碎和磨损，有大量的微粒形成，这些微粒很容易被夹带和扬析。为了合理地组织燃烧和传热，保证锅炉有足够的循环物料，以及保证烟气中灰尘排放达到排放标准，必须从气流中分离回收这些细颗粒。

1. 扬析与夹带

鼓泡流化床的床层有一个明显的界面，界面之上的床体部分称为自由空域，它是流化床的重要组成部分。如要分析自由空域内的气固流动行为，应研究从床层逸出的固体颗粒的质量流率和粒度分布。

当气流通过宽筛分颗粒组成的流化床层时，其中的细颗粒由于床层气流速度高于其终端

速度，因而从颗粒混合物中分离，被上升气流带走，这一过程称为扬析。

当流化床中的气流速度超过临界流化速度时，床层内出现大量气泡，气泡不断上升，待到达床层表面时，会发生破裂并逸出床面。在此过程中，气泡顶上的部分颗粒和气泡尾涡中的颗粒，将被抛入密相床层界面之上的自由空域，并被上升气流夹带走，这个现象称为夹带。被夹带进入自由空域的颗粒中，一些粗颗粒由其终端速度大于床层气流速度，因此在经过一定的分离高度后将重新返回床层；另一些终端速度低于床层气流速度的细颗粒最终被夹带出床体。把自由空域内所有粗颗粒都能返回床层的最低高度（高度从床层界面算起）定义为夹带分离高度（TDH），见图 2 - 20。从图中可以看出，在自由空域内，靠近床层表面处的颗粒浓度最大，随着高度的上升，颗粒浓度逐渐减小，直至 TDH 以后，颗粒浓度不再变化，也即颗粒夹带速率达到饱和夹带能力。

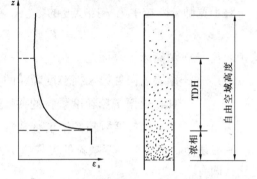

图 2 - 20　自由空域内 TDH 及颗粒
浓度的轴向变化

夹带与扬析是密切联系却又不同的两个现象，是完全不同的两个概念。扬析是从混合物中带走细粉的现象，扬析过程可以发生在自由空域内的任何高度上。而夹带是气泡在床层表面破裂逸出时，从床层中带走固体颗粒的现象。

夹带形成的机理包括两个基本步骤：①从密相区到自由空域固体颗粒的输送；②颗粒在自由空域的运动。对于鼓泡床，输送起因于气泡在床层表面的破裂。大多数研究者认为，气泡破裂喷出的颗粒主要来自气泡尾涡。有实验资料表明：一般情况下，大约一半的气泡尾迹颗粒被气泡喷出。喷出的颗粒中大约 50% 的颗粒的喷射速度高达气泡达到床面时速度的 2 倍。自由空域的喷射速度主要垂直向上，散射使颗粒在自由空域作径向运动。

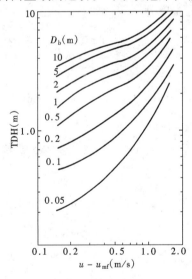

图 2 - 21　细颗粒的 TDH 曲线

2.TDH 和颗粒夹带速率的计算

目前还不能从理论上得到满意的 TDH 和颗粒夹带的速率计算式，一般采用经验分析和归纳实验数据的办法来解决。催化裂化流化床 $200\mu m$ 左右小颗粒的 TDH 曲线如图 2 - 21 所示。大颗粒的 THD（m），可由式（2 - 30）计算，即

$$TDH = \frac{27 u_b^2 \rho_p}{g(\rho_p - \rho_g)} \qquad (2 - 30)$$

式中：u_b 为气泡上升速度，m/s。

在自由空域 TDH 以下的区域，距离床层表面之上某个高度 z 处的颗粒夹带速率 F_z，与床层表面及 TDH 处的颗粒夹带速率、高度 z、气流速度和颗粒性质等因素有关，可表达成

$$F_z = F_\infty + (F_0 - F_\infty)\exp(-az) \qquad (2 - 31)$$

式中　F_z——距离床层表面之上高度 z 处的颗粒夹带速率，kg/ $(m^2 \cdot s)$；

　　　F_0——床层表面处的颗粒夹带速率，kg/ $(m^2 \cdot s)$；

　　　F_∞——TDH 处的颗粒夹带速率，kg/ $(m^2 \cdot s)$；

　　　a——颗粒浓度衰减常数，与气流速度和颗粒性质等因素有关。

对于宽筛分颗粒中第 i 挡粒度的颗粒，在相应高度 h 处的夹带速率为

$$F_{iz} = F_{i\infty} + (F_{i0} - F_{i\infty})\exp(-a_i z)$$

式中　F_{iz}——距离床层表面之上高度 z 处第 i 挡粒度颗粒的夹带速率，kg/ $(m^2 \cdot s)$；

　　　F_{i0}——床层表面处第 i 挡粒度颗粒的夹带速率，kg/ $(m^2 \cdot s)$；

　　　$F_{i\infty}$——TDH 处第 i 挡粒度颗粒的夹带速率，kg/ $(m^2 \cdot s)$；

　　　a_i——第 i 挡粒度颗粒的浓度衰减常数。

一般认为，第 i 挡粒度颗粒的夹带速率 $F_{i\infty}$ 与密相床中该 i 挡粒度颗粒的质量分率 X_i 成正比，即有

$$-\frac{1}{A_b} \times \frac{\mathrm{d}M_i}{\mathrm{d}\tau} = F_{i\infty} = E_{i\infty} X_i \tag{2-32}$$

式中　A_b——床层的截面积，m^2；

　　　M_i——床层中第 i 挡粒度颗粒的质量，kg；

　　　τ——时间，s；

　　　$E_{i\infty}$——相应于第 i 挡粒度颗粒的扬析速率常数。

将式（2-32）按照各种粒径的颗粒进行叠加，则有

$$-\frac{1}{A_b} \times \frac{\mathrm{d}M}{\mathrm{d}\tau} = F_\infty = \Sigma E_{i\infty} X_i \tag{2-33}$$

式中　M——床层中全部颗粒的质量，kg。

扬析速率常数 $E_{i\infty}$ 可以由经验公式计算。

对于细颗粒（$d_p = 60 \sim 350\mu m$）的鼓泡床或湍流床（$u_0 = 0.6 \sim 3m/s$），Geldart 得到 $E_{i\infty}$ 的经验计算公式为

$$\frac{E_{i\infty}}{\rho_g u} = 23.7\exp\left(-5.4 \times \frac{u_{ti}}{u_0}\right) \tag{2-34}$$

式中　U_{ti}——第 i 挡粒度颗粒的终端速度，m/s。

如果床层气体流速较高（$u_0 = 0.9 \sim 3.7m/s$）和颗粒较粗（$d_p = 0.3 \sim 1.0mm$）的情况，可以采用 Colakuan 和 Levenspiel 的关联式来计算

$$E_{i\infty} = 0.011\rho_p\left(1 - \frac{u_{ti}}{u_0}\right)^2 \tag{2-35}$$

上述有关夹带和扬析的研究，大多是在化工流化床中进行的，试验物料是单一粒径或多组分窄筛分的细小物料，而对于流化床锅炉实际燃用的粗颗粒宽筛分的物料，研究较少。国内对流化床锅炉颗粒扬析规律也作了一些工作。浙江大学曾用劣质无烟煤、贫煤作为实验物料，得到计算扬析率的准则关系式为

$$\frac{E_{i\infty}}{\rho_g(u_0 - u_t)} = 0.6437\left(\frac{u_0 - u_t}{u_t}\right)^{0.9649}\left[\frac{(u_0 - u_t)^2}{gd_p}\right]^{-0.2764}\left(\frac{d_p u_t \rho_g}{\mu}\right)^{0.4911} \tag{2-36}$$

扬析率常数 $E_{i\infty}$ 的计算结果与实验数据能较好地吻合。计算了 $E_{i\infty}$ 后，就可计算出 TDH 处的颗粒夹带速率 F_∞。当自由空域的高度大于 TDH 时，F_∞ 也即整个流化床的颗粒夹带速率。

3．扬析率的影响因素

归纳起来，影响扬析率的因素主要有：

（1）操作流速 u_0。试验与研究表明，操作流速 u_0 是影响扬析率的最重要因素，随 u_0 的增加，扬析量迅速增加，从计算公式亦可看出这一点。试验表明，扬析率常数与 u_0 呈指数关系变化（约 $2 \sim 4$ 次方）。这主要是因为 u_0 增大时，鼓泡或气粒流更趋剧烈，被扬析夹带的粒子粒径增大，数量增多。

（2）粒径 d_i。第 i 挡颗粒粒径 d_i 也是影响扬析率的一个重要因素，大颗粒的扬析量较小颗粒为小。试验研究表明，扬析率常数 E 随被扬析粒子的粒径 d_i 呈负指数关系变化。

（3）床料颗粒的平均粒径 d_p。在相同的操作流速 u_0 下，当 d_p 增大时，扬析量是减少的，各粒径颗粒的扬析率常数随 d_p 的增大而明显减小。这主要是因为在相同的 u_0 下，d_p 增大时，鼓泡或气粒流的剧烈程度趋缓（因 d_p 增大，临界流化速度 u_{mf} 增大，按两相流化理论，形成气泡的气流量减少或者说气粒流中气流量减少），气泡或气粒流的扬析作用减弱，因此各粒径颗粒的扬析量减少。但一般随 d_p 的增大，u_0 将要增大，这时由于 u_0 的显著影响，颗粒的扬析量会增加。

（4）床高 h。有人认为床高也是影响颗粒扬析量的一个因素，但也有完全相反的试验结论，即床高对颗粒的扬析没有影响。

综上所述，影响流化床扬析率的因素很多，这些因素之间往往还会相互影响。虽然扬析现象非常简单和直观，但可以说到目前为止，对流化床颗粒扬析夹带规律的认识还远未深入和完善，很多结论或关系式的适用范围十分有限，还不能为工程设计提供可靠的依据，有待于进行大量的深入研究。

第四节　循环流化床锅炉炉内的气固流动

循环流化床是一个床加一个循环闭路，是一个装置系统。鼓泡床、湍流床和快速床是气固两相流动的流态。循环流化床中的气固两相流动状态可以是鼓泡流态化，也可以是湍流流态化，甚至快速流态化。但湍流床和快速床必须是循环流化床。循环流化床装置系统是由包括下部颗粒密相区和上部上升段稀相区的循环流化床、气固物料分离装置、固体物料回送装置等三个部分组成的一个闭路循环系统。典型的循环流化床锅炉的特征参数见表 2 – 10。

表 2 – 10　　　　　　　　　　　　典型循环流化床锅炉的特征参数

项　　目	循环流化床锅炉	项　　目	循环流化床锅炉
颗粒密度（kg/m^3）	$1800 \sim 2600$	表观颗粒浓度（kg/m^3）	$10 \sim 40$
颗粒直径（μm）	$100 \sim 300$	高径比	$< 5 \sim 10$
表观气速（m/s）	$5 \sim 9$	上升段直径（m）	$4 \sim 8$
颗粒循环流率[$kg/(m^2 \cdot s)$]	$10 \sim 100$		

研究循环流化床的流动特性，分析循环流化床内的气流速度、颗粒速度、颗粒循环流

率、压力和空隙率等的分布，以及颗粒聚集和气固混合的过程，对于掌握循环流化床锅炉的流动、燃烧、传热和污染控制，具有十分重要的意义。

一、循环流化床锅炉炉内气固流动的特点

循环流化床锅炉气固两相流动不再像鼓泡床那样具有清晰的床界面，并且有极其强烈的床料混合与成团现象。循环流化床气固两相动力学的研究表明，固体颗粒的团聚和聚集作用，是循环流化床内颗粒运动的一个特点。细颗粒聚集成大颗粒团后，颗粒团重量增加，体积增大，有较高的自由沉降速度。在一定的气流速度下，大颗粒团不是被吹上去而是逆着气流向下运动。在下降过程中，气固间产生较大的相对速度，然后被上升的气流打散成细颗粒，再被气流带动向上运动，又再聚集成颗粒团，再沉降下来。这种颗粒团不断聚集、下沉、吹散、上升又聚集形成的物理过程，使循环流化床内气固两相间发生强烈的热量和质量交换。由于颗粒团的沉降和边壁效应，循环流化床内气固流动形成靠近炉壁处很浓的颗粒团以旋转状向下运动，炉膛中心则是相对较稀的气固两相向上运动，产生一个强烈的炉内循环运动，大大强化了炉内的传热和传质过程，使进入炉内的新鲜燃料颗粒在瞬间被加热到炉膛温度（$\approx 850℃$），并保证了整个炉膛内纵向及横向都具有十分均匀的温度场。剧烈的颗粒循环加大颗粒团和气体之间的相对速度，延长了燃料在炉内的停留时间，提高了燃尽率。

如果循环流化床锅炉的燃料颗粒不是很均匀而是具有宽筛分的颗粒，通常为 $0 \sim 8mm$，甚至更大，则炉内的床料也是宽筛分颗粒分布，相应于运行时的流化速度，就会出现以下现象：对于粗颗粒，该流化速度可能刚超过其临界流化速度，而对于细颗粒，该流化速度可能已经达到甚至超过其输送速度，这时炉膛内就会出现下部是粗颗粒组成的鼓泡床或湍流床，上部为细颗粒组成的湍流床、快速床或输送床的两者叠加的情况。当然，在上下部床层之间，通常还有一定高度的过渡段。这是目前国内绝大部分循环流化床锅炉炉内的运行工况。由此可见，循环流化床锅炉燃料颗粒的粒度分布对其运行具有重要影响。

二、下部密相区和上部稀相区

通常认为，循环流化床是由下部密相区和上部稀相区两个相区组成的。下部密相区一般是鼓泡流化床或者湍流流化床，上部稀相区则是快速流化床。

尽管循环流化床内的气流速度相当高，但是在床层底部颗粒却是由静止开始加速，而且大量颗粒从底部循环回送，因此床层下部是一个具有较高颗粒浓度的密相区，处于鼓泡流态化或者湍流流态化状态。而在上部，由于气体高速流动，特别是循环流化床锅炉往往还有二次风加入，使得床层内空隙率大大提高，转变成典型的稀相区。在这个区域，气流速度远超过颗粒的自由沉降速度，固体颗粒的夹带量很大，形成了快速流化床甚至密相气力输送。在下部密相区的鼓泡流化床内，密相的乳化相是连续相，气泡相是分散相。当鼓泡床转为快速流化床时，发生了转相过程，稀相成了连续相，而浓相的颗粒絮状聚集物成了分散相。在快速流化床床层内，当操作条件、气固物性或设备结构发生变化时，两相区的局部结构不会发生根本变化，只是稀浓两相的比例及其在空间的分布相应发生变化。

三、输送速度与最小循环流率

床层要达到快速流态化的状态，除了必须超过一定的气体流速之外，还需有足够的固体循环量。当床层气流速度超过终端速度时，经过一段时间全部颗粒将被夹带出床层，除非是连续地循环补充等量物料。而且随着气流速度的增大，吹空整个床层的时间急剧变短。当气流速度达到某个转折点之后，吹空床层的时间变化梯度大大减缓。这时，床层进入快速流态化，该转折点的速度就是快速流态化的初始速度，被称为输送速度 u_{tr}。在输送速度下，床层进入快速流化床时的最小加料率被称为最小循环流率 $G_{s,min}$。

输送速度 u_{tr} 和最小循环流率 $G_{s,min}$ 可以由式（2 – 37）、式（2 – 38）来计算，即

$$Re_{tr} = \frac{u_{tr}d_p}{\gamma} = 1.41Ar^{0.483} \quad 20 < Ar < 5 \times 10^4 \tag{2 – 37}$$

$$G_{s,min} = \frac{u_{tr}^{2.25}\rho_g^{1.627}}{0.164\left[gd_p(\rho_p - \rho_g)\right]^{0.627}} \tag{2 – 38}$$

四、颗粒絮状物的形成

在快速流化床中，颗粒多数以团聚状态的絮状物存在。颗粒絮状物的形成是与气固之间以及颗粒之间的相互作用密切相关的。在床层中，当颗粒供料速率较低时，颗粒均匀分散于气流中，每个颗粒孤立地运动。由于气流与颗粒之间存在较大的相对速度，使得颗粒上方形成一个尾涡。当上、下两个颗粒接近时，上面的颗粒会掉入下面颗粒的尾涡。由于颗粒之间的相互屏蔽，气流对上面颗粒的曳力减小了，该颗粒在重力作用下沉降到下面的颗粒上。这两个颗粒的组合质量是原两个颗粒之和，但其迎风面积却小于两个单颗粒的迎风面积之和。因此，它们受到的总曳力就小于两个单颗粒的曳力之和。于是该颗粒组合被减速，又掉入下面的颗粒尾涡。这样的过程反复进行，使颗粒不断聚集形成絮状物。另一方面，由于迎风效应、颗粒碰撞和湍流流动等影响，在颗粒聚集的同时絮状物也可能被吹散解体。

由于颗粒絮状物不断地聚集和解体，使气流对固体颗粒群的曳力大大减小，颗粒群与流体之间的相对速度明显增大。因此，循环流化床在气流速度相当高的条件下，仍然具有良好的反应和传热条件。

五、颗粒返混

在循环流化床内，气固两相的流动无论是气流速度、颗粒速度、还是局部空隙率，沿径向或轴向的分布都是不均匀的。颗粒絮状物也处于不断的聚集和解体之中。特别是在床层的中心区，颗粒浓度较小、空隙率较大，颗粒主要向上运动，局部气流速度增大；而在边壁附近，颗粒浓度较大，空隙率较小，颗粒主要向下运动，局部气流速度减小。因而造成强烈的颗粒混返回流，也即固体物料的内循环，再加上整个装置颗粒物料的外部循环，为流化床锅炉造就了良好的传热、传质和燃烧、净化条件。

六、循环流化床锅炉炉内气固流动的整体特性

早期对于循环流化床气动力特性的研究主要是对应用于重油的催化裂化流化床反应器的研究，它为后来发展起来的循环流化床锅炉提供了十分有用的流动特性资料。然而，循环流化床锅炉炉膛与催化裂化反应器还是有很大的不同的。它通常是一个大的方形或矩形燃烧室，床层颗粒为宽筛分分布，100% 负荷时的气体流速一般为 5～8m/s，它处于床层颗粒筛分的终端速度分布之中。任何操作速度的变化都会改变所夹带的床层颗粒份额。循环床固体颗粒的循环率比催化裂化反应器小一个数量级以上，从而使得颗粒的停留时间延长，这有利于固体颗粒的有效反应。在上部，固体颗粒浓度相当低，通常在 1%～3% 之间。因此，循环流化床燃烧技术的这两个特点与催化裂化反应器有很大的不同。

大量的实验结果表明，无论是沿纵向还是横向，在炉膛内颗粒的分布都是不均匀的。对于工业性的循环流化床燃煤锅炉，沿轴向的颗粒浓度分布的特征是，在底部有一个高度大于

1m 的颗粒浓度 C_v（即 $1 - \bar{\varepsilon}$）相对较高的区域（$1 - \bar{\varepsilon} < 0.25$），然后是向上延升数米的飞溅区，再上面是占据了炉膛大部分高度的稀相区，其中截面平均颗粒浓度 $C_v \doteq (1 - \bar{\varepsilon})$ 非常低，一般低于 1%。

实验表明，循环流化床燃烧设备的下部可看作是一个鼓泡流化床，所以可以用鼓泡床的流动规律和模型来描述循环床下部的气固流动特性。在二次风入口以上截面的平均颗粒浓度沿高度一般可用指数函数来表示，这和鼓泡流化床的悬浮区相类似。

通过实验发现，在循环床的上部区域，截面上颗粒浓度近似呈抛物线分布，即在床层中部颗粒浓度很稀，而在壁面附近颗粒浓度就较高。

在一个循环流化床锅炉中的固体颗粒流率的测量结果发现，在床中间颗粒一般向上流动，而在靠近壁面的区域，会出现颗粒向下流动，且越是靠近壁面颗粒向下流动的趋势越大，在离壁面一定距离范围内颗粒的净流率为负值，标志着颗粒流动的总效果为向下流动。这就是通常所说的循环流化床环—核流动结构。固体颗粒净流率为零的点通俗定义为壁面区的外边界层或浓度较高的颗粒下流边界层。壁面层的厚度 s 大约为 10cm。在如此大的锅炉中这似乎很小，但是，它在整个床截面中占 8%，所以从工程的角度上讲，这是不可不考虑的。同时实验也表明，壁面区的大小在矩形壁面的四角区域并无很大变化，但是其内的颗粒浓度和降落速度却高很多。

自然地会提出这样的问题，就是颗粒流动壁面区的厚度是否依赖于床径的大小或随离布风板的高度 h 而变化？不同的研究者所测量的壁面区厚度 s 随离床体顶部的距离（$H_b - h$）的变化情况，尽管测量结果有一些离散，但仍清楚地表明壁面区厚度 s 随离布风板高度的增加而变小；在床体的顶部壁面区的厚度变为零。用这些数据可整理出式（2 - 39）所示的经验关联式，即

$$\frac{s}{D_b} = 0.55 Re_b^{-0.22} \left(\frac{H_b}{D_b}\right)^{0.21} \left(\frac{H_b - h}{H_b}\right)^{0.73} \tag{2 - 39}$$

$$Re_b = u D_b \rho_g / \mu$$

式中：H_b 为床体顶部到布风板的距离；D_b 为床体的水力直径。

应当注意，床体的水力直径和流化速度将根据设计和操作条件而随高度发生变化，如变截面设计和通入二次风等。关联式包括了从直径为 50 ~ 400mm 的循环流化床冷态模型和热功率为 12 ~ 226MW 的大型循环流化床锅炉上得到的数据，所以式（2 - 39）可实际应用于估算流动壁面层厚度。

尽管循环流化床是由分离器、立管和回料器而形成的固体颗粒外循环而得到的名称，实验结果表明在一个稀相区的给定高度，既可观察到向上的质量流，也可观察到向下的质量流，且其净的上流量与这些内部流量相比是比较小的。高固体颗粒内循环率是循环流化床锅炉的一个重要特性。

对于位于布风板上方 h 处的测量平面上的固体颗粒循环率 $Z(h)$，可定义为总向下颗粒质量流 $\dot{m}_{s, \text{down}}$ 与总向上颗粒质量流 $\dot{m}_{s, \text{up}}$ 之比。这是一个新量，它有助于在描述循环流化床的流体动力特性和传热特性时将颗粒的内循环考虑进去。

这样定义的颗粒循环率特别适用于用来描述出口端部效应。实验发现，对于光滑出口，外推到旋风分离器出口处的 Z 值为零，表明这样的结构就像是“真空吸尘器”，到达旋风分

离器入口处的固体颗粒全被吸了进去。突变出口的大型循环流化床锅炉通常通过一个突变的出口与分离器相联。尽管锅炉的设计和操作条件有很大不同，将实验数据外推到旋风分离器入口处，可以发现大致有 $Z = 0.2$，这就是说，在到达旋风分离器入口处的颗粒质量流中有20%返回并向下流。提高顶部高度将有助于增加这个趋势。这对燃烧过程中的气固化学反应是有利的，因为它增加了颗粒在燃烧室内的停留时间，从而可提高燃烧效率。

如果将内循环率表示成到分离器入口的无量纲距离的函数，在三台循环流化床锅炉上得到的数据相当一致，可用一个简单的经验关联式来描述，即

$$Z(h) = 0.2 + 0.73(H_{e,\min} - h)/H_{e,\min} \tag{2-40}$$

式中：$H_{e,\min}$ 为分离器入口下沿到布风板的高度。

当然，这个公式仅对底部的密相区和喷射区以上的稀相区有效。根据内循环率的定义，有

$$\dot{m}_{s,\mathrm{up}}(h) = \frac{G_s A_b}{1 - Z(h)} \tag{2-41}$$

式中：G_s 为单位炉膛截面的颗粒外循环流率；A_b 为炉膛截面积。

从所观察到的 Z 随着距布风板高度的增加从 0.7 衰减到旋风分离器入口处的 0.2，可以推论，在燃烧室内同样存在着上流固体颗粒流从 $3.3G_s A_b$ 衰减到 $1.25 G_s A_b$。这意味着无论是绝对高度为 20 多米的炉膛或高径比大约为 40 的冷态模型都不足以产生固体颗粒向上流和向下流与高度无关的充分发展流动区。所以，任何用于描述循环流化床锅炉流体动力特性的模型必须将其内部的气固循环流动考虑进去。

实验表明，在循环流化床内，固体颗粒常会聚集起来成为颗粒团在携带着弥散颗粒的连续气流中运动，这在壁面处的下降环流中表现得特别明显。这些颗粒团的形状为细长的，空隙率一般在 0.6～0.8 之间。它们在炉子的中部向上运动，而当它们进入壁面附近的慢速区时，就改变它们的运动方向开始从零向下作加速运动，直到达到一个最大速度。

所测量到的这个最大速度在 1～2m/s 的范围之间。颗粒团一般并不是在整个高度上与壁面相接触的，在下降了 1～3m 后就会在气体剪切力的作用下，或其他颗粒的碰撞下发生破裂，它们也有可能自己从壁面离开。

在大多数循环流化床锅炉中壁面不是平的。它们或是由管子焊在一起，或是由侧向肋片将相邻的两根管子联在一起。在每一个肋片处，由相邻管子构成深度为半个管子直径的凹槽，这将影响到颗粒在肋片上的运动。实验发现颗粒会聚集在肋片处，在那儿的停留时间要大于停留在管子顶部的时间。

这些颗粒流的气动力特性及其对循环流化床内煤粒的燃烧与传热的影响，必然会引起众多研究者的高度重视。

第五节　循环流化床的下部流动特性

循环流化床的下部基本上是密相的气固鼓泡流化床，与鼓泡床所不同的是，循环流化床中床料平均粒径较细，并且气体流速又较高，这决定了循环流化床有别于鼓泡床的一些流动特性。当床层内气体的流动速度超过临界流化速度时，床层开始松动，部分气体将以气泡的形式流过床层。单个气泡在上升的过程中逐渐长大，上升速度也逐渐加快。如果床层中有多

个气泡，由于气泡之间的相互作用，会同时发生气泡合并和分裂的现象。有的气泡可能与其他气泡合并成大气泡，也可能发生大气泡分裂成小气泡的现象。在两相模型中，气泡相是稀相，气泡周围的乳化相是密相。由于气泡的运动，加速了相间的颗粒运动以及颗粒与气体的剧烈混合，使床层具有良好的传热传质和化学反应性能。所以，气泡的行为在描述密相床内的气固流动以及密相床中的燃烧反应时，起了至关重要的作用。

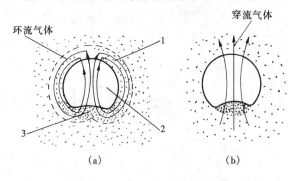

图 2-22　鼓泡床中的气泡、尾涡和气泡晕
(a) 快气泡（有晕气泡）；(b) 慢气泡（无晕气泡）
1—气泡晕；2—气泡；3—尾涡

一、气泡的特性

单个气泡通常接近球形或椭球形，气泡内基本不含固体。气泡的底部有个凹陷，其中的压力低于周围乳化相的压力，固体颗粒被气体曳入。气泡底部的颗粒称为尾涡，它将随着气泡一起上升。

当气泡上升的速度 u_b 大于乳化相中气体向上运动的速度 u_g 时，气泡中的气体将从气泡顶部流出，在气泡与周围的乳化相之间循环流动，形成所谓的气泡晕，如图 2-22 (a) 所示，这样的气泡称为有晕气泡或快气泡。气泡的上升速度 u_b 越大，气泡晕层越薄。反之，如果 u_b 小于 u_g，乳化相中的气体穿过气泡，并不形成循环流动的气泡晕，如图 2-22 (b) 所示，这样的气泡称为无晕气泡或慢气泡。

气泡相和乳化相之间的气体质交换，一方面靠相间浓度差引起的气体扩散，另一方面通过乳化相和气泡相间的气体流动进行质交换。对于快速气泡流型，当较大时，气泡晕半径较小，由气体流动产生的气体质交换很小，气泡相和乳化相间的气体质交换阻力很大。循环流化床气体流速比较高，密相床大部分都处在快速气泡流型，大部分气体留于气泡中随气泡上升，气泡相和乳化相之间的气体得不到充分混合。因此，造成气泡中的氧不能及时补充给碳颗粒，同时碳颗粒析出的挥发分和其他反应物也不能很快传给气泡相，减缓了反应速度。

气泡的特性参数，包括气泡直径和上升速度等的计算，可参阅相关参考文献。

二、鼓泡流化床流动模型

鼓泡流化床两相流动模型假设流化床是由气泡相和乳化相两相组成。由 Toomey 和 Johnstone 提出的最简单的两相理论，认为乳化相维持在临界流化状态，乳化相中气体流速等于临界流化速度，而多余的气体以气泡形式流过床层。

实际上，循环流化床下部密相区的气固流动与上述简单的两相模型有较大的差别。主要是乳化相中的气体流速往往大于临界流化速度，气泡中气体流量不能简单地由 $u_0 - u_{mf}$ 给定，气泡中固体的体积含量约为 $0.2\% \sim 1.0\%$；乳化相并不稳定不变，乳化相空隙率在气体速度大于 u_{mf} 时不停留在 ε_{mf}，下部密相区不能仅用气泡相和乳化相两相来描述。因此，许多学者提出了各种修正模型。Kunni 和 Levenspiel 提出的三相鼓泡流化床模型，能较好地适用于循环流化床下部密相区。

三相鼓泡流化床模型把密相区分成气泡相区、包括尾涡的气泡晕区以及乳化相区等三个相区。由于循环流化床中气体流速较高，气泡中气体流速略高于气泡上升速度 u_b，超过的部分穿过气泡而流出。尾涡与气泡晕中的气体则随着气泡一起向上流动。如果忽略气泡中气体流速高出气泡上升速度的那部分，则可以认为，气泡、气泡晕与尾涡中的气体都以气泡速度 u_b 向上流动。但是，忽略的那部分对于气泡相与气泡晕相之间的质量交换却是重要的。

在鼓泡流化床中，参照三个相区模型，气泡相与气泡晕相之间、气泡晕相与乳化相之间都存在剧烈的气体质量交换。

气泡相与气泡晕相之间的质量交换由两部分组成：一部分是由于气泡内大于气泡上升速度的气流穿过气泡顶部，形成环流使得两相之间引起气体交换；另一部分是由于两相之间的浓度差造成气体扩散。气泡晕相与乳化相之间的质量交换是由气体浓度差造成的气体扩散。相间质量交换与床体直径、临界流化状态、气泡直径、所在位置高度等因数有关。

鼓泡床的两相与三相模型，相间质量交换等均有相应的计算公式描述，详见相关参考文献。

三、鼓泡床的整体特性

对于 B 类颗粒，在床层高径比 h/D_b 小于但接近于 1 的情况下，乳化相颗粒在低流化速度 u 时以旋涡的形式旋转，在壁面处方向向上，而在轴线处方向向下，如图 2-23（a）所示。但在高流化速度时，由于大的上升气泡的存在，导致旋涡的旋转方向发生逆转如图 2-23（b）所示。在床层高径比稍大于 1 时，在床壁附近的乳化相就开始沿壁面向下移动如图 2-23（c）所示。在高径比大于 1 的深床，在原来的旋涡的上方会形成第二个旋涡如图 2-23（d)所示。在高气流速度下，上面的旋涡中的固体颗粒循环会变得更加剧烈，主导着乳化相的整体运动。这种乳化相的运动反映了床内气泡的上升模式，乳化相的上升区域为富气泡区，而在下降区则很少有气泡。

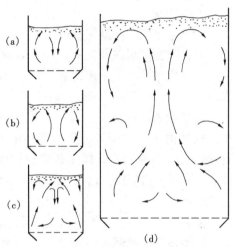

图 2-23　鼓泡流化床中的颗粒运动

(a) $h/D_b = 1-$，低 u；（b) $h/D_b = 1-$，高 u；

(c) $h/D_b = 1+$，高 u；(d) 深床

对于 D 类颗粒，在布风板附近会看到细长的空穴，它们慢速上升并在床层上部变得接近于球形，如图 2-24 所示。在床层横截面上气流没有很明显的变化，也没有明显的乳化相颗粒的循环，这与小颗粒时的情况有很大的不同。

四、湍流流化床的气固流动

当鼓泡流化床的气体流速继续提高时，气泡破裂的程度将加大，气泡尺寸变小，运动加剧。同时小气泡与乳化相之间的质量交换也更加激烈，小气泡内开始含有颗粒，小气泡与乳化相之间的界限越来越趋于模糊。由于小气泡的上升速度变慢，小气泡在床层中滞留时间延长，因而床层膨胀加大，而且床层的上界面也变得模糊起来。床层渐渐由鼓泡流化床向湍流流化床转型。

一种观点认为，湍流方式中气泡的分裂与他们的合并一样快，因此平均气泡尺寸很小，通常所理解的那种明确的气泡或气栓已看不出。另一

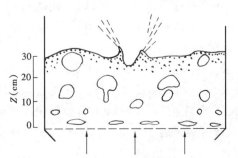

图 2-24　粗颗粒（D 类）流化床的鼓泡情况

种观点认为，湍流方式居于鼓泡方式和快速流化方式之间，在鼓泡方式中，贫颗粒的气泡分布在富颗粒的乳化相中间；而在快速方式中，颗粒团分布在含少许颗粒的气体连续相中。湍流流化床最显著的直观特征是舌状气流，其中相当分散的颗粒沿着床体呈"之"字形向上抛射。虽然湍流床层与自由空域有一个界面，但远不如鼓泡方式时清晰。床面很有规律地周期上下波动，造成虚假的气栓流动现象。湍流方式中总的床层空隙度一般在 $0.7 \sim 0.8$。

许多学者研究用床层的压力波动幅度来判断是否转变到湍流流态化。在鼓泡流化床内，当气体流速增大时，气泡运动逐渐加剧，床层压力波动的幅度渐渐变大。当流速增到 u_c 时，床层压力波动的幅度达到极大值，认为这时床层开始向湍流流化床转变。此后继续增加气流速度，床层内湍流度增加，压力波动幅度逐渐减小，直到气流速度达到 u_k 时，压力波动幅度基本不再发生变化，床层真正进入湍流流态化。所以，把 u_c 作为鼓泡床向湍流床转变的起始流型转变速度，把 u_k 作为床层完全转型为湍流床的速度。

湍流流化床的流型转变速度 u_k 与床内颗粒的尺寸、密度，流化床直径，操作条件等因素有关。当流化床内颗粒的尺寸或者密度加大时，气泡直径随之增大，临界流化速度也增大。于是在相同的气流速度下，床层内的压力波动幅度将加大，同时湍流床的流型转变速度也提高。

在直径较小的流化床中，当床体直径增大时，湍流床的流型转变起始速度 u_c 将减小。这是由于一方面随着床体直径的增大，壁面效应的影响趋于减弱；另一方面是床体直径增大时气泡直径将减小的缘故。而且随着床径的增大，u_c 的减小越来越平缓，当床体直径大到一定程度以后，u_c 不再发生变化，也即床体直径对于湍流床的流型转变速度已无影响。

流化床操作条件对湍流流化床流型转变的速度也有较大影响。操作压力的提高使得湍流床的流型转变速度减小，提前进入湍流流化床，有利于改善流化质量。随着操作温度的提高，气体的黏度增大，密度减小，临界流化速度将下降，因而湍流床流型转变速度有所加大。但是随着温度的提高，床层内压力波动的幅度却减小了。

循环流化床锅炉和其他流化床设备经常处于较高气速运行，湍流床实际上是一种很重要的流化床操作方式。以前，对小型床的低速流动研究得相对较多，对湍流床的特征和规律研究得还很不够，有关资料也公布得很少，需要对湍流床进行进一步研究。

五、循环流化床下部的颗粒运动规律

1. 循环流化床下部的颗粒加速区

在循环流化床的下部存在着一个颗粒加速区。在其底部的布风板上，循环回床层的固体颗粒在垂直方向的速度基本为零。流化气体介质从布风板高速流出，由于气固两相间的曳力作用，使固体颗粒逐步加速。沿着床层高度，固体颗粒的速度越来越快。形成了床层下部的颗粒加速区。

颗粒加速区内颗粒速度、颗粒加速段压降、床层空隙率和曳力系数沿轴向的变化如图 2-25 所示。在床层底部，颗粒速度较小，沿着床层高度方向，颗粒速度逐步增加。床层底部的曳力系数虽然也较小，但变化梯度却较大，因此颗粒加速度及其压降也增加较快。到达一定高度以后，曳力系数趋于稳定，颗粒加速度及其压降越来越小，直至到达零，于是颗粒速度保持不变。

实际的循环流化床锅炉，炉料通常是宽筛分颗粒。对于那些粗颗粒固体，气流速度一般低于其自由沉降速度，许多粗颗粒在床层下部循环运动。即使有一些被气泡夹带出床层界面，终因其终端速度较大而重新返回床内。而大量的细颗粒主要向上运动，流出床体的细颗粒经外部分离后，循环返回床层底部。此外燃料颗粒和石灰石脱硫剂也是从下部加入床层的，这样床层下部就形成了密相床。循环流化床锅炉除了炉底一次风之外，往往还有二次风从密相床区的上部加入，由于气流速度的提高，所以在二次风口以上区域还存在一个颗粒加速段。

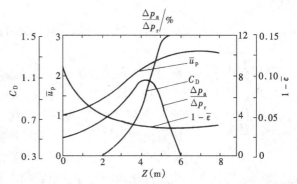

图 2 - 25　颗粒加速区内颗粒速度、颗粒加速段压降、床层空隙率和曳力系数的轴向分布

$$u_g = 7.0 \text{m/s}; \quad G_s = 600 \text{kg/} (\text{m}^2 \cdot \text{s}); \quad d_p = 88 \mu\text{m};$$
$$\rho_p = 2600 \text{kg/m}^3; \quad D_b = 0.041 \text{m}$$

2．颗粒速度的轴向分布

由于颗粒的湍动、混返以及运动的随机性，床层下部固体颗粒的速度分布无论在轴向还是径向上都是不均匀的。在床层底部颗粒的加速度比较大，再往上加速度逐渐减小。到床层足够高的位置，颗粒速度基本不变。

在流化床层下部，颗粒速度的变化还与介质气体的流速和颗粒循环流率密切相关。当颗粒循环流率一定时，随着气流速度加大，颗粒速度也增加。当气流速度一定时，随着颗粒循环流率的增加，颗粒速度反而变小。但是其颗粒速度轴向分布的变化趋势却是相似的。

3．颗粒速度的径向分布

Hartge 等测量了循环流化床床层下部若干径向位置的颗粒速度概率密度分布，见图 2 - 26。该图的横坐标是颗粒速度，纵坐标是概率密度，其中直方图是局部颗粒速度的概率密度分布，曲线是累积概率密度分布函数，颗粒速度有正有负，向上运动为正，向下运动为负。从图中可以看出，在床层中心区颗粒向上运动，其时均速度较高；在靠近壁面区向上运动和向下运动的颗粒数基本相当，而且时均速度也降低了。

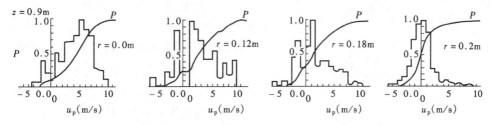

图 2 - 26　床层下部局部颗粒速度的概率密度分布及其累积概率密度分布

FCC, $u_g = 2.9 \text{m/s}$, $G_s = 4.9 \text{kg/} (\text{m}^2 \cdot \text{s})$

Wang 等测量了床层下部不同高度处的颗粒速度径向分布。在床层中心处颗粒向上运动的速度最大，沿着径向单调下降，直至颗粒速度为零。在接近壁面处颗粒转而向下运动（颗粒速度为负），壁面处颗粒向下运动的速度达到最大，即颗粒速度的负值最大。这是环—核结构的颗粒返流现象。

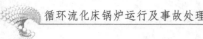

第六节　循环流化床的上部流动特性

循环流化床的上部是作为快速流化床的稀相区。快速流化床具有如下基本特征：固体颗粒粒度小，平均粒径通常在 $100\mu m$ 以下，属于 Geldart 分类图中的 A 类颗粒；操作气速高，可高于颗粒自由沉降速度的 5～15 倍；虽然气速高，固体颗粒的夹带量很大，但颗粒返回床层的量也很大，所以床层仍然保持了较高的颗粒浓度；快速流化床既不存在像鼓泡床那样的气泡，也不同于气力输送状态下近壁区浓而中间稀的径向颗粒浓度分布梯度，整个床截面颗粒浓度分布均匀。在快速流化床中存在着以颗粒团聚状态为特征的密相悬浮夹带。在团聚状态中，大多数颗粒不时地形成浓度相对较大的颗粒团，认识这些颗粒团是理解快速流化床的关键。大多数颗粒团趋于向下运动，床壁面附近的颗粒团尤为如此，与此同时，颗粒团周围的一些分散颗粒迅速向上运动。快速床床层的空隙率通常在 0.75～0.95 之间。与床层压降一样，床层空隙率的实际值取决于气体的净流量和气体流速。

一、循环流化床的流型转变

如前所述，在一定的气固床层条件下，当床内的气流速度逐步提高时，将从固定床、鼓泡流化床、湍流流化床过渡到快速流化床，直至气力输送状态。实际上，流态化流型的转变不仅取决于气流速度，还与颗粒物性、颗粒浓度、颗粒循环流率等因素有关。甚至在同一个床体内，具有同样的表观速度，但是在不同的高度位置却表现出不同的气固流态化特征。循环流化床内，在一定的操作条件下，上升段为稀相区。当沿轴向的空隙率呈 S 形分布时，"中部核心区"的颗粒向上运动，"边壁环形区"的颗粒向下运动，形成典型的环—核两区流动，见图 2－27，表现出明显的快速流态化特征。而床层底部的浓相区，呈现湍动剧烈、参数较均匀的湍流流态化特征。

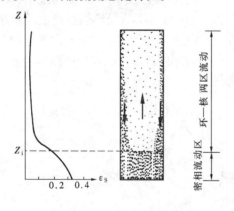

图 2－27　循环流化床内的气固运动

许多学者研究发现，床层空隙率 ε 或者颗粒浓度 $\varepsilon_S(\varepsilon_S = 1 - \varepsilon)$ 可以作为定量判断流化状态的特征参数。

如前所述，根据床层压力波动幅度的大小也可以判别流化状态。白丁荣等以不同的气流速度、不同的高度位置以及不同的物性颗粒，研究了床层压降波动的标准方差与颗粒浓度之间的变化关系，发现从鼓泡流化床直至气力输送的范围内，床层压降波动的标准方差 σ 主要取决于颗粒浓度 ε_S，而与表观气速、颗粒物性、颗粒循环流率、床层高度位置以及床体直径等无关。

当颗粒浓度 $\varepsilon_S = 0.35$ 时，床层压降波动的标准方差 σ 获得极大值，这应该是从鼓泡流化床向湍流流化床过渡的临界点，这时的气流速度就是 u_c；当 $\varepsilon_S > 0.35$ 时，σ 随着 ε_S 的增大而减小，该区域属于鼓泡流化床；而当 $\varepsilon_S < 0.35$ 时，气固流动已进入湍流流态化。当 ε_S 从 0.35 减小到 0.15 时，σ 减小的变化率几乎成直线。此后继续减小 ε_S，σ 减小的变化趋于平缓。所以，可以把 $\varepsilon_S = 0.15$ 作为湍流流化床向快速流化床转变的分界点。当 ε_S 从 0.15 降低到 0.05 以后，σ 不再发生变化，也即床层进入气力输送状态。因此，颗粒浓度 ε_S 为 0.05

~0.15 是快速流化床的操作范围。实验研究表明，用床层的颗粒浓度（或空隙率）来判别其气固流动状态与用气流转变速度的结果是一致的。而前者的优点是床层的空隙率可以由实验测定压降分布来得到，而不必顾及表观气速、颗粒循环流率、床层高度位置以及床体直径诸因素。

二、循环流化床上部的气固流动特征

循环流化床上部呈快速流态化状态，其床内的气固流动，包括气体速度、颗粒运动速度、床层空隙率（或颗粒浓度）以及颗粒絮状物的形成与解体都是十分复杂的，无论在轴向还是径向的分布都是不均匀的。床内气固流动的规律与气流速度、颗粒循环流率、操作温度和压力、气固物性、床体直径和高度、颗粒储料量、床体进出口结构等因素都有关。需要说明的是，以下在讨论参数的轴向分布时，床层高度的参数应视为该截面上的平均值；而在讨论参数的径向分布时，一般是指在确定高度上的某个径向位置上的局部参数。

（一）床层空隙率

床层空隙率是判断床层流型的重要参数。在快速流化床内，空隙率的轴向和径向分布都是不均匀的。在气固物性和气流速度已经确定的条件下，床层内颗粒浓度呈上稀下浓状态，随着颗粒循环流率的增加，中心区的空隙率由指数型过渡到S形分布。

1. 空隙率的轴向分布

（1）颗粒循环流率的影响及颗粒饱和夹带速率。当床层内气体流速一定时，颗粒循环流率对床层底部的颗粒浓度及颗粒浓度轴向分布的影响如图2-28所示。当颗粒循环流率很小（如图中 G_{s1}）时，床层下部的颗粒浓度很低，加至床层底部的颗粒或者循环回流的颗粒都被上升气流夹带出去，床层空隙率或颗粒浓度沿着轴向基本保持一致，整个床层形成稀相气力输送。当颗粒循环流率增加到 G_{s2} 时，床层下部的颗粒浓度有所增加，但仍然维持稀相状态。当循环流率继续增加到 G_{s3} 时，由于颗粒的增加，使得颗粒之间的碰撞和相互作用加大，因而颗粒上升速度减慢，床层下部的颗粒浓度迅速增加，空隙率急剧降低，空隙率沿轴向由下而上呈指数曲线上升，而颗粒浓度则沿轴向由下而上呈反指数曲线下降，到达一定高度后又维持不变。

当颗粒循环流率进一步增加到 G_{s4} 时，颗粒浓度沿轴向上升，由原来的反指数曲线型转变为S形分布，上部的颗粒浓度仍然维持不变，底部的颗粒浓度达到饱和极限值。此后即使再增加颗粒循环流率，底部的颗粒浓度始终为饱和值，顶部的颗粒浓度也始终为不变的常数，只是S形曲线的"拐点"将不断上移，如图2-28所示。

把在一定的气体流速下，床层底部的颗粒浓度刚刚达到饱和浓度时的颗粒循环流率（图

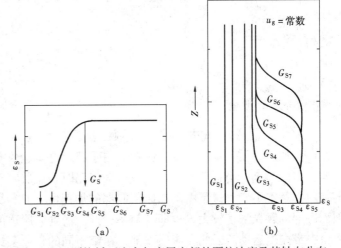

图2-28 颗粒循环流率与床层底部的颗粒浓度及其轴向分布
（a）床层底部的颗粒浓度；（b）颗粒浓度轴向分布

2－28中的 G_s^*）定义为颗粒饱和夹带速率。

由以上分析可以看出，当气流速度和颗粒物性确定时，颗粒饱和夹带速率以及床层底部的颗粒饱和浓度就确定了，而与颗粒循环流率、床体直径、固体储量等无关。

白丁荣和 Kato 在总结归纳大量实验数据的基础上，得到了颗粒饱和夹带速率 G_s^* 的计算式，计算值与实验值的相对误差在 30% 之内，即

$$\frac{G_s^* d_p}{\mu} = 0.125 Fr^{1.85} Ar^{0.63} \left(\frac{\rho_p - \rho_g}{\rho_g} \right)^{-0.44}$$

$$Fr = ug/(d_p g)^{1/2}$$

式中：Fr 为弗劳德数。

（2）气流速度对空隙率轴向分布的影响。如图 2－29 所示，图中的每一条曲线表示在不同的颗粒循环流率和气流速度下，空隙率沿高度的分布。从图中可以看出，床层底部是颗粒密相区，顶部为颗粒稀相区。随着气流速度的提高，各床层高度上的空隙率有所增加，轴向的空隙率由指数形分布逐步转向 S 形分布，而且随着气流速度的提高，S 形曲线的拐点位置将降低，轴向空隙率分布也趋于均匀。李佑楚和郭慕孙以各种物料进行气流速度对空隙率轴向分布影响的实验结果表明，各种物料的空隙率分布曲线形式和趋势是类似的。

李佑楚还提出了计算空隙率轴向分布的数学模型，得到了如下关系式，其中的特征参数由实验结果得出，即

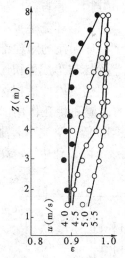

$$\frac{\varepsilon - \varepsilon_a}{\varepsilon_1 - \varepsilon} = \exp\left(-\frac{h - h_i}{h_0} \right) \tag{2-42}$$

式中：ε_a 为密相空隙率；ε_1 为稀相极限空隙率；h_0 为特征长度，m；h_i 为 S 形曲线的转折点高度，m。

以上各量可以分别由式（2－43）～式（2－47）计算

$$\varepsilon_a = 0.756 \left(\frac{18 Re_p + 2.7 Re_p^{1.687}}{Ar} \right)^{0.0741} \tag{2-43}$$

$$\varepsilon_1 = 0.924 \left(\frac{18 Re_p + 2.7 Re_p^{1.687}}{Ar} \right)^{0.0287} \tag{2-44}$$

$$h_0 = 500 \exp[-69(\varepsilon_1 - \varepsilon_a)] \tag{2-45}$$

$$h_i = H - 175.4 \left[\frac{\rho_g (u_g - u_p^*)^2}{(\rho_p - \rho_g) d_p g} \right]^{-1.922} \tag{2-46}$$

图 2－29　气流速度对空
隙率轴向分布的影响

铁矿石，$G_s = 135 kg/(m^2 \cdot s)$

$$u_p^* = \frac{G_s}{(1 - \varepsilon_a)(\rho_p - \rho_g)} \tag{2-47}$$

式中　u_p^*——颗粒表观速度，m/s。

（3）颗粒直径和颗粒密度的影响。白丁荣通过实验研究了颗粒直径和颗粒密度对空隙率轴向分布的影响。当颗粒直径增大或密度提高时，床层底部的空隙率将会降低，而床层顶部的空隙率基本不变。这是由于在床层底部的加速段，直径大的或者密度高的颗粒加速较慢，因而底部的颗粒浓度较大，也即空隙率较低。而到床层顶部，即使是粗颗粒、重颗粒也能被大量夹带向上运动。因此在床层顶部，粗细不同的颗粒会具有几乎一样的空隙率，密度不一的颗粒也会具有相似的空隙率。

（4）床层直径和颗粒储料量的影响。床层直径对空隙率轴向分布有明显的影响。当床层直径减小时，由于边壁效应的影响，颗粒向上的速度有所减小，因而空隙率减小，颗粒浓度相应增大，而且沿轴向分布的不均匀性也增大。

颗粒储料量对空隙率轴向分布也有影响。当颗粒储料量逐步增加时，颗粒循环流率同时增加，颗粒浓度也随之增加，即空隙率随之降低，并且空隙率的轴向分布趋于均匀。当气流速度较大时，只要超过一定的颗粒储料量，床层空隙率沿轴向可以保持均匀不变。这也印证了前面所述的气流速度对空隙率轴向分布影响的分析。

（5）床体入口、出口结构状态的影响。循环流化床床体入口、出口的结构状态对床层空隙率轴向分布有较大的影响。例如利用蝶阀作为床体入口处颗粒循环流率的控制，蝶阀的不同开度相应于不同的颗粒引入速率。当开度较小时，颗粒引入速率小于颗粒饱和夹带速率，床层空隙率沿轴向的分布呈指数曲线，颗粒引入速率即是颗粒循环流率。当蝶阀开度逐渐加大，颗粒引入速率随之增加，空隙率则相应减小。只要颗粒引入速率不超过颗粒饱和夹带速率，那么颗粒引入速率就等于颗粒循环流率，床层空隙率沿轴向呈 S 形分布。如果继续加大蝶阀的开度，短时间内颗粒引入速率超过了颗粒饱和夹带速率，随着下部密相区的高度增加，床层处于非稳态操作。由于压力的平衡使得返料器内料层高度下降，因而循环流化床的颗粒引入速率也随之下降，直至回复到稳态操作。所以，入口蝶阀的不同开度对床层空隙率轴向分布的影响雷同于颗粒循环流率的影响。

循环流化床的出口结构一般可分为弱约束和强约束两种类型：直接喷射式、导向 45° 挡板短弯头式属于弱约束类型，直角弯头出口是典型的强约束类型。前者对两相流动的约束作用较小，床层上部的空隙率和流动状态基本不受影响；后者在较小的气流速度下对两相流动影响不大，但在较大的气流速度下，气体和颗粒的运动会受到严重阻碍，原本垂直向上的气流会突然转为水平流出，颗粒受顶部冲击后急转向下，一部分随气流带出，另一部分沿壁面向下运动，与上升的颗粒相碰撞，使得颗粒平均速度减慢，颗粒浓度增加（即空隙率减小），床层空隙率沿轴向呈上下两头小、中间大的"反 C 形"分布，而且随着气流速度的增加，上部的颗粒浓度增加区域也将提高。

2. 空隙率的径向分布

循环流化床中心区的颗粒浓度较小，边壁区的颗粒浓度较大。床层中心的空隙率最大，一般都在 0.9 以上，顺着半径朝边壁方向空隙率逐渐降低。在无量纲半径 $\Phi < 0.6 (\Phi = r/R)$ 的范围内，空隙率下降比较平缓，$\Phi > 0.6$ 以后空隙率急剧下降，形成了典型的中心区颗粒浓度小且向上运动、边壁区颗粒浓度大且向下运动的环—核流动结构。实验研究还表明，空隙率的径向分布与气流速度、颗粒循环流率等因数有关。随着气流速度的增加，整个半径上的空隙率也相应增加；当颗粒循环流率增加时，整个半径上的空隙率理应减小。

张文楠等根据实验数据回归得到了空隙率径向分布的关联方程式，即

$$\varepsilon = \bar{\varepsilon} \exp(0.191 + \Phi^{2.5} + 3\Phi^{11}) \tag{2-48}$$

式中：$\bar{\varepsilon}$ 为截面平均空隙率；Φ 为无量纲径向位置。

由于式（2-48）计算的空隙率在壁面处偏低，魏飞又提出了可以同时适用于上部稀相和下部密相的计算径向空隙率的关联式，即

$$\frac{1-\varepsilon}{1-\bar{\varepsilon}} = 0.202 + 1.95\sin^{10}\left(\frac{\pi r}{2R}\right) \tag{2-49}$$

式中：ε 为待计算的径向位置 r 处的空隙率；$\bar{\varepsilon}$ 为该截面上的平均空隙率；R 为床层半径，m；r 为径向位置，m。

（二）颗粒速度的径向分布

循环流化床床层中心区颗粒向上运动，颗粒速度较大，且在轴心颗粒速度达到极大值。沿着径向颗粒速度逐渐减小，在靠近壁面处颗粒速度较小，颗粒主要向下运动。在颗粒循环流率一定的条件下，当气流速度增大时，整个截面的颗粒速度也有所增大，而且中心区增加的幅度较大。在气流速度一定的条件下，当颗粒循环流率增大时，床层中心区颗粒速度随着增大，边壁区颗粒向下速度也略有增大。所以，随着气流速度或者颗粒循环流率的增大，颗粒速度的径向分布越趋不均匀。

Hartge 等实验测量了沿径向若干位置的不同颗粒速度的概率密度和累积概率密度，结果发现几乎在所有的径向位置，都有颗粒的向上和向下运动。但是，前已述及，中心区颗粒运动主要向上，边壁区颗粒运动主要向下。在床层的不同高度上，颗粒速度也有变化。以时均速度来比较，在下部密相区中心的向上速度比上部稀相区的大；在边壁处，下部密相区的时均颗粒速度接近于零，而上部稀相区的颗粒向下速度占主流。

（三）局部颗粒流率的径向分布

由于床层颗粒的湍动、返混以及颗粒絮状物的聚集和解体，根据上述关于颗粒速度的概率分布可知，各处都有向上和向下运动的颗粒。所谓局部颗粒流率是指在该位置的单位面积上，向上运动（为正数）和向下运动（为负数）颗粒流量的代数和。

在不同的操作条件下，床层截面上无因次半径 $\Phi < 0.6$ 区域的局部颗粒流率变化较小，但从整个截面上局部颗粒流率的径向分布来看，基本可以分成三种类型。

1. 环—核型分布

循环流化床沿床层截面划分为两个区域，即稀相的中部核心区和密相的边壁环形区。在中部核心区颗粒向上运动，局部颗粒流率最大，沿着径向局部颗粒流率单调下降，直至在边壁环形区域降至负值，颗粒向下流动。

2. 抛物线型分布

当颗粒浓度较低时，整个床层截面的颗粒运动都向上，并且中心区的颗粒流率略高于边壁区，局部颗粒流率的径向分布近似于抛物线形。

3. U 形分布

当截面上气流速度较高或颗粒浓度较低时，边壁区的颗粒浓度相对较高，有可能使得边壁区的局部颗粒流率大于中心区的局部颗粒流率，因此，局部颗粒流率径向呈 U 形分布。

（四）气流速度的轴向分布和径向分布

在快速流化床内，如果床层的直径上下保持不变，又没有二次风送入，有时候把床内的气体流动看作柱塞流，即气体沿轴向的流动是均匀的。但是，实际上并不完全如此，由于气固流动的复杂性以及气固之间的相互作用，气体在颗粒之间流动时，轴向气流速度是很不均匀的。实际测量局部气体流速是十分困难的，一般可根据鼓风位置和鼓风量以及床层的面积变化，估算气流轴向平均流速。

由于壁面效应，床壁对颗粒和气体都会有作用，同时气固之间也有互相作用，因此沿截面径向的气体流速是很不均匀的。白丁荣等实验测量了循环流化床上部稀相区内气体流速的径向分布。实验结果表明，当表观气流速度及平均空隙率确定时，在床层截面上中心气流速度最大，沿着径向单调减小。如果降低空隙率，那么中心区的气流速度将增大，而壁面处的气流速度则减小，径向气流的不均匀性进一步扩大。如果增加表观气流速度，那么整个截面上的气流速度都会有所增加，然而增幅不尽相同。由于中心区增加的幅度较大，边壁区增加的幅度较小，因此气流沿径向的不均匀性将有所扩大。

（五）气固局部滑落速度的径向分布

所谓气固滑落速度是指气固之间的相对速度，又称表观滑落速度。一般仅限于气体与固体之间沿轴向上的相对平均速度。实际上，气固两相流动、传热、传质以及化学反应等都直接与气固局部滑落速度有关，所以应更多地考察气固局部滑落速度。

Yerushalmi 和白丁荣等研究了气固滑落速度的变化。由于床层存在环—核流动结构以及颗粒的集聚和解体，使得气固滑落速度远大于单颗粒的终端速度，而且气固滑落速度也大于局部滑落速度的平均值。杨文庆等实验测量了局部滑落速度的径向分布，结果表明：由于床层中心的颗粒浓度较稀，大部分以单颗粒或小型颗粒絮状物存在，所以局部滑落速度较小。沿着径向颗粒浓度逐步增大，颗粒的集聚性也逐步加强，因而局部滑落速度也随之提高，并在壁面附近达到极大值。而后由于壁面效应，气体和固体的速度同时降低，使得局部滑落速度又随之减小。

气固局部滑落速度与气流速度、颗粒循环流率密切相关。当气流速度保持不变而增大颗粒循环流率时，局部滑落速度也随之增大；当颗粒循环流率保持不变而增大气流速度时，局部滑落速度反而略有减小，特别是壁面附近的极大值减小幅度较大。

（六）床层压降及轴向压力分布

循环流化床床层压降与气流速度、气体和固体的物性、床体几何尺寸、颗粒循环流率等因素有关。岑可法等提出了床层高度 Δh 上的床层压降 Δp 的理论计算公式，考虑了包括纯气体流动时的摩擦阻力，气体的重力，颗粒的重力，气固两相之间、颗粒之间的附加阻力以及颗粒与床层边壁的冲击和摩擦阻力。其中，颗粒的重力远大于其他各项，忽略其他各项，于是有

$$\Delta p = \rho_p g (1 - \bar{\varepsilon}) \Delta h \qquad (2-50)$$

上述床层压降的计算公式没有考虑床层边壁颗粒向下运动的影响。张瑞英等实验研究也发现循环流化床的床层压降与颗粒浓度基本上呈线性关系，并得到相应的关联式，验证了理论公式的正确性

$$\Delta p = 1.1335 \rho_p g (1 - \bar{\varepsilon}) \Delta h + 0.0047 \qquad (2-51)$$

根据床层压降与颗粒浓度之间存在的线性关系，可以探讨循环流化床内的轴向压力分布。在床层底部的密相区，颗粒浓度较大，因而压力梯度也较大；在床层上部的稀相区，颗粒浓度较小，因而压力梯度也较小。如同前文对于空隙率轴向分布的分析一样，与其成线性关系的轴向压力也同样呈现这三种分布形式，即反指数形、S 形和反 C 形曲线分布。

进一步研究气流速度对循环流化床床层压降影响时表明，当颗粒循环流率固定时，随着气流速度的增加，床层压降将减小。而且，对于同样幅度的气流速度变化，颗粒循环流率越大时，床层压降减小的幅度越小。

在综合分析大量实验数据的基础上，张瑞英等得出床层压降与颗粒终端速度、气流速度、气体表观流速、颗粒循环流率、气固密度比、床体直径和颗粒直径等因素相关的关联式为

$$\frac{\Delta p}{(\rho_\mathrm{p} - \rho_\mathrm{g})\Delta h} = 3.93\left(\frac{u_\mathrm{t}}{u_\mathrm{g}}\right)^{0.22}\left(\frac{G_\mathrm{s}}{u_0 \rho_\mathrm{g}}\right)^{1.1}\left(\frac{\rho_\mathrm{p}}{\rho_\mathrm{g}}\right)^{1.06}\left(\frac{D_\mathrm{b}}{d_\mathrm{p}}\right)^{0.047} \tag{2-52}$$

三、气固混合及停留时间分布

循环流化床内气体和颗粒的混合对于预测和控制床内传热、传质和化学反应过程是极其重要的。由于循环流化床内的气固流动无论在径向还是轴向都有较大的不均匀性，固体颗粒不断形成絮状物的集聚和解体，特别是"环—核"流动结构带来的中心稀相区与环形浓相区之间的质量交换，所以循环流化床内的气体和颗粒存在着良好的混合过程。

对于气体和颗粒在循环流化床内的轴向扩散、径向扩散、停留时间分布及其影响因素等，不少学者利用理论分析和实验研究的方法，得到了一些结果或结论。例如：气体的轴向流动不能简单地视作柱塞流，轴向扩散不容忽略，环形区的颗粒返混往往连带着气体的轴向返混。气体的轴向扩散与颗粒循环流率、操作气速、颗粒物性、床体出口结构等因数有关。由于径向气体速度的不均匀性以及环—核两区之间的相互作用，气体的径向扩散是十分明显的。气体停留时间分布与床层内的混合过程有密切关系。当颗粒循环流率一定时，增大气流速度将使床层截面上的局部气流速度普遍提高，因此气体停留时间会降低。在一定的气体流速下，当颗粒循环流率增大时，截面上的颗粒浓度及其径向不均匀性也有所增大，导致中心区气速比原来提高，很快离开床层；而边壁区则相反，气体滞留时间加长。固体颗粒的轴向混合主要是由于颗粒絮状物沿轴向的上下运动以及环—核两区间的颗粒返混而引起的。颗粒的径向混合主要是由于气固运动沿径向的不均匀性以及环—核两区间的颗粒质量交换所造成的，颗粒径向扩散系数与气体径向扩散系数具有同一量级。当颗粒循环流率一定时，在低气速（约 $4\sim6\mathrm{m/s}$）下，颗粒返混程度随气速增大而增大，高气速下则反之。当气流速度一定时，颗粒返混程度随颗粒循环流率增大而增大。在相同的操作条件下，气体停留时间分布与颗粒停留时间分布存在着很大差别。气体停留时间的分布曲线较窄，峰值较高；而颗粒停留时间的分布曲线较宽，有明显的拖尾。颗粒的返混程度要比气体更强烈等。

由于研究气体和颗粒混合的实验技术相当困难和复杂，目前在这方面的研究还远不够成熟。在某些问题上，不同学者的研究得到完全不同的结果，这也从另一方面说明了气体和颗粒混合过程的复杂性和多变性。

四、循环流化床气固流动模型

循环流化床气固流动模型主要是描述气固两相流动的局部和整体的不均匀性，包括气固两相的速度、压力和空隙率分布规律，气固两相之间的相对速度和质量交换等。众多学者研究发表了各种模型，这里仅介绍聚集—分散模型、颗粒夹带模型、一维双流体模型和环—核两区流动模型四种主要的物理模型，至于其相应的数学模型，可以参阅相关参考文献。

1. 一维拟均相流动模型

一维拟均相流动模型是把床层内的气固两相流动视为均相介质的一维流动，假设在同一个横截面上气固相分别都是均匀的，空隙率也是均匀的。同时考虑到循环流化床内存在颗粒絮状物的特征，可以假设作为另一个拟均相来处理。这类模型主要有 3 种，即由李佑楚和郭慕孙提出的描述空隙率轴向分布的聚集—分散模型、Kunii 和 Levenspiel 的颗粒夹带模型，以及由白丁荣等发展的一维双流体模型。

（1）聚集—分散模型。该模型根据快速流化床内颗粒的聚集以及 S 形空隙率分布特征，认为在床层高度为 Z 处的截面上，絮状物由下部相对浓密区按照扩散机理上浮，同时，上部相对稀薄区内的絮状物按照浮力原理下沉，在达到稳定条件时，上下流动交换的通量相等，从而得到质量平衡微分方程式。

（2）颗粒夹带模型。Kunii 和 Levenspiel 在发展鼓泡床模型的基础上，提出的颗粒夹带模型认为，快速流化床上部稀相区空隙率的轴向分布与上述聚集—分散模型相类似，中部的稀相区空隙率沿轴向的变化也近似为指数函数。

（3）一维双流体模型。上述两个模型都着重解决循环流化床空隙率的轴向分布问题，而一维双流体模型是在假设颗粒和气体为拟均相介质的基础上，利用床层内气体和颗粒的质量和动量守恒的微分方程，求解颗粒和气体的轴向速度以及压力、空隙率的轴向分布。

2．环—核两区流动模型

以上所述的模型可以求解循环流化床内两相流动的轴向分布。实际上，床层内气固流动的各种参数沿径向存在着明显的不均匀性。在循环流化床层截面上的中心稀相区，颗粒浓度较小，基本向上流动；在边壁附近密相区，颗粒浓度较大，通常向下流动。环—核两区流动模型就是根据这个事实，将气固两相流动沿床层截面划分为两个区域，即稀相的中部核心区和密相的边壁环形区。并且假定在截面上同一相区内的气体速度、颗粒速度以及颗粒浓度都是均匀分布的。一些学者早期提出的环—核两区模型假设过于简化，并且只作简单的物料平衡计算，以后才考虑涉及两区之间存在的气固两相质量及动量交换。

白丁荣等认为之所以造成环—核流动结构状，是由于气固两相在不均匀流动状态下，力求达到相互做功最小的缘故。这就是平衡系统力求维持最小位能状态的能量最小原理。据此建立了新的理论性的环—核两区流动模型。

利用环—核流动模型计算的结果与实验数据能较好地吻合。而且，该模型不仅可应用于循环流化床上升段，也可推广应用于密相流化床上部的稀相区、气力输送以及其他环—核结构的两相流系统。

第三章

流化床燃烧

第一节 流化床燃烧的着火优势

正如前面章节所述，鼓泡流化床和循环流化床都是流态化原理的具体应用形式。流化床燃烧也称沸腾燃烧，流化床燃烧的名称是英文翻译而来，沸腾燃烧是我国的科技工作者根据鼓泡流化床的燃烧性状而得到的形象取名。与层燃方式和室燃方式相比，流化床燃烧具有低温（850~1050℃）、强化燃烧、强化传热、降低污染并有利于环境保护等独特优点。

各种燃料在自然条件下尽管和氧气（空气）长时间接触，但并不能发生明显的化学反应。随着温度的提高，它们之间会产生一定的反应速度。在一定的温度条件下，反应速度会自动加速到相当大的数值。这种由缓慢的氧化状态转变成速度非常快的燃烧反应状态叫做燃料的着火，转变时的温度即为着火温度，燃料所吸收的热量即为燃料的着火热。品质不同的燃料所需要提供的着火热和着火温度就不同。对固体燃料，着火温度受到颗粒尺寸、过量空气系数、颗粒浓度等因素的影响。一般来说，水分含量低、挥发分含量高的燃料所需要提供的着火热较少，着火温度较低；挥发分含量低的燃料所需要的着火热较多，着火温度较高。在一定的燃烧空间中，着火迅速的燃料就有较长的时间来燃尽，设备的燃烧效率高；反之，则相反。

流化床本身是一个蓄热量巨大的热源，有利于燃料的迅速着火和燃烧。不管是鼓泡流化床还是循环流化床，由于采用宽筛分燃料，在炉膛下部都有一个粒子浓度很高的区域（浓相区）。该区域内积累了大量灼热炉料，如10t/h鼓泡流化床锅炉积累了2~2.5t床料，35t/h鼓泡流化床锅炉积累了6~8t床料，220t/h循环流化床锅炉积累了18~25t床料。床料温度在850~1050℃，其中95%以上为惰性的热灰渣，5%左右为可燃物质。在流化床中，每分钟新加入的冷燃料只占床料的1%左右，这样大量的热床料并不与新加入的燃料争夺氧气，而是为新加入的燃料提供了一个丰富的热源，将煤粒迅速加热，析出挥发性物质并着火燃烧。煤粒中的挥发性物质和固定碳燃烧所释放的热量，部分被床料吸收，使床内的温度始终维持在一个稳定的水平。因此，流化床燃烧对燃料的适应性特别强，不仅能燃用优质燃料，而且能烧各种劣质燃料，包括含灰分高达80%的石煤、含水分高达60%的褐煤、洗煤矸石、煤泥、垃圾、森林工业和农业的废弃物等。我国曾在"六五"攻关期间作为战略储备的需要，组织华中工学院等单位在湖南益阳进行了鼓泡流化床燃烧石煤的试验。锅炉容量为35t/h，中压参数，浓相区布置埋管受热面，最终实现了3348kJ/kg劣质石煤的稳燃并使锅炉达到额定负荷出力，其成果获得了国家科技进步二等奖。良好的着火特性带来的燃料的广泛适应性是流化床燃烧的最突出优点。

流化床对燃料的广泛适应性，不仅表现在能够燃烧高灰分、高水分、低热值燃料，而且体现在适宜处理农作物秸秆、树枝、树叶、树皮等难以预处理的生物质燃料。只要将这类燃料切短至30mm以下，就可以在大型循环流化床锅炉上与煤混合燃烧。与煤粉炉相比，流化床燃烧对燃料制备系统要求较低，大大节省了燃料制备系统的电力消耗。目前世界上流化床燃烧在处理生物质燃料方面，美国电力研究所（EPRI）把 500MW（电功率）循环流化床锅炉混烧至少 10％的生物质燃料列入了 2005 年的煤基发电技术攻关计划中。

另外，需要特别注意的是，虽然从理论上来说，只要一种燃料燃烧释放的热量大于燃烧生成烟气带走的热量与燃烧室的散热之和，该燃料就能在流化床内稳定着火和燃烧。但是对于以某一种燃料为对象设计好的流化床锅炉，若改烧其他燃料，包括燃料级配相差很大的同品种燃料，必须对锅炉进行燃烧调整，甚至受热面的调整，否则，就会带来着火困难、燃烧不稳定、燃烧效率低、锅炉达不到出力等问题。例如，国家一台 35t/h 鼓泡流化床锅炉用来烧发热量 4200kJ/kg 的石煤，将约 40m² 埋管受热面减少了约 2/3，才能稳定着火和燃烧。

第二节　流化床中煤粒的燃烧过程及成灰特性

一、流化床中煤粒的燃烧过程

煤粒在流化床中的燃烧，依次经历加热干燥析出水分、挥发分析出和着火燃烧、膨胀和一次破碎、焦炭着火和燃烧、二次破碎、磨碎等过程，如图 3－1 所示。

1. 干燥和加热

新鲜煤粒被送入流化床后，立即被大量灼热惰性床料包围并加热至接近床温。在这个过程中，煤粒被加热干燥，把水分蒸发掉。加热速率一般在 100～1000℃/min 范围内，加热时间依煤粒含水量而变化，在零点几秒到几秒之间。加热干燥所吸收的热量只占床层总热容量的千分之几，而且由于床料剧烈的混合运动使床温趋于均匀，因而煤粒的加热干燥过程对床层温度影响不大。

2. 挥发分析出和燃烧

当煤粒被持续加热，升高到一定的温度时，煤粒就会分解，产生大量气态产物——挥发分。

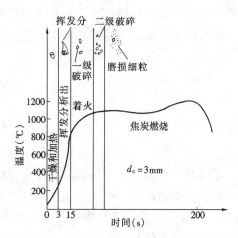

图 3－1　煤粒燃烧所经历的过程

挥发分由多种碳氢化合物（焦油和气体）组成，其含量和成分构成受许多因素的影响，如煤粒的显微结构及组成、加热速率、初始温度、最终温度、在最终温度下的停留时间、煤的粒度和挥发分析出时的压力等。挥发分的析出时间与煤质、颗粒尺寸、温度条件和煤粒加热时间等因素有关。一般情况下，含高挥发分大颗粒的挥发分析出需要较长的时间，细小颗粒由于析出的路径较短，挥发分析出快。

循环流化床的煤粒依在炉内停留的过程可分为三类，不能逃逸出炉膛的大颗粒、逃逸出炉膛且能被分离器分离的中等粒径颗粒和逃逸出炉膛不能被分离器捕捉的细小颗粒。粒径小于 20μm 的细小煤粒，挥发分析出释放非常快，而且释放出的挥发物将细小煤粒包围并立即燃烧，产生许多细小的扩散火焰。这些细小的煤粒燃尽所需的时间很短，一般从给煤口进入床内到飞出炉膛时已经燃尽。而对于 50～100μm 的小颗粒，分离器对它们的分离效率较低，所以在炉膛内停留时间很短，同时由于这一粒径档的颗粒主要在稀相区燃烧，循环床稀相区的气固混合较差，煤粒燃烧速率低，因此这一粒径档的颗粒含炭量较高，构成了飞灰含炭量和锅炉固体不完全燃烧损失的主要部分。对于那些大颗粒，尽管一直滞留在炉膛高温区，其挥发分的析出也要慢得多，如平均直径为3mm的煤粒需要近15s的时间才能析出全部挥发分。刘昕在实验室装置上研究了循环床中不同粒径煤粒挥发分的析出时间，发现能够从炉膛逃逸且被分离器分离下来的0.5~0.63mm的颗粒，由于要经过温度相对于炉膛较低的灰循环回路，挥发分析出的时间要比一直滞留在炉膛内的2~8mm的大颗粒更长。

挥发分的析出与燃烧是重叠进行的，不能把两个过程完全分开。煤燃烧过程中挥发分的析出与燃烧改善了煤粒的着火特性，一方面大量挥发分的析出与燃烧，加热了煤粒，使煤粒的温度迅速升高；另一方面，挥发分的析出改变了煤粒的孔隙结构，改善了挥发分析出后焦炭的燃烧反应。

3. 焦炭的燃烧

焦炭的燃烧过程通常是在挥发分析出完成后开始的，但这两个过程存在着重叠，即在初期以挥发分的析出与燃烧为主，后期则以焦炭燃尽为主。两者的持续时间受煤质和运行条件的影响，很难确切划分。一般认为：煤中挥发分的析出时间约为1~10s，挥发分的燃烧时间一般小于1s，而焦炭的燃尽时间比挥发分的燃烧时间长两个数量级。因此，焦炭的燃烧时间控制着煤粒在循环流化床内的整个燃烧时间。

焦炭的燃烧是复杂的多相反应，在流化床中焦炭颗粒周围发生的系列反应方程式如下

$$C + O_2 \rightarrow CO_2 + 406957 \quad kJ/kmol \tag{3-1}$$

$$C + \frac{1}{2}O_2 \rightarrow CO + 123092 \quad kJ/kmol \tag{3-2}$$

$$CO + \frac{1}{2}O_2 \rightarrow CO_2 + 283446 \quad kJ/kmol \tag{3-3}$$

$$CO_2 + C \rightarrow 2CO - 162406 \quad kJ/kmol \tag{3-4}$$

足够长的反应时间、足够高的反应温度和充足的氧气供应是组织良好焦炭燃烧过程的必要条件。焦炭燃烧时，氧气必须扩散到焦炭颗粒表面，然后在焦炭表面与碳发生氧化反应生成CO_2和CO。焦炭是多孔颗粒，有大量不同尺寸和形状的内孔，这些内孔面积要比焦炭外表面积大好几个数量级。有时氧气还会扩散到内孔并与内孔表面的碳产生氧化反应。焦炭的氧化反应是一个比较复杂的过程，依炉内的燃烧工况和焦炭自身特性可分为动力控制燃烧、过渡燃烧和扩散控制燃烧三类。在动力控制燃烧中，化学反应速率远低于扩散速率；在过渡燃烧中，化学反应速率与扩散速率相当；在扩散控制燃烧中，氧气扩散到焦炭颗粒表面的速率远低于化学反应速率。焦炭颗粒的粒度不同，其燃烧的工况也不同。对于大颗粒焦炭，由于颗粒本身的终端沉降速度大，使烟气和颗粒之间的滑移速度大，颗粒表面的气体边界层薄，扩散阻力小，因此燃烧反应受动力控制；而对细小颗粒焦炭，其本身较小的终端沉降速度使得气固滑移速度小，颗粒表面的气体边界层较厚，扩散阻力大，因而燃烧反应受扩散控制。颗粒粒径越小，焦炭的氧化反应越趋于扩散控制。我国开发的鼓泡流化床锅炉，颗粒粒径范围大，燃烧温度一般在850~1050℃，浓相区焦炭颗粒浓度大，粒径粗，焦炭反应受到动力控制和扩散控制的共同作用，即为过渡燃烧。而在鼓泡床的稀相区，燃烧份额很小，颗粒浓度很低，虽然焦炭颗粒粒径小，但同时温度与浓相区相比要低100~250℃，与煤粉炉相比更低，因此焦炭的燃烧趋于受动力控制。循环流化床锅炉的炉膛下部浓相区的流态与鼓泡

流化床相似，动力控制作用与扩散控制作用相当，也为过渡燃烧。而在炉膛上部稀相区内，情况就比较复杂，因为焦炭颗粒在稀相区内的流动行为与煤粉炉内的运动行为有很大差异。在煤粉炉内，炉膛温度高，燃料本身的燃烧反应速度快，同时煤粉颗粒处于气力输送状态，扩散阻力大，所以燃烧反应为扩散控制。在循环流化床上部稀相区内，炉膛温度相对较低，燃料的反应速度较慢，加之细颗粒会产生团聚而形成较大的颗粒团，从而加大滑移速度，减薄了颗粒团表面的气体边界层，减小了扩散阻力，提高了扩散速度。可见，与煤粉炉相比，循环流化床稀相区内焦炭的燃烧趋于动力控制。

简而言之，焦炭颗粒的燃尽取决于颗粒在炉内的停留时间和其自身的燃烧反应速率，停留时间越长，燃烧反应速率越快，颗粒就越容易燃尽。

二、成灰特性

煤粒成灰特性决定于煤粒在循环流化床燃烧过程中的膨胀、破碎和磨损过程，即热破碎过程。它既与煤粒本身的特征，包括煤种、粒径和矿物组成有关，又与循环流化床运行操作条件，如床温、加热速率、运行风速等有关，与燃烧特性一样具有十分复杂的影响因素。煤的破碎特性直接决定了床内的固体颗粒浓度，物料的扬析夹带过程，炉内的传热过程以及煤颗粒的燃烧过程，从而对炉膛内热负荷的分布有极为重要的影响。在近几年的流化床锅炉的应用中，煤在燃烧过程中的破碎特性（如图3－2所示）对循环流化床锅炉性能的影响越来越清楚地表现出来。

煤粒在流化床内的破碎特性是指煤粒在进入高温流化床后其粒度发生急剧减小的一种性质。热破碎和磨损是导致煤粒在流化床中尺寸减小的两种途径。热破碎又有两类：第一类破碎是由于煤粒在高温流化床内，挥发分快速析出而在煤粒内迅速集聚，导致颗粒内部形成压力梯度而引起的破碎；第二类破碎是煤粒析出挥发分后，由于高温热应力的作用，削弱了煤粒内部各元素之间结合的化学键力，导致各种不规则形状的晶粒之间的联结"骨架"被烧掉，颗粒在流化床中的剧烈碰撞运动的作用下引起的破碎（又称为有燃烧的磨损）。

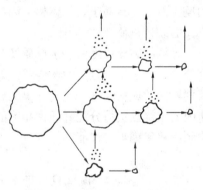

图3－2　在燃烧过程中煤粒的破碎

煤粒进入高温流化床后，受到炽热的床料加热，首先是水分的蒸发，然后当煤粒温度达到热解温度时，煤粒发生脱挥发分反应。由于热解的作用，颗粒物理化学特性发生急剧的变化。对有些高挥发分的煤，热解期间将伴随一个短时发生的拟塑性阶段，即颗粒在热解期间经历了固体转化为热塑性体，又由热塑性体转化为固体的过程。对于大颗粒，由于温度的不均匀性，颗粒表面部分最早经历这一转化过程，即在煤粒内部转化为塑性体时，颗粒外表面可能已固化。因此热解的进行以及热解产物的滞留作用，即所产生的挥发分在颗粒内的集聚，导致颗粒内部存在明显的压力梯度，一旦其压力超过一定值，已固化的颗粒表面层可能会崩裂、破碎。对于低挥发性劣质煤，塑性状态虽不明显，但颗粒内部的热解产物需克服致密的孔隙结构才能从煤粒中逸出，因此颗粒内部亦会产生较高的压力而导致破碎。

煤粒与煤粒之间的碰撞、煤粒与器壁之间的碰撞会引起煤粒尺寸因磨损而减小，见图3－3。磨损对煤粒度变化的影响受煤颗粒的表面结构特性、机械强度以及外部操作条件所控

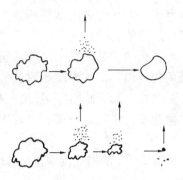

图3-3 在燃烧过程中
煤粒的磨损

制，并且贯穿整个燃烧过程。由于碰撞和磨损产生的细小颗粒，燃尽后被带入尾部烟道，对循环流化床锅炉的性能的影响不如热破碎明显。煤粒在燃烧过程中的热破碎主要是自身因素引起的颗粒变化的过程，并且具有短时间内快速改变粒度的特点。由它引起的煤粒度的变化对循环流化床锅炉的性能的影响起主要作用。

可见，热破碎与挥发分析出有关，是由挥发分析出时造成压力、热应力以及冲击力引起的，而磨损则是由于煤粒间的相互摩擦以及对其他固体物质或燃烧室壁的摩擦引起的，它导致细炭粒从炭粒上分离下来。破碎产生的炭粒经分离后一般将保留在床内，而磨损产生的细粒则很快被带入尾部烟道。由于磨损所产生的小颗粒比较细，所占的比例也较大（相对原始给煤中细颗粒而言），目前使用在循环流化床的分离装置难以将其分离出来参与循环，因此对循环流化床锅炉的燃烧效率以及尾部的粉尘排放控制都是不利的。相比较而言，循环流化床燃烧过程中的煤粒的热破碎对燃烧效率、炉内热负荷的分配以及锅炉的正常运行都是有利的。这主要归功于煤粒破碎后所产生的细颗粒易于被分离出来，并参与床内循环燃烧，保证了炉内稀相区内粒子浓度，改善了传热特性，使炉内总的传热系数提高。此外煤粒的破碎加快了碳与氧的反应速率，有助于煤粒燃尽，因此，煤粒的破碎保证了锅炉既有高的燃烧效率，又能达到正常的设计负荷。

煤粒的破碎程度取决于煤质及其破碎前的颗粒大小。煤粒的破碎显著地改变了给煤的粒度分布。由于粗细颗粒的燃烧特性差异很大，如不考虑煤粒的破碎对给煤粒度分布的影响，仅用原始的燃料粒度分布预计煤的燃烧过程，会偏离实际情况。此外，煤粒的破碎会使流化床内的燃烧热负荷分配（即密相区的燃烧份额和稀相区的燃烧份额）偏离设计工况，进而影响到流化床锅炉的性能。

第三节 流化床中碳粒的燃尽时间及其影响因素

一、Davidson 单颗粒焦炭在流化床中的燃烧模型确定的碳颗粒的燃尽时间 τ_p

Davidson 最先提出了单颗粒焦炭在流化床中的燃烧模型，认定碳粒在乳化相中的燃烧完全受扩散控制。在碳颗粒周围存在一个反应区，其半径等于粒子直径。在碳粒表面上只发生 $C + CO_2 \rightarrow 2CO$ 的一次反应。CO 向外扩散并在反应区前沿球面上与从主气流中扩散来的氧气反应，生成 CO_2，即 $2CO + O_2 \rightarrow 2CO_2$。

根据 Davidson 的上述假定，按边界条件，解微分方程可求得初始直径为 d_{p0} 的焦炭粒子的燃尽时间 τ_p。

$$\tau_p = \frac{nm_1}{12[U - (U - U_{mf})\exp(-X)]} + \frac{\rho_c d_{p0}^2}{96 sh D_m C_1 \phi} \tag{3-5}$$

$$sh = 2E/D_m$$

式中 n——单位布风板面积上料层中的焦炭粒子数；

m_1——每个碳粒子的千克分子量；

U，U_{mf}——流化速度和临界流化速度；

X——转换因子；

ρ_c——焦炭粒子密度；

D_m——分子扩散系数；

ϕ——化学当量因子；

C_1——进入乳化相的氧的浓度；

N——床截面上焦炭粒子的总数目；

F_b——床面积；

E——焦炭粒子有效扩散系数。

式（3-5）中右边第一项为床中高碳量区碳粒子的燃尽时间，它取决于转换因子 X。在高碳量区，乳化相中的氧量已经耗尽，燃烧速度取决于气泡相中氧气向乳化相中的扩散速度。这个扩散速度也取决于转换因子 X。

式（3-5）中右边第二项为床中低碳量区碳粒子的燃尽时间，受附近的氧气向碳粒子的燃烧表面扩散阻力的控制。

从式（3-5）可以看出：

（1）碳粒子的燃尽时间与 n 成正比。为了提高燃烧速率，缩短碳粒子的燃尽时间，应避免局部碳量过高。即要采用分散，多点给煤，使加入到床层的碳粒能比较均匀地分布。

（2）燃尽时间与转换因子 X 成正比，而 X 与气泡容积成反比。为了提高燃烧速率，缩短碳粒子燃尽时间，应使 X 值增大，气泡容积减小。故采用小风帽布风对缩短碳粒子的燃尽时间是有利的。

（3）燃尽时间与碳粒子的密度 ρ_c 成正比。煤粒密致，燃尽时间长。

（4）燃尽时间与碳粒的初始直径 d_{p0} 成正比。粒子直径大，燃尽时间长。保证燃煤的合理粒度分布，对缩短碳粒的燃尽时间是有利的。

（5）式（3-5）中没有燃烧温度对燃尽时间的影响，这显然是与实际有出入的。实践证明：燃烧温度对燃煤粒子的燃尽时间有很大的影响。此模型确定的流化床中碳粒子的燃尽时间不完全符合实际情况。并且按式（3-5）计算十分繁杂，应用起来不方便。有些学者根据实验结果整理出了碳粒子燃尽时间的经验关系式。

二、实验确定的碳粒子燃尽时间的经验关系式

$$\tau_p = k_b d_p^n \tag{3-6}$$

$$k_b = 8.77 \times 10^9 e^{-gT_b}, g = 0.01276, n = 1.16$$

式中：T_b 为床温，k；d_p 为碳粒子直径，cm。

将上述数值代入式（3-6）得

$$\tau_p = 8.77 \times 10^9 \exp(-0.01276 T_b) d_p^{1.16} \tag{3-7}$$

从式（3-7）知：

（1）流化床碳粒子的燃尽时间与床温有关，床温提高，燃尽时间缩短。

（2）燃尽时间与碳粒子直径的 1.16 次方成正比。粒子直径大，燃尽时间长。

一台 75t/h 流化床锅炉燃烧烟煤时，不同尺寸煤粒的燃尽时间见表 3-1，燃烧温度为 850℃。

表 3 – 1 流化床中不同尺寸煤粒的燃尽时间

煤粒尺寸（mm）	煤粒燃尽时间 τ_p（s）	煤粒尺寸（mm）	煤粒燃尽时间 τ_p（s）
0.008	1.34	0.80	280.14
0.05	11.24	1.00	362.90
0.08	19.38	2.00	810.92
0.10	25.11	4.00	1812.07
0.20	56.10	8.00	4049.21
0.50	162.40	10.00	5245.48

小于 1mm 的煤粒子在燃烧室内一次通过的停留时间均远小于其燃尽时间，所以燃烧室出口设置分离器，将收集下来的小于 1mm 的粒子送入燃烧室循环燃烧，保证总停留时间大于燃尽时间，确保较高的燃烧效率。这就是循环流化床燃烧锅炉快速发展的原因之一。

第四节　循环流化床内不同尺寸焦炭颗粒的燃烧行为和燃烧特性

由于循环流化床内的气固流动过程十分复杂，因此，循环流化床内焦炭颗粒的燃烧行为和特性也比较复杂。本节对循环流化床内不同尺寸焦炭颗粒的燃烧行为和燃烧特性作一个描述。

一、2mm 以上的大颗粒焦炭的燃烧行为和燃烧特性

燃烧室下部的流化速度一般为 3.5～4.5m/s。对难燃煤种流化速度取低值；对易燃煤种流化速度取高值；对比较好燃的煤种，流化速度取中值。

在这个流化速度范围内，2mm 以上的煤粒多数不能吹离燃烧室下部而进入燃烧室上部。所以，2mm 以上的煤粒多半在浓相床内燃烧。

由于 2mm 以上的大颗粒煤的终端沉降速度大，烟气和颗粒之间滑移速度大，颗粒表面的气体边界层薄，氧气穿过气体边界层进入颗粒燃烧反应表面的扩散阻力小，燃烧反应的化学反应速率受化学反应动力学控制。颗粒越大，越受化学反应动力学控制，流化床燃烧温度比其他燃烧方式低许多。但是 2mm 以上的颗粒燃料在燃烧室内的停留时间一般为 15～30min。对高热值煤取高值，对低热值煤取低值。这个停留时间一般都大于煤粒的燃尽时间。所以，大于 2mm 的颗粒煤在燃烧室下部浓相床内的燃烧行为和燃烧特性是非常好的。这就是为什么循环流化床锅炉床底渣含碳量（一般小于 1%）低的原因。2mm 以上煤颗粒燃尽之后的灰大多从床底排渣口排去。

二、小于 1mm 煤粒的燃烧行为和燃烧特性

小于 1mm 的煤粒大多吹离燃烧室下部浓相床进入燃烧室上部稀相床，并进入后部旋风分离器，成为循环床料。它们的燃烧发生在整个燃烧系统内，燃烧室下部→燃烧室上部→分离器内→返料器→燃烧室下部。

对于小于 1mm 的煤粒，其终端沉降速度小，烟气（向上流动）和粒子或粒子团（有时向下流动，有时向上流动）之间的滑移速度小，颗粒或粒子团表面的气体边界层厚，氧气穿过气体边界层进入颗粒或粒子团燃烧反应表面的阻力大，燃烧反应受扩散过程控制。颗粒越

小，越受扩散过程控制。这样细颗粒的燃尽也需要较长的燃尽时间。

循环流化床燃烧过程中，小于 1mm 的经旋风分离器收集下来的煤粒通过返料器送入燃烧室进行循环燃烧。一而再，再而三地通过循环燃烧，细粒子在循环燃烧系统内的总停留时间远大于其燃尽时间，所以循环床料中细煤粒的燃尽度是很高的。一般来说，采用旋风分离器，$200\mu m$ 的煤粒能 100％地被收集下来，实现循环燃烧。所以，$1\sim0.2mm$ 的煤粒经循环燃烧之后，其含碳量一般为 0.1％左右。

三、直径在 20μm 以下的煤粒的燃烧行为和燃烧特性

直径小于 $20\mu m$ 的煤粒无疑在循环流化床燃烧过程中受扩散过程控制。这些粒子不能被分离器收集下来实现循环燃烧，但是这么细的粒子，其反应表面很大，燃烧反应速度快，因此，这些粒子在燃烧室内的停留时间大于燃尽时间。所以，小于$20\mu m$ 的煤粒子在离开燃烧室前已基本燃尽。

四、50～100μm 煤粒的燃烧行为和燃烧特性

很明显，这部分煤粒在循环流化床燃烧过程中受扩散过程控制。对这部分粒子，分离器的收集效率低，大部分粒子不能实现循环燃烧。受扩散过程控制，这些粒子燃尽所需的时间大于在燃烧室内的停留时间，所以，这部分煤粒的含碳量非常高，最大可达20％～40％。对高含碳量低挥发分的煤，含碳量取高值；对低含碳量、高挥发分的煤，含碳量取低值。所以，提高分离器对这部分尺寸粒子的收集效率，是提高锅炉燃烧效率，降低飞灰含碳量的关键措施之一。

五、200μm 粒径煤粒的燃烧行为和燃烧特性

这部分粒径的煤粒能 100％地被分离器收回，实现循环燃烧，它们的含碳量接近于零。

第五节 循环流化床燃烧与沿燃烧室高度方向的温度分布

一、循环流化床锅炉的燃烧区域

循环流化床锅炉燃烧系统由以下四部分组成：

(1) 燃烧室下部浓相床区域（二次风口以下区域）。此区为富燃料燃烧区，燃料的平均粒径比较大。流化空气为一次风，一次风一般占总风量的 50％～60％。

(2) 燃烧室上部稀相区域（燃烧室变截面以上至炉顶区域）。此区为富氧燃烧区，燃料平均粒径较细，一般为循环物料组成。二次风在此区发挥燃烧作用。

(3) 燃烧室下部浓相区与上部稀相区之间。此区为过渡燃烧区，床料浓度沿燃烧室高度变化较大，床料平均粒径居中。

(4) 旋风分离器内残余挥发分和循环床料中碳粒的燃烧区。该区属悬浮燃烧，一般烧挥发分高的燃料，分离器内燃烧温升达 100℃左右；烧挥发分低的燃料，分离器内温升为 50～70℃。分离器除了收集飞灰实现飞灰循环燃烧之外，还起了一个燃尽室的作用。中温分离器的燃尽作用小些，低温分离器就没有燃尽作用了。

二、循环流化床锅炉燃烧系统各区域燃烧的组织

1. 燃烧室下部浓相区燃烧的组织

根据燃烧煤种提供合理的一次风量，确保良好的流化并提供部分燃烧氧气。控制床层压

力和合适的燃烧温度。控制循环燃烧系统的返料量，确保燃烧温度为设计值，确保床料不产生高温结渣和低温熄火。

2. 燃烧室上部稀相床燃烧的组织

控制一、二次风的比例，确保燃烧室出口温度在设计范围内。如果煤粒中细颗粒偏少，需要适当减少二次风量；如果煤粒中粗颗粒偏多，需要适当加大一次风量。

3. 过渡区燃烧的组织

过渡区就是二次风加入口上下一段燃烧区。这区域的燃烧组织首先要求燃烧室的设计有利于二次风的吹透。其次，要求二次风有一定的速度和风量，确保二次风有一定的动量，能吹透到燃烧室中部，使燃烧中心区不缺氧。另外，循环流化床锅炉给煤有两种方式：一种是燃烧室前面给煤，一种是燃烧室后面给煤。二次风的布置要保证给煤一侧有较多的空气量，保证新加入燃料燃烧需要的氧量。一般给煤侧二次风气量较大，非给煤侧二次风气量较小。

4. 分离器内燃烧过程的组织

分离器的主要作用是收集飞灰，收集后的飞灰经返料器送入燃烧室循环燃烧。分离器的另一作用是起燃尽室的作用。为了防止分离器内产生高温结渣，必须控制燃煤的粒度分布和一、二次风的配比。如果流化速度太高，煤中细颗粒较多，吹入分离器的飞灰量大，且飞灰含碳量高，容易造成分离器内燃料燃烧份额偏大，产生高温结渣。如果分离器内产生高温结渣，必然带来停炉清渣，对锅炉的经济、安全运行带来重大影响。循环流化床锅炉早期运行中曾发生过分离器内高温结渣的现象。早期分离器筒体上留有人孔门，就是为清除分离器高温结渣而设计的。

5. 燃烧过程组织好坏的判别指标

燃烧室出口温度与燃烧室下部温度相差不大，而燃烧室出口氧含量为 3%～5%，是判别一、二次配比合理的指标。燃烧室出口和下部温度差超过 50℃，燃烧室出口含氧量超过 3%～5%，说明一、二次风的配比与燃料粒度不相配，必须对燃煤粒度分布或一、二次风配比进行调整。

三、法国 Provence 250MW 循环流化床锅炉沿燃烧室高度温度分布

如果流化速度、一、二次风配比与燃料粒径分布相配合时，沿燃烧室高度的温度变化是比较小的。图 3-4 表示了法国 Provence 250MW 循环流化床锅炉，不同负荷下，燃烧温度沿燃烧室高度的变化。

从图中可以看出：

（1）100%负荷时，前后墙燃烧温度差沿燃烧室高度不超过 15℃。

（2）100%负荷时，燃烧室前后墙上下温度差均不超过 10℃。

（3）70%、50%负荷时，前后墙温度差和沿燃烧室高度温度差均不超过 10℃。

（4）100%负荷时，燃烧室平均温度

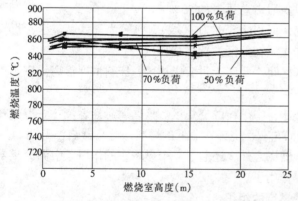

图 3-4　燃烧温度沿燃烧室高度的变化

■靠前墙燃烧温度；×靠后墙燃烧温度

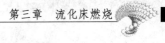

较高，50%负荷时较低，70%负荷时居中。

　　燃烧室前后温度和燃烧室上下温度比较接近是循环流化床锅炉的燃烧特征之一。对鼓泡流化床燃烧锅炉，燃烧室上下温度差较大，有的达 200℃。燃烧室前后和上下温度差的大小是判断燃烧属循环流化床燃烧还是鼓泡流化床燃烧的指标之一。

第四章
循环流化床传热

循环流化床锅炉燃烧室中的传热是一个复杂的过程，传热系数的选取直接影响受热面设计的数量，从而影响锅炉的实际出力、蒸汽参数和燃烧温度。如果传热系数取得太高，燃烧室内受热面布置少，锅炉运行时会带来燃烧室内和出口烟气温度偏高，导致锅炉达不到设计蒸发量，有时还会导致过热蒸汽温度偏高。相反，如果传热系数取得较低，燃烧室内受热面布置多，带来燃烧室内和出口烟气温度偏低，降低煤在燃烧室内的燃烧效果，飞灰含碳量高，锅炉热效率降低。正确理解和掌握循环流化床锅炉燃烧室内的传热机理和影响传热的因素，对循环流化床锅炉设计、运行和处理运行中发生的问题有重要的作用。

第一节 传热的基本概念

热量的传递是自然界与工程技术中极普遍的一种转移过程。按热力学第二定律，凡有温差的地方就有热量的传递。热量的传递有三种基本方式：导热、对流传热和辐射传热。

一、导热

热是从物体中温度较高的部分传递到温度较低的部分，或者从温度较高的物体传递到与之接触的温度较低的另一物体的过程称为导热（又称热传导）。在纯导热过程中，物体各部分之间不发生相对位移，也没有能量形式的转换。

从微观角度来看，气体、液体、导电固体和非导电固体的导热机理是有所不同的。在气体中，导热是气体分子不规则热运动时相互碰撞的结果。我们知道，气体的温度越高，其分子运动能量越大。能量水平较高的分子与能量水平较低的分子相互碰撞的结果，热量就由高温处传到低温处。金属导体中有相当多的自由电子，像气体中的分子一样，在晶格之间运动。金属导体中的导热主要靠自由电子的运动来完成。在非导电的固体中，导热是经过晶格结构的振动来实现的。

设有如图 4-1 所示的一块平板，厚为 δ，表面积为 H，两个表面分别维持在均匀的温度 t_{b1} 及 t_{b2}。单位时间内从表面 1 传导到表面 2 的热量（即在 x 方向所传导的热量）可按傅里叶定律计算

$$Q_{bs} = \lambda H \frac{t_{b1} - t_{b2}}{\delta} \qquad (4-1)$$

式中　λ——导热系数，$W/(m \cdot K)$；

　　　H——导热面积，m^2；

$t_{b1} - t_{b2}$——两壁面温度差，K；

　　　δ——平板厚度，m。

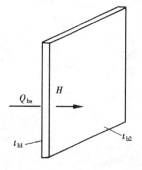

图 4-1　平板导热示意图

导热系数是表征材料导热性能的一个参数，导热系数的数值同材料的种类有关，对同一材料还取决于温度。金属材料的导热

系数最高，良导体也是良导热体，液体次之，气体最小。非金属固体的导热系数变化范围较大，数值高的同液体相接近，数值低的（如某些保温材料）则与空气的导热系数具有同一数量级。

二、对流传热

对流是指流体各部分之间发生相对位移时所引起的热量传递过程。对流仅能发生在流体中，而且必然伴随着导热现象。在工程技术上大量遇到的是流体流过另一物体的表面时所发生的热交换过程，叫对流换热。对流换热是流体的对流与导热联合作用的结果。

就引起流动的原因而论，对流换热可区别为自然对流与强制对流两种。自然对流是由流体冷热各部分的密度不同而引起的，热力设备的表面附近空气受热向上流动就是一例。如果流体的运动是由于水泵、风机或其他的压差作用造成的，则称为强制对流。

无论是哪一种形式的对流换热，单位时间内、单位面积上所交换的热量均采用牛顿冷却公式来计算

$$Q_{dr} = \alpha H(t_1 - t_2) \tag{4-2}$$

式中　α——对流传热系数，$W/(m^2 \cdot K)$；

$t_1 - t_2$——温压，K。

对流换热系数的大小与换热过程的许多因素有关。它不仅取决于流体的物理性质，换热表面形状与布置方式，而且还同流速有密切关系。一般情况下，对同一流体，强制对流的换热系数高于自然对流时的值，有相变（即沸腾或凝结）时的换热系数大于无相变时的值。

三、辐射传热

物体通过电磁波来传递能量的过程称为辐射。物体会因各种原因发出辐射能，其中因热的原因而发出辐射能的过程称为热辐射。

自然界中所有的物体都在不停地向四周发出热辐射能，同时又不断地吸收其他物体发出的热辐射能。辐射与吸收过程的综合结果就造成了以辐射方式进行的物体间的能量转移——辐射换热。当物体与四周环境处于热平衡时、辐射换热量等于零，但辐射与吸收过程仍在不停地进行。

辐射可以在真空中传播，而导热、对流这两种热传递方式只有当存在着气体、液体或固体时才能进行。当两个温度不同的物质被真空隔开时，如地球与太阳之间，导热与对流都不会发生，只能进行辐射换热。这是辐射换热区别于导热、对流的一个根本特点。辐射换热区别于导热，对流的另一个特点是，它不仅产生能量的转移，而且还伴随着能量形式的转化，即从热能到辐射能及从辐射能转换到热能。

两个物体之间的辐射热量计算公式为

$$Q_f = \alpha_f H(t_{rl} - t_{wb}) \tag{4-3}$$

$$\alpha_f = \sigma_0 a \frac{T_{rl}^4 - T_{wb}^4}{T_{rl} - T_{wb}} \tag{4-4}$$

式中　α_f——辐射传热系数，$W/(m^2 \cdot K)$；

T_{rl}——热流体温度，K；

T_{wb}——外壁面温度，K；

a——系统黑度；

σ_0——黑体的辐射常数。

通常 $\sigma_0 = 5.67 \times 10^{-3} \text{W/} (\text{m}^2 \cdot \text{K}^4)$。

第二节　循环流化床锅炉燃烧室的传热机理

循环流化床锅炉燃烧系统内各部分的热量通常是通过以下四种受热面来实现的。

(1) 形成燃烧室包覆面积的膜式水冷壁。

(2) 对高压锅炉有悬挂于燃烧室内的屏式受热面。

(3) 有的锅炉有旋风分离器膜式壁受热面。

(4) 有的锅炉有外置式流化床热交换器。

燃烧室由下部浓相床和上部稀相床组成。燃烧室与受热面之间的换热主要受三个传热过程控制：

(1) 沿着燃烧室壁面下流的粒子团的导热传热。

(2) 燃烧室壁面附近粒子团的辐射传热。

(3) 气体的对流传热。

一、燃烧室浓相床内的传热机理

燃烧室浓相床内，受热面与床层之间的传热系数可近似认为是各传热分量的叠加

$$h = f_t h_p + (1 - f_t) h_g + h_r \tag{4-5}$$

式中　h_p、h_g、h_r——分别是由于颗粒对流、气体对流和辐射所产生的传热系数；

　　　　f_t——壁面为颗粒团所覆盖的平均时间份额。

1. 颗粒对流传热分量 h_p

固体颗粒聚集成颗粒团是循环流化床的一个主要特点，这些颗粒团的向下运动主要发生在锅炉壁附近的环形气固边界层内。从观察和实验研究发现，壁面是被间断的颗粒团扫过而不是为连续的颗粒层所覆盖。颗粒团在运行一段距离后就会弥散或离开壁面，而壁面又会被新的颗粒团所覆盖。因此，存在这样一个特征长度，在此长度上颗粒团保持与壁面相接触。它与颗粒团的停留时间的关系可以用下式表示

$$L = v_{\max}^2 / g [\exp(-gt/v_{\max}) - 1] + v_{\max} t \tag{4-6}$$

式中　t——颗粒团与受热面的接触时间；

　　　　$v_{\max}$——颗粒团在壁面处的最大下降速度。

通过实验测量，$v_{\max}$ 在 1.26m/s 左右。

对于在实际锅炉中的连续换热表面，计算颗粒团在壁面处的平均停留时间时，可取其长度为特征长度，而对于长度小于特征长度的换热面，特征长度应取为换热面的垂直高度。

当颗粒团滑过受热面时，就会发生对于横向为半无限颗粒团的非稳态热传导。另外，在壁面处有一个气膜热阻，代表了第一排颗粒与壁面的换热。这个热阻对于大颗粒和非常短的停留时间的情况是很重要的。这样，由于颗粒对流所产生的时间平均传热系数可表示成

$$h_p = \frac{1}{\dfrac{d_p}{n k_g} + \left(\dfrac{t\pi}{4 k_c c_c \rho_c}\right)^{0.5}} \tag{4-7}$$

式中　t——颗粒团在传热表面停留时间；

k_g——气体导热系数；

　　k_c、c_c、ρ_c——分别为粒子团的热导率、比热和密度。

　　为了计算总传热系数，有几个参数需要预先确定。一是壁面气体层的厚度（d_p/n），n一般为 0.1~0.4。有的研究者发现气体层厚度会随颗粒浓度的增加而减小，其实验数据可关联成

$$n = 34.84^{-0.581}C$$

式中　C——平均固体颗粒体积浓度。

　　气体的热导率用平均气膜温度来计算。颗粒团的比热和密度可用气固两相的加权平均值来计算

$$c_c = \left[(1 - \varepsilon_c)c_p + \varepsilon_c c_{pg}\right]$$
$$\rho_c = \left[(1 - \varepsilon_c)\rho_s + \varepsilon_c \rho_g\right] \tag{4-8}$$

式中　ε_c——粒子团的空隙；

　　c_p——粒子的定压比热；

　　c_{pg}——气体的定压比热；

　　ρ_s——粒子的密度；

　　ρ_g——气体的密度。

　　颗粒团的热导率（k_c）取空隙率为 ε_c 的固定床的热导率，用下式计算

$$\frac{k_c}{k_g} = 1 + \frac{(1 - \varepsilon_c)(1 - k_g/k_p)}{k_p/k_g + 0.28\varepsilon_c^{0.36(k_g/k_p)^{0.18}}} \tag{4-9}$$

式中　k_p——粒子的导热系数。

　　换热表面被颗粒团覆盖的份额也依赖于炉内的颗粒浓度，其经验关联式为 $f_t = 3.5^{-0.37}C$，这表明 f_t 随着截面平均颗粒体积浓度 C 的增加而增长。对于在壁面处的颗粒团空隙率，则可用下面的用电容法测得的试验数据的关联式

$$\varepsilon_c = 1.23C^{-0.54} \tag{4-10}$$

　　2. 气体对流传热分量 h_g

　　气体对流传热分量是循环流化床锅炉内床层和传热面之间所包含的三个传热分量之一。一般情况下，颗粒的对流传热分量 h_p 要比气体对流传热分量 h_g 大得多，大多数模型并不注意这个稀相传热系数。然而，尽管这个分量比较小，它在极低颗粒浓度情况下（工业性锅炉的上部粒子浓度有时低于 1kg/m³）就变得重要起来了。有的研究者发现，在常温条件下，当粒子浓度在 12~79kg/m³ 之间时，气体对流传热分量为总传热量的 10%~20%。早期的研究者用不包含颗粒的纯气体对流换热来模拟气体对流传热分量。但是，后来的研究者发现循环流化床中颗粒团以外的部分并非是没有颗粒的，在这个上升气流中还是包含了少量的颗粒，它们对受迫对流传热起重要作用。在这里可用载尘气流的关联式来估算气体对流传热分量

$$h_g = \frac{k_g c_p}{d_p c_{pg}}(\rho_{dis}/\rho_s)^{0.3}(u_t^2/gd_p)^{0.21}Pr \tag{4-11}$$

式中　ρ_{dis}——向上气流中所包含的弥散颗粒的密度；

　　u_t——平均颗粒直径为 d_p 的颗粒的终端速度；

Pr——普朗特数。

3. 辐射传热分量 h_r

辐射传热分量是循环流化床的主要传热分量，特别是在高蒸汽压力时，管壁温度和炉温都比较高，辐射传热的贡献更大。当粒子浓度减小时，由于颗粒对流传热的减小，辐射传热对于总传热系数的贡献就会增大。辐射传热所占份额也取决于壁温和床温。

为计算辐射传热系数，床层和壁面可看作为两个非常大的平壁。所以，辐射传热系数可写为

$$h_r = \frac{\sigma(T_B^4 - T_w^4)}{(1/e_B + 1/e_w - 1)(T_B - T_w)} \tag{4-12}$$

式中　e_B——床层的等效黑度；

　　　e_w——壁面的黑度；

　　　T_B——床温；

　　　T_w——壁温。

对于直接从床层内部接受热量的壁面，床层黑度可用平均射线长度的概念进行计算，即

$$e_B = 1 - \exp[-1.5L_m e_s(1 - \delta)/d_p] \tag{4-13}$$

式中　δ——床层内部的固体颗粒的体积份额；

　　　L_m——平均射线长度，等于床层体积与表面积之比的 3.5 倍；

　　　e_s——床层颗粒的表面黑度。

床内的颗粒假定为在所有波长范围内连续辐射的灰体，式（4-13）认为对于非常大而稠密的床层可作为黑体处理。只要 $e_B < 0.5 \sim 0.8$，这个公式就可应用，这通常对应于非常稀的床层。在 e_B 比该值大时，就需要考虑散射，这时床层的黑度就用下式计算

$$e_B = [A(A + 2)]^{1/2} - A \tag{4-14}$$
$$A = e_s/[(1 - e_s)B]$$

对于各向同性散射 B 可取为 0.5。

对于与颗粒团相接触的壁面，床层黑度 e_B 应当用颗粒团的黑度 e_c 来取代。考虑颗粒之间的多重反射，与壁面接触的颗粒团的等效黑度用下式计算

$$e_c = 0.5(1 + e_s) \tag{4-15}$$

至此，有关各传热分量的计算式已经给出，将它们代入式（4-5）就可得到总传热系数

$$h = f_t \frac{1}{\dfrac{d_p}{nk_g} + \left[\dfrac{t\pi}{4k_c c_c \rho_c}\right]^{0.5}} + (1 - f_t)\frac{k_g c_p}{d_p c_{pg}}(\rho_{dis}/\rho_s)^{0.3}(u_t^2/gd_p)^{0.21}Pr$$

$$+ \frac{\sigma(T_B^4 - T_w^4)}{(1/e_B + 1/e_w - 1)(T_B - T_w)} \tag{4-16}$$

二、燃烧室上部稀相区内传热机理

在循环流化床燃烧室上部，稀相床与浓相床一样，气固悬浮体与受热面之间的传热也是由气体对流传热分量、颗粒对流传热分量和辐射传热分量组成，即

$$h = h_g + h_p + h_r \tag{4-17}$$

1. 气体对流传热分量 h_g

在稀相区中，由于固体粒子的存在会增加气体的扰动性，但是 h_g 的估算仍可按纯气体

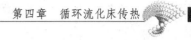

的传热关联式进行。

2. 颗粒对流传热分量 h_p

在稀相区，固体粒子在沿膜式壁下流过程中，与壁面进行接触传热。

3. 辐射传热分量 h_r

辐射分量的计算与密相区相同，将悬浮体作为灰体，用式（4 - 12）来进行计算，其中床的吸收率，即床层的等效黑度

$$e_{susp} = 0.5(1 + e_p) \tag{4 - 18}$$

式中 e_p——床中固体颗粒的吸收率。

在稀相区，固体颗粒浓度低，固体颗粒对流传热分量小，气体对流传热分量更小。所以，悬浮体与膜式壁之间的辐射传热是主要的。

第三节 影响循环流化床燃烧室传热的主要因素

研究表明，影响循环流化床燃烧室中传热的主要因素有：

（1）流化介质、固体颗粒的物理性质，包括流化介质的密度、黏度、比热容、导热系数，固体颗粒的尺寸、密度、球形度、比热容、导热系数等。

（2）最低流化条件，包括临界流化风速和空隙率等。

（3）流化条件，包括固体颗粒浓度、流化风速等。

（4）床层与受热面的布置形式与几何尺寸、材料等。

（5）床层与壁面温度等。

传热系数是一个与多种参数有关的复杂函数。一方面，它是颗粒浓度，流化风速，床的几何尺寸，气、固物理性质，一、二次风量比，循环倍率，受热面积和床温等因素的函数；另一方面，它受到床内气、固体物理特性，颗粒燃烧特性，颗粒磨损特性，颗粒与壁面碰撞情况，颗粒沿壁面下滑情况，颗粒覆盖壁面程度，与壁面接触时间，脱硫剂的使用及受热面的布置等众多因素的影响。

一、气体物理特性的影响

在流化床传热中，气膜厚度及颗粒与表面的接触热阻对传热起支配作用。因此，气体的物理特性，如气体的密度、黏度、比热容和导热系数必将对传热产生影响。

（1）气体的密度 ρ_g 和比定压热容 $c_{p,g}$。由于压力对传热的影响主要是通过气体密度 ρ_g 起作用，而传热系数 h 随着床层压力的增加而增加，故随着气体密度的增加将导致 h 的增加。不过，不同气体的比定容热容之间的相近却妨碍了 $c_{p,g}$ 对 h 影响的实验研究，然而可以推知，h 将随 $c_{p,g}$ 的增加而有一定的增加。一些学者的试验研究指出，床层与受热面之间的传热系数与气体密度和比热容乘积呈指数规律变化，即

$$h \propto (\rho_g c_{p,g})^n, \ n = 0.25 \sim 0.40 \tag{4 - 19}$$

（2）气体黏度 μ_g。许多学者研究认为，传热系数随着气体黏度的增加而减小。

（3）气体导热系数 λ_g。在流化床传热中，气体边界层起着重要作用。因此气体的导热系数 λ_g 对 h_g 有相当大的影响。随着 λ_g 的增加，h 近似以 $1/3 \sim 1/2$ 幂次增加。

对一固定床，Leva 提出了如下关系式

$$h_g \propto \lambda_g^{0.67} \tag{4 - 20}$$

后来 Wen 和 Leva 将上述关系式修正为

$$h_g \propto \lambda_g^{0.60} \qquad\qquad (4-21)$$

Jacob 和 Osberg 根据他们的试验数据整理了下面的关系式

$$h_g = a(1-\varepsilon)[1 - \exp(-P\lambda_g)] \qquad\qquad (4-22)$$

式中　　a，P——经验常数；

　　　　ε——床层的空隙率。

图 4-2 给出了传热系数随不同气体导热系数变化的曲线。图中的数值表示直线的倾斜程度，表示 $h_{\max} \propto \lambda_g^x$。

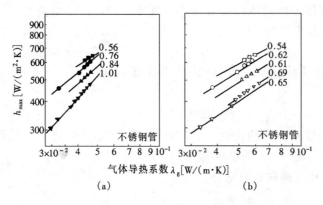

图 4-2　传热系数随不同气体导热系数的变化情况

(a) 基于测管壁温；(b) 基于床温

▼ ▽ 570μm，砂；▲△3/97（质量百分比）95/570μm，砂；

●○10/90（质量百分比）95/570μm，砂；

■□20/80（质量百分比）95/570μm，砂

二、固体颗粒物理特性的影响

固体颗粒的物理特性参数包括固体颗粒尺寸、密度、球形度、比热容、导热系数及颗粒粒度分布等。

（1）固体颗粒尺寸 d_p 的影响。由于小颗粒床与大颗粒床有着不同的换热机理，不同粒径的床料所呈现出的浸埋面传热系数随不同流化风速的变化特性有所差异。图 4-3 给出金钢砂床料的最大传热系数 $h_{\max}$ 随不同颗粒尺寸 d_p 的变化情况（Baskakov，Berb 等）。从图中可以看到，当 $\overline{d}_p \approx 0.1 \sim 0.43$mm 时，颗粒尺寸影响很大，粒径越大，$h_{\max}$ 越小。在 $\overline{d}_p = 2$mm 附近时变化较小，随后随着 $\overline{d}_p$ 的增加，$h_{\max}$ 反而增加。此外，在图中的虚线部分（$\overline{d}_p <$ 约 0.4mm），随着粒径的减小，$h_{\max}$ 反而减小。由此可见，不同粒径的颗粒床是由不同的传热机理在起控制作用。对于小颗粒床，颗粒的冷却特征时间小于其在受热面上的停留时间，颗粒主要通过气膜与受热面进行热交换。这是一个非稳态过程，所以当流化速度增加时，颗粒在表面的停留时间缩短，使得传热系数迅速增加。小颗粒床中 $h_{\max}$ 随 $\overline{d}_p$ 的增大而减小的原因有两个：一是颗粒尺寸加大使得气膜厚度增加，导致传热阻力加大；二是颗粒尺寸越大，单位受热面上接触的颗粒越少，导致传热强度减弱。但当颗粒粒径太小时，颗粒粒径减小反而导致 $h_{\max}$ 也减小（图 4-3 的虚线部分），产生这一现象的原因是由于细小颗粒易附在受热面上，从而使得接触时间延长所致。对于大颗粒床，其临界流化速度较高，气体的对流换热作用加强，颗粒与受热面间的换热作用因气膜厚度加大而相对减弱，因此传热系数随不同流

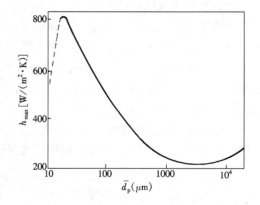

图 4-3　$h_{\max}$ 随不同 $\overline{d}_p$ 的变化情况

化速度的变化不如小颗粒床那样剧烈。此外，颗粒粒径越大，临界流化速度也就越大，气体的对流作用也越强，使得 h_{max} 可能随 $\overline{d}_p$ 的增加而增加。

（2）固体颗粒密度 ρ_p 的影响。实验研究发现，传热系数随 ρ_p 的增加而增加（leven spiel 和 walton、ziegler 等）。而 sarkits 等则发现，ρ_p 对 h_{max} 的影响程度随着粒径的增大而减弱。这可解释为，一方面，ρ_p 的增加使得颗粒的比定容热容增加；另一方面，ρ_p 的增加导致 u_{mf} 增大，从而使气体对流换热作用增强。但是当湍流程度十分高时，固体颗粒对传热的影响变得比较弱。

（3）球形度及表面状态的影响。实验表明，球形和较光滑的颗粒，其换热系数较高。

（4）颗粒比定压热容 $c_{\rho,p}$ 的影响。不少研究者的实验均发现，换热系数 h 随着 $c_{\rho,p}$ 的增加而增加。

（5）固体颗粒导热系数 λ_p 的影响。不同研究者采用了密度、比热容相近，但导热系数相差较大的颗粒进行了实验研究。如 Ziegler 等选用 ρ_p、$c_{\rho,p}$ 相近，但 λ_p 相差数倍的铜、镍、焊锡颗粒，而王劲柏则采用 λ_p 相差百倍的黄砂颗粒和铝颗粒，更加有效地将此因素独立出来。所有这些研究均表明 λ_p 对 h 的影响很小。

（6）固体颗粒粒度分布的影响。前面提到，对于小颗粒床，粒径越小，换热系数越大。但 Goel 和 Saxena 却发现，宽筛分的 $\overline{d}_p = 0.167mm$ 的石英砂床料的换热系数反而比窄筛分的 $\overline{d}_p = 0.145mm$ 的石英砂床料的换热系数高，这显然是由于两者的粒度分布不同所致，其原因是小尺寸范围的床料的颗粒对流传热弱于宽尺寸范围的床料颗粒。

三、流化风速对传热的影响

在循环流化床中，运行风速对传热过程的影响是比较复杂的。一般风速增大时，一方面使气体对流传热增强，另一方面则由于颗粒浓度减小而使传热系数减小。在循环流化床中，对于固体浓度较大的床下部浓相区，颗粒以非稳态导热为主，传热系数随风速增大而减小。而对于颗粒浓度较小的稀相区，气体对流比较明显，因而传热系数可能随流化风速的增大而增大。不过由于在稀相区固体颗粒贴壁下滑，而气流对流分量比固体分量要小得多，因此，在固体颗粒浓度一定时，传热系数基本上不随流化风速变化，图 4-4 的实验曲线表明了这一点。

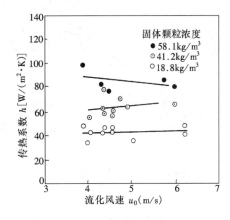

图 4-4 流化风速对传热系数的影响

四、床温对传热系数的影响

Andersson 等在一个 2.5MW、床截面为 70mm×70mm、8.5m 高的循环流化床燃烧室内进行了实验。他们使用 $240\mu m$ 的橄榄石砂作为床料，在一定温度范围内进行实验，发现在任何粒子浓度下，换热系数均随床温的升高而增加。由于在较高温度下气体的导热系数和辐射换热都会增强，它们的综合作用如图 4-5 所示，在相对高的粒子浓度时（$20kg/m^3$），换热系数随温度呈线性增长，但在辐射换热起主要作用的炉膛上部，并不一定遵循这个规律。

Jestin（1993）在法国 Carling 的 125MW（电功率）的循环流化床锅炉上测量表明

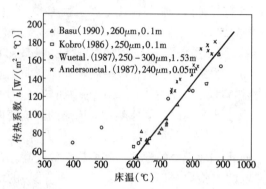

图4-5   床温对传热系数的影响

$$h = k(\Delta P)^\alpha (T_B)^\beta \qquad (4-23)$$

式中 ΔP——整个炉子的压降;

T_B——炉膛温度;

K、α、β——经验系数。

式(4-23)中也可以明显地看出换热系数随床温的变化关系。

五、壁温对传热系数的影响

华中科技大学在一台35t/h循环流化床锅炉上测试受热面管壁温度对传热系数的影响,图4-6表示了其研究结果。测试结果表明,传热系数随管壁温度的升高成直线规律变化,其变化斜率为0.44。也就是说,壁温升高1K,传热系数增加0.44W/(m²·K)。其表达式为

$$h = h_1 + 0.44(t_{w1} - t_{w2}) \qquad (4-24)$$

式中 t_{w1},t_{w2}——分别为壁温;

h,h_1——分别为壁温t_{w2}和t_{w1}时的传热系数。

壁温提高的结果使埋管外表面气膜的温度升高,气膜的热阻减小,从而使传热强化。在整理传热准则方程式时,用壁温和床温的算术平均值作为定性温度就是为了考虑壁温对传热的影响。

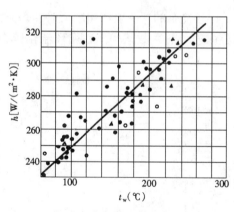

图4-6   传热系数和壁温的关系
●—测管 $\phi25\times3mm$;
▲—滑管 $\phi32\times3mm$;
○—测管 $\phi42\times3mm$

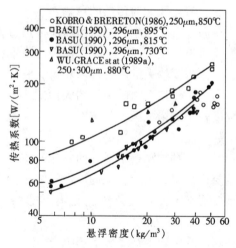

图4-7   实验室测量换热系数与粒子悬浮密度的关系

六、床层粒子浓度对传热的影响

实验表明,在循环流化床内所发生的传热强烈地受到床内粒子浓度的影响。图4-7给出了一些研究者在不同的实验台上实验所得到的结果,这些结果清楚地表明传热系数随粒子悬浮浓度的增加而增加。固体颗粒的热容要比气体大得多,在传热过程中起重要作用。图4-8给出了在几台工业循环流化床锅炉中测得的传热系数随床内固体颗粒悬浮密度的变化曲线,试验均在750~850℃的燃烧状态下进行,床料平均粒径为200μm。根据对那些实验数据的关联,可以得到 $h = 40\rho^{0.5}$的关系。从两图的比较上看出,无论在工业循环流化床锅炉中

还是在实验室装置上，传热系数随固体颗粒悬浮密度的变化规律是相同的。

Glicksman（1988），Basu（1991），Ebert（1993）等在实验室装置中观察发现，传热系数与床截面上粒子平均浓度的平方根成正比。Divillo and Boyd（1994）利用从冷态实验台上得到的数据，推出床内粒子浓度与对流传热系数之间的关系为

$$h_c = 23.2\rho_b^{0.55} \quad (4-25)$$

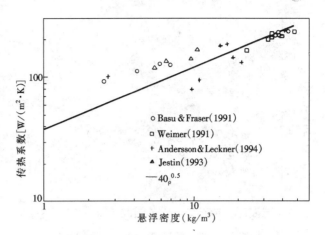

图 4-8　工业锅炉中床截面平均颗粒悬浮密度与传热系数的关系

从式（4-25）可以看出，当床内颗粒浓度增加一倍，对流换热系数可以增大 46%。

Werdermann and Werther（1994）总结了自己的实验结果，认为在垂直壁面上的对流热交换可表示为

$$Nu_{gc} = 7.46 \times 10^{-4} Re_t^{0.757} \rho_b^{0.562} \qquad (4-26)$$

式中　Re_t——基于床温的雷诺数。

由式（4-26）可以清楚地看出换热与床内颗粒浓度和床温的关系。

在循环流化床中燃烧室壁面和床层之间换热决定了燃烧室内温度，而燃烧室中粒子浓度又直接影响着床内的换热情况。粒子浓度随着床高而变化。所以在循环流化床锅炉的运行中可以通过调节一、二次风的比例来控制床内沿床高方向的颗粒浓度分布，进而达到控制温度分布、传热系数以及负荷调节的目的。

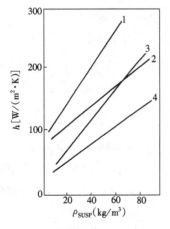

图 4-9　固体颗粒浓度
对传热的影响

1—细颗粒（850℃）；2—粗颗粒（850℃）；3—细颗粒（25℃）；4—粗颗粒（25℃）

图 4-9 给出了粒子浓度、粗细颗粒和床层温度（25℃和 850℃）对床层与受热面之间传热系数的影响。

从图 4-9 可以清楚地看出：

（1）传热系数随粒子浓度成线性变化。

（2）细粒子的传热系数比粗粒子的高。

（3）高的床层温度对应高的传热系数。

图 4-10 给出了美国 Nucla 电厂 410t/h 循环流化床锅炉有关床层颗粒浓度对受热面与床层之间传热系数的影响。

从图 4-10 可以看出：

（1）传热系数随床内粒子浓度近似成正比增加。

（2）在同一粒子浓度下，燃烧室上部传热系数最大，中部传热系数居中，下部传热系数最小。

七、颗粒循环流率的影响

在一定的气流速度下，传热系数随颗粒循环流率的增大而增大。当颗粒循环流率一定时，传热系数随气流速度增加而减小，见图 4-11。

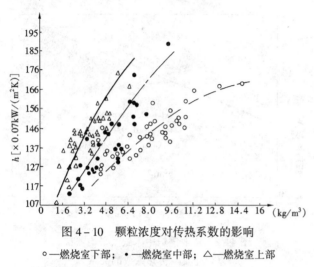

图4-10　颗粒浓度对传热系数的影响

○—燃烧室下部；•—燃烧室中部；△—燃烧室上部

八、负荷对传热系数的影响

随着负荷的降低，风量和给煤量成比例地减小，流化速度减小，燃烧室下部粒子浓度增加，上部粒子浓度降低，呈典型的S形分布。这时燃烧室内传热会发生相应的变化：气体和颗粒的对流传热所占的份额随负荷的降低而急剧减小，辐射传热则越来越占主导地位。以pyroflow型循环流化床锅炉为例，满负荷时辐射传热量只占总传热量的40%，到最低负荷时，则高达90%。

九、压力对传热的影响

常压循环流化床锅炉燃烧室内一般为微正压，压力从燃烧室下部到上部逐渐降低。加压流化床锅炉燃烧室压力大于101.3kPa（1atm），如西班牙的Escatron、瑞典的Värtan和美国的Tid d三个加压流化床燃煤联合循环发电装置的床压均为1215.6kPa（12atm）。可见，了解压力对传热的影响是十分必要的。Mattmann（1991）对压力为1~50bar，Xianglin等（1990）对压力为0.1~0.6MPa情况下的循环流化床中床层与管壁之间的传热进行了研究。Xianglin发现：对于d_p=0.77mm的粒子，在相同的截面浓度下，传热系数随着压力的增加有较大的增加；对于

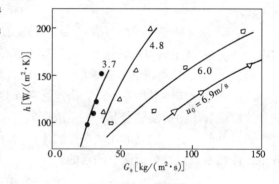

图4-11　传热系数随操作气体流速及颗粒循环流率的变化

d_p=0.25mm的粒子，压力对传热系数的影响不明显。压力增加能大幅度地减小大粒子的壁面热阻，另外，压力增加能加大气体的密度。所以，对大颗粒床料，传热随压力升高而加强。对小颗粒床料，压力对传热的影响不明显。但是Mattmann（1991）通过d_p=165μm及d_p=194μm的床料研究了压力增加对传热的影响。他的研究结果指出：当压力增到原来的4~5倍时，传热系数加大一倍。Renz（1991）研究了压力对传热的影响，图4-12表示了他的研究结果。从图4-12可以看出，随着床压的提高，传热系数加大，理论计算值比试验值大22%~30%。目前世界上许多国家均在积极开展对加压流化床的研究。通过提高床层压力，提高传热系数，减小加压床燃烧室的体积，减小受热面数量，节省钢材消耗。

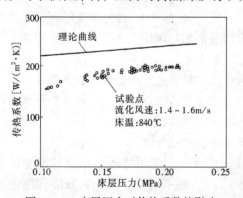

图4-12　床层压力对传热系数的影响

十、肋片对传热的强化

随着床径的增加,燃烧室的包覆面积增加相对较小,靠包覆面积布置的膜式受热面满足不了锅炉设计受热面的要求。可有三种方式解决这个问题:一是采用外部流化床热交换器,在其中布置受热面;二是采用燃烧室内另吊附加屏式受热面;三是采用膜式管上加肋片的方法,扩展受热面,强化传热。在膜式水冷壁管壁上焊侧向肋片,强化传热。Basu 和 Nag (1993) 的试验指出,焊上侧向肋片后,可使换热量增加 70% ~ 90%。

十一、传热系数沿燃烧室高度的变化

我们利用 $\phi 25 \times 3$ 的水管在 35t/h 流化床锅炉上,离风帽小孔中心 370mm、780mm 和 1000mm 的位置测定了传热系数。试验结果见图 4 - 13。从图 4 - 13 可以看出:

(1) 床温随燃烧室高度增加而略有降低。

(2) 传热系数沿燃烧室高度 (400 ~ 1000mm) 增加而降低,近似于线性变化。

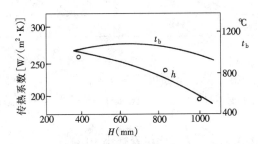

图 4 - 13 传热系数沿床高度的变化
μ—0.74m/s (冷态流化速度);床压—6.3kPa

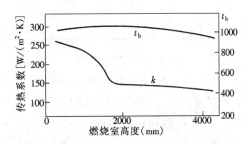

图 4 - 14 传热系数沿燃烧室高度的变化

另外,沿燃烧室整个高度,采用横向水管测定了传热系数的变化,其变化规律见图 4 - 14。从图 4 - 14 可以看出:

(1) 在燃烧室溢流口以下 (浓相床内),传热系数随高度增加逐渐降低。

(2) 在 1800mm 溢流口处,传热系数剧烈下降。

(3) 在溢流口以上,传热系数随高度变化小。

传热系数在溢流口处有个突然降低,而在浓相床和稀相床内变化较缓慢,是粒子浓度在溢流口处有个突然变化的结果 (传热系数与粒子浓度成正比)。

十二、传热系数沿燃烧室宽度的变化

我们采用单根横水管测量了离流化床纵向中心不同距离的传热系数,其结果见图4 - 15。从图 4 - 15 可以看出:

(1) 当 $e/d = 0.5$ 时 (即管子贴墙布置),传热系数最低。

(2) 随着 e/d 值的增加,传热系数逐渐升高。

(3) 当 $e/d > 4$ 后,传热系数变化较小。

这种变化的原因是床中心区域和靠近炉墙区域流化工况的差异。在床中心区域,由于气泡通过的频率高,受热面上乳化团的置换和更

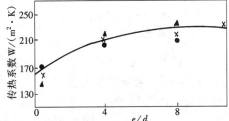

图 4 - 15 传热系数沿流化床断面宽度的变化
$u = 1.08$m/s $t_b = 970℃$
●—石煤;×—无烟煤;▲—烟煤

新快，停留时间短，因而传热系数高。相反在靠近边壁区，气泡通过的频率低，受热面上乳化团的置换和更新慢，因而传热系数低。

十三、传热系数与受热面管径的关系

当管径 < 10mm 时，随管径的减小传热系数是增加的。当管径 ≥ 10mm 以后，传热系数与管径的依赖关系消失了。表 4 – 1 列出了管径与最大传热系数的关系。实验采用的颗粒平均直径为 0.29mm。从表 4 – 1 可以看出：管径在大于 10mm，小于 22mm 的范围内变化对传热系数没有什么影响。

表 4 – 1　　　　　　　　　　　管径与最大放热系数的关系

管　径 d(mm)	料层温度 t_b(℃)	最大传热系数 h_{max} W/(m²·℃)	最佳流化速度 u_{op}(m/s)	管　径 d(mm)	料层温度 t_b(℃)	最大传热系数 h_{max} W/(m²·℃)	最佳流化速度 u_{op}(m/s)
10	590	681	0.2	16	600	687	0.4
12	600	681	0.25	18	605	687	0.45
14	615	675	0.29	22	590	681	0.48

十四、受热面布置方式对传热的影响

单根立管的传热系数比单根横管大。一方面是由于横管下面可能有气泡停滞；另一方面是由于横管上面可能有颗粒堆积。而立管不存在上述问题。图 4 – 16 是在床料平均直径为 0.29mm 的石英砂和料层温度为 500℃ 时测得的结果。

对于立式或水平管束，如果相对节距 $s/d = 2.0$，传热系数比单管减小 10%。

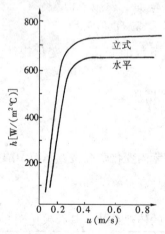

图 4 – 16　单根立管、水平
管传热系数比较

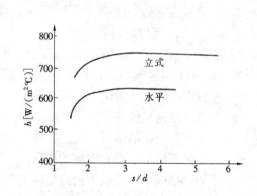

图 4 – 17　节距对立式和水平管束传热系数的影响

图 4 – 17 所示是相对节距对立式和水平管束传热系数的影响。试验床料是石英砂，平均粒径为 0.29mm，床层温度为 500℃。

由图 4 – 17 可以看出：

（1）当 $s/d > 2.5$ 时，节距对传热系数无影响。

（2）当 $s/d < 2.5$ 时，节距小，传热系数小。

另一组试验表明：对于水平管束，当管径为 35mm 或 60mm 时，传热系数随管间空隙而变，两种管径所得结果落在同一曲线上，如图 4 – 18 所示。

从图 4-18 可以看出：

（1）管径对传热系数没有影响。

（2）当管间空隙由 282mm 减小到 15mm 时，传热系数下降约 25%。

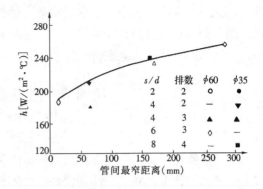

图 4-18 管间空隙对水平管束传热系数的影响

盖派林研究了水平管束的垂直节距对传热系数的影响。试验工况为管子直径为 20mm，床料为石英砂，颗粒直径有三种：$160\mu m$、$263\mu m$ 和 $350\mu m$，流化速度为 $0.15 \sim 1m/s$。测得的传热系数为 $160 \sim 330W/$（$m^2 \cdot ℃$）。水平管束的垂直节距对传热系数影响很小，直到两根管子完全接触，传热系数仅减少 $12W/$（$m^2 \cdot ℃$）。水平节距从 120mm 减小到 40mm，传热系数从 $320W/$（$m^2 \cdot ℃$）减小到 $260W/$（$m^2 \cdot ℃$）。

塔马林得到水平错排管束的节距对传热系数的影响可用下式表示

$$h \propto \left(t_{an}^{-1} \frac{s}{d} \right)^{1/3} \tag{4-27}$$

$$s = \sqrt{(s_1/2)^2 + s_2}$$

式中 s_1、s_2——水平节距、垂直节距；

d——管子外径。

式（4-27）的适应范围是 $Ar = 3 \times 10^5 \sim 3 \times 10^6$，料层温度为 $20 \sim 800℃$，流化数 $3 \sim 5$，定性温度为壁温和床温的算术平均值。

对于错排水平管束，水平和垂直方向管间节距的变化对传热都有很大影响。尤其当垂直节距小时，水平节距的变化对传热的影响程度更大。

对于垂直管束，当管间相对节距小于 2 时，对传热的影响十分明显。但有的学者指出：当管间相对节距从 2.4 变化到 1.25 时，最大传热系数减小 6%，其影响不十分强烈。传热强度随管间节距变小而变小是由于小节距管束阻碍了粒子的运动。

十五、垂直光管和膜式壁传热系数的对比

图 4-19 表示了不同颗粒浓度下，床温对光管和膜式壁传热系数的影响。

从图 4-19 可以看出：

（1）光管和膜式壁的传热系数，在不同粒子浓度下，都随床温的升高而加大。

（2）在 400℃ 床温以下，光管传热系数与膜式壁传热系数接近。

（3）光管传热系数随温度的增加比膜式壁增加得大。可能是光管的辐射面可见程度大的缘故。

十六、煤种对传热的影响

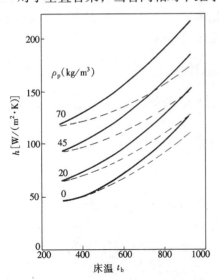

图 4-19 不同颗粒浓度下光管
（实线）和膜式壁（虚线）
传热系数随床温的变化

用三种煤——石煤、无烟煤和烟煤，在 35t/h

蒸发量的流化床锅炉上测定了传热系数，燃煤粒径为 0～3mm。试验时维持燃烧工况基本相同。测得的传热系数均在 314～325W/（m²·℃）之间变化。这表明煤种变化对传热系数影响不大，其原因可能是煤渣成份比较接近，它们的热物理特性变化不大。

第四节　循环流化床锅炉燃烧室内传热系数的试验测定

上节已叙述了影响循环流化床燃烧室内传热的因素，各因素之间又有互相关联的影响。因此，要从理论上建立一个计算燃烧室内床料与受热面之间的传热关联式是十分困难的。

基于理论上建立传热计算关联式的困难，许多学者开展了测量燃烧室内床料与受热面之间传热系数的研究。瑞典 Chalmers 技术大学 Leckner 及其同事们在一个 12MW（热功率）热水循环流化床锅炉燃烧室中测量了床料与膜式水冷壁之间的传热系数。他们的测试结果是燃烧室内平均传热系数为 100～160W/（m²·K），而局部传热系数为 50～280W/（m²·K）。

一、热流计测量床料与受热面之间的传热系数

导热式热流计是通过测量其导热量、温度及床温来计算出床料与壁面之间的传热系数。图 4-20 是一种典型的热流计结构示意图。导热探头由 45 号碳钢加工成圆柱形。在探头轴线的不同位置焊接了三个热电偶。在探头外圆，与轴线相同的三个位置也焊接了三个热电偶，以测量探头内外温度。实验时将热流计抽入测孔，使探头前端面与膜式水冷壁内壁面（火侧）平齐。探头另一端用水冷却，探头周围用保温材料绝热。当探头从燃烧室内得到的热与冷却水带走的热达到平衡时，在轴线上和探头内外之间建立了稳定的温度场。此时，可根据测试数据计算热流密度以及床层与壁面之间的传热系数。

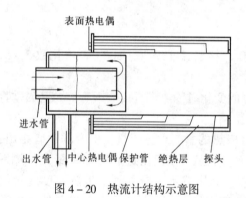

图 4-20　热流计结构示意图

$$h = q_0/(t_b - t_{probe-hot}) \qquad (4-28)$$

式中：q_0 为热流密度；t_b 为床温；h 为测孔处床层与壁面之间的传热系数；$t_{probe-hot}$ 为探头热端表面温度。

若圆柱为一级导热，则稳态后轴间温度应是线性分布，可用下式算出热流密度 q_0。

$$q_0 = \lambda \cdot \Delta t/\Delta l \qquad (4-29)$$

式中：λ 为探头导热系数，W/（m·K）；Δl 为热电偶距离，m；Δt 为热电势温差，K。

碳钢的导热系数 λ 受温床的影响而变化，在实验室应对探头的导热系数进行标定。

二、通过测量燃烧室内粒子浓度和床温，根据试验得到半经验半理论关联式，计算传热系数

床层与受热面之间的传热系数受许多因素的影响，但最重要的影响因素是床料的粒子浓度和床温。

为了简化，有的研究者将床层与受热面之间的传热系数与床料浓度和温度关联起来。

1. 传热系数的关联式

$$h = a\rho_b^n t_b^m \tag{4-30}$$

式中：ρ_b 为床料平均浓度，kg/m^3；t_b 为床温，K；a、n、m 为常数。

根据大量试验结果归纳出 a、n、m 分别为 0.39、0.35 和 0.79。

2. 工业循环流化床锅炉实测数据关联式

$$h = a\rho_b^n \tag{4-31}$$

$$a = 40, n = 0.5$$

式中：ρ_b 为燃烧室内粒子浓度平均值。适应范围为：$5kg/m < \rho_b < 25kg/m^3$；温度适应范围为：$750℃ < t_b < 850℃$。

由式（4-30）、式（4-31）知：只要知道了燃烧室内粒子的平均浓度和床温，就可计算床层与受热面之间的传热系数。

三、燃烧室内粒子浓度的测量

图 4-21 是一种用于直接测量粒子浓度的取样器。其中前、中、后挡板与侧挡板连成一体，滑动挡板与上下两片移动挡片连成一体，移动挡片在滑动挡板的带动下可以沿滑槽滑动。手柄标有刻度，与定位盘一起用于定位。使用时取样器以开启状态从侧孔伸入燃烧室并定位。流场稳定之后快速推动推柄，推动滑动挡板并带动上下移动挡板片关闭取样器，取样器采样体积 V（m^3）内的颗粒被捕捉。对样品称重为 m kg。这样可以计算出取样器所在处的局部颗粒浓度 ρ。

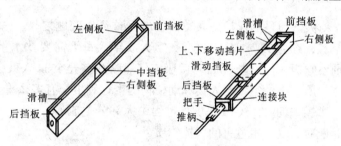

图 4-21 颗粒取样器示意图

$$\rho = m/V \tag{4-32}$$

另外，也可以根据燃烧室内浓相床和稀相床的静压差测量值估算浓相床和稀相床内的粒子浓度。

根据粒子浓度的计算值或测量值算出床内的粒子平均浓度之后，可根据式（4-30）或式（4-31）计算床层与受热面之间的传热系数。

四、床层与受热面之间传热系数的试测值

1. 美国 Battelle 实验室试测值

当床温为 871~954℃，流化速度为 9~10.5m/s 时，他们测到的浓相床的传热系数为 210~227W/m^2·℃，稀相床的传热系数为 114~170W/（m^2·℃）。对外部流化床热交换器，他们测得的传热系数为 398~568W/（m^2·℃），约为鼓泡床的两倍。

2. 德国 Lurgi 公司测得的传热系数

当床温为 849℃，流化速度为 3~9m/s，床料平均粒径为 200~300μm 时，他们测得的床层与水冷壁之间的传热系数为 116~232W/（m^2·℃）。

第五章
流化床燃烧对气体污染排放物的控制

流化床燃烧属低温和分级燃烧，对燃烧过程中 SO_x 和 NO_x 有好的控制能力。加入石灰石能实现燃烧室内脱硫，低温、分级燃烧，使 NO_x 的排放量能达到环保要求。

循环流化床锅炉的热效率高，对分别控制 CO_2、CO 和 C_xH_y 总的排放量有利。

流化床低温燃烧，一些低蒸发温度的微量元素被保持在灰渣中，减少了对大气的污染。

流化床燃烧属对环境友好的燃烧技术。

流化床低温燃烧的不利之处是生成的 N_2O 比其他燃煤技术要高，对环境带来影响。这要引起我们的重视。

第一节 流化床燃烧过程中生成的气体污染物质及其对人类和环境的危害

对大气质量的保护是人类面临的严重环保问题之一。一个成年人每天要呼吸 $10 \sim 12m^3$ 的空气，约为 $13 \sim 15kg$，这个数字为成年人每天需要饮水量的 10 倍。人可以 5 天不饮水，一周不吃饭，但不能 5min 不呼吸空气。断绝空气 5min 人就会死亡。可见，清洁的、没有被有害物质污染的空气对人类和动植物的生存和生长有多么重要。

燃煤中的 C、S、N 在燃烧过程中大部分生成 CO_2、CO、SO_x、NO_x、N_2O 和 C_xH_y，这些都是能对大气产生危害的气体物质。

一、SO_x、H_2S

（1）SO_2 的生成。SO_2 是含硫煤燃烧过程中生成的最多的有害气体。煤中 90% ~ 95% 的硫与氧化合生成 SO_2。SO_2 是一种无色而有刺激性的气体，密度为 $2.26kg/m^3$。

SO_2 对人的危害很大。它单独存在时，主要是刺激呼吸道粘膜，引起呼吸道疾病。表 5－1 表示了不同浓度的 SO_2 对人体的危害。

表 5－1 不同浓度的 SO_2 对人体的影响

SO_2 的体积分数（$\times 10^{-6}$）	对 人 体 的 影 响
1 ~ 3	开始感觉到胸部有压迫感及感觉到臭味
5	是 8h 的最高允许浓度
6 ~ 12	对鼻与咽喉会产生直接刺激，并发生咳嗽
20	是刺激眼睛的最低浓度
400 ~ 500	对人类直接产生呼吸困难与生命危险
1350	白鼠试验，经 10min 的呼吸即行死亡

SO_2 对植物的影响也很大。一般植物受 SO_2 影响会枯萎死亡；水稻和麦子在扬花时，受 SO_2 影响会不结果实。SO_2 在 20℃时，每 100g 水能溶解 10.5g SO_2，生成亚硫酸。SO_2 在温度较高的空气中，在 Mn 和 Fe_2O_3 的催化作用下，生成硫酸雾。硫酸雾的毒性比 SO_2 本身大 10

倍。光化学硫酸雾造成最严重的污染是伦敦的烟雾事件和日本四日市 SO_2 污染事件，见表5-2。

表5-2　　　　　　　　　　　伦敦、日本四日市 SO_2 污染事件

1952 年	英国	伦敦烟雾事件。伦敦地处河川平地，人口稠密。12 月 5 日无风，气温逆转，相对湿度 90%，SO_2 的烟雾持续了四天。大气中飘尘最高浓度 4.46mg/m³，SO_2 日平均体积分数达到 1.34×10^{-6}（1.34ppm），两周内 4000 多人死亡，其后两个月又死亡 8000 人。据分析，烟雾是由于燃烧排出的煤尘与 SO_2 经阳光照射转化成 SO_3 而生成的硫酸雾。以后，1956 年、1957 年、1962 年又相继发生过三起烟雾事件，共死亡 2000 多人
1955 年	日本	四日市 SO_2 污染事件。四日市是一个新兴石油化工城市，多燃用中东高硫重油，年排放粉尘和 SO_2 为 13 万 t，大气中 SO_2 浓度高，人们长期吸入肺部，逐渐形成各种支气管炎，到 1972 年患者人数达 6376 人

另外，酸雨对金属结构制品会造成化学腐蚀，对纸制品、丝织品、皮革制品的使用寿命，对动植物的生长也会带来严重危害。

（2）SO_3 的生成。在高温条件下有氧原子存在时，硫与氧原子化合生成 SO_3。另外，在 Fe_2O_3、V_2O_5 等催化剂的作用下，SO_2 转化成 SO_3。SO_3 的量一般为 SO_2 量的 0.5%~2.0%。

（3）H_2S 的生成。在缺氧条件下燃烧时生成 H_2S。H_2S 是有嗅味的气体，同样能对人、动植物的生长带来危害。

二、NO_x

NO_x 主要指 NO 和 NO_2。它们主要来源于煤的高温燃烧。另外，来源于汽车尾气的排放。

（1）NO 为无色无味气体。当 NO 浓度较大时，其毒性很大。NO 与动物血液中的血色素结合，造成血液缺氧而引起中枢神经麻痹。NO 与血色素的结合力为 CO 的数百倍至 1000 倍。它对人类与动物中枢神经的麻痹毒害是极其可怕的。

（2）NO_2 是浓红褐色气体。NO_2 由 NO 氧化而成。NO_2 对人和动物的呼吸器官粘膜，尤其对肺部有强烈的刺激作用，其毒性比 SO_2 和 NO 都强。体积分数为 100×10^{-6}（100ppm）的 NO_2 能使人类和动物死于肺水肿。另外，NO_2 对心脏、肝脏、造血等组织也有影响。NO_2 的最大危害是 NO_2 与 C_xH_y 化合物在强烈的阳光作用下生成一种浅蓝色的有害气体烟雾，称为光化学烟雾。洛杉矶化学烟雾事件与东京光化学烟雾为最典型的事件，对人类带来了巨大的灾难，造成数千人死亡，见表5-3。

表5-3　　　　　　　　　　美国洛杉矶、日本东京 NO_2 光化学烟雾事件

1946 年	美国	洛杉矶光化学烟雾事件。洛杉矶地处海岸平地，人口稠密，石油燃料的消耗量大，经常发生气温逆转。洛杉矶烟雾事件最早发生于 1946 年，其后发生多次，仅在 1955 年一次烟雾中，当地 65 岁以上的老年人死亡近 400 人。污染物主要为碳氢化合物，氮的氧化物、臭氧
1970 年	日本	东京化学烟雾事件。发生在 1970 年 7 月 13 号，病症为支气管炎、肺气肿、哮喘，受害者达 6000 多人

三、N_2O

N_2O 是一种在低温下煤燃烧生成的氮氧化物，称为笑气，也是一种温室效应气体。它吸收红外线的能力是 CO_2 的 100 倍以上。

N_2O 也是一种破坏大气中臭氧层的气体。臭氧层有吸收太阳光中紫外线的能力，保护人类少受紫外线的照射，减少人类得皮肤癌的机会。

当流化床燃烧温度低于 750℃之后，生成的 N_2O 较多。

四、CO_2

CO_2 是煤燃烧的主要生成物，是地球温室效应的主要贡献者。考虑 CO_2 对地球生存环境的危害，京都协定书对发达国家和发展中国家 CO_2 的排放提出了限制指标。目前许多国家：包括我国、俄罗斯已在京都协定书上签字，美国拒绝签字。目前，美国 CO_2 的排放总量占世界第一，中国占世界第二，俄罗斯占世界第三。提高锅炉燃煤热效率，改变能源生产结构（降低煤能源比重、加大水电、核能比重），控制我国 CO_2 排放总量在 2000 年的水平是我们能源工作者面临的艰巨任务。

五、CO、C_xH_y

CO、C_xH_y 也是众所周知的有害气体。它们的生成不仅浪费了燃料，而且对大气带来危害。C_xH_y 是 NO_2 光化学烟雾产生的贡献者。改善流化床燃烧效果，降低 CO 和 C_xH_y 的生成量的问题，也应引起我们的重视。

世界上每年排放的有害气体总量见表 5 - 4。

表 5 - 4　　　　　　　　　　　世界每年排放有害气体总量

污 染 物	产 生 源	排放总量（亿 t）
SO_2	燃烧设备、有色冶金设备	1.46
CO_2	燃烧设备、汽车	240
NO_2	燃烧设备、汽车	0.53
C_xH_y	燃烧设备、汽车、化工设备	0.88
H_2S	燃烧设备、化工设备	0.03
CO	燃烧设备、化工设备	2.20

第二节　SO_x 的生成和流化床燃烧脱硫

一、SO_x 的生成

燃料燃烧时，若过量空气系数 < 1，硫燃烧完全生成 SO_2；若过量空气系数 > 1，生成 SO_2 的同时，约有 0.5% ~ 2.0% 的 SO_2 进一步氧化生成 SO_3。

燃料中的可燃硫，在完全燃烧工况下，与氧反应如下

$$S + O_2 \longrightarrow SO_2 \tag{5 - 1}$$

$$SO_2 + \frac{1}{2}O_2 \longrightarrow SO_3 \tag{5 - 2}$$

我们定义从 SO_2 向 SO_3 的转变率为

$$X = \frac{[SO_3]}{[SO_2] + [SO_3]} \times 100\% \tag{5 - 3}$$

实践表明，实际锅炉烟气中三氧化硫的转变率较按式（5 - 3）计算的高些。在锅炉中，一般的燃烧条件下，三氧化硫的转化率 X 为 1% ~ 5%。这说明在实际锅炉中，SO_3 并不是 SO_2 和氧分子 O_2 直接反应而生成的。对锅炉中三氧化硫的形成有两种说法：

（1）氧分子在高温下首先离解生成氧原子，氧原子再与二氧化硫反应生成三氧化硫，即

$$O_2 \rightleftharpoons O + O \qquad (5-4)$$

$$SO_2 + O \underset{R_-}{\overset{R_+}{\rightleftharpoons}} SO_3 \qquad (5-5)$$

式中　R_+——正向反应速度常数；

R_-——逆向反应速度常数。

按照式（5-5），SO_3 的生成速度表达为

$$\frac{d[SO_3]}{dt} = R_+[SO_2][O] - R_-[SO_3] \qquad (5-6)$$

可见，当燃料中含硫量越多，过量空气系数越大，火焰中原子氧的浓度就越大，生成的三氧化硫也越多。

（2）对流受热面上的积灰和氧化膜的催化作用，实际锅炉中，烟气离开炉膛流经受热面时，温度虽然降低，而 SO_3 的浓度却反而增加，这是积灰和氧化物具有催化作用的结果。氧化铁（Fe_2O_3）的催化作用在 590℃ 附近最大，V_2O_5 的催化作用在 540℃ 附近出现最大值，V_2O_5 的催化作用比 Fe_2O_5 还要强。此外，氧化硅、氧化钴、氧化钠等，对二氧化硫的氧化都具有一定的催化作用。

二、流化床锅炉炉内脱硫

在煤粉锅炉和燃油锅炉中，目前还不能用改进燃烧技术的方法控制 SO_2 的生成量。因为硫的反应性能比较活泼，从而在燃料完全燃烧时，燃料中的可燃硫将首先全部转化为 SO_2。而流化床燃烧引人注目的优点是燃烧过程中能够脱硫。流化床锅炉脱硫，通常使用的脱硫剂有白云石（$CaCO_3 \cdot MgCO_3$）和石灰石（$CaCO_3$）。把破碎至粒度为 0.1~1.0mm 的石灰石或白云石投入炉膛内，石灰石受热分解生成 CaO，CaO 与烟气中的二氧化硫和氧结合生成 $CaSO_4$。$CaSO_4$ 可以随灰分排掉，也可以再生后重新使用。在氧化性气氛中，这一脱硫反应如下

$$CaCO_3 = CaO + CO_2 - 0.1794 \times 10^6 \quad kJ/kg \qquad (5-7)$$

$$CaO + SO_2 + \frac{1}{2}O_2 = CaSO_4 + 0.502 \times 10^6 \quad kJ/kg \qquad (5-8)$$

式（5-7）是一个吸热反应，其反应速度较为缓慢；式（5-8）是放热反应，其反应速度较为迅速。脱硫反应速度决定于 CaO 的生成速度，$CaCO_3$ 分解吸热量小于 $CaSO_4$ 生成放热量。

SO_2 也能在有氧条件下直接与 $CaCO_3$ 反应生成 $CaSO_4$ 和 CO_2

$$CaCO_3 + SO_2 + \frac{1}{2}O_2 \longrightarrow CaSO_4 + CO_2 \qquad (5-9)$$

三、影响流化床锅炉炉内脱硫的主要因素

脱硫效果通常用脱硫效率来表示，而脱硫效率通常用烟气中 SO_2 被石灰吸收的百分比来表示。

影响脱硫效率的主要因素有 Ca/S 摩尔比、床温、脱硫剂粒度和反应性、床层高度（流化速度）、煤的性质、飞灰循环倍率、煤的含硫量和分级燃烧。

1.Ca/S 摩尔比对脱硫效率的影响

图 5-1 表示了 Ca/S 摩尔比对脱硫效率和 Ca 利用率的影响，Ca/S 摩尔比用 α 表示。

$$\alpha = \frac{脱硫剂消耗量 \times Ca\ 的含量（\%）/40.1}{燃料消耗量 \times S\ 的含量（\%）/32} \qquad (5-10)$$

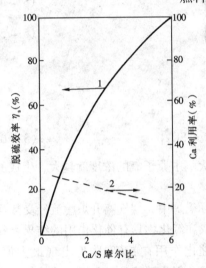

图 5-1　Ca/S 摩尔比对脱硫
效率 η_s 和 Ca 利用率的影响

1—脱硫效率曲线；2—Ca 利用率曲线

图 5-1 的试验工况为：床层高度为 1m，流化速度为 2.5m/s，床温为 825℃，脱硫剂为石灰石。

从图 5-1 可以看出：

（1）Ca/S 摩尔比等于 1 时，脱硫效率只有 30% 左右，Ca 的利用率在 25% 左右。

（2）随着 Ca/S 摩尔比的增加，脱硫效率增加，Ca 的利用率降低。Ca/S 摩尔比为 3～5 时，脱硫效率为 75%～90%，Ca 的利用率为 20%～18%。烧高硫煤时，石灰石消耗量很大。

（3）根据实验结果可得出一个计算脱硫份额 E 的经验关系式

$$E = 1 - \exp[-a(Ca/S)] \qquad (5-11)$$

式中　a——试验常数。

a 与流化床运行工况、吸收剂种类和吸收剂粒径有关。

2. 床温的影响

床温对脱硫效率有重要的影响。图 5-2 表示了 A、B 两种石灰石和 C 种白云石的脱硫效率随床温的变化。

从图 5-2 可以看出：

（1）有一个最佳的脱硫温度范围，在这个温度范围内，脱硫效率最高。这个温度范围为 790～850℃。

（2）对石灰石，这个最佳值范围较窄，白云石最佳值范围较宽。

（3）A 种石灰石在最佳温度范围内脱硫效率最高，达到 95% 左右；B 种石灰石最低，只有 55% 左右；白云石的脱硫效率居中，80% 左右。这是由吸收剂反应性不同引起。

高于最佳温度之后，随温度的升高，脱硫反应进行十分迅速，$CaSO_4$ 很快将石灰中的孔道堵塞，脱硫效率下降。低于最佳温度时，SO_2 直接与 $CaCO_3$ 反应 [见式（5-9）]，脱硫效率下降。

在低温下，白云石的脱硫效率比石灰石的高许多，这是由于白云石在 700～750℃ 时，已有一半变成 MgO，而石灰石焙烧成 CaO 的温度较高，在 750～700℃ 时，还没有变成 CaO。

3. 石灰石尺寸对脱硫效率的影响

石灰石尺寸对脱硫效率的影响比较大，也比较复杂。图 5-3 表示了石灰石尺寸变化对

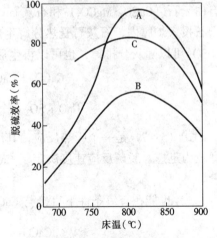

图 5-2　床温对石灰石和
白云石脱硫效率的影响

A—A 种石灰石；B—B 种石灰石；
C—C 种白云石

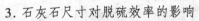

脱硫效率的影响。图中 A、H、O、T 为四种不同的石灰石。

图 5-3 中数据的实验工况为：燃煤粒径为 0.1~1mm，床料为煤灰，Ca/S 摩尔比为 2，压力为 1.1bar，床温为 850℃，流化速度为 1m/s，床层高度为 0.5m，过氧量为 5%。

从图 5-3 可以看出：

（1）从 10μm 开始，随着粒子尺寸的增加，脱硫效率降低，到 60μm 左右粒径时，脱硫效率最低。继续加大石灰石尺寸，脱硫效率又上升，到 400μm 左右时又有一个脱硫效率最大值。400μm 后继续增加粒子尺寸，脱硫效率又下降。

（2）四种石灰石都有上述的变化规律。

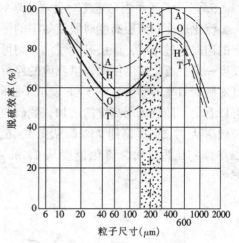

图 5-3　石灰石尺寸对脱硫效率的影响

（3）图中垂直阴影线的左边为小粒子尺寸区，右边为大粒子尺寸区。

（4）考虑高的脱硫效率可以选择 10μm 左右尺寸的石灰石粉末作脱硫剂，也可选择 400μm 左右尺寸的石灰石作脱硫剂。

（5）考虑到石灰石的制备过程和运输等因素：目前循环流化床锅炉脱硫剂石灰石的尺寸一般选择 100~1000μm，即垂直阴影线右边部分尺寸粒子。

（6）石灰石粒径大于 10μm 之后，随着粒子尺寸的加大，石灰石的比表面积减小，导致反应性降低，脱硫效率下降。粒径大于 60μm 以后，粒子在燃烧室内的停留时间加长，它对脱硫的作用大于反应性减小的作用，所以脱硫效率又提高。400μm 尺寸达到脱硫效率最大值之后，由于反应孔道被 $CaSO_4$ 堵塞，脱硫效率又随着尺寸的加大而降低。

（7）不同的石灰石（A、O、H、T），由于其反应性的差异，它们的最高脱硫效率和最低脱硫效率出现了不同。

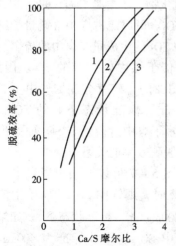

图 5-4　石灰石种类对 Ca/S
摩尔比和脱硫效率的影响
1—第一种石灰石；2—第二种石灰石；
3—第三种石灰石

4. 石灰石种类和反应性的影响

图 5-4 表示了三种石灰石反应性的差别对脱硫效率或 Ca/S 摩尔比的影响。

从图 5-4 可以看出：

（1）达到相同的脱硫效率，对 1 号石灰石量的要求只有 3 号石灰石的一半。

（2）2 号石灰石为英国一种石灰石，它的反应性居中。

（3）反应性主要受石灰石烧成石灰之后的孔隙尺寸、分布和孔比表面积的影响。

（4）当 Ca/S 摩尔比一定，如为 2 时，1 号石灰石的脱硫效率达 80%，2 号石灰石的只有 65%，3 号石灰石的最低，不到 60%。

图 5-4 的结果表明反应性好的石灰石作为脱硫剂，对提高脱硫效率和减少石灰石消耗量有十分重要的作用。

5. 床层高度和流化速度对脱硫效率的影响

流化速度和床层高度对脱硫效率的影响实质上是停留时间对脱硫效率的影响。烟气以一定的速度通过床层，床层高度增加，则可供反应的停留时间随之增加，脱硫效率提高。床层高度一定，流化速度加大，供反应的停留时间减小，脱硫效率降低。图5-5表示了床层高度对脱硫效率的影响，图5-6表示了脱硫效率与Ca/S摩尔比和流化速度的关系。从图5-5可以看出，随着床层高度的增加，脱硫效率加大，如床层高度从750mm变到1125mm时，脱硫效率从77.5%提高到90%。从图5-6可以看出，流化速度减小，脱硫效率增加很大，如Ca/S摩尔比为3时，流化速度从2.1m/s降到0.9m/s，脱硫效率从大约65%提高到大约95%。

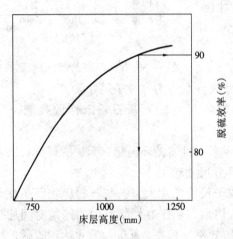

图5-5　床层高度对脱硫效率的影响

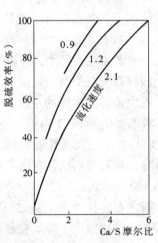

图5-6　流化速度、Ca/S摩尔比对脱硫效率的影响

6. 煤的性质对脱硫效率的影响

煤的性质指煤中可燃硫的含量和燃煤灰渣中碱土金属氧化物（主要是CaO）的含量。

在氧化性气氛中，煤在燃烧过程中的可燃硫全部生成SO_2。可燃硫占煤中含硫量的绝大部分，因此，可以根据煤中的含硫量大致估算煤燃烧过程中SO_2的生成量。煤中的硫燃烧后生成两倍于煤中硫质量的SO_2。因此，煤中每1%的含硫就会在烟气中生成约2000mg/m³（标准状态下）的SO_2。图5-7表示了煤中含硫量与SO_2原始生成浓度及脱硫效率的关系。

从图5-7可以看出，当煤中含硫量为2%时，烟气中SO_2的原始生成浓度为4000mg/m³（标准状态下）。如果要求烟气中SO_2的排放标准为400mg/m³（标准状态下），则燃烧过程中的脱硫效率必须达到90%。

煤的灰渣中如果含有CaO、MgO、

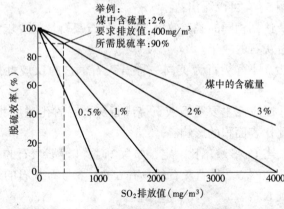

图5-7　煤中含硫量与SO_2的原始生成浓度及脱硫效率的关系

Fe_2O_3 等碱性物质，它们和烟气中的 SO_2 发生下面的化学反应而脱除 SO_2。这叫煤灰中碱性氧化物的自脱硫能力。

$$CaO + SO_2 + \frac{1}{2}O_2 \longrightarrow CaSO_4$$

图 5-8 表示了煤中本身的 Ca/S 摩尔比对自脱硫效率的影响。

法国普诺望斯 250MW、700t/h 蒸发量的 Lurgi 型循环流化床锅炉，燃烧当地的高硫煤，含硫量为 4.5%。该煤灰渣中含有大量 CaO，Ca/S 摩尔比接近 4，不加入石灰石，自脱硫效率达到 96.5%，SO_2 排放浓度 $\leqslant 400mg/m^3$（标准状态）。

7. 飞灰再循环对脱硫效率的影响

循环流化床锅炉采用飞灰（分离灰和除尘灰）再循环燃烧除大大提高燃烧效率，减小飞灰含碳量之外，还可使脱硫效率提高（Ca/S 摩尔比不变），或使 Ca/S 摩尔比减小（脱硫效率不变）。

图 5-9 表示了飞灰循环倍率对脱硫效率的影响。

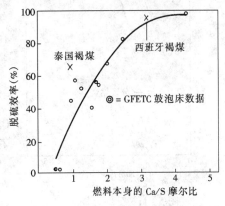

图 5-8　燃料的自脱硫性能

从图 5-9 可以看出：

（1）Ca/S 摩尔比为 1.5 时，飞灰循环倍率从零（没有飞灰循环燃烧）提高到 16，脱硫效率从大约 70% 提高到 90%。飞灰循环倍率达到 5 以后，随着飞灰循环倍率的增加，脱硫效率的增加量减小。

（2）Ca/S 摩尔比为 2.5 时，飞灰循环倍率从 2 提高 15，脱硫效率从大约 85% 提高到大约 96%。飞灰循环倍率大于 6 以后，继续加大飞灰循环倍率，脱硫效率的提高变得越来越小。

图 5-10 表示当脱硫效率为 90% 时，飞灰循环倍率与 Ca/S 摩尔比的关系。

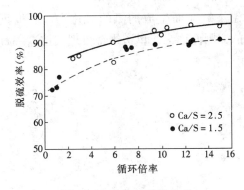

图 5-9　飞灰循环倍率对
脱硫效率的影响

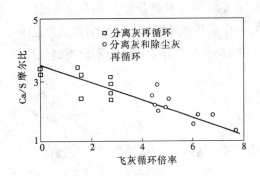

图 5-10　Ca/S 摩尔比与飞灰
循环倍率的关系

从图 5-10 可以看出：

（1）为了达到 90% 的脱硫效率，飞灰循环倍率为零时，要求 Ca/S 摩尔比为 3.2 左右。

（2）飞灰循环倍率为 5 时，Ca/S 摩尔比大约为 2，脱硫效率可达到 90%。

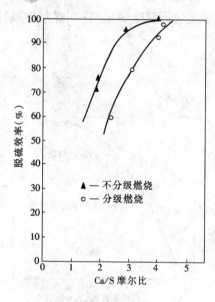

图 5 - 11　分级燃烧对
脱硫效率的影响

（3）飞灰循环倍率为 7.5 时，要达到 90% 的脱硫效率，Ca/S 摩尔比为 1.3 就够了。90% 的脱硫效率，理论上最小的 Ca/S 摩尔比为 0.9。

8. 分级燃烧对脱硫效率的影响

图 5 - 11 表示了分级燃烧对脱硫效果的影响。分级燃烧时，燃烧室下部二次风口以下为还原燃烧区（富燃料区），即缺氧区，而脱硫要在氧化气氛下进行。分级燃烧降低了发生脱硫反应的燃烧室高度，减少了脱硫反应的时间，从而降低了脱硫效果。

图 5 - 11 中数据的试验工况：一、二次风比为 0.4 ~ 0.6，燃煤为伊利诺 6 号煤，石灰石为 Pigua 石灰石，实验燃烧室高度为 3.49m。

从图 5 - 11 可以看出，分级燃烧比较大地降低了脱硫效率（燃烧室高度较小时）。大容量循环流化床锅炉燃烧室高度大，分级燃烧对脱硫效率的影响较小。对小容量的循环流化床锅炉，要综合考虑它的脱硫性能和 NO_x 的排放量，取折中值。

第三节　流化床燃烧过程中 NO_x 的生成机理及其控制措施

流化床燃烧过程中生成 NO 和 NO_2，NO 占 90%，其余为 NO_2。通常把这种氮氧化物之和称为 NO_x。

一、NO_x 的生成机理

煤燃烧过程中，按 NO_x 的生成机理可分为温度型 NO_x、快速温度型 NO_x 和燃料型 NO_x。

1. 温度型 NO_x 的生成机理

温度型 NO_x 是指燃烧用空气中的氮气，在高温下氧化而生成的氮的氧化物。温度型 NO_x 的生成机理是由原苏联科学家捷里道维奇提出的，因而称为捷里道维奇机理。按这一机理，NO 的生成可用如下一组不分支链锁反应来说明

$$O + N_2 \underset{K_{-1}}{\overset{K_1}{\rightleftharpoons}} NO + N \tag{5 - 12}$$

$$N + O_2 \underset{K_{-2}}{\overset{K_2}{\rightleftharpoons}} NO + O \tag{5 - 13}$$

式中　K_1、K_2——正向反应速度常数；

　　K_{-1}、K_{-2}——逆向反应速度常数。

除以上反应外，还有 NO_2、N_2O 等反应，由于这些反应都是独立的，对 NO 的生成过程几乎没有影响。根据式（5 - 12）和式（5 - 13），按化学反应动力学可以写出来

$$\frac{d [NO]}{dt} = K_1 [N_2][O] - K_{-1}[NO][N] + K_2 [N][O_2] - K_{-2}[NO][O]$$

$$\tag{5 - 14}$$

式（5－14）所表示的 NO 的生成速度表达式中，原子 N 的浓度比 NO 的浓度低 $10^{-5} \sim$ 10^{-8} 倍。作为中间产物，由于它的浓度甚低，根据"准定常近似"的原理，可以假定在短时间氮原子的生成速度和消失速度达到相等，浓度不再变化，即其速度等于零

$$\frac{d[N]}{dt} = 0 \tag{5－15}$$

按式（5－12）和式（5－13），式（5－15）可写成

$$\frac{d[N]}{dt} = K_1[N_2][O] - K_{-1}[NO][N] + K_2[N][O_2] - K_{-2}[NO][O] \tag{5－16}$$

令式（5－16）等于零，并整理可得

$$[N] = \frac{K_1[N_2][O] + K_{-2}[NO][O]}{K_{-1}[NO] + K_2[O_2]} \tag{5－17}$$

将式（5－17）代入式（5－14），整理可得

$$\frac{d[NO]}{dt} = 2\frac{K_1K_2[O][O_2][N_2] + K_1K_{-2}[NO]^2[O]}{K_2[O_2] + K_{-1}[NO]} \tag{5－18}$$

与 [NO] 相比，氧气的浓度 [O_2] 很大，而且 K_2 和 K_{-1} 的大小基本上是同一数量级，相差不大，可以认为，$K_{-1}[NO] \ll K_2[O_2]$。这样，式（5－18）便可以简化为

$$\frac{d[NO]}{dt} = 2K_1[N_2][O] \tag{5－19}$$

如果认为氧气的离解反应 $O_2 \rightleftharpoons O + O$ 处于平衡状态，则可得 $[O] = K_0[O_2]^{\frac{1}{2}}$。代入式（5－19）可得

$$\frac{d[NO]}{dt} = 2K_0K_1[N_2][O_2]^{\frac{1}{2}} \tag{5－20}$$

按捷里道维奇的实验结果，$K = 2K_0K_1 = 3 \times 10^{14}e^{-542000/RT}$，最后可得

$$\frac{d[NO]}{dt} = 3 \times 10^{14}[N_2][O_2]^{\frac{1}{2}}e^{-542000/RT} \tag{5－21}$$

式中   [O_2]、[N_2]、[NO] —— O_2、N_2、NO 的浓度，mol/cm^3；

                 t——时间，s；

                 K_0——平衡状态下反应速度常数；

                 R——通用气体常数；

                 T——绝对温度。

式（5－20）是捷里道维奇机理的 NO 生成速度表达式。对氧气浓度大、燃料少的预混合燃烧火焰，用这一表达式计算 NO 生成量，其计算结果与实验结果相当一致。但是当燃料过浓时，还需要考虑下式所示反应

$$N + OH \rightleftharpoons NO + H \tag{5－22}$$

式（5－12）、式（5－13）和式（5－22）一起，称为扩大的捷里道维奇机理。

决定 NO 生成速度的是原子 N 的生成速度，式（5－13）反应较式（5－12）反应快许多，因而影响 NO 生成速度的关键反应是反应式（5－12）。式（5－12）是吸热反应，反应的活化能由式（5－12）和氧气离解反应的活化能组成，其和为 $542 \times 10^3 J/mol$。正因为氧原子和氮分子反应的活化能大，而原子氧和燃料中可燃成分反应的活化能很小，在火焰中生存的原子氧很容易和可燃成分反应，在火焰中不会生成大量的 NO。NO 的生成反应基本上在燃料

燃烧完了之后才进行。也就是说，生成在"火焰面的背后"。

当燃烧温度低于 1500℃时，温度型 NO 生成量极少，几乎观测不到；当温度高于 1500℃时，这一反应变得明显。随温度升高，反应速度根据阿累尼乌斯定律，按指数规律迅速增加。可见，温度的影响具有决定性的作用。所以，把这种在高温下空气中的氮氧化而生成的氮氧化物称做温度型 NO。

在锅炉燃烧温度水平下，NO 生成反应还没有达到化学平衡，因此，NO 的生成量将随烟气在高温区内的停留时间的增长而增大。

影响温度型 NO 生成的另一主要因素是氧气的浓度。氧气浓度越高，NO 的生成量就越多。在燃料过浓时，NO 的生成随氧气浓度的增大而成正比例增大，在过量空气系数略小于1.0 时，达到最大。随后虽然氧气浓度继续增加，而燃烧温度在过量空气系数等于 1.0 附近出现最大值后，随过量空气系数的增加，燃烧温度会下降。由于温度的影响，NO 生成量下降。因此，在过量空气系数远离 1.0 时，生成速度将急剧降低。

综上所述，在燃烧过程中，影响温度型 NO 生成量的主要因素有温度、氧气浓度和停留时间。

2. 快速温度型 NO 的生成机理

快速温度型 NO 是碳化氢燃料当燃料过浓时燃烧产生的氮的氧化物。碳氢系燃料在过量空气系数为 0.7~0.8 并预混燃烧时生成快速温度型 NO，其生成地点是在火焰内部，而不是在"火焰面的背后"。它的生成机理至今还没有得出明确的结论。

Bowman 等认为，快速温度型 NO 的产生是由于氧原子浓度 [O] 远超过氧分子离解的平衡浓度的缘故。测定发现氧原子的浓度 [O] 比平衡时的浓度高数十倍，并且发现在火焰内部，由于反应加快，使 O、OH、H 的浓度偏离其平衡浓度，其反应如下

$$H + O_2 \Longrightarrow OH + O \qquad (5-23)$$

$$O + H_2 \Longrightarrow OH + H \qquad (5-24)$$

$$OH + H_2 \Longrightarrow H_2O + H \qquad (5-25)$$

按 Bowman 的说法，快速温度型 NO 的生成，可以用扩大的捷里道维奇机理来解释，但不遵守氧气离解反应处于平衡状态这一假定。

而 Fenimore 认为，快速温度型 NO 的产生，首先经过如下中间反应

$$CH + N_2 \Longrightarrow HCN + N \qquad (5-26)$$

$$C_2 + N_2 \Longrightarrow 2CN \qquad (5-27)$$

$$CH_3 + N_2 \Longrightarrow HCN + NH \qquad (5-28)$$

$$CH_2 + N_2 \Longrightarrow HCN + NH \qquad (5-29)$$

生成中间产物 N、CH、HCN 等。这些中间产物再经过如下反应生成 NO

$$HCN + O \Longrightarrow NCO + H \qquad (5-30)$$

$$HCN + OH \Longrightarrow NCO + H_2 \qquad (5-31)$$

$$CN + O_2 \Longrightarrow NCO + O \qquad (5-32)$$

$$NCO + O \Longrightarrow NO + CO \qquad (5-33)$$

经实验发现，随着燃烧温度上升，首先出现 HCN，在火焰面达到最高点，在火焰面背后降低下来，在 HCN 浓度降低的同时，NO 生成量急剧上升。还发现，在 HCN 浓度经最高

点转入下降阶段时，有大量的 NH_i 存在。这些胺化物 NH_i 进一步氧化生成 NO。其中 HCN 是重要的中间产物，90% 的快速温度型 NO 是经 HCN 而产生的。

快速温度型 NO 的生产量受温度的影响不大，而与压力的 0.5 次方成正比，其机理至今还没有定论。

温度型和快速温度型 NO 都是空气中的氮气在高温下与氧化合而成的，所以有人把这两种 NO 总起来称为温度型 NO，而把按捷里道维奇机理生成的温度型 NO，称为狭义的温度型 NO。

3. 燃料型 NO 的生成机理

燃料型 NO 是燃料中氮的化合物，在燃烧过程中氧化而生成的氮的氧化物。

液体燃料和固体燃料中含有许多氮的有机化合物，如喹啉、吡啶等。这些化合物中的氮以原子状态与各种碳氢化合物结合。与空气中的氮相比，其结合键的能量较小，一般为 $25.2 \sim 63 \times 10^7 \mathrm{J/mol}$，而空气中氮的结合健的能量高达 $94.5 \times 10^7 \mathrm{J/mol}$。因此，这些有机化合物中的原子氮就容易分解出来，使氮原子的生成量大大增加。液体和固体燃料燃烧时，由于氮的有机化合物放出大量的氮原子而生成大量的 NO，通常称做燃料型 NO。

关于燃料型 NO 的生成机理正在研究之中。Fenimore 认为，燃料燃烧时，燃料氮几乎全部迅速分解而成中间产物 I，如果有含氮的化合物 R 存在时，这些中间产物 I 将与 R 反应生成 NO。同时 I 还可以与 NO 发生反应生成 N_2，其反应表示如下

$$燃料(N) \xrightarrow{分解} I \tag{5-34}$$

$$I + R \longrightarrow NO + \cdots \tag{5-35}$$

$$I + NO \longrightarrow N_2 + \cdots \tag{5-36}$$

Martine 认为，这些中间产物 I 就是 N、CN、HCN 和 NH 等化合物，反应中的含氧化合物 R 是 O、O_2 和 CH 等，I 与 R 的反应则为

$$HCN + O \Longleftrightarrow NCO + H \tag{5-37}$$

$$HCN + OH \Longleftrightarrow NCO + H_2 \tag{5-38}$$

$$CN + O_2 \Longleftrightarrow NCO + O \tag{5-39}$$

$$NCO + O \Longleftrightarrow NO + CO \tag{5-40}$$

$$NH + O \Longleftrightarrow N + OH \tag{5-41}$$

$$NH + O \Longleftrightarrow NO + H \tag{5-42}$$

$$NH_2 + O \Longleftrightarrow NH + OH \tag{5-43}$$

由以上各式可见，燃料型 NO 与快速温度型 NO 生成机理有相近之处，反应式（5-37）～式（5-40）就是式（5-30）～式（5-33），燃料型 NO 与快速温度型 NO 生成的不同之处，是这些中间产物不是由燃料与空气中的氮反应而生成，而是燃料中含有的原子 N 的有机化合物直接分解而产生。

在燃烧过程中，燃料中的 N 只有一部分能转变成燃料型 NO。燃料型 NO 的 N 和燃料 N 之比称为燃料 N 向燃料型 NO 的转化率，简称燃料型 NO 转变率或燃料 N 的转变率。转变率随燃料 N 的含量的不同而不同。一般燃料 N 含量越多，转变率反而降低。普通燃烧条件下的燃油锅炉中的转变率大多为 32% ~ 40%，燃煤锅炉中燃料型 N 的转变率一般为 20% ~ 25%。

燃料型 NO 与过量空气系数的关系与温度型 NO 不同，随过量空气系数的降低，燃料型 NO 的生成量一直降低，尤其当过量空气系数 $d < 1.0$ 时，其生成量急剧降低。因为燃料 N 分解生成中间产物，这些中间产物可以经式（5－35）生成燃料型 NO，也可能经式（5－36）生成 N_2。很明显，有没有含氧化合物存在是很重要的因素。当过量空气系数低于 1.0 时，含氧化合物减少，中间产物 I 将主要按式（5－36）生成分子氮，使 NO 生成量急剧降低。一般当空气过量系数为 0.7 时，燃料 N 的转变率接近于零，即没有燃料型 NO 产生。

有资料介绍，NH_3 向 NO 的转变率在温度为（700±100）℃的范围内最高，超过 900℃时，将急剧降低。认为燃料型 NO 具有中温生成特性，是经过 600~800℃ 的生成带时生成的。

在通常的燃烧温度水平条件下，NO_2 的浓度很低。在锅炉排出烟气中，NO_2 占 NO_x 总量的 5%~10%，因此只讨论 NO 的生成机理。

NO 的分解反应就是捷里道维奇反应的逆反应。在一般锅炉燃烧设备中，NO 远远没有达到平衡浓度，且 NO 的分解反应在 2200℃ 以下是非常缓慢的，只有在燃料过浓和温度相当高的场合下才能发生某种程度的分解。在一般的锅炉燃烧过程中，可以认为已经生成的 NO 不再发生分解。

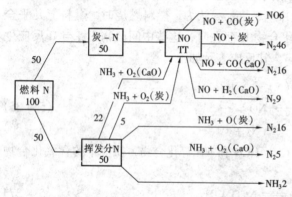

图 5－12　燃料型 NO 形成和还原反应原理图

1989 年，约翰逊·J·E 对燃料型氧化氮的形成和还原列出了反应原理图，如图 5－12 所示。燃料中的氮分别存在于挥发分和炭中。炭中的氮经过一系列反应，被氧化成氧化氮。挥发分氮也通过一串平行而连续的反应，被氧化成氧化氮。在所形成的氧化氮中，一部分又被还原成氮。炭和挥发分中，都有大量复杂的化学反应牵涉到氧化氮的成形和破坏，其中有些反应用煅烧后的石灰石（CaO）和炭作催化剂。每个反应对 NO 的形成和破坏所起的作用是不同的。从图 5－12 中可见，燃料氮中有 77% 被氧化成 NO，其余的则以 NH_3 的形式存在。这些 NH_3 又有一部分反过来转化成氮。图中数字表示不同反应途径对氧化氮的形成与还原所起的作用，如横线上的反应所示，其数字表示参与反应的燃料氮总数的百分比。

4. 流化床煤燃烧室内 NO 的生成规律

燃料煤中的含氮量一般为 0.5%~1.5%。流化床内燃烧温度通常为 800~900℃，因此温度型 NO_x 的生成量很少。

如果发热量为 25125.6kJ/kg，含氮量为 1%，并按理论空气量计算，设所有氮分完全转变为 NO_x 时，烟气中的 NO_x 体积分数约在 2.7×10^{-3}（2700ppm）左右，而在常压流化床燃烧中，NO_x 的体积分数大体上只有 2×10^{-4}~5×10^{-4}（200~500ppm），增压流化床燃烧约为 5×10^{-5}~2×10^{-4}（50~200ppm）。床温为 1000℃ 的常压流化床锅炉，燃料型 NO_x 占 90% 以上。

（1）流化床煤燃烧煤中氮生成 N_2 和氮氧化物的途径。煤进入流化床内受热分解，在热分解过程中，煤中氮也作为挥发分而气化。但是，随温度的不同，气化的氮化合物占总的氮的化合物的比例有所不同，在温度为 800～900℃时，只占总氮含量的 30%，在 1000℃时才有 50%～60%。在热分解气化的氮化合物中，主要成分是 NH_3、HCN 和 N_2，这些中间物质再与含氧化合物反应生成 NO。随着床温不同，它们所占比例也不同，见表 5-5。

表 5-5　　　　　　　　　　　流化床中煤气化的氮化物组成

温度（℃）	NH_3（%）	HCN（%）	N_2（%）	温度（℃）	NH_3（%）	HCN（%）	N_2（%）
910	87	6	7	1100	30	23	47
1000	52	18	20				

从表 5-5 可以看出，在通常的床温条件下，NH_3 占相当大的比例。当温度升高时，NH_3 含量减少，这是因为在高温条件下，NH_3 分解成 N_2 和 H_2 的结果。

图 5-13 表示了流化床燃烧中煤中氮生成 N_2、NO 和 N_2O 的反应途径。

从图 5-13 可以看出，煤中挥发分和焦炭在气化反应过程中分别生成 NH_3、HCN、CO 和 CO、NO、NH_3。这些中间产物在流化床中进一步分解，分别生成 N_2、NH_3、NO、N_2O、CO 和 N_2、NH_3、NO、CO、焦炭，这些新生成的物质通过单相、多相反应最后生成 N_2、N_2O 和 NO。

（2）流化床煤燃烧中 NO 沿燃烧室高度的分布。通常 NO 浓度是指流化床出口处 NO 浓度，没有涉及流化床锅炉内各处 NO 浓度的变化情况。为了从控制燃烧过程来降低 NO 排放量，了解沿流化床锅炉炉膛高度 NO 的变化规律是很有必要的。沿流化床锅炉炉膛高度上 NO_x 浓度分布图（图 5-14）给出的是过量空气系数为 1.09 和 1.01 两个工况。可以看到，在布风板附近，NO 浓度急

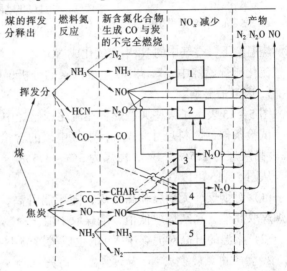

图 5-13　流化床燃烧中煤中氮
生成 N_2、NO 和 N_2O 的途径
1—NO 通过 NH_3 单相减少；2—热分解；3—NO 通过
CHAR 多相减少；4—NO 与 CO 在炭表面多相反应；
5—NO 通过 NH_3 单相减少

剧地达到最大值，然后随高度方向逐渐下降。在浓相床表面附近，NO 浓度下降速度较快，离开表面一定距离后，下降速度较慢，最后稳定在 NO_x 的排放浓度。

在流化床的底部，NO_x 浓度急剧上升，达到最大值。这是由于在床层底部给煤点集中，空气与燃料分配的比例不均和底部燃烧还不够强烈，使底部的气流具有较高的氧浓度，致使 NO 大量生成。一方面，随着床层增高，流化床迅速处于强烈的流化燃烧状态，需要大量氧气，而气泡的分割使床层密相区处于空气不足状态，使 NO 生成量减少；另一方面，流化床锅炉内含有大量可燃烧的炭粒，并且煤在空气不足的条件下（$a < 1.0$）燃烧，产生大量的 NH_3、CO 和 H_2 等，使已生成的 NO 与炭粒、NH_3 等发生还原反应，使 NO 浓度沿着流化床锅炉炉膛高度降低到一个稳定的低值。因此，碳和 NH_3 能够还原 NO 这一点，对组织流化床燃烧，降低 NO 生成量是很重要的。

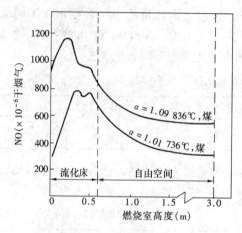

图 5 - 14　NO 沿燃烧室高度的分布

当燃用煤时，NO₂ 排放浓度随过量空气系数增加而增加，开始增加较慢，当过量空气系数在 0.8～1.0 范围内时，NO_x 急剧增大，超过 1.1 时变化又缓慢了。当燃用焦炭时，这一特性更为明显，随着床温上升，NO_x 的排放量急剧增大，在床温为 800℃ 时达到最大值，而后又慢慢下降。NO_x 浓度和空气过量系数、床温的关系在燃烧型 NO 生成机理一节中已作了较详细的讨论。

二、流化床煤燃烧中影响 NO 生成因素分析

上面已提到热值为 25125.6kJ/kg，含氮量为 1% 的煤在流化床中燃烧时，完全转换为 NO_x，NO_x 的体积分数为 2.7×10^{-3}（2700ppm）。在流化床燃烧温度下，空气中的 N_2 不会氧化成 NO_x。

流化床煤燃烧中，影响 NO 生成因素的分析，就是讨论哪些因素影响煤中氮转换成 NO。

1. 床温的影响

图 5 - 15 表示了某些典型燃料在流化床燃烧中床温对 NO 生成的影响。

试验条件：燃料尺寸 < 6mm；烟气中氧的含量无烟煤为 4.5%～6.5%，烟煤为 4.5%～5%，高灰煤为 2.5%～4%，泥煤为 3%～3.5%。

从图 5 - 15 可以看出：

(1) 对烟煤、无烟煤和高灰煤，随床温升高，NO 的生成增加，增加量为 1～3ppm/℃。无烟煤取高值，高灰煤取低值，烟煤取中值。

(2) 床温的升高对泥煤中 NO 的生成量影响不大。

2. 燃料中氮转换成 NO 与过量空气的关系

图 5 - 16 表示了不同燃料中的氮转换成 NO 与烟气中含氧量（过量空气系数）的关系。实验用燃料粒径除焦炭外，其余煤尺寸 < 6mm。

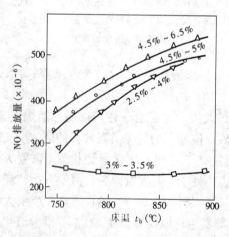

图 5 - 15　床温对 NO 生成量的影响

●—烟煤；△—无烟煤；□—泥煤；▽—高灰煤

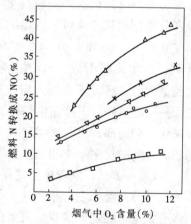

图 5 - 16　不同燃料中氮转换成 NO 与烟气中含氧量的关系

●—烟煤；△—无烟煤；□—泥煤；▽—高灰煤；X—焦炭

从图 5–16 可以看出：

（1）对 5 种实验燃料，烟气中 O_2 含量的变化对 NO 的生成有强烈的影响。影响最大的为无烟煤，其他依次为焦炭、高灰煤、烟煤和泥煤。

（2）烟气中含氧量从 2%（过剩空气量 10%）变化到 10%（过剩空气量为 100%）时，不同燃料 N 的转换量如下：

a. 无烟煤从 22% 增加到 42%，增加了 20%。

b. 焦炭从 24% 增加到 32%（含氮量从 8% 增加到 12%），增加了 8%。

c. 高灰煤从 14% 增加到 27%，增加了 13%。

d. 烟煤从 13% 增加到 23%，增加了 10%。

e. 泥煤从 3% 增加到 10%，只增加了 7%。

3. 挥发分对氮转换的影响

挥发分含量对氮转换的影响见图 5–17。图中实验曲线旁的数据为燃料的氮含量，烟气中的氧量为 8%。

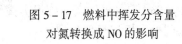

图 5–17　燃料中挥发分含量
对氮转换成 NO 的影响

图中 0.83、1.2、0.6、1.0、8、1.3、0.8、2.0
为 8 种燃料的氮含量

从图 5–17 可以看出：

（1）燃料中挥发分的大小对氮转换成 NO 的百分量有很大的影响。随着燃料挥发分的减小，燃料氮转换成 NO 的百分数加大。

（2）氮含量对氮转换成 NO 的影响没有规律性。

4. 床层高度和给煤位置对氮转换成 NO 的影响

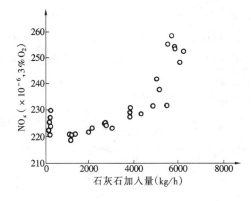

图 5–18　石灰石脱硫对 NO_x 排放的影响

试验研究发现：

（1）对浅床（床层高度 <0.3m）和床表面给原煤（未经破碎的煤），燃料中氮的转换率低。

（2）当床层 ≥0.6m，采取床下给破碎了的煤时，氮转换成 NO 的量加大。

5. 石灰石脱硫对 NO_x 生成的影响

石灰石脱硫对 NO_x 的生成有明显影响。$CaSO_4$ 对氮转换成 NO 有催化作用。图 5–18 表示了美国 Nucla 电厂加石灰石脱硫时，石灰石加入量对 NO_x 排放量的影响。试测时锅炉负荷为 110MW，燃烧室出口氧含量为 3%，床温为 921℃。从图 5–18 可以看出，石灰石投入量对 NO_x 的排放有较大影响。

三、控制流化床煤燃烧中 NO_x 排放的措施

流化床燃烧的优点之一是低 NO_x 排放。只要在燃烧过程中采取适当措施，就能使 NO_x 的排放达到环保要求。

（1）限制过剩空气量（15%~20%）是最简单的控制 NO_x 排放的方法。图 5–19 表示了 Gcblirs 的研究结果。

（2）考虑到脱硫最佳温度、降低 NO_x 生成量及好的燃烧效果，将床温控制在 850~950℃，具体温度数值根据煤种特性选定。一般来说，易燃尽、含硫高的煤种取低值；低硫

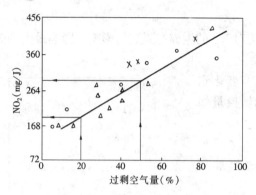

图 5-19　过剩空气量对 NO_x 排放的影响

难燃尽煤种取高值。

（3）分级燃烧。燃烧分两个阶段或在两个区完成。在燃烧室下方通过布风装置送入一部分风，称为一次风。此风作为流化风和部分燃烧风。在燃烧室下部这个区进行第一阶段缺氧燃烧，从而限制 NO_x 的生成。在燃烧室上部送入另一部分风，称为二次风。此风的主要作用是提供完全燃烧所需的空气和限制 NO_x 的生成量。此区内的燃烧为富氧燃烧区，也称第二阶段燃烧。一、二次风的比率根据循环流化床锅炉炉型、燃煤种类及特性决定。Lurgi 型循环流化床锅炉一次风量为 40% ~ 50%，Pyroflow 型循环流化床锅炉一次风量为 50%，Circofluid 型循环流化床锅炉一次风量为 60%。我国中大型循环流化床锅炉的整体布置大多为 Pyroflow 型（采用高温旋风分离器、没有外部流化床热交换器），一次风量为 60% ~ 70%。对烟煤，一次风量取低值；对无烟煤，一次风量取高值。

Gibbs 的试验结果指出，25% 的空气作为二次风，NO 的排放量减少 33%。随着二次风比率的加大，NO 的排放还会进一步降低。

在一般的循环流化床锅炉上，只要采取了上述三项措施，NO_x 的排放量能达到 200mg/m^3（标准状态下）的标准，这是目前欧美国家环境标准规定的排放指标。

若要进一步降低 NO_x 的排放量，还可采取以下方法：

（1）喷 NH_3 减小 NO_x 排放。喷 NH_3 与 NO 产生如下反应

$$4NH_3 + 6NO \longrightarrow 5N_2 + 6H_2O \qquad (5-44)$$

$$4NH_3 + 4NO + O_2 \longrightarrow 4N_2 + 6H_2O \qquad (5-45)$$

研究指出：

a. 如果 NH_3 刚好在床表面喷入，NO 排放能减少 30% ~ 40%（如图 5-20 所示）。如果 NH_3 喷入床内或在稀相床之上，NO 排放量减少较少。

b. NH_3 喷入点过剩氧的存在对喷 NH_3 的有效性产生影响（见图 5-21）。

c. 喷 NH_3 的最佳位置根据煤种、床料尺寸和燃烧室设计试验确定。

d. 在 770 ~ 900℃ 范围内，改变床温对喷 NH_3 减少 NO 排放量几乎没有影响。

（2）气体停留时间对 NO_x 排放量的影响。气体在还原区的停留时间对控制 NO_x 的排放量有重要的影响。燃烧室二次风口以下为还原区（也称富燃料区），若 NO_x 在还原区有比较长的停留时间，使 NO_x 与焦炭、CO 有比较长的反应时间，那么将导致 NO_x 的还原，结

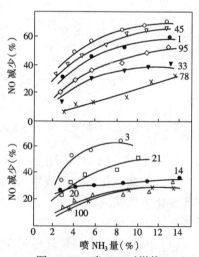

图 5-20　喷 NH_3 对燃烧室出口 NO 生成量的减少　喷 NH_3 点在布风板以上 46cm，图中数字表示过剩空气量（%）

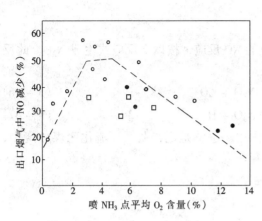

图 5 - 21　氧对喷 NH_3 减少 NO 排放量的影响

　　○—煤，喷 NH_3 点在布风板以上 46cm；

　　●—无烟煤，喷 NH 点在布风板以上 46cm；

　　□—煤，喷 NH_3 点在布风板以上 24cm

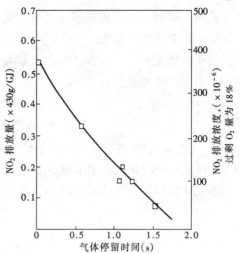

图 5 - 22　NO_x 在还原区停留
时间对 NO_x 排放量的影响

果降低了 NO_x 排放量。图 5 - 22 表示了 NO_x 在还原区的停留时间对 NO_x 排放量的减少（燃料为石油焦）。

　　从图 5 - 22 可以看出：

　　a. NO_x 在还原区停留 1s，NO_x 排放量能减少到 10^{-4}（100ppm）。

　　b. NO_x 在还原区停留 1.5s，NO_x 排放量能减到 5×10^{-5}（50ppm）。

　　（3）二次风喷入点对 NO_x 量的影响。图 5 - 23 表示二次风喷入点对 NO_x 排放量的影响的试验研究结果。

　　二次风喷入点的相对位置对 NO_x 的排放是十分有效的。当二次风喷入点的相对高度 H/D 为 13 时，NO_x 的排放量大约是 10^{-4}（100ppm）。

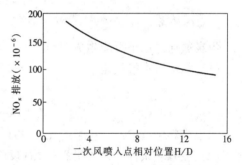

图 5 - 23　二次风喷入点相对位置 H/D
对 NO_x 排放浓度的影响

第四节　循环流化床燃煤中 N_2O 的生成机理

　　前已述及，循环流化床煤燃烧对气体污染物——SO_2 和 NO_x 的排放控制性能是十分优越的，但是，循环流化床煤燃烧过程中产生的 N_2O 与其他燃烧方式相比是最高的，约为 $5 \times 10^{-5} \sim 25 \times 10^{-5}$（50~250ppm）。

　　N_2O 是一种温室效应气体，它吸收红外线的能力是 CO_2 的 250 倍。另外，N_2O 也是一种破坏大气同温层里臭氧层的气体。因此，了解循环流化床燃煤中 N_2O 的生成机理、影响因素及控制其排放量是十分重要的。

一、N_2O 的生成（反应）机理

　　N_2O 是一种燃料型氮氧化物，俗称笑气。其生成机理和 NO 很相似，在挥发分和焦炭燃

烧两个阶段，通过均相反应和多相反应生成 N_2O。

1. N_2O 的均相生成反应

燃料中的挥发分氮（HCN、NH）与燃烧生成的 NO 反应，按以下反应式生成 N_2O，此反应称为 N_2O 的均相生成反应

$$NCO + NO \Longrightarrow N_2O + CO \qquad (5-46)$$

$$NH + NO \Longrightarrow N_2O + H \qquad (5-47)$$

以上两个反应中，式（5-46）反应起着主要的作用。也就是说，在循环流化床煤燃烧中，NCO 与 NO 反应是均相反应中生成 N_2O 的主要途径。

图 5-24 是挥发分氮生成 N_2O 的反应路线图。

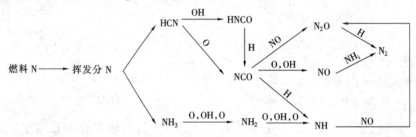

图 5-24　挥发分氮生成 N_2O 的反应路线图

2. N_2O 的多相生成反应

焦炭氮通过以下反应生成 N_2O。

（1）焦炭氮直接氧化

$$C + CN + O_2 \Longrightarrow CNO + CO \qquad (5-48)$$

$$CN + CNO \Longrightarrow N_2O + 2C \qquad (5-49)$$

如果床料中有 CaO，它对式（5-49）反应有催化作用。

（2）在有氧条件下，焦炭氮与 NO 反应生成 N_2O

$$CN + \frac{1}{2}O_2 \Longrightarrow CNO \qquad (5-50)$$

$$CNO + NO \Longrightarrow N_2O + CO \qquad (5-51)$$

（3）在无氧条件下，焦炭氮与 NO 反应生成 N_2O

$$CN + NO \Longrightarrow N_2O + C \qquad (5-52)$$

（4）焦炭氮气化生成 HCN，HCN 氧化生成 NCO，NCO 通过反应式（5-46）生成 N_2O。此反应属均相生成反应，式（5-48）～式（5-51）为多相生成反应。

下面为焦炭氮的反应路线图：

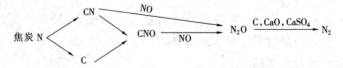

图 5-25　焦炭氮生成 N_2O 的多相反应路线图

二、N₂O 的分解反应机理

（1）N₂O 的均相分解反应

$$N_2O + O \Longleftrightarrow N_2 + O_2 \qquad\qquad (5-53)$$

$$N_2O + H \Longleftrightarrow N_2 + OH \qquad\qquad (5-54)$$

$$N_2O + OH \Longleftrightarrow N_2 + H_2O \qquad\qquad (5-55)$$

（2）N₂O 的多相分解反应

$$N_2O + C \Longleftrightarrow N_2 + CO \qquad\qquad (5-56)$$

床料中 CaO、CaSO₄ 和焦炭对 N₂O 的分解有很大的催化作用。

三、循环流化床煤燃烧中 N₂O 生成机理的路线图和它们的贡献

循环流化床煤燃烧中，N₂O 的生成机理的路线和它们对 N₂O 的贡献如图 5-26 所示。图中 CaSOR 为钙基脱硫剂。

从图 5-29 可以看出：

（1）挥发分氮的均相反应产生的 N₂O 占 20%。

（2）焦炭直接氧化对 N₂O 的贡献为 20%。

（3）有氧条件下，焦炭 - N 与 NO 反应生成的 N₂O 占 50%，对 N₂O 的贡献最大。

（4）无氧条件下，焦炭 - N 与 NO 反应只生成 5% 的 N₂O。

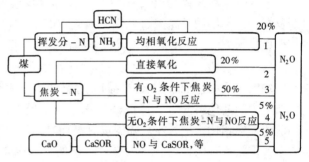

图 5-26　循环流化床煤燃烧中 N₂O 生成机理的路线图和它们对 N₂O 的贡献

（5）在 Ca 基脱硫剂等床料的作用下，NO 转换成 N₂O 占 5%。

第五节　循环流化床煤燃烧中氮氧化物排放的影响因素

循环流化床煤燃烧中影响氮氧化物生成的因素有床温、过量氧、飞灰循环燃烧、二次风的投入和燃料种类、特性等。

一、床温对 NOₓ 和 N₂O 排放的影响

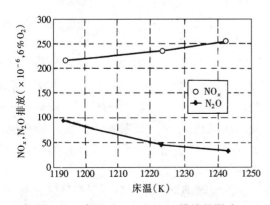

图 5-27　床温对 N₂O 和 NOₓ 排放的影响

图 5-27 所示为床温升高时 NOₓ 和 N₂O 排放的变化，随床温升高，NOₓ 排放浓度升高，而 N₂O 排放浓度降低。图中还可以看出，当床温升高时，床层中 N₂O 的浓度明显下降，NOₓ 的浓度略有上升。

随床温的升高，使 N₂O 的分解反应大大加快，而对 NOₓ 的分解反应影响不大，故热力 NOₓ 略有升高。

图 5-28 所示是美国 Nucla 电厂 420t/h 循环流化床锅炉的实测结果。

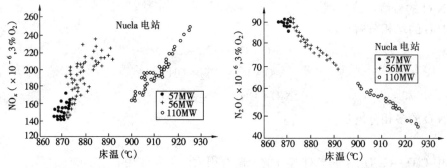

图 5-28　床温对 NO_x 和 N_2O 排放的影响

从图 5-28 可以看出，随着运行床温的提高，NO_x 排放将升高，而 N_2O 将下降。这意味着，通过降低床温来控制 NO_x 排放会导致 N_2O 排放上升。另一方面，运行床温的控制还受负荷及燃烧效率制约，床温过低则 CO 浓度很高，这尽管有利于 NO_x 的还原，却带来了化学不完全燃烧损失。N_2O 随温度上升而减少的原因一般归结为 N_2O 的热分解，即

$$N_2O \longrightarrow N_2 + O \tag{5-57}$$

该反应的活化能高达 250~270kJ/mol，对温度十分敏感。在高温下，这一反应将是十分迅速的。烟气中的其他组分对 N_2O 的还原作用一般受温度影响很弱，这一系列的反应都具有较小的活化能。相比之下，NO_x 随温度升高而升高的原因则涉及均相及多相反应两个方面，复杂得多。但没有理由认为，是 N_2O 的分解使 NO 增加，因为在这一过程中只有极少量 NO 生成。就绝对排放量而言，据报道，在最佳脱硫温度，即 850℃左右时，燃料氮向 N_2O 的转化率最高，此时 N_2O 排放可达 2×10^{-4}~2.5×10^{-4}（200~250ppm），而床温增高时，从焦炭和原煤燃烧中产生的 N_2O 都将大大减少。这些结果暗示，降低运行温度未必是控制氮氧化物排放的最佳措施。

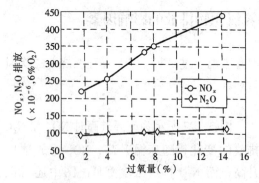

图 5-29　过氧量对 NO_x 和 N_2O 排放的影响

二、过氧量对 NO_x 和 N_2O 排放的影响

图 5-29 所示为过氧量对 NO_x 和 N_2O 排放浓度的影响，由图可见，随着过氧量的增加，NO_x 和 N_2O 的排放均增加，而且 NO_x 增长的速度大大超过 N_2O 浓度的增长速度。这表明，通过减少过氧量的方法，可以达到同时减少 NO_x 和 N_2O 的目的，也就是说，分级燃烧对 N_2O 的减少也是起作用的。

氧量的增加使得焦炭反应过程加快，焦炭氮析出过程提前，从而使瞬时生成的 NO_x 和 N_2O 浓度增大。同时，氧量的增大使 CO 浓度减少，因而 NO_x 通过 CO 的还原反应减弱。此外，氧量增加后，燃烧加剧，使得炉膛上部焦炭粒子浓度减少，而使 N_2O 和 NO_x 的分解反应都有所降低。因此，氧量的增加使 N_2O 和 NO_x 的浓度都增加了，而且对 NO_x 的影响尤为显著。

另外，图 5-30 也表示了美国 TVA 160MW，500t/h 鼓泡床锅炉总的过量空气系数对 NO_x 和 N_2O 排放的影响。

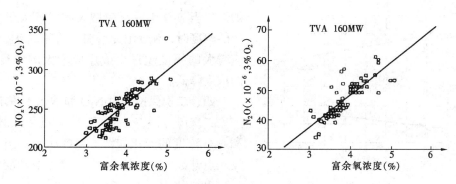

图 5 - 30 总的过量空气系数对 NO_x 及 N_2O 排放的影响

1. 不分段燃烧

如果不实施分段燃烧，则总的过量空气系数 α 对 NO_x 和 N_2O 有类似的影响。过量空气系数降低时，NO_x 和 N_2O 排放都下降（图 5 - 27）。另一方面，过量空气系数增得很大时，对 NO_x 和 N_2O 排放的影响大大减弱，因为 α 很小或很大时，CO 浓度都升高，这对 NO 和 N_2O 的还原和分解都有利。在 $[O_2]$ 小于 1.5% 或 $[CO] \approx 1\%$ 的区域，在 900℃ 或更高温度下，N_2O 的分解只需 100ms 时间。低氧燃烧（炉膛出口 $[O_2]$ <2% 时）可减少 50% ~ 75% 氮氧化物排放。但是机理性试验表明，燃烧区氧分压小于 1Pa 时，并不能完全消除氮氧化物。

2. 分段燃烧

分段燃烧对降低氮氧化合物排放很有好处。一般地，二次风从床面上一定距离给入较好，二次风过低引入则对氮氧化物排放影响甚小。随着二次风率增大，或一次风率减小，NO_x 生成量也随之下降，并在某一分配下达到最低点，如图 5 - 31 所示，实验检测和理论研究都证实了这一现象。但有关研究表明，此时 N_2O 变化很小。值得注意的是，实施分段燃烧时，SO_2 和 CO 的排放也将不同程度地下降，因此毫无疑问，这是一种安全可行的清洁燃烧运行方式。

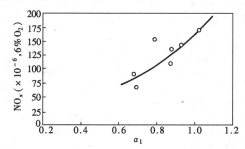
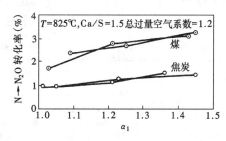

图 5 - 31 分段燃烧时，一次风的过量空气系数 α_1 对 NO_x 及 N_2O 排放的影响

三、飞灰循环燃烧对 NO_x 和 N_2O 排放的影响

图 5 - 32 所示为飞灰循环倍率对 NO_x 和 N_2O 排放浓度的影响。由图可见，随飞灰循环倍率的增大，N_2O 浓度增大而 NO_x 浓度降低。在流化速度不变的情况下，飞灰循环量的增加使炉膛中粒子（床料及焦炭）浓度增大，而使 N_2O 和 NO_x 的分解反应加强。但是另一方面，这时炉膛上部的焦炭粒子浓度也随之增加，因此炉膛上部的 N_2O 和 NO_x 的生成反应也得到

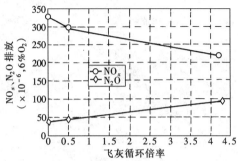

图 5 - 32 飞灰循环 - 燃烧
对氮氧化物排放的影响

加强。当 N_2O 生成反应增大的幅度大于分解反应的幅度时，N_2O 浓度增加。同理，NO_x 分解反应增大的幅度超过生成反应增大的幅度，NO_x 的浓度降低。

四、二次风投入对 N_2O 和 NO_x 的影响

二次风分别在 2.2m 和 3.8m 处投入时，NO_x 和 N_2O 浓度的变化如图 5 - 33 所示。当二次风投入点升高时，沿高度 N_2O 浓度增加变慢，而且其出口值由 1.55×10^{-4}（155ppm）降至 1.28×10^{-4}（128ppm）。二次风投入点在 3.8m 时，NO_x 在 6m 以上的地方降得更快，其出口浓度由 4.7×10^{-5}（47ppm）降至 2.6×10^{-5}（26ppm）。这是由于当二次风投入点升高时，在二次风投入点以下氧量很少，CO 浓度较高，通过焦炭的氧化生成的 NO 浓度减少，而同时通过与 CO 的反应还原的 NO 又增加，因而 NO 的浓度大大降低了。对于 N_2O，由于二次风口以下氧量变少，通过机理 2 和机理 3，生成 N_2O 的反应被抑制，而通过机理 4 和机理 5 生成的 N_2O 浓度较少，因此 N_2O 的总排放量也减少了。可以预料，二次风口的位置越高，NO 和 N_2O 的排放越少，但是 CO 的排放增大了。不投二次风也就是二次风处于最低点时，N_2O 和 NO 的排放最高。

图 5 - 33 二次风投入对氮氧化物排放的影响
○—N_2O, 2.2m; ◇—N_2O, 3.8m;
□—NO_x, 2.2m; △—NO_x, 3.8m

五、煤的种类和参数的影响

这里采用关联度分析方法就煤种参数对循环流化床煤燃烧中 N_2O 排放影响的相对重要性进行了研究。表 5 - 6 所示为七种煤的分析资料及在不同温度下，保持其他运行条件不变，燃烧这些煤时的 N_2O 的排放量。

表 5 - 6 　　　　　　　　　　煤种分析资料及 N_2O 排放数据

煤	A	B	C	D	E	F	G
水　分	7.65	2.1	2.37	27.57	29.90	37.26	17.03
挥发分（VM）	31.04	33.0	36.40	33.23	32.60	28.76	37.40
固定碳（FC）	42.74	52.5	52.86	34.60	33.00	28.85	7.60
灰	18.58	12.4	8.51	4.59	4.50	5.12	38.03
固定碳/挥发分	1.38	1.59	1.45	1.04	1.01	1.00	0.20
碳	58.82	73.7	74.47	49.85	48.80	40.95	24.98
氢	4.98	4.90	5.21	6.61	6.70	6.98	4.25
氮	1.15	1.40	1.36	0.62	0.70	0.53	0.65
硫	0.48	0.50	2.46	0.31	0.40	0.58	6.05
氧	16.02	7.00	7.98	37.99	39.00	45.74	26.1

续表

煤	A	B	C	D	E	F	G
灰	18.58	12.4	8.51	4.59	4.50	5.12	38.03
挥发分氮（Nv）	43	36	36	27	31	25	88
固定碳氮（Nc）	57	64	64	73	69	75	12
热　值（HVB）	23.85	30.09	30.94	20.06	19.66	16.24	10.90
N_2O 排放量							
1050K	152	138	138	36	30	56	70
1100K	118	98	100	28	20	30	50
1150K	76	50	56	16	10	4	26

根据以上数据，进行关联度分析。数据首先进行均值化处理，然后按有关文献提供的方法计算，得到的关联度矩阵如表5-7所示。

表 5-7　　　　　　　　　　不同温度下煤种各参数的关联矩阵

项　目	数　据			项　目	数　据		
温　度	1050K	1100K	1150K	氮	0.89547	0.88474	0.84077
水　分	0.58956	0.58244	0.56768	硫	0.72755	0.73739	0.71810
挥发分（VM）	0.75774	0.74242	0.71396	氧	0.61614	0.60754	0.59021
固定碳（FC）	0.81945	0.80215	0.77308	挥发分氮（Nv）	0.75308	0.73812	0.70493
灰	0.77834	0.77668	0.74298	固定碳氮（Nc）	0.70842	0.69635	0.67570
固定碳/挥发分	0.80313	0.78682	0.75952	热值（HVB）	0.82927	0.81191	0.78298
碳	0.82270	0.80561	0.77713	氧/氮	0.58459	0.57783	0.56404
氢	0.72558	0.71384	0.69415				

由上可见，在温度为 1050K 时，煤种中各影响因素重要性的排序如下：

氮含量 > 热值 > 碳含量 > 固定碳 > 燃料比 > 灰含量 > 挥发分含量 > 氮在挥发分中的比例 > 硫含量 > 氢含量 > 氮在焦炭中的比例 > 氧含量 > 水含量 > O/N 比

这说明，煤中氮元素含量是最为重要的影响因素，即含氮量高的煤，其 N_2O 排放量高于含氮量低的煤。这与预想的结果相符，因为煤中氮元素是煤燃烧中 N_2O 产生的来源。热值、固定碳含量和碳元素含量居第二、第三及第四重要的位置，表明了煤的品位对 N_2O 排放的影响。这证实了 Wojtowicz 等的结果，他们发现随煤品位的升高，其 N_2O 排放量增加。这也可以解释我们的试验结果，即发热量高的烟煤和无烟煤产生的 N_2O 量大于贫煤的产生量。

燃料比也有较大的影响。燃料比实际上也表征了煤的品位，燃料比大的煤，其埋藏年代久，挥发分少，含碳量多，其热值因而也较高，N_2O 排放量就大。

挥发分含量的影响低于灰含量的影响，这表明挥发分燃烧在 N_2O 的排放中不是决定性的，也就是说焦炭燃烧的影响较大，这证实了 Tullin 等最近的结果。他们发现在流化床燃烧工况下，焦炭燃烧对 N_2O 排放的贡献大于挥发分燃烧的贡献，至少不低于后者。

氮在挥发分和焦炭中的分配没有预想的那么大的影响，也就是说，对某种煤，如果其氮元素含量较大,不管氮主要分配在挥发分中,还是分配在焦炭中,其产生的 N_2O 量都较大,这更加说明,挥发分含量的影响较小。

计算发现,O/N 比的影响最小。这与 Aho 等的结果不同,他们发现煤中的 O/N 比与 N_2O 的排放有明显的关系。这有待于实验的验证。

当温度为 1100K 时,煤中各因素影响程度的排序没有任何变化。然而当温度为 1150K 时,各影响因素的排序变为:

氮含量 > 热值 > 碳含量 > 固定碳 > 燃料比 > 灰含量 > 硫含量 > 挥发分量 > 氮在挥发分中的比例 > 氢含量 > 氮在焦炭中的比例 > 氧含量 > 水含量 > O/N 比

灰含量及硫含量的影响超过了挥发分含量的影响,这可能说明温度提高后挥发分的作用更小了。

以上分析表明,煤燃烧中 N_2O 的排放是与煤种密切相关的,且受其中氮含量和发热量的影响最大。这样,对于某一种含氮量和热值高的煤,不能期望仅仅通过燃烧调整的方法,如提高运行温度、降低过量氧量等将其 N_2O 排放浓度降到极低的程度,同样地,对于含氮量低的劣质煤,不采取这样的措施也不会有较大的 N_2O 排放。这对我国是很有利的,因为我国的流化床主要燃烧热值低的劣质煤。

与鼓泡流化床相比,燃料比的影响更重要一些,但氮在焦炭中的分配则不太重要,也就是说,对循环流化床燃烧,只要煤的含氮量高,不管其分布在挥发分还是在焦炭中,都会产生较多的 N_2O,而不像鼓泡流化床,氮在焦炭中的分配对 N_2O 的生成有较大的影响。

第六节　控制 N_2O 排放的措施

N_2O 对大气环境的严重破坏作用使得人们对它的产生来源发生了兴趣。研究已经表明,流化床燃烧作为化石燃料燃烧中最大的 N_2O 排放源,是大气中 N_2O 的一个重要来源。本章对流化床煤燃烧中 N_2O 的生成与分解机理进行了仔细的研究,最终目的是想找到能同时减少 N_2O 及 NO_x 排放的措施,将 N_2O 排放限制在尽可能小的范围内而又不致于引起 NO_x 排放的增加。本节讨论几种同时减少 N_2O 及 NO_x 排放的措施。

一、提高床温

大量实验表明,随温度升高,N_2O 排放迅速减少。显然,提高流化床运行温度无疑会减少 N_2O 的排放,但是温度升高会造成以下的后果:

(1) NO_x 排放浓度的增加。温度升高造成热力型 NO_x 的增加。此外,温度升高后,空气分级供给对 NO_x 减少的效果降低,而且燃料氮的转化率也升高。这些都造成 NO_x 排放量的增大。

(2) SO_2 排放浓度的增加。研究表明,石灰石脱硫的最佳温度在 850 ~ 870℃,低于或高于该温度都会造成脱硫效率的急剧降低。Lyngfelt 表明当温度从 850℃ 升至 930℃ 时,SO_2 浓度升高 2 倍以上,在空气强分级供给工况下,脱硫效率更低。

这样,升高温度后虽然 N_2O 浓度得到降低,但 NO_x 和 SO_2 浓度却升高了,因此,对高硫煤单纯靠升高温度是不行的。此外,对于高含氮量的优质煤(其含碳量高),仅通过升高床温并不能将 N_2O 浓度降至令人满意的程度[低于 5×10^{-5} (50ppm)]。

根据以上分析,为达到同时降低 SO_2、NO_x 和 N_2O 的目的,提高运行温度必须遵循两个原则：其一，不能升温太高，以免 NO_x 生成太大；其二，石灰石脱硫效率必须得到保证。这样，在升高的同时，必须做到：

　　a. 采用分级燃烧等方法降低 NO_x 排放；

　　b. 采用高温脱硫剂。

清华大学在高温脱硫剂方面进行了研究，其意义不只是提高燃烧效率，对于减少 N_2O 的排放也是有利的。

在我国现有条件下，提高运行温度的确是一个很方便实际的措施。对于难燃的无烟煤，升高温度可以提高其燃烧效率，而且对于燃烧该煤的锅炉，必须维持一定的温度以保证着火及燃烧。如果其含硫量低，就不用考虑硫化物排放的问题；如果其含硫量高，可以向高温脱硫剂方面考虑，辅之以分级燃烧技术，以达到脱硫、脱 NO_x 及高燃烧效率的统一。

二、降低燃烧氧量或分级燃烧

试验结果表明，降低过氧量可以减少 N_2O 的排放，特别在接近理想配比时效果更佳。降低过氧量或者采用分级燃烧在理论上可以同时减少 N_2O 及 NO_x 的排放。丹麦 Aalborg Ciserv International 公司的 MCFB 将过氧量控制在 1.5% ~ 2%，在温度为 830℃，Ca/S 比为 3 左右时，其 N_2O 排放可保持在 10mg/MJ（约 2×10^{-5}，即 20ppm），NO_x 保持在 20mg/MJ（约 4×10^{-5}，即 40ppm），脱硫率达 95% ~ 98%。MCFB 锅炉中各种污染物排放与床温、过氧量及 Ca/S 的关系如图 5 – 34 所示。

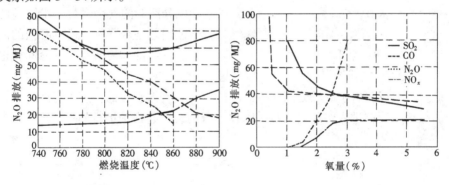

图 5 – 34　MCFB 中 N_2O 排放与温度和氧量的关系

MCFB（Multi Circulating Fluidized Bed）是一种将循环流化床与鼓泡流化床结合起来的新型流化床锅炉。其主要思想是主燃烧室以较大流化速度运行，其中不布置受热面，出主燃烧室后的颗粒不是由常规的旋风分离器分离后送回主燃烧室，而是进入副燃烧室，副燃烧室以鼓泡流化床形式运行，保持极低的流化速度（0.4m/s），克服了磨损问题，受热面就布置在副燃烧室中，出副燃烧室的粒子由分离器分离后送入主燃烧室。同时副燃烧室中的粒子也可经 L 阀送入主燃烧室，这样构成了一个多重循环。

MCFB 的优点在于能轻易地降低运行温度和过氧量，而且运行相当稳定，这样就能使 NO_x 和 N_2O 降至 10mg/MJ 以下，通过加入石灰石后使 SO_2 降至 40 ~ 50mg/MJ。这样，烟气不经任何处理就可以达到相当严格的环保标准，而且燃料的适应性强于一般的 CFB 锅炉。

MCFB 提供了一种行之有效的同时降低 NO_x、N_2O 和 SO_2 的方法，即降低温度，降低过氧量和加入石灰石脱硫。但是，为了克服随之而来的高 CO 量，均匀地给煤、合理地调节一次风、二次风和三次风的分配及混合相当重要，这就要求有丰富的操作经验和很高的运行水平。

三、后燃技术

后期燃烧是指在燃烧室之后将烟气温度提高，利用 N_2O 的高温分解特性除去 N_2O 的方法。Gustvasson 和 Leckner 研究了将天然气喷入循环流化床的旋风分离器中，提高烟气的温度后减少 N_2O 的排放。理论计算表明，通过升温到 900℃，可将 N_2O 的排放减为原来的 10%。实验发现，N_2O 的排放可减少 50% 以上，减少的量与喷入的气体量和分离器的温度有关。图 5 – 35 所示为 N_2O 排放与分离器入口温度及喷入气体量的关系，可见 N_2O 的排放随温度升高急剧下降。

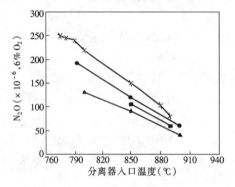

图 5 – 35　N_2O 排放与旋

风分离器入口温度的关系

+—没有后燃；●—5%可燃气体；

■—7%可燃气体；▲—10%可燃气体

这种方法的优点还在于在减少 N_2O 的同时，NO 和 CO 的排放增加不大，由于加入天然气后，实际上相当于再燃技术，因而 NO 的量不仅不会增加，反而有所降低。CO 的量略有增加，而在喷入较多的天然气时，如不喷入空气，则 CO 的量会大大增加。本方法如要进入实用，还有大量的工作要做：

（1）经济性分析。喷入昂贵的天然气是否会引起整个运行费用的较大的增加。

（2）旋风分离器的安全运行。由于高温及还原性气氛，腐蚀问题是否严重，还有磨损的问题，此外长期在高温下运行，其结渣和寿命问题也必须予以考虑。

（3）锅炉的运行。由于旋风分离器内温度的升高，其内颗粒的温度也有所升高，这一部分多出来的热量必须在进入炉膛之前被排除掉，否则会引起锅炉运行的不稳定。

第六章
我国几种典型的循环流化床燃烧锅炉

循环流化床锅炉是一种商业化的洁净煤燃烧锅炉。它与常规煤粉锅炉、层燃锅炉相比有显著的特点，近20年来在我国得到了快速的发展。本章介绍我国使用中的几种较典型的循环流化床锅炉，其中包括引进的循环流化床锅炉和我国自主开发的循环流化床锅炉。

第一节　上排气高温旋风分离器循环流化床锅炉

世界上几种主要技术流派的循环流化床锅炉（Pyroflow 型、Lurgi 型、F&W 型）均采用高温旋风分离器收集飞灰，实现飞灰循环燃烧。高温旋风分离器循环流化床锅炉是世界上公认的主导炉型。

下面以 Pyroflow 型上排气旋风分离器循环流化床锅炉为代表，说明这种循环流化床锅炉的结构特点和优缺点。

一、中容量上排气高温旋风分离器循环流化床锅炉（图6-1）的结构特点与优缺点

1. 结构特点

从图6-1可以看出，Pyroflow 型中容量循环流化床锅炉由燃烧室、上排气高温旋风分离器和返料器组成的循环燃烧系统和尾部对流受热面组成。

（1）燃烧室。燃烧室由膜式水冷布风板和膜式水冷壁组成。燃烧室下部布置有给煤口、返料口、二次风口、排渣口和人孔等。膜式壁组成的燃烧室的包覆面积是循环燃烧系统的主要受热面，采取汽冷的高温上排气旋风分离

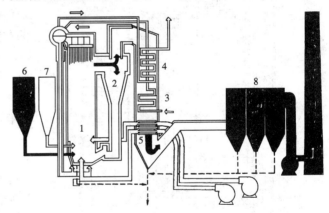

图6-1　中容量上排气高温旋风分离器循环流化床锅炉
1—燃烧室；2—高温上排气旋风分离器；3—省煤器；4—过热器；
5—空气预热器；6—煤仓；7—石灰石仓；8—电除尘器

器的膜式壁也是受热面之一。在一般情况下（燃用优质煤），燃烧室的吸热量为锅炉总热负荷的50%左右。

（2）高温上排气旋风分离器。高温上排气旋风分离器是循环流化床锅炉的主导飞灰分离装置。它有结构简单、飞灰分离效率高、阻力大的特点。对绝热式上排气高温旋风分离器，由于受内衬较厚的绝热保温层的影响，体积大，质量重，对点火启动过程中内衬的升温速率有严格要求，使点火启动时间延长。为了缩短点火启动时间，有的锅炉公司将上排气高温旋风分离器设计成汽冷型，作为锅炉的第一级过热器。这样减小了耐火内衬材料的厚度和重量，使点火启动过程加快。由于高温上排气汽冷旋风分离器的采用，与高温绝热式上排气旋

风分离器相比，散热损失减小了。

（3）返料器。返料器通常采用 Fluoseal 型非机械密封阀。该密封阀由下部相通的两个床组成，左部床为流化床，右部床为移动床。由于两个床的密度差能够使床料经过返料器自动送入燃烧室。来的床料多，送入燃烧室的多；来的床料少，送入燃烧室的少。自动维持移动床侧料腿在一定高度。这个料腿的高度能克服返料系统的流动阻力。移动床的通入风较少，流化床的通入风较多，两股风之和一般约占总风量的 1% ~ 2%。

2. 优缺点

优点：结构简单，维护和运行费用低，为国内外中参数循环流化床锅炉较普遍采用的形式。

缺点：对燃料的适应性没有 Lurgi 型循环流化床锅炉那样广，负荷的调节范围没有 Lurgi 型的大，燃烧室温度和过热器汽温的调节性能比 Lurgi 型的差。

我国大多数锅炉厂生产的 75t/h 蒸发量以下的循环流化床锅炉属于这种炉型，有超过千台这样的锅炉在运行中。

二、大容量上排气高温旋风分离器循环流化床锅炉（图 6-2）的结构特点和优缺点

1. 结构特点

从图 6-2 中可以看出，大容量 Pyroflow 型循环流化床锅炉的结构和系统布置与中参数 Pyroflow 型循环流化床锅炉相比，不同之处在于燃烧室内受热面的布置。

随着高参数的采用和锅炉容量加大，锅炉燃烧室的容积成正比增加，但燃烧室的包覆面积不是成正比地增加，而是相对地减小。也就是说，大型循环流化床锅炉一吨蒸发量的锅炉包覆面积比中小型循环流化床锅炉的小。

燃烧室包覆面积和容积之比

$$\frac{S}{V} = \frac{2(A + B)H}{ABH} = \frac{2(A + B)}{AB}$$

$$(6-1)$$

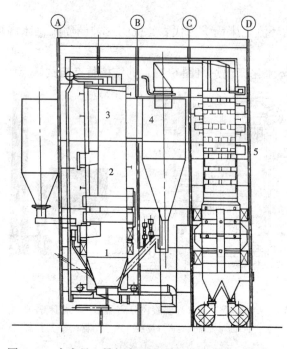

图 6-2　大容量上排气高温旋风分离器循环流化床锅炉

1—燃烧室；2—Ω 形过热器；3—屏式蒸发受热面；
4—上排气高温旋风分离器；5—尾部受热面

式中：A、B 分别为燃烧室的深度和宽度；H 为燃烧室高度。

受循环流化床锅炉整体布置要求的影响，即考虑到高温旋风分离器的布置，一般燃烧室的宽度 B 大于深度 A。忽略 A，式（6-1）变成

$$\frac{S}{V} \approx \frac{2}{A}$$

$$(6-2)$$

从式（6-2）可以看出，随着锅炉容量的加大，燃烧室包覆面积比燃烧室容积增加得小。一个 35t/h 循环流化床锅炉燃烧室的深度 A 就接近 2m，一个 75t/h 循环流化床锅炉燃烧

室深度大于 2m。所以，75t/h 以上容量的循环流化床锅炉，随着容量的加大，每吨蒸发量的燃烧室包覆面积是逐渐减小的。因此，随着循环流化床锅炉容量的加大，单靠燃烧室的包覆面积来布置膜式水冷壁受热面就不够了。容量为 130t/h 以上的循环流化床锅炉，除了在燃烧室包覆面积上布置膜式水冷壁受热面外，还要在燃烧室内布置附加受热面，如屏式蒸发受热面（图 6－2）和屏式过热器受热面。

为了解决大型循环流化床锅炉循环燃烧系统受热面布置问题，循环流化床燃烧锅炉在技术上出现两大技术流派。一大技术流派是以 Pyroflow 型循环流化床锅炉为代表，它的主导思想是在燃烧室内布置各种式样的附加受热面，如屏式蒸发受热面、屏式过热器、Ω 形过热器。而 Lurgi 技术流派的主导思想是只在燃烧室的包覆面积上布置膜式水冷壁蒸发受热面，布置不下的其他蒸发受热面、过热器和再热器受热面，布置在流化床外部热交换器中。这两大流派的循环流化床锅炉，目前的蒸发量都发展到了 300MW 功率等级。

2．优缺点

优点：只在燃烧室内布置附加受热面，没有外部流化床热交换器，使大容量循环流化床锅炉如同中小容量循环流化床锅炉一样，结构简单、运行操作方便。

缺点：如果采用中间再过热机组，在燃烧室和尾部受热面要布置过热器和再热器，实现对过热器和再热器蒸汽温度的调节比较复杂。

我国锅炉厂生产的大型循环流化床锅炉都属于燃烧室内布置附加受热面的这种形式。

三、上排气高温旋风分离器循环流化床锅炉设计数据

1．流化速度

浓相区和稀相区流化速度的选择是循环流化床锅炉设计中最重要的问题之一。它的确定与循环流化床锅炉的炉型、燃煤的粒径范围、床料的平均粒径有关。设计流化速度分浓相区流化速度与稀相区流化速度。Pyroflow 型循环流化床锅炉浓相区流化速度一般为 4.0～4.5m/s，稀相区流化速度为 4.5～5.5m/s。早期循环流化床锅炉流化速度取得比较高，考虑到对受热面的磨损，现在流化速度取得没有过去那么高了。

2．燃烧室温度

燃烧室温度是循环流化床锅炉的重要运行参数之一。它的确定要综合考虑燃料的燃烧效率、灰渣变形温度、脱硫和 NO_x 的排放量。Pyroflow 型循环流化床锅炉燃烧室的温度一般取 850～920℃。对低硫难燃煤种取高值，考虑脱硫和易燃煤种取低值。

3．风帽小孔气流速度

风帽小孔气流速度要考虑布风装置的阻力和风帽漏灰。布风装置阻力小，风机压头低，电耗小，这是优点。但是阻力过小，运行不稳定，且易带来风帽漏灰。阻力太大，没有必要，带来风机压头高，电耗大。Pyroflow 型循环流化床锅炉的风帽小孔气流速度一般取 65m/s 左右，布风装置阻力占总阻力的 30% 左右。

4．给煤点数量

给煤点的数量与煤种有关。烧高挥发分烟煤时，一个给煤点管 12m² 床面积；烧低挥发分无烟煤时，约每 18m² 床面积布置一个给煤点。

5．燃煤粒径

烧低挥发分煤时，燃煤粒径小于 6mm，烧高挥发分煤时，燃煤粒径小于 10mm。

6．一、二次风的比率

一、二次风的比率与煤种有关。Pyroflow 型循环流化床锅炉一次风占 40%～60%。其余的为二次风。烧高挥发分煤时，一次风取低值；烧低挥发分煤时，一次风取高值。变负荷时，一次风量基本不变，只调二次风量。升负荷时，先加二次风，再加煤。这样的好处是加二次风后即可把更多的热灰带到燃烧室上部，使上部受热面传热加强，负荷升得快，且燃烧稳定。反过来，如果先加煤后加风，负荷增长滞后的时间长。

7. 传热系数

传热系数的确定是循环流化床锅炉的难点之一，它的确定对于锅炉能否达到设计蒸发量和设计参数是十分重要的。Pyroflow 型循环流化床锅炉燃烧室下部的传热系数为 150～300W/$(m^2 \cdot K)$，燃烧室上部传热系数为 180～190W/$(m^2 \cdot K)$。对煤质差和飞灰循环倍率高的锅炉取高值，对优质煤和飞灰循环倍率低的锅炉取低值。

8. 燃烧室内压力控制点

燃烧室内压力控制点位于布风板上方 2m 处。运行中该点静压控制在 6000～8000Pa 之间。

9. 污染物的排放指标

设计污染物的排放指标一般如下：$SO_2 < 300mg/m^3$（标准状态下），$NO_x < 200mg/m^3$（标准状态下），$CO < 200mg/m^3$（标准状态下）。

第二节　下排气中温旋风分离器循环流化床锅炉

下排气中温旋风分离器循环流化床锅炉（图 6 - 3）由华中科技大学煤燃烧国家重点实验室与武汉天元锅炉厂有限责任公司共同开发，是具有我国特色和自主知识产权，受到国内外公认的循环流化床锅炉技术流派，对于"Ⅱ"形布置的煤粉锅炉的技术改造非常适宜，目前正向更大容量发展。本节将介绍下排气循环流化床锅炉的技术特点、设计特色和运行经验。

一、下排气循环流化床锅炉的技术特点

下排气循环流化床锅炉的主要特点是采用了华中科技大学的发明专利技术——下排气旋风分离器。该分离方式属中温离心分离，分离器布置在"Ⅱ"形锅炉的水平烟道与尾部竖井间的转向室处，顺应了Ⅱ形锅炉的整体布置，使炉膛与尾部烟道融为一体，保持了整台锅炉Ⅱ形布置的结构特性。与采用上排气旋风分离器相比，锅炉整体布置更为合理，总体结构尺寸明显减小，结构更紧凑，布置更方便，系统阻力也明显减小、从而大大降低了锅炉及其厂房的造价和运行费用。与采用惯性分离器相比，分离效率高，易于满足循环倍率的要求，有利于细小颗粒的燃尽，提高燃烧效率，也有利于提高脱硫效率、减少脱硫剂的消耗。不会给锅炉受热面的布置带来结构上的困难。与采用高温分离器相比，分离器体积缩小，分离效率提高，耐温耐磨材料易于解决，成本降低，热惯性小，运行调节灵活，还增加了锅炉运行的安全可靠性。下排气旋风分离器循环流化床锅炉的主要设计与技术特点如下：

1. 典型的单汽包Ⅱ形整体布置

锅炉炉膛下部为渐扩结构，上部为矩形结构、炉膛出口水平烟道内布置高、低温过热器，下排气旋风分离器置于水平烟道与尾部竖井间的转向室处、尾部烟道内依次布置有省煤器和空气预热器，形成典型的单汽包Ⅱ形布置。

2. 大小粒子流化床叠加燃烧

锅炉燃用 0~8mm 宽筛分燃料，平均粒径为 3mm 左右。石灰石脱硫剂粒度为 0~1mm，平均粒径为 0.15mm 左右。粗粒子在炉膛下部燃烧，细粒子则被气流携带至炉膛上部，形成大粒子床和小粒子床叠加燃烧。

3. 水冷布风系统与预燃室点火系统

采用水冷风室、布风板与炉膛水冷壁为一体的形式，整体密封膨胀性能良好。在一次风道上设置旁通预燃室，产生的高温烟气与空气混合加热后进入流化床中，实现整床点火启动。

4. 中温下排气旋风分离器和流化密封送灰器

设计中采用了建立在分离理论与阻力特性研究基础上，并经实践检验为非常合理的分离器内部结构，各部分结构尺寸均由正交试验与计算机优化处理，分离性能进一步提高，对分离器的支吊和布置也十分有利。

采用流化密封型飞灰回送装置，送灰器所需风量约为锅炉总风量的 1%。设计中将松动风室和输送风室分开，便于送灰器的调节。采用合理的输送床面积与松动床面积，有效地提高了送灰器输送能力，改善了送灰器的调节特性。

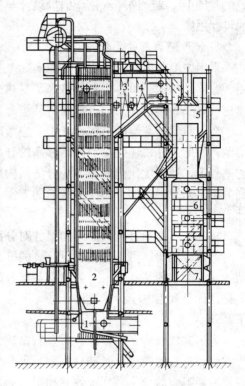

图 6-3 下排气循环流化床锅炉
1—水冷风室；2—燃烧室；3—高温过热器；4—低温过热器；5—下排气中温旋风分离器；6—省煤器；7—空气预热器

5. 锅炉各部分膨胀补偿

膜式水冷壁采用悬吊结构，整体向下膨胀。送灰器由加固钢梁引出支撑，与炉体一起膨胀。在分离器、尾部烟道与返料器之间，给料管以及水冷布风系统与一次风管、二次风管与水冷壁之间均设膨胀节，使之能适应锅炉整体的膨胀。

二、下排气循环流化床锅炉的研究与设计

在对气固流化床理论研究的基础上，辅以相应的数学模拟、设计了下排气分离器循环流化床锅炉的关键部件。同时还对飞灰分离物料回送、布风系统、循环流化床锅炉主要辅机（包括冷渣器、床下油点火预燃室）以及循环流化床锅炉结构设计与防磨等方面进行了研究。在此基础上，进行了结构、性能和设计优化，开发出了具有鲜明特点的下排气分离器循环流化床燃烧技术。

1. 燃料特性

燃料特性对循环流化床锅炉的设计与运行有很大影响。通常燃料的发热量对给料装置尺寸的确定，燃烧室、颗粒分离器等的尺寸大小产生影响，对燃烧室、尾部受热面的热量分配产生影响。燃料灰分对燃料颗粒尺寸的确定，排渣装置的确定及选型有较大影响。挥发分与固定碳的含量决定了燃料特性。燃料中含硫量确定了石灰石给料系统及灰处理系统，对床层温度的确定亦有很大影响。灰的特性对床运行时最高温度等有决定性作用，床层只能在灰变形温度以下运行。锅炉结构的设计是以燃料特性为基础，在对燃料与燃烧特性进一步深入研

究的基础上，结合循环流化床锅炉设计与实际运行经验，确定下排气分离器循环流化床锅炉的设计原则。

2. 旋风分离器的优化

采用中温分离时，对流受热面实际上起到了 Lurgi 型循环流化床锅炉外部热交换器的作用，整体结构则简单得多，但带来了受热面的磨损问题。运行实践表明，设计中选取较低的流速（4～6m/s），并采用一定的防磨措施（如鳍片），防磨问题得以解决。

在下排气分离器的结构设计中，应考虑分离器的结构尺寸与锅炉本体布置及结构尺寸相协调。除此之外，还应在确保足够高的分离效率、满足循环流化床锅炉所需的循环倍率要求的基础上，通过优化分离器各部分的结构尺寸，使分离器的阻力降至最低。另外，还应考虑到分离器系统工作的可靠性，维护的方便，以及投资与运行的成本等，实现分离器的优化设计。

实际上，由于分离器的结构尺寸对分离效率和阻力均有影响，且通常分离效率与阻力是一对矛盾。因此，可以在确保足够高的分离效率与合理的总体结构尺寸，满足锅炉的性能与结构设计要求的基础上，对分离器各部分的结构尺寸进行优化设计，使压力损失最小，这种优化设计是利用电子计算机进行的。下排气旋风分离器独特的内部结构也为其优化设计提供了基础。

为了完成分离器的设计，需要有描述分离器分离过程的模型，给出分级效率和阻力的计算方法。理想的模型应能准确地表示出分离器的所有结构和全部运行条件的改变如何影响分级效率和阻力的变化。分级效率和阻力的计算公式很多，但大都是针对特定结构的分离器，以及特定的运行条件等，适用范围有限，并且几乎所有的计算模型都没有考虑颗粒浓度、二次夹带，颗粒间的相互作用等因素的影响，最多是给出一些简单的修正，仍有较大的计算误差。特别是对于循环流化床锅炉的飞灰分离装置，由于高温、高浓度、宽粒径分布、较大粒径、以及庞大结构尺寸等实际因素对分离性能的影响还难以用公式准确描述。因此，在选用计算模型时，应充分重视其适用范围和计算误差，保证分离器设计计算的准确性。

3. 循环物料回送系统

循环流化床锅炉常有两大类送灰装置：一种是阀型送灰器，如 L 阀等；另一种是自动调整型送灰器，如流化密封送灰器等。前者需要有一个贮灰仓，用改变送风量来调节循环灰量的大小；后者能随锅炉负荷的变化自动适应循环灰量的变化，不需要贮灰仓和改变送灰风量。下排气循环流化床锅炉的设计采用了流化密封送灰器。这种送灰器实际上是由一个与料腿相连的向下的移动床和一个与燃烧室相连的向上流动的流化床组成。它的作用是将低压侧的床料送入高压侧的燃烧室，而料腿能防止燃烧室的烟气短路经送灰器进入分离器，起到密封的作用，保证循环回路的正常运行。设计中将松动风室和输送风室分开，便于送灰器的调节。采用合理的输送床面积与松动床面积，有效地提高了送灰器输送能力，改善了调节特性。运行实践表明，流化密封送灰器具有良好的自调节性能，运行十分稳定。

物料循环回路不仅直接影响整个循环流化床锅炉的总体设计、系统布置，而且与运行性能有直接关系。随锅炉容量的增大，回料量相应增加，因此在返料口区域，局部的固体物料量会增加很多，导致流化恶化。对于大型循环流化床锅炉，回料管采用裤衩管式结构，将循环物料均匀分散在一个较大区域内，保证床内流化正常。

4. 防磨措施

在下排气循环流化床锅炉中，特别是在物料循环系统中，由于颗粒浓度较高，如果处理不当，会带来比较严重的磨损问题，直接影响锅炉的长期安全运行。循环流化床锅炉的磨损主要有受热面管子的磨损和耐火材料的磨损。受热面管子的磨损根据受热面的不同，采取不同的防磨措施。

在浓相区水冷壁表面敷设耐磨耐火保护层，并使保护层与水冷壁实现平滑过渡，避免了颗粒对于水冷壁的撞击磨损。在交界处采取热喷涂，厚度为 0.3mm 左右，高度为 500mm 左右。此外，炉腔内的膜式壁向火面没有突出处，在看火孔等处，水冷壁的让管向外弯而非向内弯。对凝渣管、高温过热器、低温过热器的防磨，由于灰浓度较高，除了在设计中选用较低的烟气流速外，还加装防磨片。对过热器的下部弯头作特别防磨处理。省煤器位于分离器后，虽然飞灰浓度低，但也考虑了防磨措施。在省煤器的第一排蛇形管上设置半圆形的防磨护套，并采取措施避免形成烟气走廊，以防磨损。空气预热器加防磨保护，在管子进口处加防磨套管，在进口管板上浇耐热混凝土。

耐火材料的磨损很多是由于耐火材料的质量问题引起的，实际的强度和耐磨指标并未达到技术要求而导致磨损。运行实际表明，下排气分离器循环流化床锅炉在密相区、分离器和送灰器等处，由于灰浓度高引起的耐火材料的磨损问题，只要选材、施工得当，可以得到圆满解决。对于那些不可避免存在磨损的地方、如密相区内、分离器分离空间内，一方面选择合理的烟气流速，另一方面采用技术指标较高的耐火材料，如高铝质耐火砖或不定形耐火材料。对那些磨损较轻的地方，可采用磷酸盐质高强度耐磨砖、高级别高铝砖等。对于低携带率的循环流化床锅炉，下排气旋风分离器也采用一级或特级高铝砖、防磨效果也很好。

三、下排气分离器循环流化床锅炉的调试与改进

1. 分离效率与锅炉运行性能

分离器的分离效率将直接影响循环流化床锅炉的运行性能。根据对几台下排气旋风分离器循环流化床锅炉进行的调试，发现分离效率对锅炉的运行影响很大。随分离器分离效率的提高，锅炉带负荷能力增强，飞灰含碳量下降，密相区与稀相区床温差减小。其原因主要在于随分离效率的提高，物料循环量增大，受热面的传热增强，锅炉负荷增加，更多的细小颗粒被捕集送回炉腔循环燃烧，使炭粒的可燃物含量下降，密相区颗粒的扬析量增大，更多的热量带入稀相区，使两区间的温度更趋一致。

2. 分离器的运行温度与压力损失

对 75t/h 下排气循环流化床锅炉进行的调试表明，分离器在不同运行工况下，烟气温度不同。当负荷较低时，运行温度较低，反之亦然。

当分离器进出口动压（主要是流速）相差不大时，分离器的阻力为进出口静压之差，调试结果为 300 ~ 1000Pa。负荷升高，阻力增加。

3. 分离器的分离效率

75t/h 下排气分离器循环流化床锅炉分离器分离效率的测试采用在分离器进出口等速取样的方法进行。根据现场测点的布置情况，分离器的进口取样点在低温过热器进口，分离器的出口取样点在省煤器的出口。这种取样及分析方法在实际运行中是合理的。测试结果分离效率为 97.5% ~ 99.4%。

下排气循环流化床锅炉在工业应用的初期曾存在一些问题，主要是下排气旋风分离器对细颗粒分离效率不够高，返料器运行不够稳定，过热器受热面布置偏多等。经不断地改进与

完善，这些不足已被克服。

第三节　方形水冷分离器循环流化床锅炉

为了克服汽冷旋风筒制造成本高的问题，芬兰 Ahlstrom 公司在 1993 年推出了水冷方形旋风分离器的概念，用膜式壁构成的方形或多角形旋风分离器极大地降低了水冷（汽冷）圆形旋风筒的造价，且由于分离器的矩形截面，使整个锅炉结构更加紧凑。图 6-4 为 Ahlstrom 公司方形水冷分离器紧凑型（Pyroflow Compact 型）循环流化床锅炉示意图。

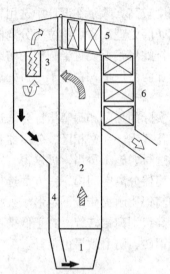

图 6-4　方形水冷循环流化床锅炉
1—风室；2—燃烧室；3—方形水冷分离器；4—返料通道；5—过热器；6—省煤器

一、方形水冷分离器的特点

1. 方形水冷分离器的结构特点

方形分离器的分离机理与圆形旋风筒本质上没有什么差别，壳体采用膜式水冷壁管，但因筒体为圆形结构而别具一格。它与常规循环流化床锅炉的最大区别是采用了方形的气固分离装置，分离器的壁面作为炉膛壁面水循环系统的一部分，因此与炉膛间免除了热膨胀节，使整个循环流化床锅炉的体积大为减小，布置更为紧凑。从国内许多已投入运行的循环流化床锅炉来看，普遍都存在有床内燃烧工况组织不好、床温偏高以及旋风分离器内 CO 和残碳后燃造成数十度甚至上百度温升现象，加上流化床中结渣温度较低，因此结渣的可能在运行中始终是一个潜在的隐患。采用有冷却的旋风筒，分离器内的温度得到控制，从而消除了结渣的危险。此外，为了防止磨损，方形分离器水冷表面敷设了一层薄的耐火层，这使得分离器起到传热表面的作用，并使锅炉加热和冷却速率加快。

2. 方形水冷分离器成本低

方形水冷旋风分离器与无冷却的钢板卷成的旋风筒制造成本基本相当，考虑到前者所节省的大量的保温和耐火材料，最终的实际成本有所下降。此外，它还减少了散热损失，提高了锅炉效率。

3. 点火启动速度快

由于保温绝热层厚度的减少，可以提高启停速度。启停过程中床料的温升速率不再取决于耐火材料，而主要取决于水循环的安全性，节约了启动耗油。

自 Ahlstrom 公司紧凑型方形分离器设计推出后，引起了锅炉研究行业广泛的重视。Foster Wheeler 公司采用方形分离器技术生产的紧凑型循环流化床锅炉（260MW）机组的投运记录表明，该技术在可靠性、制造维修成本以及整体性能上均优于绝热旋风筒和汽冷旋风筒，使得该炉型已得到国际公认。此外，由于水冷方形分离器在大型化方面的优势，对中国循环流化床技术开发有特别重要的意义。

二、清华大学开发的方形水冷分离器循环流化床锅炉

清华大学自 1993 年开展了对方形分离器的实验研究工作，根据气—固两相流理论改进了方形分离器的进口段，加速了颗粒运动速度，使中等粒径的颗粒分离效率提高。图 6-5

为清华大学和四川锅炉厂开发的 75t/h 水冷方形分离器循环流化床锅炉示意图。从锅炉整体结构布置上仍旧保持了清华大学第一代循环流化床锅炉"Ⅱ"形布置的炉型，将方形分离器置于燃烧室与尾部竖井之间，使之与传统的煤粉炉具有相似的外形。锅炉采用单气包横置式自然循环，自炉前向后依次布置燃烧室、分离器、尾部烟道。根据燃料的成分差异以及脱硫要求，燃烧室的设计工作温度不同，在 870 ~ 950℃之间。炉膛由膜式水冷壁构成，截面积约为 18 ~ 19m²，燃烧室净高为 20 ~ 23m，下部锥形结构。炉膛出口布置方形水冷分离器，由膜式水冷壁构成。两个分离器中间设有膜式壁隔墙，分离器截面为 3000mm × 3000mm。内侧壁面焊有销钉以固定厚度较薄的耐火层。水冷却分离器与热旋风筒相比使耐火层温度工作在较低范围内，因此具有较强的耐磨性。分离器前墙与燃烧室后墙共用，其中燃烧室后墙的一部分向后弯制形成分离器入口的加速段。分离

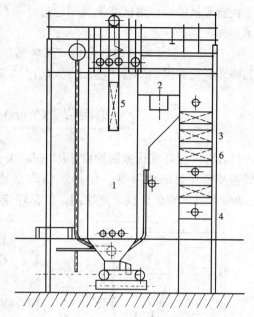

图 6 – 5　75t/h 方形水冷分离器循环流化床锅炉
1—燃烧室；2—方形水冷分离器；3—低温过热器；4—空气预热器；5—高温过热器；6—省煤器

器后墙同时作为尾部竖井的前包墙，该屏水冷壁向下收缩成料斗，向上的一部分直接引出吊挂，另一部分向前并穿越燃烧室后墙分别构成分离器顶棚和燃烧室顶棚。燃烧室后墙、分离器两侧墙水冷壁向上延伸与分离器的汽冷顶棚包墙构成分离器出口区，与尾部竖井的汽冷包墙相接。亦即省煤器之前为全膜式壁、吊挂处理，避免使用膨胀节。巧妙地将燃烧室、分离器、尾部包墙结合起来，成为一体。既保持紧凑型布置，又保证良好的密封性能。省煤器之后为轻型护墙、支撑结构。为提高锅炉的低负荷运行能力，保证低负荷过热蒸汽参数，过热器系统采用辐射和对流相结合的形式，高温过热器布置在燃烧室上部，为半辐射式。低温过热器为对流式，布置在汽冷包墙尾部烟道内。锅炉采用全钢架结构，从炉前向后共计三排柱。

　　锅炉给水经省煤器加热后进入汽包。锅筒内的饱和水经集中下降管、分配管分别进入燃烧室水冷壁和分离器水冷壁下集箱，加热蒸发后流入上集箱进入锅筒。饱和蒸汽流经顶棚管、后包墙管、侧包墙管，进入低温过热器入口集箱，由低温过热器加热后经减温器调节汽温，流经高温过热器将蒸汽加热到额定汽温后进入集汽集箱至主汽阀和主蒸汽管道。

　　借鉴国外汽（水）冷圆形旋风筒成功的防磨经验，分离器膜式壁的磨损采用壁面密焊销钉并涂一层很薄的耐磨浇注料的方法，由于浇注料较薄并受冷却，防磨材料工作在较低的温度条件下，具有更强的防磨性能。由于冷却结构克服了因分离器内燃烧引起的飞灰系统结渣问题，提高了运行可靠性，制造工艺简单，维修方便，造价也低。

　　灰斗由分离器水冷壁收缩而成，设有防磨内衬。料腿悬吊在水冷灰斗上。J 形阀是高流率小风量自平衡阀，与料腿之间设有膨胀节。第一台水冷方形分离器循环流化床锅炉安装在四川省成都市湔江水泥厂，1996 年投运。1997 年 4 月电力工业部西安热工研究院对该炉进

行了性能考核试验。测试结果表明运行各项参数均达到了设计值并有裕量，运行实践证明该技术是成功的。

在 75t/h 方形水冷分离器的研究及实践的基础上，130t/h、220t/h 蒸发量的方形水冷分离器循环流化床锅炉均有产品和投入运行。

第四节　Circofluid 循环流化床锅炉

Circofluid 循环流化床锅炉由德国 Babcock 公司研制，属低倍率循环流化床锅炉。由于流化风速及循环倍率的降低，使得炉墙和受热面的磨损程度大为减轻。图 6-6 是典型的 Circofluid 型循环流化床锅炉系统图，该循环流化床锅炉有如下特点：

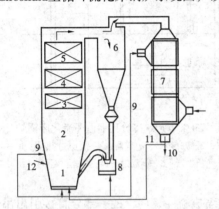

图 6-6　Circofluid 型循环流化床锅炉
1—大粒子床；2—小粒子床；3—过热器；4—蒸发受热面；5—省煤器；6—中温旋风分离器；7—空气预热器；8—送灰器；9—燃烧空气（一、二次风）；10—去电除尘器；11—烟气再循环；12—给煤

一、低流化速度

Circofluid 循环流化床锅炉采用的流化速度为 3.5~5m/s，它保留了鼓泡床的基本特点，即炉膛下部按鼓泡床运行，上部为悬浮段，床内不设埋管受热面。在悬浮段上面为塔式布置的对流受热面。为保证足够高的燃烧效率，必须使大部分细颗粒能在稀相区燃尽。为保证燃料在稀相区有足够的停留时间，采用了高大的稀相区设计。

二、中温上排气旋风分离器

除了低流化速度，低循环倍率以外，该型循环流化床锅炉还有一个特点，就是采用工作温度为 400℃ 的中温分离器。这一设计改善了分离器工作条件，减少了旋风分离器的尺寸，而且由于经过分离器返回炉膛的物料与床料温差很大，更便于控制床温。该型循环流化床锅炉采用 10~20 的循环倍率，与 Lurgi 型锅炉 40~80 的循环倍率相比，属低倍率循环流化床锅炉。

三、燃烧室下部的薄耐火防磨层

在燃烧室的下部水冷壁上全部涂一薄层耐磨耐火材料来保护水冷壁，同时也起一部分传热作用，从而控制该区的温度，确保燃烧效率。

与其他型式的循环流化床锅炉一样，Circofluid 循环流化床锅炉也采用分级燃烧的方法控制 NO_x 的形成。一次风由炉底送入，占总风量的 55%~60%。二次风由悬浮段不同高度处送入。Circofluid 型循环流化床锅炉的负荷与床温的调节除了常规的改变风、煤比例外，还采用了加入冷灰再循环与烟气再循环的调节办法。由于分离器的工作温度是 400℃，与 Lurgi 型锅炉相比，它的分离器体积相对于炉膛要小得多，也正是因为分离器的工作温度较低，以致整个循环系统不是都处于最佳燃烧和脱硫工况，可能会影响其燃烧效率和脱硫效果。

此种形式锅炉的缺点：

(1) 燃烧室高度方向尺寸大，钢耗大，造价高；

(2) 分离器内温度为 400℃ 左右，对飞灰无燃尽作用，且 CO 排放量较高；

(3) 大型化没有前途。

第五节　高坝电厂引进 410t/h 循环流化床锅炉

为了吸收和借鉴国外循环流化床锅炉的先进技术和成功经验，使循环流化床锅炉尽快应用于我国电力工业，电力部从芬兰引进了一台 410t/h Pyroflow 型循环流化床锅炉，安装在四川省内江高坝电厂。该锅炉于 1994 年 10 月开始安装，1996 年 6 月实现 72h 连续运行，1996 年投入商业运行。经过对锅炉的调试、运行，消除了许多运行中出现的问题，积累了许多宝贵的经验。这些经验对发展具有自主知识产权的 100MW 的循环流化床锅炉起了重大的作用。

本节主要介绍这台循环流化床锅炉的结构、设计参数、技术特点和运行调试中发现的一些技术问题。

一、410t/h 循环流化床锅炉本体结构

1. 锅炉的组成

锅炉由燃烧室、高温上排气旋风分离器、分离器出口水平烟道和尾部烟道组成，如图 6-7 所示。

燃烧室由膜式水冷壁构成。燃烧室宽度为 14.12m，深度为 7.08m（底部为 4m），高度为 30m。燃烧室下部 5m 高度用耐火防磨层覆盖。

高温上排气旋风分离器的内径为 7m，布置在燃烧室前面，称前置式布置方式。

燃烧室后墙膜式水冷壁上等距离垂直布置 6 片屏式蒸发受热面。在燃烧室内，距布风板高度 14.3m 处，布置了 12 片 Ω 形管屏过热器（第 2 级过热器）。在分离器出口烟道中（炉膛上部）依次布置第 3 级和第 1 级过热器。在尾部烟道中，从上到下布置有省煤器和空气预热器。

2. 一、二次风

占锅炉运行总风量的 60% 为一次风。一次风首先经暖风器加热到 106℃，再经空气预热器加热到 218℃。一次风的主要部分经猪尾风帽送入燃烧室流化床料并提供初始燃烧需要的氧气。另一小部分一次风以"下二次风"的形式从燃烧室下部（下二次风）送入。

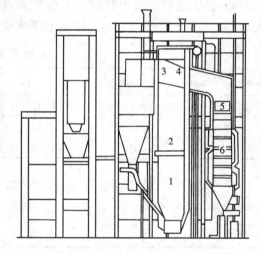

图 6-7　高坝电厂引进 410t/h 循环流化床锅炉
1—燃烧室；2—Ω 形过热器；3，4—过热器；
5—省煤器；6—空气预热器

二次风（40%）经暖风器和空气预热器加热后分三部分，一部分被送到燃料给料上，以克服燃烧室正压，防止燃烧室内高温烟气和床料倒流到回料系统；另一部分到启动燃烧器；第三部分作为"上二次风"，在布风板以上 3.6m 处的燃烧室的四周送入，提供完全燃烧所需要的氧气。

3. 给料和返料

有两个气力控制的自平衡式 U 形阀。每个 U 形阀有两根返料管。两个分离器收集下来的床料经两个返料 U 形阀送入四根返料管。在返料管上有煤和石灰石的加入孔。煤、石灰石和返料在管内混合后送入燃烧室燃烧并进行脱硫反应。

二、锅炉的设计数据

（1）锅炉的主要技术参数见表6－1。

表6－1　　　　　　　　　　　锅炉主要技术参数

名　称	100％负荷	名　称	100％负荷
MCR蒸汽流量	113.9kg/s（410t/h）	燃烧效率	97.2％
过热蒸汽压力	9.8MPa	热效率	90.7％
过热蒸汽温度	540℃±5℃	排烟中NO_x含量	＜200mg/m³（标准状态下）
给水温度	227℃	排烟中SO_2含量	≤7000mg/m³（标准状态下）（Ca/S＝2.2）
最小连续蒸汽流量	35kg/s（126t/h）	脱硫效率	≥90％
排烟温度	136℃	排烟中CO含量	≤250mg/m³（标准状态下）
锅炉设计燃煤量	13.8kg/s（49.7t/h）	排烟中粉尘含量	≤198mg/m³（标准状态下）
锅炉石灰石耗量	3.19kg/s（11.5t/h）	调负荷速率	7％/min

（2）燃烧室上部烟气流速4.5m/s。燃烧室内吸热量约为50％。

（3）风室和布风板由膜式水冷壁构成。水冷布风板有4°的倾角，以利于水循环和向后墙排渣。

（4）设计煤种。南川贫煤。干燥无灰基挥发分为15.3％，低位发热量为22.56kJ/kg（5397kcal/kg），含硫3.12％。燃煤粒径不大于7mm，粒径分布见表6－2。

表6－2　　　　　　　　　　　入炉煤粒径分布

粒　径（mm）	设　计（％）	实　际（％）	粒　径（mm）	设　计（％）	实　际（％）
＞4	6.73	16.11	1～0.5	21.78	18.80
4～2	37.54	18.69	＜0.5	12.5	28.60
2～1	21.45	17.80			

（5）石灰石粒径见表6－3。石灰石中$CaCO_3$含量＞94％，$MgCO_3$含量＜1.8％，惰性物质＜3.2％，水分＜1％。

表6－3　　　　　　　　　　　石灰石粒径

粒　径（μm）	设　计（％）	粒　径（μm）	设　计（％）
＞700	0	150～100	20
700～250	10	＜100	40
250～150	30		

三、炉型特点

（1）高温上排气旋风分离器前置式布置，工作温度900℃左右。

（2）燃烧室内布置有附加受热面——第2级Ω形屏过热器，燃烧室后水冷壁上布置有屏式蒸发受热面，没有采用外部流化床热交换器。

（3）旋风分离器出口烟道在炉子顶部，其中布置有过热器受热面，锅炉结构紧凑。

（4）冷渣器采用烟气冷却，使冷渣器内不易产生高温结渣并为低负荷提供了调节手段。

（5）分级燃烧和在返料管上加入石灰石，实现燃烧室内脱硫和控制 NO_x 排放量。

（6）倾斜水冷布风板和猪尾风帽。

（7）床下燃油热烟气和床上油枪联合点火方式。

（8）二次风全部从浓相床分层送入。

四、调试运行中出现的一些主要问题及解决措施

（1）床渣冷却器设计不合理，水冷受热面烧爆。床渣冷却装置由带水冷受热面的流化床冷渣器和水冷螺旋绞龙两级组成。由于流化床冷渣器内水冷受热面内水流量小，产生了沸腾，造成受热面烧坏。另外，由于流化床冷渣器效果差，使进水冷绞龙的渣温过高，绞龙运行故障频繁发生。受冷渣设备冷却能力的限制，锅炉只能带 4 万 kW 负荷运行。经将流化床冷渣器冷却水泵和水冷绞龙水泵容量加大，并将系统作了相应改造之后，床渣冷却装置才满足锅炉带 10 万 kW 负荷运行。

（2）开始运行时，飞灰含碳量高达 25% ~ 30%，锅炉达不到设计燃烧效率。将一次风机叶轮车小 25mm，减小一次风量。将二次风机压力和流量提高。调整燃烧室上下的燃烧份额，改善细颗粒燃烧效果。另外，将第一电场的电除尘灰送入燃烧室循环燃烧。采取上述措施之后，飞灰含碳量明显降低，达到了设计燃烧效率（97.2%）。

（3）燃烧室和旋风高温分离器漏灰、漏烟较严重。回料腿、燃烧室与高温旋风分离器接口处漏灰、漏烟比较严重，经堵漏和消除缺陷后得到改善。

（4）燃烧室与高温旋风分离器之间伸缩节烧坏。伸缩节材料采用不当，更换一个丹麦制造的高性能伸缩节后得以解决。运行中维持伸缩节处较高的负压运行。另外，对伸缩节加风冷却。

五、热力特性试验研究

1. 飞灰燃尽特性

通过燃烧南川贫煤的试验发现，飞灰含碳高，飞灰难燃尽。

（1）< 50μm 的灰粒占飞灰总量的 96% 左右。

（2）> 37μm 的灰粒，飞灰含碳量为 1% 左右。

（3）飞灰中含碳量最高的灰粒粒径分布在 6 ~ 18μm 之间，最高含碳量达 28% 左右。

（4）飞灰含碳量与粒径分布的关系曲线见图 6 - 8。

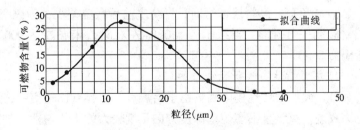

图 6 - 8 飞灰含碳量与粒径的关系

2. 燃烧室内氧量分布实验研究

（1）经测量燃烧室出口氧含量为 3% ~ 4%，符合设计值。

（2）从锅炉前后墙第二级 Ω 形过热器之下插入烟气取样管，取烟气样测定含氧量。每插入 0.5m 取样分析一次，测试结果如图 6 - 9 所示。

从图中可以看出：

a. 靠前墙 2m 之内含氧量较低，在 3% ~ 6% 范围内。

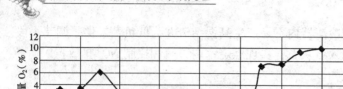

图6-9　沿燃烧室深度方向氧量分布

b. 靠后墙 2.5m 之内含氧量较高，在 6%～9% 范围内。

c. 在中心区 2.5m 范围内含氧量最低，接近于零。

d. 结论。燃烧室中心区缺氧，炉前区、炉后区富氧，尤以炉后区富氧较多。

氧量分布不均匀的原因分析：

a. 前墙缺氧主要原因是前墙回料管给煤，煤燃烧消耗了氧。

b. 后墙富氧的原因是煤粒浓度低，燃烧耗氧少。

c. 中心区缺氧是由于二次风穿透能力差，引起了氧气不足——缺氧燃烧。

通过对前后墙二次风的调整，加强前墙供风量，减少后墙供风量，均衡前、后墙区氧量的分布。在燃烧室出口含氧量为 3%～4% 的情况下，锅炉前后墙区含氧量的不均衡性有所减小，燃烧室中心区含氧量提高到了 3% 左右。经取样化验，飞灰含碳量降低了

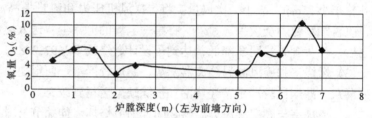

图6-10　调整后燃烧室内沿深度方向氧量变化

3%，达到 16.7%，最好时达到 11%。燃烧调整后，燃烧室内沿深度含氧量的变化见图 6-10。

3. 燃烧室内温度的测量

在不同负荷、不同料层厚度情况下测量了床温。测试结果如下：

a. 燃烧室内床温边界层的厚度大约为 300mm，即向下边壁流的厚度为 300mm。

b. 高负荷、高料层运行时，燃烧室前后区温差小，为 30℃ 左右，前墙区温度高。

c. 同一负荷下，当床压为 4.0kPa 左右时，床温高达 900℃。当床压为 6.0kPa 左右时，床温为 860℃。

4. 热力特性实验研究结果的启示

（1）大型循环流化床锅炉由于给煤点、回料点比较集中，加上床料在燃烧室内横向混合能力较差，氧含量沿燃烧室深度方向呈现较大的不均匀性。加强对前墙区二次风的供给，对降低飞灰含碳量作用明显。

（2）根据燃烧室中心区缺氧的测试结果，锅炉设计中保证二次风能穿透到中心区，对飞灰的燃尽是十分重要的。

（3）大型循环流化床锅炉浓相床内床料的横向混合能力比纵向差。因此，在不同负荷下，燃烧室前后区床温有差异。负荷低时，床温差大。改善大型循环流化床锅炉浓相床内的床料流动特性是十分重要的。

（4）电除尘灰再循环燃烧对提高燃烧效率、降低飞灰含量是十分有效的。

第六节 分宜发电厂国产410t/h循环流化床锅炉

江西分宜发电厂410t/h循环流化床锅炉由西安热工研究院和哈尔滨锅炉厂研制。设计煤种为江西西茶无烟煤。

一、锅炉设计参数

(1)锅炉设计参数。额定蒸发量为410t/h，额定蒸汽压力为9.8MPa，额定蒸汽温度为540℃，给水温度为215℃，排烟温度为135℃。

(2)锅炉主要性能保证值。锅炉热效率为89.09%。Ca/S=2.2时，脱硫效率≥80%。SO_2排放量≤700mg/m³（标准状态下）。NO_x排放量≤250mg/m³（标准状态下）。CO排放量≤350mg/m³（标准状态下）。

二、锅炉主要设计特点

1.锅炉布置形式

锅炉整体布置采取H形布置，见图6-11。燃烧室布置在中间，且燃烧室深度方向尺寸大。燃烧室左右侧各布置高温上排气分离器两个，分离器内径为5.2m。

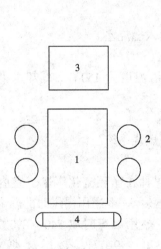

图6-11 分宜410t/h CFB
锅炉整体布置
1—燃烧室；2—旋风分离器；
3—尾部烟道；4—汽包

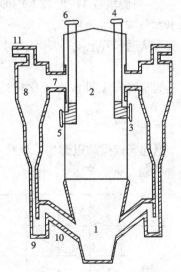

图6-12 分宜电厂410t/h CFB锅炉示意图
1—密相区；2—稀相区；3—水冷屏入口联箱；4—水冷屏出口联箱；5—Ⅱ级过热器入口联箱；6—Ⅱ级过热器出口联箱；7—炉膛出口烟道；8—高温旋风分离器；9—回料器；10—循环灰回料管；11—旋风分离器出口烟道

2.燃烧室设计

锅炉的侧视图见图6-12。锅炉燃烧系统由燃烧室、高温旋风分离器、U形返料器组成。风室和燃烧室采用膜式水冷壁结构，水冷管规格为$\phi60\times5$，节距为80mm。燃烧室前墙布置4片水冷屏。燃烧室后墙布置5片汽冷屏，作为第2级过热器。燃烧室尺寸如图6-13所示，燃烧室高度为35.716m，比内江高坝电厂引进的410t/h循环流化床锅炉燃烧室高4.73m。细煤粒在燃烧室内的停留时间增加了约1s。燃烧室截面尺寸为5.81m×16.37m，燃烧室截面周长为44.36m，比高坝电厂410t/h锅炉增加了1.96m。与高坝电厂410t/h锅炉相比，分宜

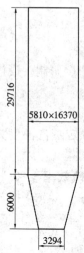

图 6-13　分宜电厂
410t/h CFB 锅炉
燃烧室尺寸图

410t/h 循环流化床锅炉燃烧室深度减小了 1.27m，这对二次风的吹透和减少燃烧室中心区的缺氧是有利的。燃烧室下部采用大锥段结构，锥段高度为 6m。锥段四周水冷壁上打防磨销钉，并敷设耐火防磨材料。锥段底部宽度为 3.294m，锥段容积为 447m³，比一般 410t/h 循环流化床锅炉的大，这对密相区的稳定燃烧和粗颗粒燃料的燃尽是有利的。锥段四周开有许多孔：二次风孔，分两层，共 48 个；回料口，两侧墙，共 4 个；排渣孔，左侧墙，共 4 个；人孔门一个，位置在前墙；温度和压力测孔若干个。

3. 水冷布风板和水冷风室

水冷布风板面积为 47.4m²，布风板肋片上安装钟罩式风帽。布风板上部流化速度设计值为 5m/s。水冷风室与燃烧室的受热面为一体。

4. 一、二次风

运行中静止料层厚度为 800～1000mm。一次风量占 71.75%，分为通过布风板的一次风、播煤风、回料控制风、冷渣器风、飞灰再循环风及下二次风。下二次风口中心线距布风板 650mm，共 22 个。前后墙各 2 个，两侧墙各 9 个。上二次风口中心线距布风板 4000mm，共 26 个。前后墙各 2 个、两侧墙各 11 个。二次风喷口速度为 100m/s。

5. 给煤和加石灰石

煤和石灰石从返料管上的口加入，与返料混合后，送入燃烧室。

6. 冷渣器

燃烧室左侧布置四个风水冷流化床冷渣器。设计排渣温度为 150℃，冷却水采用冷凝水。

7. 飞灰循环燃烧

考虑到细颗粒无烟煤难以燃尽，设计了电除尘灰循环燃烧系统。

8. 较高燃烧温度的选定

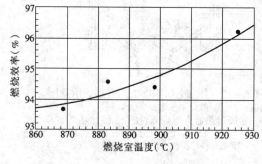

图 6-14　燃烧效率与燃烧温度的关系

不同的煤种在循环流化床燃烧室内有不同的最佳燃烧温度。一般燃用褐煤时的燃烧温度取 810～860℃，燃用烟煤时取 840～890℃，燃用贫煤时取 870～920℃，燃用无烟煤时取 890～940℃。最佳燃烧温度根据锅炉燃烧效率，脱硫效率、氮氧化物排放量和锅炉稳定运行等情况综合决定。图 6-14 表示了无烟煤燃烧效率与燃烧温度的关系。当燃烧温度从 870℃提高到 920℃时，燃烧效率提高 2.0% 左右。

图 6-15 表示了燃烧西茶无烟煤时燃烧温度对 NO_x 和 N_2O 排放浓度的影响。随着燃烧温度的升高，N_2O 的排放浓度降低，NO_x 的排放浓度略有增加。

综合燃烧温度对燃烧效率，脱硫效果和对 NO_x、N_2O 排放浓度的影响，分宜 410t/h 循环流化床锅炉的燃烧室温度选定为 920℃。

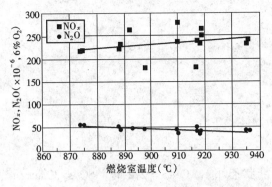

图 6-15 燃烧温度对 NO_x 和 N_2O 排放浓度的影响

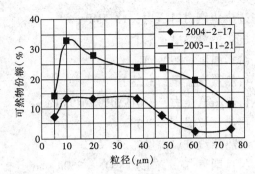

图 6-16 调整前后飞灰可燃物含量分布

三、410t/h 循环流化床锅炉运行数据

（1）锅炉设计了两支床下油枪和 4 支床上油枪点火系统。运行中只采用两支床下油枪就能完成点火启动。实际煤种的着火温度为 520℃左右。

（2）锅炉能在 30% 负荷下不投油稳定运行。

（3）循环灰的粒径为 0~0.3mm，中位粒径为 0.12mm。

（4）运行初期飞灰可燃物含量在 20% 以上，锅炉热效率为 83% 左右。经过燃烧优化调整，飞灰可燃物含量降到 9% 以下，锅炉热效率达到 89.08%。图 6-16 表示了燃烧调整前后飞灰可燃物含量分布。

（5）烟气中有害气体排放浓度。不加石灰石的情况下，NO_x 排放浓度 $< 5 \times 10^{-5}$（50ppm），N_2O 排放浓度 $< 15 \times 10^{-6}$（15ppm），CO 排放浓度 $< 1 \times 10^{-4}$（100ppm），SO_2 排放浓度 $< 9.9 \times 10^{-4}$（990ppm）（$6\% O_2$，干烟气）。加石灰石脱硫后，SO_2 排放浓度低于 400mg/m^3（标准状态下）。

第七节 440t/h 超高压中间再过热循环流化床锅炉

为了进一步提高发电厂循环流化床锅炉的效率，发展超高压中间再过热循环流化床锅炉是十分必要的。我国三大锅炉厂——哈尔滨锅炉厂、东方锅炉厂和上海锅炉厂都开发了具有各自特色的超高压中间再过热循环流化床锅炉。根据供热负荷的不同，超高压中间再过热循环流化床锅炉蒸发量有 440t/h、465t/h 和 480t/h 几种。

本节将介绍三大锅炉厂生产的 440t/h 超高压循环流化床锅炉的设计数据、整体布置、结构、运行效果及各自的设计特点。

一、清华大学和哈尔滨锅炉厂开发的 440t/h 循环流化床锅炉

1. 锅炉主要设计参数

（1）设计燃料。混煤。低位发热量为 26.39MJ/kg；可燃基挥发分为 18.69%；燃煤最大允许粒径为 7mm，$d_{50} = 0.6$mm，小于 200μm 的煤粒不大于 25%。

（2）脱硫剂。石灰石。$CaCO_3$ 含量为 87.32%，$MgCO_3$ 含量为 2.15%，水分为 0.15%，其他为 10.38%。

（3）锅炉技术参数。

过热蒸汽流量：440t/h

过热蒸汽出口压力：13.7MPa

过热蒸汽温度：540℃

给水温度：250.6℃

再热蒸汽流量：362t/h

再热蒸汽压力：2.615MPa/2.49MPa

再热蒸汽温度：540℃

再热蒸汽进口温度：328.2℃

（4）烟气排放浓度。$NO_x \leqslant 250mg/m^3$（标准状态下）。Ca/S = 2.2 时，$SO_2 \leqslant 300mg/m^3$（标准状态下）。$CO \leqslant 200mg/m^3$（标准状态下）。

（5）灰渣含碳量。底渣含碳量≤2%，飞灰含碳量≤8%。

（6）锅炉设计热效率。设计热效率为91.3%。

2. 锅炉整体布置

配 135MW 汽轮发电机组的 440t/h 超高压中间再过热循环流化床锅炉整体布置如图6－17

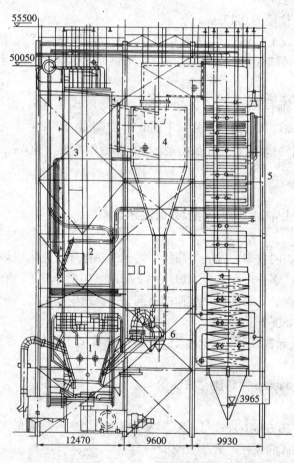

图 6－17　440t/h 超高压中间再过热循环流化床锅炉
1—燃烧室浓相床；2—燃烧室上部；3—屏式受热面；
4—高温分离器；5—尾部受热面；6—返料器

所示。锅炉本体由水冷风室、燃烧室、高温旋风分离器、返料器和尾部烟道组成。燃烧室和风室为膜式水冷壁结构。燃烧室内布置有附加受热面——双面膜式水冷壁、第 2 级屏式过热器和末级再热器。两个旋风分离器为绝热式，内径为 7.36m。返料阀为非机械型自平衡式。来自分离器的烟气进入尾部烟道。尾部烟道内从上到下依次布置有第 3 级过热器、第 1 级过热器、冷端再热器、省煤器和空气预热器。尾部烟道上部采用膜式壁包墙过热器，下部采用护板结构。过热器之间布置有两个喷水减温器，用来调节过热蒸汽温度。冷、热端再热器之间布置有一个喷水减温器，用来调节再热蒸汽温度。

3. 锅炉燃烧

燃烧温度设计为880℃，属低温燃烧，有利于控制 NO_x 生成。加石灰石实现炉内脱硫。分级燃烧，一次风通过布风装置送入，二次风从燃烧室下部锥体部分分三层送入。煤从炉前煤斗经给煤机送至返料管的 4 个给煤口。石灰石以气力输送方式从返料管 4 个口送入。

4．锅炉点火

锅炉点火采用床下两个热烟气发生器（布置在风室前的风道内）和床上 4 只油启动燃烧器（布置在布风板以上 3m 处）联合点火方式。启动燃烧器总容量为 35% BMCR。床下 2 只启动燃烧器含量为 12% BMCR，床上 4 只启动燃烧器容量为 23% BMCR。

5．锅炉主要部件及结构

（1）燃烧室、膜式水冷壁和附加受热面。燃烧室断面为长方形，深度、宽度分别为 6680mm 和 13160mm。燃烧室包覆面积全部布置膜式水冷壁。燃烧室四周及顶部的管子节距为 90mm。燃烧室下部膜式壁采用 $\phi 51 \times 6mm$ 管子，中部采用 $\phi 60 \times 8mm$ 和 $\phi 60 \times 6.5mm$ 管子，其余全部为 $\phi 60 \times 6.5mm$ 管子。下部前后膜式水冷壁向炉内倾斜 16° 角，形成下部锥体燃烧室。

风室和布风板为膜式水冷壁结构，与燃烧室膜式水冷壁构成一体。管子尺寸为 $\phi 82.5 \times 12.5mm$，节距为 270mm。496 个钟罩式风帽布置在肋片上。

在燃烧室中上部，与前墙垂直，贯穿炉膛深度布置有双面膜式水冷壁。管子尺寸为 $\phi 60 \times 6.5mm$，节距为 72.7mm。

在燃烧室中上部与前墙垂直布置有 8 片第 2 级屏式过热器。每片屏有管子 29 根，管直径为 $\phi 51 \times 5.5mm$，节距为 70mm，材料为 12Cr1MoVG。肋片厚度为 5mm，材料为 12Cr1MoV。

在燃烧室中上部与前墙垂直还布置有 6 片屏式热端再热器，将蒸汽加热至 540℃。

（2）过热器。过热器由包墙过热器第 1 级、第 2 级和第 3 级组成。在第 1 级与第 2 级之间，第 2 级与第 3 级之间，分别布置有第 1 级和第 2 级喷水减温器。第 1 级过热器布置在尾部烟道中。第 2 级过热器为屏式过热器，布置在燃烧室中上部，与前墙垂直。第 3 级过热器布置在尾部烟道上部。

（3）再热器。再热器由冷端再热器和热端再热器组成。在冷端再热器入口布置有事故喷水减温器。两级再热器之间布置有喷水减温器。冷端再热器布置在尾部烟道中。热端再热器为屏式，布置在燃烧室中上部，与前墙垂直。

（4）省煤器。省煤器由两个蛇形管组组成，布置在尾部烟道内。蛇形管管子为 $\phi 32 \times 4mm$，顺列布置。

（5）空气预热器。管式空气预热器采用卧式布置在尾部烟道下部。管子尺寸为 $\phi 60 \times 2.75mm$，横向节距为 90mm，纵向节距为 80mm。烟气走管外，空气走管内。

（6）分离器、返料器。两个绝热旋风分离器内径为 7.5m，高为 8.116m。每个分离器下有一个流化密封形返料器。每个返料器有 2 根返料管。返料经返料管流入燃烧室循环燃烧。分离器为偏心高效型。

6．冷渣器

锅炉设置有 2 台风水冷流化床冷渣器。冷渣器由 3 个室组成。第 1 室为选择性冷渣室。第 2、3 室内装有蛇形水冷管束，为风水冷却室。

7．锅炉设计特点

（1）燃烧室内布置有双面膜式水冷屏、屏式过热器和屏式再热器，尾部烟道为单烟道，从上到下依次布置有第 3 级过热器、第 1 级过热器、冷端再热器、省煤器和空气预热器。过热器和再热器汽温用喷水减温器调节。

（2）分离器为改进高效型，特点如下：

a. 分离器中心排气管偏心布置，使排气管中心与气流旋转中心合一，提高分离效率。

　　b. 分离器进气管向下倾斜一定角度。

　　c. 中心排气管为倒锥形。

　　d. 中心排气管进口有一个帽沿。

　　(3) 煤和石灰石从 4 个返料管上加入，与返料混合后进入燃烧室，有利于燃烧和脱硫。

　　(4) 采取床下油枪预燃筒点火和床上油枪点火相结合。

　　8. 锅炉运行效果

　　第一台 440t/h 循环流化床锅炉于 2003 年 4 月在河南新安铝厂投入运行。锅炉运行煤种与设计煤种相差较大。运行煤种为烟煤，低位发热量为 21.39MJ/kg，可燃基挥发分为 25.46%。

　　锅炉运行效果如下：

　　(1) 省煤器出口氧量在 3.5% ~ 5.0%，一次风为 55%，二次风为 45%，床温在 850 ~ 900℃之间，床层压差控制在 6 ~ 12kPa。锅炉燃烧稳定，能达到设计蒸发量和设计蒸汽参数。

　　(2) 飞灰可燃物含量为 10% ~ 15%。底渣含碳量 < 2.0%。

　　(3) 再热蒸汽温度偏高，达到 545.2℃。超温原因是屏式再热器受热面布置较多。通过增加屏式再热器下部耐火耐磨材料的覆盖面积，减少屏式再热器受热面积，再热蒸汽温度降低，达到 540℃。

二、上海锅炉厂生产的 440t/h 超高压中间再过热循环流化床锅炉

　　上海锅炉厂在引进 Alstom ABB – CE 公司 50 ~ 150MW 等级循环流化床锅炉技术的基础上自行设计、制造了 440t/h 超高压、中间再过热循环流化床锅炉。

　　1. 锅炉的设计参数

　　(1) 主要蒸汽参数。

　　过热蒸汽流量：440t/h

　　过热蒸汽出口压力：13.74MPa

　　过热蒸汽出口温度：540℃

　　再热蒸汽流量：361t/h

　　再热蒸汽出口温度：540℃

　　再热蒸汽出口压力：2.671MPa

　　再热蒸汽进口温度：323℃

　　再热蒸汽进口压力：2.815MPa

　　给水温度：248℃

　　(2) 设计燃料。山东兖州烟煤。可燃基挥发分为 39.0%，灰分为 19.91%，硫分为 0.53%，低位发热量为 22.95MJ/kg，灰变形温度为 1300℃。

　　(3) 设计锅炉热效率。设计锅炉热效率为 91.5%。

　　(4) 锅炉出口 SO_2、NO_x 排放数据。Ca/S 为 2.2 时，SO_2 排放浓度 ≤ 216mg/m³（标准状态下），NO_x 排放浓度 ≤ 250mg/m³（标准状态下）。

　　2. 锅炉的整体布置

　　锅炉的整体布置如图 6 – 18 所示。锅炉循环燃烧系统由布风装置、燃烧室、高温绝热旋风分离器，返料器组成。从分离器出来的烟气进尾部双烟道。旋风分离器收集下来的飞灰经

非机械式 U 形返料器送入燃烧室循环燃烧。

燃烧室上部靠前墙布置 4 片水冷屏和 16 片屏式过热器。水冷屏对称布置在燃烧室左右两侧，每侧两片。16 片过热器屏布置在中间，作为第一级和第二级屏式过热器。

尾部烟道包覆墙中间设置隔墙包覆过热器，将尾部烟道分隔成前后两个烟道。前烟道内布置再热器。后烟道内按烟气流向依次布置高温过热器和第二级省煤器。第二级省煤器后布置初级省煤器和空气预热器。

3. 设计参数选择

（1）床温的选择。考虑到床温比灰变形温度低 150～250℃，最佳脱硫温度为 850℃，及有利于 NO$_x$ 排放和碳粒燃尽，床温一般选 850～900℃。本锅炉设计中，综合考虑上述四个因素，床温选取为 869℃。

（2）流化风速的选择。流化风速是循环流化床锅炉的重要特性参数。流化风速增加，循环物料的平均粒径加大，循环物料量加多，颗粒浓度加大，燃烧室内传热量加大。但流化速度过大，燃烧室膜式受热面和附加受热面磨损严重。综合考虑上述两因素，燃烧室下部流化速度取 4.5m/s，上部取 4.85m/s。锅炉不同负荷下的流化速度见图 6-19。

（3）炉膛出口过剩空气系数及一、二次风比率的选取。燃烧室出口过剩空气系数取 1.2。为保证燃烧室下部的良好流化和分级燃烧，针对燃料种类选取一、二次风的比率。对难燃煤种一次风率选大一些，易燃煤种取小一些。本设计煤种为烟煤，属易燃煤种，一次风取 55%，二次风取 38%，其他风量占 7%。

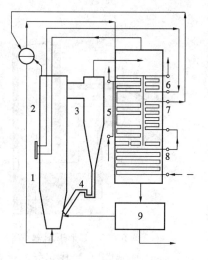

图 6-18　上海锅炉厂生产的 440t/h 超高压中间再过热循环流化床锅炉
1—燃烧室；2—屏式受热面；3—旋风分离器；4—返料器；5—再热器；6—高温过热器；7—第二级省煤器；8—初级省煤器；9—空气预热器

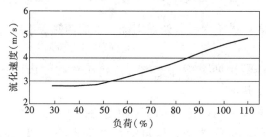

图 6-19　流化速度与负荷的关系

4. 锅炉主要结构

（1）燃烧室和风室。燃烧室深度、宽度和高度分别为 7.683m、13.37m 和 34.3m。燃烧室为全膜式水冷壁结构。所有门孔全部集中布置在燃烧室下部浓相床。风室只有布风板为膜式水冷壁结构，其余三面为钢板加绝热层。

（2）高温绝热旋风分离器。分离器内径为 7.92m。进口烟气流速为 15～30m/s。设计工况下进口烟气流速为 23.5m/s，出口烟气流速为 28～30m/s，分离器内轴向烟气流速为 5.5m/s。分离器的 d_{50} 经测试为 18μm。分离器分离效率较高，达 99.5% 以上。测试结果表明飞灰含碳量 ≤5%，床渣含碳量 ≤0.5%。

（3）U 形返料器。U 形返料器料腿中的料位一方面起密封作用，防止烟气反窜进入分离器，破坏分离效果；另一方面料位的压头是床料从返料器送入燃烧室的动力。图 6-20 为 U 形返料器示意图。

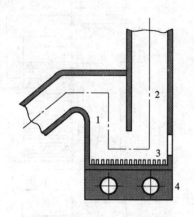

图 6-20　U 形返料器

1—流化床；2—移动床；

3—风帽；4—风室

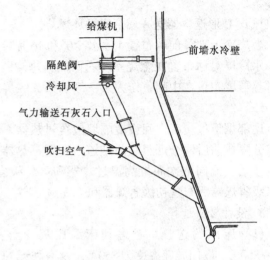

图 6-21　炉前煤和石灰

石喷入系统

5. 炉前煤和石灰石喷入系统

锅炉采用如图 6-21 所示的气力播煤和石灰石喷入系统。

(1) 气力播煤采用炉前集中布置。煤通过炉前给煤机送入落煤管，经 Y 形播煤管后进入燃烧室内。在 Y 形播煤管一端设有吹扫空气。送煤管内衬耐磨陶瓷。

(2) 石灰石与吹扫空气一起与来煤混合后进入燃烧室。

(3) 该种给煤和给石灰石系统的优点为：

a. 空气吹扫和陶瓷内衬 Y 形播煤管结构能有效避免煤的堵塞；

b. 石灰石和煤混合设计能提高石灰石的利用率，在钙硫比相同的情况下，脱硫效率提高；

c. 对各种煤种或煤种水分较大时均能适应，运行安全、可靠、不堵煤。

6. 流化床风水联合冷渣器

设计两台流化床风水联合冷渣器，布置在锅炉房零米层，处在燃烧室下面两侧。水冷为主，风冷为辅。冷渣器结构如图 6-22 所示。

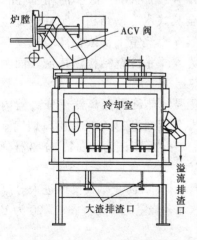

图 6-22　流化床风水联合冷渣器

(1) 冷渣器由两个冷却室组成。每个冷却室内布置有水冷管束受热面。

(2) 从燃烧室至冷渣器的管路上装有一个水冷的机械控制锥形阀。该阀根据床压自动控制进入冷渣器的渣量，且具有良好的耐磨性能。

(3) 每个冷却室布置排大渣管，定期排放大渣，保证长期连续运行。

(4) 冷却水从 35℃加热到 70℃后进入给水的回热加热系统。冷却水量为 80000kg/h。

(5) 渣从 898℃降到 150℃后进入除渣系统。

(6) 设置专门冷渣风机，风压为 42kPa。

7. 点火方式

只采用床上油枪点火，取消了床下油枪预燃筒点火。系统较简单，锅炉房零米平台空畅。缺点是点火油耗量较大。床上4根点火油枪，每根点火油枪的耗油量设计为3000kg/h。

8．锅炉设计特点

（1）燃烧室内没有布置再热器受热面。尾部烟道设计成双烟道。再热器受热面全部布置在尾部烟道前烟道内。再热蒸汽温度采用烟气挡板调节。调节性能好，又有利于启动时保护再热器。设计的事故喷水减温器仅在再热蒸汽进口汽温高于设计值时投入运行。

（2）采用大动量的二次风设计（二次风速高，二次风管管径大），保证二次风的穿透深度，克服燃烧室中心区燃烧缺氧。

（3）采用煤和石灰石预混喷入系统。系统较简单，脱硫剂利用率和脱硫效率均较高。

（4）旋风分离器采用模块式设计，分离效率高，达99.5%，$d_{50} = 18\mu m$。飞灰含碳量≤5.0%。

（5）只采用床上4根油枪点火，点火系统简单。

9．锅炉运行效果

第一台440t/h循环流化床锅炉于2003年7月11日在山东济宁投入运行。2004年4月进行了锅炉性能考核试验。试验表明：

（1）燃用设计煤种和校核煤种时，锅炉燃烧稳定，能达到设计蒸发量和设计蒸汽参数。

（2）锅炉热效率达到91.61%，超过设计值（91.5%）。

（3）NO_x排放量不超过150mg/m³（标准状态下，6%O_2），远低于设计值250mg/m³（标准状态下）。

（4）SO_2排放量平均为437mg/m³（标准状态下），达到国家环保排放指标。

10．锅炉运行中的问题及解决办法

（1）锅炉运行中发现风帽漏床料严重。将T形风帽改成钟罩式风帽后，风帽漏灰得到解决。

（2）冷渣器初期发生结渣，影响锅炉连续运行。将冷渣器内隔墙降低，并根据冷渣器风室压力增大情况定期排放大渣后，冷渣器结渣问题得以解决。

三、东方锅炉厂生产的440t/h超高压中间再过热循环流化床锅炉

东方锅炉厂在引进Foster Wheller公司220～410t/h循环流化床锅炉技术的基础上，设计制造了440t/h超高压中间再过热循环流化床锅炉。河南神火电厂440t/h CFB锅炉为东方锅炉厂投运较早的锅炉之一。

1．锅炉主要设计数据

（1）设计煤种。无烟煤。可燃基挥发分为6%以上，低位发热量为12～24MJ/kg，硫分为0.4%～4%，灰分为50%以下。入炉煤粒<9mm。

（2）锅炉主要技术参数。

过热蒸汽流量：440t/h

过热蒸汽压力：13.7MPa

过热蒸汽温度：540℃

再热蒸汽流量：347t/h

再热蒸汽进/出口压力：2.60MPa/2.45MPa

再热蒸汽进/出口温度：318℃/540℃

给水温度：247℃

锅炉热效率：>90.7%

排烟温度：131℃

2．锅炉整体布置

锅炉主要由膜式水冷壁燃烧室、两台汽冷旋风分离器、返料器和由汽冷包覆的尾部烟道组成。

（1）燃烧室。燃烧室深、宽、高分别为 6.705m、15.24m 和 42.97m。燃烧室内布置有以下附加受热面：6 片中间过热屏、4 片高温再热屏和一片双面膜式水冷分隔墙。

（2）水冷风室。风室由全膜式水冷壁构成。

（3）旋风分离器。由膜式汽冷壁构成，内径为 7m，内衬耐火耐磨浇注料。

（4）J 形返料器。非机械自动调整型 J 形返料器。

（5）尾部双烟道。尾部烟道由包墙分隔，在锅炉深度方向形成双烟道结构。前烟道布置两组低温再热器，后烟道布置有高温过热器、低温过热器。双烟道下布置有螺旋鳍片管式省煤器和卧式空气预热器。

3．锅炉点火系统

锅炉只采用床下风道点火燃烧器。点火燃烧器功率为锅炉额定功率的 15%。点火时启动点火燃烧器，将燃烧烟气加热至 870℃。高温烟气将床料温度上升到 600℃后开始投煤。

4．冷渣器

燃烧室两侧各布置一台风水冷选择性流化床冷渣器。

5．风帽

风帽采用 Γ 形风帽（定向风帽），总数为 2676 个。

6．一、二次风设计

锅炉采用平衡通风，压力平衡点在燃烧室出口。

第一路一次风流向：一次风机→一次风空气预热器→点火风道→水冷风室→通过风帽使床料流化和提供一部分燃烧空气。

启动点火时一次风流向：点火增压风机→点火燃烧器→点火风道→通过水冷风室和布风装置进入燃烧室，流化状态下加热床料。

第二路一次风流向：给煤增压风机→气力播煤管道→燃烧室。

第一路二次风流向：二次风机→空气预热器→加热后的二次风分层送入燃烧室。

第二路二次风未经空气预热器加热，直接来自二次风机冷风，作为给煤皮带的密封用风。

7．锅炉的设计特点

（1）采用汽冷旋风分离器。耐火耐磨内衬薄，点火启动过程快。

（2）燃烧室内布置有双面水冷隔墙、屏式过热器和屏式再热器等附加受热面。

（3）炉前 6 路给煤和 3 路石灰石喷入口。

（4）采用 F&W 专利技术——Γ 形定向风帽。

（5）只采用床下风道油点火燃烧器，节约点火油耗。

（6）尾部烟道采用双烟道结构。前烟道内布置两组低温再热器，采用烟气挡板调节再热蒸汽温度。

（7）采用风水冷选择性流化床冷渣器。三个冷却室之间有隔墙。隔墙下部设计有渣的流通通道。

8．锅炉的运行效果

（1）冷渣器的进渣有自流现象，选择室有结渣堵塞现象，冷渣器连续运行能力差。主要原因是燃煤热值低、渣量大和渣粒度大造成。

（2）Γ形风帽漏灰严重。主要是布风装置阻力偏小，燃烧脉动较大引起。

（3）锅炉燃烧稳定，能达到设计蒸发量。锅炉蒸汽参数能达到设计指标。

第八节　白马电厂引进 Lurgi 型 300MW 亚临界中间再过热循环流化床锅炉

德国 Lurgi 公司是世界上最早研制开发循环流化床燃烧技术的公司之一，在长期大量生产和试验的基础上，逐步形成了成熟的循环流化床技术，在循环流化床锅炉的研究和设计方面处于领先地位。

鲁奇公司较早认识到快速流态化为细颗粒固体在较高气速下的处理提供了一条很好的途径，根据其在 Metallgesellschaft 研究所的研究成果，鲁奇公司发展了循环流化床煅烧工艺并申请了专利。1992 年，德国 Lurgi、Lentjes 和 Babcock 三家公司联合成立了 LLB 公司，专门从事循环流化床锅炉的开发与工程应用。采用 Lurgi 技术生产循环床锅炉的还有美国 ABB – CE 公司、法国 Stein 公司等。这两家公司在 Lurgi 型循环流化床锅炉的大型化发展方面取得了令人瞩目的业绩。

Lurgi 型循环流化床锅炉的主要特征是设置有外部流化床热交换器和在回料阀控制器（Loop seal）上布置有锥形回灰控制阀。因此，锅炉主要由燃烧室、高温旋风分离器、回料装置、外部流化床热交换器及尾部烟道组成。燃烧室上部布置有膜式水冷壁，下部由耐磨耐火砖砌成。

我国电网主力机组是 300MW 级的发电机组，发展 300MW 循环流化床锅炉发电机组，在电网中担当主力机组作用，是我国清洁煤燃烧技术发展的迫切任务之一。在国家计委领导下，依托白马电厂、采用三大锅炉厂技术共享的形式与法国 GEC – Alstom 公司签订了引进 300MW CFB 锅炉的合同。东方锅炉厂分包了锅炉本体部分部件的生产制造。300MW 循环流化床锅炉为亚临界单炉膛双支腿式汽包锅炉，设计煤种为四川宜宾芙蓉煤矿无烟煤，煤的低位发热量为 18495kJ/kg，硫分为 3.54%。锅炉设计主蒸汽温度为（540±5）℃，主蒸汽压力为 17.4MPa，再热蒸汽温

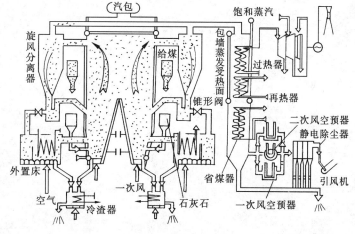

图 6 – 23　法国普诺望斯 250MW CFB 锅炉

度为（540±5）℃，再热蒸汽压力为 3.7MPa，额定蒸发量 1025t/h，配套国产 300MW 亚临界参数汽轮发电机组。锅炉燃烧室尺寸为 5m×12.6m×35.5m（宽×深×燃烧室净高），流化速度 u 为 6.5m/s。

锅炉主要结构特性如下：

（1）4 个 Lurgi 型外部流化床热交换器，其作用是解决锅炉（锅炉示意图参考法国普诺望斯 250MW CFB 锅炉示意图图 6-23）燃烧室和尾部烟道内受热面布置不下的问题，并便于调节汽温和炉膛温度。

（2）四个内径为 8.77m 的绝热式上排气高温旋风筒分离器布置在燃烧室左右两侧。

（3）燃烧室下部为绝热裤衩型，上部为膜式水冷壁结构。

（4）过热器、再热器分别布置在 4 个外部流化床热交换器和尾部烟道内。

（5）四个底渣冷却器（冷渣器）。

中方与法国 Alstom 公司签订的技术转让和设备供货合同已于 2003 年 4 月生效，目前四川白马示范工程 300MW 循环流化床锅炉正在试运中。通过对引进技术的消化和运用，白马示范工程的建设及调试、运行经验、希望在短期内能实现 300MW 级循环流化床锅炉的国产化。白马工程是我国大型 CFB 锅炉发展重要示范性工程，将为我国大型 CFB 锅炉发展上一个新台阶、为超大型超临界 600MW 循环流化床锅炉的发展打下基础。

第七章
循环流化床锅炉金属受热面
的磨损及防磨措施

第一节 概　述

一、什么叫磨损

当两个物体接触并有相对运动时，由于力的作用或动量的转移，接触物体产生材料损耗的现象叫磨损。两种物质接触，由于电化学作用而产生材料的腐蚀称之为材料腐蚀损耗。这两种磨损和腐蚀的情况在循环流化床锅炉中床料粒子、气体与受热面相接触和碰撞时均有发生。

二、磨损腐蚀性能的表达方式

为了说明磨损和腐蚀的程度，工程上一般使用两个特征量来描述。

（1）磨损量。表示经过一段时间之后磨损的绝对尺寸变化，如 5mm 厚的锅炉钢管，运行一段时间之后，其厚度剩下 4mm，锅炉钢管的磨损量为 1mm。

（2）磨损率。表示磨损速率，如锅炉水冷壁管的磨损、腐蚀速率为 1mm/1000h，表示经过 1000h 运行之后，锅炉水冷壁管磨损、腐蚀了 1mm 厚。

磨蚀率越小，表示材料的抗磨损、抗腐蚀性能越好。

循环流化床锅炉膜式水冷壁与耐火防磨绝热层交界处以上 500～1000mm 的管子磨蚀条件最恶劣，其磨蚀率高达 0.52mm/1000h。如不采取有效防磨蚀措施，将对循环流化床锅炉的安全、经济运行带来严重威胁。

第二节　影响循环流化床锅炉受热面磨蚀的主要因素

一、影响锅炉受热面磨蚀的关系式

$$E \propto u_p^n d_p KC\tau/2g \tag{7-1}$$

式中　E——磨蚀量；

　　u_P——烟气中固体粒子的速度；

　　d_P——固体粒子直径；

　　C——烟气中固体粒子浓度；

　　K——比例常数，表示物料和气体的磨蚀特性；

　　τ——运行时间；

　　g——重力加速度。

1. 粒子速度的影响

从式（7-1）中看出，磨损量与粒子速度的 n 次方成正比。n 值的大小与固体粒子直径、速度有关。表 7-1 给出了不同研究者、不同工况下的研究结果。

表 7－1	不同研究者得出的 n 值
研　究　者	n 值
浙 江 大 学	$n = 3.78$（$d_P = 50\mu m$）；$n = 3.30$（$d_P = 100\mu m$）；$n = 3.15$（$d_P = 200\mu m$）
古山雪和小村重德	$n = 3.0 \sim 3.5$（$u_g = 10 \sim 20 m/s$）；$n = 4.2 \sim 4.3$（$u_g = 30 \sim 40 m/s$）
Laitone	$n = 3$（数值计算）
三菱重工业公司	$n = 3.52$（$u_g = 8 \sim 30 m/s$）

从表 7－1 可以看出，固体粒子速度大约以 3 次方的关系影响循环流化床锅炉金属受热面的磨损。与式（7－1）中其他影响因素相比，粒子速度是影响受热面磨损的决定性的、最主要的因素，循环流化床锅炉中各部分受热面的磨损原因多数是由于粒子速度太高。从表 7－1 中还可看出，n 值与床料粒子的直径有关。当床料粒径为 $50 \sim 200\mu m$ 时，床料粒子直径越大，n 值越小，n 值在 $3.78 \sim 3.15$ 之间变化。当床料粒子速度在 $8 \sim 40 m/s$ 之间变化时，n 在 $3.0 \sim 4.3$ 之间变化。也就是说固体粒子速度增加，n 值变大。不同的循环流化床锅炉炉型，流化速度是有区别的，因此，不同的流化床锅炉炉型的防磨性能是不相同的；同一台流化床锅炉不同部位的气流速度是不同的，那么不同部位的金属受热面的抗磨蚀性能是有区别的。锅炉设计决定了流化床锅炉各部位的气流速度，从而决定了锅炉受热面金属的防磨性能。当然，锅炉的防磨性能也受制造、安装质量和运行工况的影响。

2. 粒子浓度的影响

由式（7－1）知，金属受热面的磨损量与粒子浓度成正比。在燃烧室内，粒子浓度与飞灰循环倍率有关，循环倍率高，燃烧室内床料浓度高，粒子对燃烧室受热面磨损严重。对流受热面的磨损与分离器布置的位置有关，与分离器分离效率有关。如果分离器布置在燃烧室出口，后部对流受热面因粒子浓度小而磨损轻；如果分离器布置在对流受热面之间的某一个位置，如布置在水平烟道与尾部竖井之间的换向室，则水平烟道内过热器受热面区的粒子浓度高，磨损较严重。这要求过热器区的烟气流速取低一些。分离器的分离效率低，则布置在分离器之后的受热面区的粒子浓度高一些。为了防止受热面磨损，其气流速宜取低一些。当然，烟气流中的粒子浓度也与燃煤中的灰分有关，灰分高，烟气流中粒子浓度高，带来的磨损大。

3. 粒子直径的影响

从式（7－1）中知，受热面的磨损量与床料粒子直径成正比。随着床料粒径的增大，磨损量增加。但当床料粒径加大到某一临界值后，受热面的磨损量随床料直径加大的变化十分缓慢，如图 7－1 所示。

4. 床料颗粒密度、灰的成分和床料形状对受热面磨损的影响

一般来说，床料颗粒的密度越大，粒子撞击受热表面的动量越大，磨损量越大。粒子形状带棱角的多，金属受热面磨损量大。灰渣化学成分中铝、硅含量高，对受热面磨损严重，钙的含量高，磨损较轻。对一定的床料有一定的 K 值。K 值通过实验确定。

二、床料温度对受热面磨损的影响

床料温度一般比床温高 $100 \sim 200℃$，达到 $900 \sim 1150℃$。在这个范围内，床料粒子的硬度不会发生很大的变化。因此，床料粒子温度的变化不会对金属受热面的磨损带来很大的变化。但是，床料温度的变化将使金属受热面外表面温度变化，从而对金属表面产生不同的氧

化反应，生成不同的化学生成物。不同的化学生成物的硬度是不同的，也就是说，其抗磨性能是不同的。管壁温度在 130～400℃ 之间，烟气中的过剩氧与金属壁发生氧化反应，生成 $\alpha - Fe_2O_3$ 的氧化膜。而 Fe_2O_3 氧化膜的硬度比原管材的硬度要大得多（Fe_2O_3 的硬度为 11450MPa，管材的硬度为 1400MPa）。在管壁温度大于 300℃ 以后，氧与铁反应生成的氧化膜有三层，第一层为 $\alpha - Fe_2O_3$，第二层为 $\gamma - Fe_2O_3$，第三层为 Fe_3O_4。这些氧化膜的硬度都比原管材的硬度要大得多。受热面壁温对磨损速率的影响如图 7－2 所示。当壁温为 80℃ 时，由于氧化膜的生成，磨损速率开始急剧下降。当壁温超过 400℃ 之后，由于热应力的产生以及高温腐蚀的影响，磨损速率又有所增加。

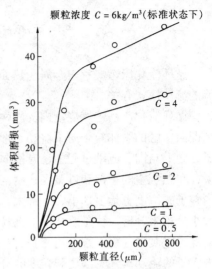

图 7－1　冲蚀磨损时磨损量与颗粒直径的关系

三、床料硬度对金属受热面的磨损

床料由燃煤的灰分组成。烧多灰分的煤、劣质煤、洗干形成的床料，其硬度和粒度均比较大，对受热面的磨损较严重。燃烧优质燃料形成的床料，其硬度和粒径均比较小，对受热面的磨损较轻。如图 7－3 所示，当床料硬度接近金属受热面硬度时，磨损速率变化十分剧烈；当床料硬度比金属受热面硬度小许多或大许多时，磨损速率变化较小。20 号锅炉钢管的硬度为 1400MPa。

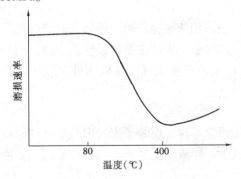

图 7－2　受热面温度对磨损的影响

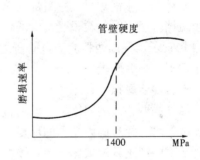

图 7－3　颗粒硬度对磨损的影响

四、受热面材料硬度对磨损的影响

受热面的磨损不仅与床料硬度 H_P 有关，而且与受热面本身的硬度 H_M 与 H_P 之间的比值有关。当 H_M/H_P 在 1 附近，磨损较严重；当 H_M/H_P 远小于或远大于 1 时，磨损较轻。

五、管束结构和布置间距对磨损的影响

金属受热面对流管束有顺排和错排布置两种形式。一般来说，错排管束的磨损比顺排管束的严重。管束排列的结构参数横向节距 S_1 对管束的磨损性能有较大影响。横向节距 S_1 增大，能降低管束下部第一、二排管的磨损；纵向节距 S_2 的变化一般对管束的磨损影响不大。

第三节 循环流化床锅炉金属受热面的磨损机理

循环流化床燃烧室内金属受热面和燃烧室后部对流金属受热面的磨损机理都与气固两相流的流动模式有关。

循环流化床锅炉燃烧室内气固两相流的流动模式是中心区的气体与固体粒子向上流动，周围四壁区的固体粒子向下流动，形成公认的环核流动模型。中心区与四壁区之间的固体粒子在向上与向下流动过程中还有横向的主相交换，这种交换由下向上是逐渐减弱的。也就是说，在燃烧室的下部和过渡区，两区之间粒子的交换比燃烧室上部要强得多。另外，燃烧室内粒子的浓度也是上部小，下部大，中间为一个过渡段（粒子浓度变化较大）。从固体粒子大小分布来分析，也是燃烧室下部粒子较粗（为一个鼓泡床），上部的粒子较细（循环床），中部为过渡区（粗细粒子均有），在上部循环床四个角的粒子浓度最高。循环床锅炉燃烧室内粒子的流动模式、浓度和粒度的分布规律必然对金属受热面的磨损带来决定性的影响。燃烧室下部粒子浓度最高、粒子尺寸大的偏多，必然对下部金属受热面带来严重的磨损。这就是浓相床区（离布风板 5～6m 高度内）为什么要用耐火、耐磨材料覆盖的原因之一。燃烧室上部粒子浓度较小，粒子尺寸也较小，但是，如果选择的气流速度过高（超过 7m/s），其磨损也是不可忽视的。四角区域，由于粒子浓度最高，其磨损也要引起足够的重视。

另外，燃烧室内受热面如果不是平直的，粒子沿四壁下落时，必然对凸出部分带来严重磨损。如果不采取严格的防磨措施，将会给向外凸出部分的膜式水冷壁，或膜式水冷壁与耐火防磨层交界处，耐火台阶以上的一段水冷壁管（约 500～1000mm）带来致命的磨损。一般投运后 1000h 左右就会发生水冷壁爆管。

循环流化床锅炉燃烧室后部的对流受热面对气固两相流来说，每一根管子对流体都产生一个阻挡。阻挡时，粒子受动量的作用碰撞管子，对管子产生冲击磨损或切削磨损。对最后 2～3 排管子，气固两相流流过管子之后，在管子背风侧产生旋涡。在旋涡处，粒子对管壁产生切削和疲劳磨损。

一、冲击磨损

当气固两相流中固体粒子沿垂直方向冲击受热面管子时，使管子表面出现塑性变形或产生显微裂纹。经过固体粒子的反复冲击，变形层脱落，导致严重磨损。固体粒子的反复冲击使管子表面产生疲劳破坏，导致爆管。

二、切削磨损

当气固两相流中的固体粒子以一定的角度冲刷管子受热面时，特别是平行、高速冲刷时，对管子表面产生一种刨削作用，导致管壁磨损而爆管。

三、接触疲劳磨损

当气固两相在流动过程中遇到金属受热面管子阻挡时，在管子背风面形成涡流，导致固体粒子涡流对管子背风面的磨损，叫接触疲劳磨损。

四、综合磨损

当气固两相流中的固体粒子以一定的角度反复冲刷管子受热面时，对受热管表面同时有冲击磨损、切削磨损和接触疲劳磨损，这种磨损叫综合磨损，如循环流化床锅炉燃烧室内耐火防磨材料与膜式壁的交界台阶处的管子磨损就属于综合磨损。

第四节　循环流化床锅炉燃烧室内各部位受热面的磨损

循环流化床锅炉燃烧室内受热面的磨损包括以下几个方面：

a. 燃烧室下部耐火防磨层与膜式水冷壁交界处以上一段管壁的磨损。

b. 燃烧室上部膜式水冷壁的磨损。

c. 燃烧室四角膜式水冷壁的磨损。

d. 门孔让管引起的磨损。

e. 燃烧室附加受热面的磨损。

f. 二次风布置不当引起的磨损。

g. 管壁上焊缝引起的磨损。

h. 燃烧室内热电偶引起的磨损。

i. 燃烧室内埋管受热面的磨损。

一、燃烧室下部耐火防磨层与膜式壁交界处以上一段管壁的磨损及防磨处理

燃烧室下部耐火防磨层与膜式壁交界处台阶以上一段管壁的磨损是由燃烧室内粒子的内循环量决定的。如果结构上不采取适当措施，这种磨损是不可避免的。美国加州的一台 4.99 万 kW 的循环流化床锅炉运行 6 周以后，原来覆盖的一层 6mm 厚的钢板被全部磨光，并开始磨损水冷管本身，它的磨损速率达 5.2mm/1000h。

交界处台阶管壁磨损机理如下：

a. 沿四壁下落的床料粒子落到耐火层台阶上，反弹冲击水冷管壁，产生塑性变形或产生显微裂痕，见图 7-4（a）。

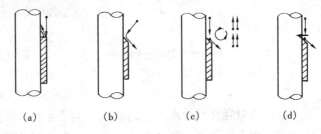

（a）　　（b）　　（c）　　（d）

图 7-4　耐火层台阶处膜式水冷壁管的磨损机理
(a) 冲击；(b) 切削；(c) 涡流；(d) 离心力引起撞击

b. 落到耐火层台阶上的固体粒子以一定的角度冲刷水冷管壁，产生切削磨损，见图 7-4（b）。

c. 耐火防磨层台阶处靠近管壁向下流的粒子流与中心区向上流的粒子流之间产生一个粒子旋涡流，不断对管壁产生疲劳磨损，见图 7-4（c）。

d. 在耐火防磨层台阶处向下流的粒子流改变流动方向，受离心力的作用，粒子冲刷管壁而产生冲击与切削磨损，见图 7-4（d）。

循环流化床锅炉燃烧室下部耐火防磨层与膜式水冷壁交界处水冷管的磨损情况如图 7-5 所示。国外循环流化床锅炉和我国循环流化床锅炉的发展过程中都发生了交界处的磨损现象。总结国内外的防磨措施有如下几种（图 7-6）：

1. 焊防磨板

采取如图 7-6 所示的防磨措施，即在耐火防磨交界处管子上焊一定长度和厚度的防磨金属板。实践证明，此种防磨措施不是解决问题的办法。美国加州 4.99 万 kW 循环流化床锅炉曾采取这种防磨措施。结果运行 8 天后检查发现有明显磨损。再运行 5 周之后，磨损已扩展到磨水冷壁管的本体。

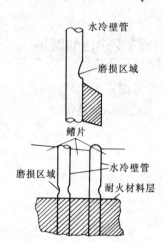

图 7-5　耐火防磨层与水冷壁
交界处的磨损情况

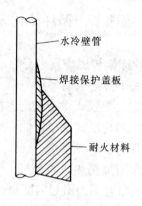

图 7-6　加州循环流化床锅炉
水冷壁管防磨措施

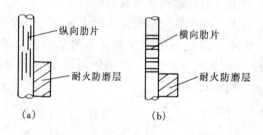

图 7-7　水冷管上焊防磨肋片
（a）纵向肋片；（b）横向肋片

2. 在交界处以上的管子表面焊横向或纵向肋片

如图 7-7 所示，此防磨措施能确保一个大修期三年的运行。三年之后若不更换，就要磨水冷壁管本身了。

3. 加耐火防磨横梁

如图 7-8 所示。此措施是在耐火防磨层与膜式水冷壁交界面之上一定距离加上下两根耐火防磨横梁。该措施用来改变粒子沿四壁下流的方向，以减轻交界处水冷管的磨损。实践证明，该措施能在一定程度上减轻交界处水冷管的磨损，但不能保证一个大修期的寿命，而且此措施破坏了燃烧室内粒子的内循环，从而对燃烧室内的传热过程产生不利影响。

4. 粒子软着陆

耐火防磨层与膜式水冷壁的交界面采用如图 7-9 所示的形状。这样，在交界面能自然堆积图中所示的灰层，落到灰层上的粒子由于反弹力小，不能打到水冷壁上，从而减轻了对交界面附近水冷壁管的磨损。为了保险，在交界面上一定高度的管子采取防磨金属喷涂，但对涡流产生的磨损仍难消除。

5. 耐火层与膜式水冷壁交界面采用倾斜的形式

如图 7-10 所示，倾斜交界面的形式能大大减少粒子向水冷壁管的冲击，但不能完全消除。另外，由于粒子改变流向，产生离心力，使粒子冲击和切削水冷壁管带来的磨损还不能消除。加上耐火防磨层与水冷壁管的连接处很薄，不容易固定易发生脱落，磨损问题只是有所缓解，不能完全消除。

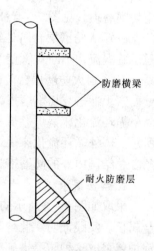

图 7-8　防磨横梁

6. 让管防磨技术

图 7−11（a）是让管防磨技术示意图。此种防磨技术理论上消除了阻碍粒子向下流动的台阶，从而消除了磨损。实际上，由于在耐火防磨层与水冷壁管接触处很难实现平滑过渡，因此，磨损还是不能完全消除。图 7−11（b）的让管防磨技术比较好地处理了接缝处的磨损问题，如果再在耐火防磨层以上 1m 高度的水冷壁管采取金属喷渡防磨技术，就能较满意地解决耐火防磨材料与水冷壁管交界处台阶所产生的磨损问题。美国 Nucla 电站 420t/h 的循环流化床锅炉先后采用了这两种防磨技术，比较好地消除了耐火防磨材料与膜式水冷壁交界处台阶产生的严重磨损问题。

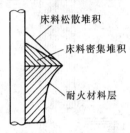

图 7−9　粒子软着陆

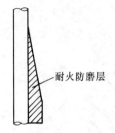

图 7−10　倾斜交界面防磨

二、燃烧室顶部膜式水冷壁的磨损及防磨措施

燃烧室出口一般在水平方向与旋风分离器相连。燃烧室中心区的烟气夹带着细固体粒子向上流动，至烟气出口窗，烟气拐弯 90° 进入旋风分离器，烟气中夹带的固体粒子由于惯性力的作用直冲炉顶膜式水冷壁，产生冲击和切削磨损。对受粒子冲击的炉顶和烟气出口窗四周膜式壁用敷设耐火防磨层来解决。对大容量的循环流化床锅炉，由于燃烧室高度较大，可加大烟气出口窗中心与炉顶之间的距离来减轻磨损。对小容量的循环流

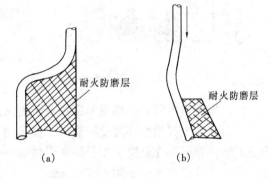

图 7−11　耐火防磨层与膜式壁交界
处的防磨让管技术措施
(a) 让管措施 1；(b) 让管措施 2

化床锅炉，因燃烧室高度较小，采取此种办法，将减小粒子在燃烧室的停留时间，使飞灰含碳量增加，影响锅炉燃烧效率。我国初期投运的 35t/h、75t/h 循环流化床锅炉，因没有考虑炉顶膜式壁的防磨，炉顶管发生频繁磨损爆管。有的炉子运行后不久，炉顶耐热保温材料就被磨穿了，从炉顶上能看到燃烧室内的火焰。

三、燃烧室上部四周膜式水冷壁的磨损及防磨措施

燃烧室上部四周膜式水冷壁管，如果气流速度在 6m/s 左右，一般不存在磨损。但当气流上升速度超过 8m/s 以后，磨损就比较严重了。南阳电厂一台 35t/h 循环流化床锅炉，由于气速度设计偏高，四周膜式壁磨损严重。为了减轻磨损，该厂采取了全部膜式壁防磨金属喷渡技术。缓解了燃烧室上部四周膜式壁磨损问题。

四、燃烧室四角膜式水冷壁的磨损及防磨措施

燃烧室四角的粒子浓度比四壁要高许多，因此，四角的磨损比四壁要严重。特别当气流

速度选取较高时，问题显得更严重。其防磨措施一是锅炉设计时选择适当的气流速度；二是采取四角喷渡防磨金属。

五、人孔门让弯管引起的磨损及防磨措施

燃烧室内由于点火、维修和防爆要求，往往设置有人孔门。运行经验表明，几乎所有已投运的循环流化床锅炉中均存在人孔门让弯区磨损问题，如图 7-12 所示。此磨损由让管区弯管与直管不在一个平面上所引起。消除办法是在弯管上敷设耐火防磨材料。

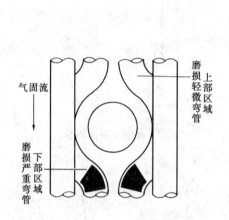

图 7-12 炉墙人孔区弯管磨损

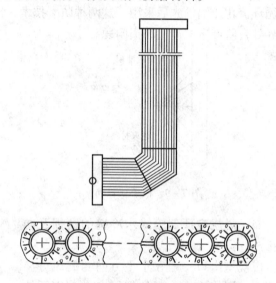

图 7-13 蒸发管屏过热器管屏防磨

六、燃烧室内附加受热面的磨损及防磨措施

对高参数大容量循环流化床锅炉，如采用 Pyroflow 炉型，只在燃烧室包覆面积布置受热面是不够的，还得在燃烧室布置附加受热面——全隔式双面水冷壁、蒸发管屏和过热器管屏等。对全隔式双面水冷壁伸入浓相床部分，全部用耐火防磨材料敷盖。对蒸发管屏和过热器屏深入燃烧室的弯头部分全部用防磨耐火材料敷盖，如图 7-13 所示。高坝电厂 410t/h 循环

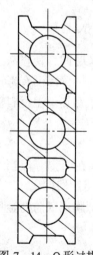

流化床锅炉的后墙布置有蒸发管屏。深入浓相床的管屏用耐火防磨材料覆盖。锅炉投运之后发现耐火防磨材料与管屏的交界处磨损严重。经分析，其磨损原因是耐火防磨层敷设低了，停炉后将磨损严重部位用耐火防磨材料覆盖。德国杜易斯堡第一热电厂 267t/h 循环流化床锅炉燃烧室内的蒸发管屏磨损十分严重，运行 3500h 后，管壁磨损厚度达 4.6mm，发生爆管。为了避免燃烧室内辐射式过热器的磨损，芬兰奥斯龙公司开发了 Ω 形管屏过热器，如图 7-14 所示。Ω 形过热器由四面为平面、两面为 Ω 形、中间为圆形通道的元件沿纵向焊起来，这种平面形过热器很好地解决了粒子的磨损问题。

图 7-14 Ω 形过热器断面图

七、二次风布置不当引起的磨损及防磨措施

循环流化床锅炉采用空气分级燃烧，以降低 NO_x 的排放浓度。一般二次风分层布置，分别从浓相床和过渡区送入。南阳发电厂 120t/h 循环流化床锅炉由于二次风口布置离侧墙膜式水冷壁太近，引起二次风刷

墙，导致气流中的固体粒子刷墙，如图7-15所示。结果运行不到2个月，侧墙膜式水冷壁发生了爆管。处理措施是将刷墙二次风关闭，消除固体粒子冲击膜式水冷壁。

八、膜式水冷壁焊缝引起的磨损

燃烧室膜式水冷壁是由锅炉钢管焊接而成。如果管子的焊缝没打磨光滑，在焊缝上下，特别是焊缝的上部磨损严重，如图7-16所示。所以焊缝焊好之后一定要打磨光滑。

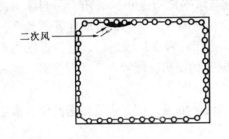

图7-15　二次风布置不当引起的磨损

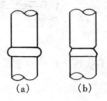

图7-16　焊缝引
起的磨损
(a) 原焊缝；(b) 磨损后焊缝

九、燃烧室内热电偶引起的磨损

一般燃烧室下部和上部都装有测温的热电偶。热电偶插入燃烧室的深度大于500mm。插入太浅，测量的温度不是真实温度，插入太深，热电偶保护外壳磨损严重，坚持不了一个月，运行费用较高。同时，插入膜式水冷壁的热电偶，由于阻挡了床内固体粒子向下流动，在插入热电偶的上下引起膜式水冷壁的局部磨损。解决办法是采用铁铝瓷热电偶套管，这种热电偶是将传统的热电偶丝装入铁铝瓷保护管内，可使热电偶的使用寿命达到半年至一年。

十、循环流化床锅炉埋管的防磨

1.35t/h 循环流化床锅炉最佳炉型

目前35t/h和小于35t/h的循环流化床锅炉有三种炉型：中温下排气旋风分离器带埋管和重型炉墙的循环流化床锅炉；异形水冷分离器膜式壁循环流化床锅炉；高温上排气旋风分离器循环流化床锅炉。从燃烧效果、整体布置和金属消耗量三个方面作比较，中温下排气旋风分离器带埋管的重型炉墙循环流化床锅炉是最佳炉型。35t/h循环流化床锅炉燃烧室高度一般为12~14m，膜式壁循环流化床锅炉燃烧室上部气流速度一般为5.5m/s，这样，细粒子一次通过燃烧室的时间为2~2.5s，远远低于它们的燃尽时间，造成飞灰含碳量高，燃烧效率降低。带埋管的循环流化床锅炉，燃烧室上部气流速度为2.4~3.2m/s，细煤粒子在燃烧室的停留时间为4.6s左右。与带膜式壁的循环流化床锅炉相比，细煤粒在燃烧室内的燃尽时间将近提高了一倍。这对降低飞灰含碳量，提高燃烧效率有很大作用。中温下排气旋风分离器循环流化床锅炉的整体布置比高温上排气旋风分离器循环流化床锅炉要紧凑得多。中温下排气旋风分离器循环流化床锅炉的金属消耗量和造价比上排气高温旋风分离器循环流化床锅炉低20%~25%。

有些人认为，带埋管的循环流化床锅炉出力足，对燃煤颗粒粒度分布的变化不敏感，但是埋管磨损严重是它的最大缺点。埋管的防磨损技术经过20年的发展，积累了许多经验，磨损问题是完全可以控制的。

2.埋管的防磨措施

（1）水平斜埋管的低端至布风板的距离大于600~700mm，优质煤取低值，劣质煤取高值。若低于 400mm，磨损是较严重的。江汉油田一台 35t/h 燃油锅炉改为燃煤流化床锅炉，水平斜埋管低端离布风板距离为 570mm，已运行了三年还没有更换。汉中一台 35t/h 循环流化床锅炉水平斜埋管低端离布风板距离为 380mm，磨损十分严重。

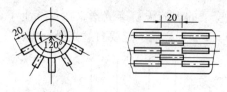

图 7-17　埋管肋片示意图

（2）采用水平布风板。汉中一台循环流化床锅炉布风板由 5 块组成，中间为一平的布风板，周围 4 块布风板与水平面有一小的夹角。两侧床料流化起来之后，从两侧冲刷埋管，造成埋管两侧严重磨损而爆管。采用此种布风板之后，埋管低端离布风板只有 380mm 的距离，埋管下部磨损严重，经常爆管。

（3）布风板面积设计适当，使流化速度保持在 2.8~4m/s 之间，优质煤选高值，劣质煤取低值。流化速度选择过高，埋管磨损严重。

（4）埋管壁厚选板 6~8mm，埋管下半部 120°范围内焊上纵向或横向肋片（中国管），如图 7-17 所示。对垂直布置的埋管，弯头部分磨损最严重，在弯头部分焊上横向肋片是较好的解决办法，如图 7-18 所示。图 7-19（a）为英国加压流化床试验装置所采用的在 45°的位置上，在管表面焊上 4 根 10mm 高的矩形肋片，使用效果表明，埋管的磨损速率降低到原来的 1/3~1/5。美国福斯特惠勒公司采用的肋片管如图 7-19（b）所示，顶部肋片是起平衡作用的，以免管子加工或受热时向上弯曲。图 7-19（c）为日本川崎重工采用的加防磨罩的形式。图 7-19（d）、（e）、（f）为美国乔治城大学 45t/h 流化床锅炉采用的埋管形式。肋片管对

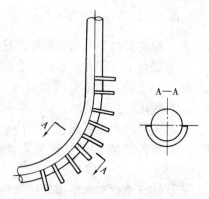

图 7-18　垂直埋管弯头部分防磨肋片示意图

埋管磨损起了较好的保护作用。但由于一般肋片材料抗高温、氧化，抗磨损能力较差，不能配合一个大修期使用，如采用耐磨耐高温的合金钢肋片，能够确保使用一个大修期。

（5）埋管防磨护瓦。我国某防磨器材有限公司开发了一种铁铝瓷合金材料防磨护瓦。这种材料耐磨，可焊性好，导热系数与碳钢接近。与 1Cr18Ni9Ti 护瓦相比，耐磨寿命提高许多倍，价格与其相当；与 Cr25Ni20 相比，蠕变温度大大提高（Cr25Ni20 的蠕变温度为 850℃，铁铝瓷的蠕变温度为 1300℃），而价格只有 Cr25Ni20 的一半。铁铝瓷合金的物理指标见表 7-2。护瓦的结构见图 7-20。图中 1 为一种传热性能很好的黏泥内衬，它克服了护瓦与埋管之间由于空气的存在而对传热带来的不利影响。安装时，将护瓦用吊环固定在埋管下半部。

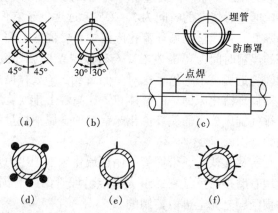

图 7-19　国外某些公司采用的肋片管形式
（a）英国措施；（b）、（d）、（e）、（f）美国措施；（c）日本措施

表7-2		铁铝瓷合金物理指标				
项 目	硬 度 (HRC)	抗弯强度(N/m²) (标准状态下)	导热系数 [W/(m·K)]	密 度 (g/cm³)	线膨胀系数 (700~1000℃)	工作温度 (℃)
数 据	28~56	300~400	40~90	7.4~7.6	18	1300

（6）复合肋片管。护瓦与埋管之间传热黏泥内衬的传热性能比空气好许多，但还是有一定的热阻影响传热。我国某公司开发了复合肋片管，见图7-21。复合肋片管是将光埋管1与护瓦管2熔铸在一起，中间无间隙，消除了空气层带来的热阻，传热性能与光埋管相近。复合肋片管使用寿命为6年，3年大修时，将复合肋片管换一个方向，又可使用3年。复合肋片管的价格稍高于肋片埋管。

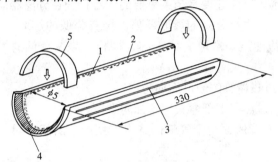

图7-20 埋管防磨护瓦结构
1—传热内衬；2—护瓦；3—肋片；
4—止口；5—吊环

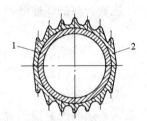

图7-21 复合肋片
管示意图
1—光埋管；2—护瓦管

（7）给煤口和返料口布置在埋管检修通道处，防止煤和循环灰对埋管下部、上部的局部磨损。

（8）控制好床料粒度，避免长期大风量和超负荷运行。

第五节 循环流化床锅炉对流受热面的磨损

循环流化床锅炉对流受热面的磨损主要是指过热器和省煤器金属受热面的磨损。

一、影响循环流化床锅炉金属对流受热面磨损因素分析

1. 分离器的布置位置

分离器的布置位置对对流金属受热面的磨损影响很大。循环流化床锅炉有两类，一类是分离器布置在燃烧室的出口，对流受热面布置在气流中粉尘浓度较低的分离器之后；另一类是分离器布置在过热器受热面之后，省煤器受热面之前，如中温下排气旋风分离器循环流化床锅炉，此时，过热器区烟气流中的粉尘浓度较高，而磨损是与烟气中粉尘浓度成正比的。

2. 分离器的分离效率

分离器分离效率的高低决定了分离器前后区域烟气流中粉尘的浓度和粒度大小分布。分离器分离效率高，分离器后面区域中的烟气流中粉尘浓度低、粒度小。而磨损是与粉尘浓度和粒度密切相关的：粉尘浓度大、粒度大，磨损严重；相反地，粉尘浓度小、粒度小，磨损轻。

3．煤的成灰特性

煤在燃烧过程中的成灰特性决定了循环流化床锅炉床料的特性——粒度大小、粉尘浓度大小和硬度数值。对流金属受热面的磨损是与粉尘浓度、粒度、硬度成正比的。

4．气流速度

气流速度是影响对流金属受热面磨损最重要的、决定性的因素。气流速度高，磨损急剧加快；气流速度过低，发生受热面积灰。对流受热面区气流速度的正确选择，使之既不产生积灰，又不发生磨损，对循环流化床锅炉的安全、经济运行是极其重要的。

二、高低温过热器的防磨措施

（1）烟气流速的正确选定。对流金属受热面的磨损与气流速度的 3～4 次方成正比。为了减轻高低温过热器受热面的磨损，正确选定气流速度是至关重要的。对布置在分离器前面的高低温过热器，气流速度一般取 6～7m/s，烧灰分高的煤取低值，烧灰分低的煤取高值。对布置在分离器后面的高低温过热器，气流速度一般取 8～10m/s，同样，烧灰分低的煤取高值，烧灰分高的煤取低值。

（2）在高低温过热器前面第 1～3 排的过热器管的迎风面加防磨罩。

（3）为了消除烟气走廊的磨损作用，在过热器下部弯头部位加防磨罩。

（4）低温过热器的后部第 1～3 排管子的背风面由于气流的旋涡作用产生磨损。对这种局部磨损采用防磨罩解决。

三、省煤器的磨损因素及防磨措施

1．影响省煤器磨损的因素

与高低温过热器的磨损因素相似，影响省煤器的磨损因素包括气流的速度、分离器布置的位置、分离器的收集效率、煤的成灰特性和省煤器的形式。

2．省煤器的防磨措施

（1）省煤器区气流速度的选择。省煤器金属受热面的磨损与气流速度的 3～4 次方成正比。对分离器布置在省煤器前面的下排气旋风分离器循环流化床锅炉和分离器布置在省煤器之间的二级分离循环流化床锅炉，考虑到粒子浓度的变化，对气流速度的选择有所不同。对下排气分离器循环流化床锅炉，省煤器区的气流中粒子浓度较低，但考虑到排气的残余旋转，气流速度一般选定为 5.5～6.5m/s。对二级分离循环流化床锅炉，分离器布置在二级省煤器之间，省煤器区的气流速度宜取上述数值中的低值；对高温上排气旋风分离器布置在燃烧室出口的循环流化床锅炉，省煤器区气流中的粒子浓度较低，气流速度可取高一些，一般选择 8～10m/s。大于 10m/s 之后，对省煤器的磨损还是较严重的。一台引进的 220t/h 循环流化床锅炉，烧中等质量的烟煤，省煤器布置在高温上排气旋风分离器之后，由于设计气流速度超过了 12m/s，省煤器发生频繁的爆管事故，严重影响锅炉的连续、安全、经济运行。后来被迫对省煤器进行了更新改造，将省煤器区的气流速度降到 10m/s 以下。对烧高灰分煤的循环流化床锅炉，设计省煤器区的烟气流速取低值；相反，对烧低灰分煤的循环流化床锅炉，省煤器区的气流速度取高值。

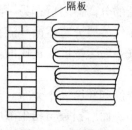

图 7-22　隔板法克服烟气走廊磨损

（2）消除省煤器区的烟气走廊。省煤器蛇形管弯头与烟道之间的间隙形成了烟气走廊，对省煤器弯头部位产生严重磨损。消除烟气走廊的方法有二：一是在烟气走廊中加隔板，消除烟气走廊，如

图7-22所示；二是将省煤器弯头部分伸入墙内。第二种消除烟气走廊的方法很好地克服了烟气走廊引起的弯头部分磨损，这种方法便于新设计锅炉时采用。对于旧锅炉宜采用第一种方法进行改造。

（3）省煤器上几排管的防磨。由于粒子动量的影响，省煤器的磨损多发生在上面几排管子的迎风面。对这种局部磨损，可采用护瓦来防止，如图7-23所示，也可在省煤器前加2~3排假省煤器管来阻挡磨损，定期更换假省煤器管即可。

（4）省煤器消旋均流板。对下排气旋风分离器循环流化床锅炉，由于排气管中的气流残余旋转，粒子受离心力的作用，对省煤器上面第1~2排管子的迎风面产生局部磨损。在省煤器之上放置一个多孔消旋均流板，可较好地保护省煤器。定期检查和更换多孔消旋均流板，便可控制省煤器磨损。

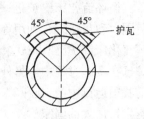

图7-23　省煤器
防磨护瓦

3. 省煤器的形式对磨损的影响

（1）光管省煤器与膜式省煤器相比，光管省煤器磨损严重。

（2）顺排管省煤器与错排管省煤器相比，错排管省煤器磨损严重。

在省煤器的设计中正确选定气流速度，结构上采取局部的防磨措施，运行中注意不要大风量运行，省煤器的磨损完全能实现磨损可控运行。

第八章
循环流化床锅炉耐火耐磨材料及相关问题

循环流化床锅炉是一种洁净煤燃烧锅炉，它具有燃料适应性广、燃烧效率高、负荷调节范围大和灰渣综合利用等优点。近几年来，在我国得到了快速发展。100MW以上功率的循环流化床锅炉已有100余台在设计建造和运行中。引进的300MW功率的大型循环流化床锅炉已在实施过程中。另外，循环流化床燃烧技术在其他方面的应用也取得了可喜的进步。目前我国运行中的10t/h以上容量的循环流化床锅炉近3000台，成为世界上锅炉台数最多和总蒸发量最大的国家。

循环流化床锅炉的发展为我国洁净煤燃烧作出了贡献，促进了国民经济的发展，积累了丰富的设计和运行经验。但是，目前循环流化床锅炉运行中存在的问题还比较多，其中较突出的问题如下：金属受热面磨损；风帽磨损与漏灰；耐火层磨损、开裂与脱落；飞灰含碳量高；燃烧系统事故；燃煤粒度达不到设计要求等。这些问题的存在影响了锅炉的安全、经济运行。在锅炉设计、安装和运行中采取合理的措施来消除或减轻这些问题对锅炉安全、经济运行的影响是十分重要的。

本章对循环流化床锅炉用耐火耐磨材料的分类，主要原料，主要制品及其性能，耐火耐磨内衬的使用部位、运行工况及对材料的要求，提高耐火浇注料的抗磨性和热震稳定性，新型耐火材料，耐火耐磨内衬的施工，耐火耐磨层内衬在运行中的主要问题及预防，循环流化床锅炉耐火材料的行业标准和锅炉在烘炉、点火启动中对耐火耐磨层的保护进行了总结和归纳。

第一节　耐火耐磨材料的分类

耐火材料品种繁多、用途广泛，其分类方法多种多样，常用的有以下几种。

一、按化学矿物组成分类

耐火材料制品按化学矿物组成可分为以下8类：

（1）硅质制品；

（2）硅酸铝制品；

（3）镁质制品；

（4）白云石制品；

（5）铬质制品；

（6）锆质制品；

（7）碳质制品；

（8）特殊制品。

按化学矿物组成分类可以较好地反映出耐火材料的材质、结构及性质特征，是目前较广泛采用的分类方法。

二、按化学性质分类

（1）酸性耐火材料制品。主要指硅质或含硅质的硅砖、黏土砖、叶腊石砖等耐火材料制品。

（2）中性耐火材料制品。主要指高铝质、刚玉质的高铝砖、刚玉砖。

（3）碱性耐火材料制品。主要指镁质、钙质或含镁质、钙质的镁砖、白云石砖、尖晶石砖。

三、按耐火度分类

（1）普通耐火材料。耐火温度为 1580～1770℃。

（2）高级耐火材料。耐火温度为 1770～2000℃。

（3）特级耐火材料。耐火温度大于 2000℃。

四、按成型工艺分类

（1）机压成型耐火制品。

（2）可塑成型耐火制品。

（3）注浆成型耐火制品。

（4）等压成型耐火制品。

（5）振动成型耐火制品。

（6）捣打成型耐火制品。

（7）挤压成型耐火制品。

（8）熔铸成型耐火制品。

（9）热压成型耐火制品。

五、按制造方法分类

（1）不烧砖。

（2）烧制砖。

（3）不定形耐火材料。

六、按气孔率分类

（1）特致密制品。显气孔率低于 3%。

（2）高致密制品。显气孔率为 3%～10%。

（3）致密制品。显气孔率为 10%～16%。

（4）烧结制品。显气孔率为 16%～20%。

（5）普通制品。显气孔率为 20%～30%。

（6）轻制制品。显气孔率为 45%～85%。

（7）超级轻质制品。显气孔率高于 85%。

七、按形状和尺寸分类

（1）标型制品。

（2）普型制品。

（3）异型制品。

（4）特型制品。

（5）超特型制品。

此外，耐火材料还按用途划分为炼钢的高炉用耐火材料、转炉用耐火材料、连铸用耐火材料以及建材的玻璃窑用耐火材料、水泥窑用耐火材料、循环流化床锅炉用耐火材料等。

第二节　耐火材料用主要原料

一、酸性与半酸性原料

耐火材料用的酸性与半酸性原料主要是二氧化硅含量较高的天然矿物原料，包括硅石质、蜡石质、黏土质等几类。

1. 硅质

硅质原料的主要化学成分为 SiO_2，是典型的酸性耐火原料。纯硅质原料的熔点为 $1713℃$。硅质原料包括硅酸盐类化合物，是构成地壳的主要成分。硅质原料主要应用于陶器、玻璃、水泥以及耐火材料等工业领域。

硅质原料主要是硅石。用于耐火材料工业的硅质原料主要为硅盐、硅砂、硅藻和烟尘硅等。硅藻土主要用作轻质材料的骨料。

烟尘硅是生产不定形耐火材料的关键性原料，在我国主要为铁合金厂除尘而得的副产品。国外有专业厂家生产专供不定形耐火材料使用的高品质硅微粉。国内外典型厂家生产的硅微粉特性见表 8-1。

表 8-1　　　　　　　典型硅微粉的化学成分和特性

名 称	SiO_2	Al_2O_3	Fe_2O_3	MgO	CaO	K_2O	NaO	P_2O_5	S	EC	灼减	中值直径	pH 值
贵州遵义	92.27	1.08	2.09	1.01	0.45	0.38	0.088	0.15	0.15	1.72	2.73	0.43	7.6
青海西宁	88.27	0.65	1.58	1.71	0.73	1.46	0.55	0.22	0.10	1.90	3.31	0.36	8.5
挪威 983	98.3	0.20	0.05	0.07	0.20	0.25	0.04	0.06	0.01	0.40	0.60	0.30	5.4
挪威 971	97.50	0.4	0.1	0.1	0.2	0.3	0.1	0.1	0.1	0.5	0.6	0.30	5.9

2. 蜡石质

蜡石质原料指有滑感、以叶蜡石为主的半硅质原料。叶蜡石的化学分子式为 $Al_2O_3 \cdot 4SiO_2H_2O$，其中 Al_2O_3 占 28.3%，SiO_2 占 66.7%，H_2O 占 5.0%。加热至 $600℃$ 开始脱水，因含结构水少，脱水过程缓慢，至 $1000℃$ 结构保持不变，无收缩现象，致 $1100℃$ 开始分解生成莫来石和方石英。我国的叶蜡石矿物主要分布在福建、浙江一带。在天然蜡石族矿物中，分铝质蜡石、叶蜡石和硅质蜡石三种。叶蜡石和硅质蜡石可以用作不定形耐火材料的骨料，一般可直接使用。表 8-2 给出了三种典型的蜡石原料的成分组成及性能。

表 8-2　　　　　　　典型蜡石原料的成分组成及性能

名 称	SiO_2	Al_2O_3	Fe_2O_3	CaO	TiO_2	灼减	耐火度
叶蜡石	65.82	28.19	—	0.18		5.32	1710
硅质蜡石	72.29	22.62	0.19	0.13	0.19	4.30	1690
铝质蜡石	48.02	42.16	—	0.13		9.80	1750~1770

3. 黏土质

黏土是由直径小于 $1~2\mu m$，由多种含水铝硅酸盐矿物组成的混合体。耐火黏土要求耐火温度大于 1580℃。不定形耐火材料使用的黏土按其可塑性主要分为硬质黏土和软质黏土。

（1）硬质黏土。硬质黏土在水中不易分散，可塑性较低，其 Al_2O_3 和 SiO_2 含量的波动范围较小，接近于理论组成。其耐火温度主要随 Al_2O_3 含量不同而异。钾钠氧化物等杂质的增多，将显著降低其耐火性。

硬质黏土一般煅烧成黏土熟料（又称为焦宝石熟料）作为耐火原料，其组织结构十分致密，硬度较大，制成品适于中高温区域使用。我国这类原料的蕴藏量极为丰富，产地分布很广，如山东淄博、河南焦作、唐山古冶以及辽宁的牛心等，各地矿的成分及性质均有不同。

（2）软质黏土。软质黏土又称结合黏土，主要用作结合剂或增塑剂。它与硬质黏土的区别在于杂质较多，颗粒细，遇水易分散，有较好的可塑性和粘合性，也属于高山气石型黏土。根据使用要求软质黏土又分为两种：一是可塑性黏土或软质黏土；二是弱可塑性黏土或半软质黏土。前者多呈土状，是可塑性很强、细分散的黏土，Al_2O_3 含量通常不超过 35%，在不定形耐火材料中通常作结合剂或增塑剂使用。我国优质软质黏土主要分布在苏州、广西维罗、吉林水由柳、湖南湘潭等地。黏土可塑性的强弱，主要取决于黏土的矿物组成、颗粒的细度等。实际生产中，增加黏土可塑性指标的一般方法有：

a. 选料，除去非可塑性杂质。

b. 细磨以增加其分散度。

c. 加入塑性料如亚硫酸纸浆液。

d. 真空泥料处理。

e. 困料。

4. 锆英石

锆英石又名锆石，化学分子式为 $ZrO_2 \cdot SiO_2$，其中 ZrO_2 占 67.1%，SiO_2 占 32.9%。锆英石的熔点为 2550℃，加热至 1750℃无收缩现象，热膨胀系数小。20~1000℃时，$\alpha = 4.2 \times 10^{-6}/℃$；25~1500℃时，$\alpha = 5.1 \times 10^{-6}/℃$。1000℃时导热系数为 3.72W/（m·K）。弹性模量为 $2.06 \times 10^{11}Pa$。锆英石具有化学惰性，难与酸发生反应，一些熔融金属也不与其发生反应，不易为熔融湿润，抗渣侵蚀性好。因其所具有的特殊的耐火性、耐温度急变性以及耐腐蚀性，是良好的高级耐火原料。作为工业矿床，锆英石主要产于矿砂中，其粒度小于 0.5mm。

锆英石自 1540℃开始缓慢离解，高温 1700℃时离解速度变快，在 1870℃离解量达 95%，离解产物为 ZrO_2 和 SiO_2。

二、中性原料

中性原料包括高铝钒土、刚玉、莫来石、蓝晶石族矿物和铬质原料等几类，是生产传统耐火材料的主体原料。

1. 高铝矾土

高铝矾土是经煅烧后氧化铝含量在 48% 以上，含氧化铁较低的铝土矿，是生产高铝质耐火材料的主要原料。我国有丰富的矾土资源，居世界首列，为世界四大矾土资源国之一，主要分布在我国的山西、山东、河北、河南、贵州、四川等地。

（1）分类。我国绝大部分地区铝土矿为水铝型铝土矿，依据其主要矿物成分，分为五类：

a. 水铝石－高岭石型（Diaspore－Kaolinite）（D－K）。

b. 水铝石－叶蜡石型（Diapsore－Pyrophyllite）（D－P）。

c. 勃姆石－高岭石型（Boeharite－Kaolinite）（B－K）。

d. 水铝石－伊利石型（Diaspore－Illite）（D－I）。

e. 水铝石－高岭石－金红型（Diaspore－Kaolinite－Rutile）（D－K－R）。

其中 D－K、D－P、B－K 型高铝矾土为主要矾土产地的基本类型，质地良好，适于制造各种耐火材料。D－I 型含 R_2O 较多，D－K－D 型含 TiO_2 杂质量较多。

（2）分级。根据冶金部标准，矾土原生矿石按照 Al_2O_3、Fe_2O_3、CaO 以及耐火度的不同，分为五个等级，其中特级品要求 $Al_2O_3 > 75\%$、$Fe_2O_3 < 2.0\%$、$CaO < 0.5\%$、耐火温度 $> 1770℃$。

（3）化学组成。我国矾土中 Al_2O_3 的含量一般在 $45\% \sim 80\%$ 之间，其中的 Al_2O_3 和 SiO_2 含量变化呈相反关系。TiO_2 一般为 $2\% \sim 4\%$，有随 Al_2O_3 的增多而增长的趋势。Fe_2O_3 一般为 $1\% \sim 1.5\%$。CaO 和 MgO 含量均较低。K_2O 和 Na_2O 含量一般小于 1%，但也有大于 1% 的。

矾土的烧结难易程度和 Al_2O_3/SiO_2 的比值有关。当矾土 Al_2O_3/SiO_2 比值接近 2.55 时，最难烧结。根据 Al_2O_3 含量高低划分矾土熟料的等级：Al_2O_3 大于 85% 为特级，Al_2O_3 大于 80% 为一级，Al_2O_3 在 $60\% \sim 70\%$ 之间为二级乙，Al_2O_3 在 $70\% \sim 80\%$ 之间为二级甲，Al_2O_3 在 $50\% \sim 60\%$ 之间为三级。

2. 刚玉与氧化铝

刚玉指由电熔或烧结而制成的主要矿相为 $\alpha - Al_2O_3$ 相的 Al_2O_3 纯度较高的材料。硬度高（莫氏硬度为 9），体积密度为 $3.95 \sim 4.1g/cm^3$，熔点为 2050℃。热膨胀系数为 $8.0 \times 10^{-6}/℃$（$20 \sim 1000℃$），弹性模量为 $36.3 \times 10^{-6}Pa$，导热系数为 $350W/（m \cdot ℃）$。其化学性质稳定，对酸和碱均有良好的抵抗力，因此是生产耐火材料的重要高级原料之一。随着对耐火材料性能要求的不断提高，刚玉在耐火材料中使用的比例越来越高。

耐火材料用刚玉主要包括烧结刚玉和电熔刚玉。烧结刚玉指用烧结法制得的刚玉，电熔刚玉指用铝矾土或工业氧化铝在 $2000 \sim 2400℃$ 的电弧炉中冶炼而制得的刚玉。按杂质含量及冶炼方法不同，耐火材料工业使用的电熔刚玉类型有白刚玉、致密刚玉、亚白刚玉和棕刚玉等。

（1）烧结刚玉。烧结刚玉指用特殊烧结工艺制得的刚玉材料，具有高纯度（$Al_2O_3 > 99\%$）、致密、高导热性、抗热震性和耐侵蚀性等优点。烧结刚玉的产量占刚玉总量的比例不大。表 8－3 为典型厂家生产的烧结刚玉的理化指标。

表 8－3　　烧结刚玉的理化指标　　（%）

产地	Al_2O_3	Na_2O	K_2O	SiO_2	CaO	MgO	Fe_2O_3	体积密度（g/cm^3）	吸水率	显气孔率	烧结温度（℃）
美国 ALCOA	>99.5	0.1～0.4		0.2	0.04		0.05	3.5～3.7		2～3	1800～1900
扬州晶辉	≥98.0	<0.3	<0.6		<0.5		>3.55		<0.8	<4.5	1830
辽宁海域	≥99.0	<0.3	<0.1	<0.1	<0.1		≥3.55			<7.5	1850
山东济南	≥99.0	<0.4	<0.35		<0.25		≥3.5		<1.5	<4.5	1900

（2）电熔白刚玉。以工业氧化铝为原料通过电熔法而得到的刚玉为白刚玉，其 Al_2O_3 含量一般大于98.5%，为高级耐火材料的主要原料之一，广泛应用于冶金、化工等行业。表8-4给出了一些生产厂家的白刚玉理化指标。

表8-4		电熔白刚玉的理化指标			（%）
产　　地	Al_2O_3	Na_2O	Fe_2O_3	SiO_2	体积密度（g/cm^3）
郑州白鸽	≥98.5	≤0.5			> 3.90
贵州七砂		< 0.5			
贵州白云	99.2	0.40		0.06	
吉林梅河口	≥98.5	< 0.5	≤0.03		
开封特耐		≤0.4	≤0.15	≤0.2	≥3.95

（3）电熔致密刚玉。同样以工业氧化铝为原料通过电熔法而制得的致密刚玉是一种新型高级耐火原料，耐酸、耐碱、高温下体积稳定，比白刚玉更致密，气孔率低。

（4）亚白刚玉。亚白刚玉近年由铝矾土直接电熔制取，其 Al_2O_3 一般为97%～98%，为仅次于白刚玉和致密刚玉的新型耐火原料。其缺点是电熔工艺控制不当易引起产品的分化。

（5）棕刚玉。电熔棕刚玉是铝矾土和无烟煤加少量铁屑在2000℃左右熔炼而成的棕色刚玉材料，其 Al_2O_3 含量一般为94.5%～97%。

（6）工业氧化铝。工业氧化铝是纯度很高的氧化铝原料，Al_2O_3 含量一般在99.47%～99.647%范围内。矿物相由40%～76%的 $\gamma-Al_2O_3$ 和60%～24%的 $\alpha-Al_2O_3$ 组成。由于 $\gamma-Al_2O_3$ 在950～1200℃范围内可转变为刚玉（$\alpha-Al_2O_3$），并同时发生显著的体积收缩，因此不宜直接用作耐火材料的原料。

$\alpha-Al_2O_3$ 微粉是工业氧化铝轻烧后的产物，其主要矿物相为 $\alpha-Al_2O_3$，经过细磨加工，其中粒径可达 $1\mu m$ 左右，是耐火材料常用的超细粉原料。

3. 莫来石

莫来石（$3Al_2O_3 \cdot 2SiO_2$）的理论化学组成中 Al_2O_3 含量为71.8%，SiO_2 含量为28.2%。其熔点为1870℃。矿物结构属斜方晶系，晶体呈长柱状、针状。在耐火材料中，这些柱状、针状莫来石互相穿插构成坚固的骨架，使其具有一系列良好的性能，如高的热态强度、荷重软化温度和热稳定性等。另外还具有高温蠕变率低，热膨胀小，抗化学侵蚀性强等优点。

耐火材料工业用莫来石一般采用人工合成，有价值的天然莫来石矿很少。近几十年来，合成莫来石原料的研制和应用有很大发展。一般合成莫来石采用烧结法和电熔法两种方法。

（1）烧结莫来石。烧结法合成莫来石是以硅石、高岭石、高铝矾土和工业氧化铝等为原料，按莫来石组成配料，经充分混合和磨细，制成料坯体，在回转窑或隧道窑中于1700～1750℃温度下煅烧而成。一般合成莫来石中 Al_2O_3 含量为65%～75%，矿物组成为莫来石86%～99%，刚玉0.5%～10%，玻璃相0.2%～10%。

（2）电熔莫来石。电熔莫来石是将配好的料混合后装入电弧炉中熔融合成而制得的。主要原料为工业氧化铝、烧结优质矾土、高纯硅石等。按原料及工艺的不同分为高纯电熔莫来石和天然电熔莫来石。

4. 蓝晶石族原料

蓝晶石族原料包括蓝晶石、硅线石和红柱石，化学分子式为 $Al_2O_3 \cdot 2SiO_2$，其中 Al_2O_3 为

62.92%，SiO_2 为 37.08%，为同质异形体，即化学成分相同，晶体结构不同。

蓝晶石族矿物的耐火度高达 1830℃，抗化学腐蚀，热膨胀性低，其制成品有较好的耐磨性和较高的机械强度，荷重软化温度高，耐急冷急热性好，因此是耐火材料用优质原料。硅线石和红柱石因加热时体积变化小，可直接制砖或做耐火骨料。利用蓝晶石高温一次永久性膨胀特性，直接加入到不定形耐火材料（浇注料、可塑性、火泥等）中作高温膨胀剂，可以提高其荷重软化温度，以消除耐火材料在高温下产生的收缩裂纹。加入量以 5% ～ 15% 为宜，粒度 < 0.2mm（100 ～ 200 目）。

我国蓝晶石族资源丰富，目前已有的精矿产地为：蓝晶石——河南、江苏、河北；硅线石——黑龙江、河北；红柱石——河南、新疆、辽宁。精矿产品的化学成分直接影响其耐火温度、线变化率和其他性质。

5. 铬质原料

耐火材料用铬质原料主要包括天然铬矿和人工合成的工业氧化铬。

工业氧化铬（Cr_2O_3）又称氧化铬绿，为绿色超细粉，Cr_2O_3 含量大于 98%。在耐火材料中引入氧化铬超细粉，在高温下可与基质形成固熔体，从而提高材料的热态强度。

铬矿是指天然含铬矿物。由于天然铬矿中铬铁矿具有代表性，故铬矿一般称铬铁矿，化学通式为（MgO，Fe）（Cr，Al，Fe）$_2O_4$。

铬铁矿通常呈粒状和块状集合体，呈黑褐色，性脆，熔点为 1900 ～ 2050℃。膨胀系数一般为 $8.2 \times 10^{-6}/℃$（100 ～ 1100℃），具有弱磁性，在高温下体积稳定。

三、碱性与半碱性原料

碱性与半碱性原料一般指以氧化镁、氧化钙及其反应生成物为主要成分的耐火原料，包括镁质原料、白云石原料、尖晶石类原料、镁铬质原料以及镁橄榄石质原料等。

1. 镁质原料

镁质耐火原料包括烧结镁砂和电熔镁砂。

（1）烧结镁砂。烧结镁砂是天然菱镁矿在 1600 ～ 1900℃温度下充分煅烧的产物，也可由海水、盐湖卤水、白云石以及水镁石中提炼而成。主要成分为氧化镁，另外还有少量的 SiO_2、CaO、Fe_2O_3、B_2O_3 等，密度为 3.50 ～ 3.65g/cm^3，晶粒尺寸为 0.02 ～ 0.05mm，具有良好的抗碱性。

轻烧镁石是菱镁矿经 800 ～ 1000℃煅烧的产物。煅烧温度大于 1600℃的镁石称为烧结镁石。

海水镁砂是指由海水中提取的氧化镁，其优点是纯度高，MgO 在 98% 以上。

烧结镁砂的选用应本着高 MgO 含量、高钙硅比、低 B_2O_3 含量以及良好的烧结性等几个原则来进行。

（2）电熔镁砂。电熔镁砂是将菱镁矿或烧结镁砂在电弧炉中，经 2500℃左右的高温熔融、冷却后再经破碎而得的产品，其纯度依原料的纯度而异。由于方镁石直接从熔体中结晶出来，所以晶粒大，结构致密，高温下化学稳定性好，可用作中高档耐火材料的生产原料。

2. 白云石质原料

白云石耐火原料是将自然界中天然存在的碳酸钙和碳酸镁的复合盐煅烧后所得的产品。煅烧有两个方法：一种是用天然矿石直接煅烧，即一步煅烧法；另一种是用轻烧白云石（1000℃左右）粉碎和成球后再经高温煅烧所得。一般高温煅烧的温度在 1700 ～ 1800℃。煅烧后的白云石有较大的晶体尺寸和较高的体积密度，体积密度一般为 $3.0 \sim 3.4 \mathrm{g/cm^3}$。化学成分 CaO 为 $25\% \sim 60\%$，MgO 为 $30\% \sim 65\%$，CaO 和 MgO 的总含量一般为 97%。

3. 镁铝尖晶石质原料

镁铝尖晶石的化学分子式为 $MgO \cdot Al_2O_3$，其中 MgO 为 28.2%，Al_2O_3 为 71.8%。按合成的方法一般分为电熔镁铝尖晶石和烧结镁铝尖晶石。根据 MgO 和 Al_2O_3 含量的不同，又分为富铝尖晶石和富镁尖晶石。国内现烧结法规模生产的一般为回转窑，烧结温度在 1650℃ 以上。电熔法电熔温度一般在 2100℃ 以上。

镁铝尖晶石的熔点为 2105℃，莫氏硬度达 8，一般产品的密度为 $3.20 \sim 3.55 \mathrm{g/cm^3}$，线膨胀系数为 $8.0 \times 10^{-6}/℃$。因此化学性质稳定，抗热震性好，特别是抵抗碱性熔渣侵蚀能力强，也能抵抗金属溶液的侵蚀。

4. 镁橄榄石质原料

镁橄榄石的化学分子式为 $2MgO \cdot SiO_2$，其中 MgO 为 57.2%，SiO_2 为 42.8%，密度为 $3.22 \sim 3.33 \mathrm{g/cm^3}$，熔点为 1890℃。热膨胀系数大（1000℃ 时，$\alpha = 12.0 \times 10^{-6}/℃$），对制品的热震稳定性不利。由于镁橄榄石晶体结构的特征，镁离子可以被铁离子任意置换，因此镁橄榄石与铁橄榄石之间完全固熔。自然界中镁橄榄石常含 $0\% \sim 10\%$ 的铁橄榄石，而铁橄榄石的熔点只有 1205℃，另外还有 Al_2O_3 和 CaO 存在，形成低熔点矿物，影响镁橄榄石的高温性能。镁橄榄石的天然矿物为橄榄岩。橄榄岩 FeO 的含量较多，另外 CaO 和 Al_2O_3 也会形成低共熔物，降低其耐火温度和高温性能。因此一般用橄榄岩时要求其中 Al_2O_3 小于 $2\% \sim 3\%$、CaO 小于 $1.5\% \sim 2.0\%$、FeO < 10%、灼减 <5% 方可用作耐火原料，而且一般要加入一定量的镁砂，以获得良好的矿物组成。镁橄榄石抗碱性炉渣侵蚀性强，因此常用作蓄热格子砖。

四、非氧化物原料

耐火材料用非氧化物原料最多的当属碳化硅，其他的还有碳质和氧化物原料等。

1. 碳化硅

碳化硅是碳与硅元素以共价键结合的碳化物，原子间结合力强，具有高熔点（2827℃）、高硬度（莫氏 $9.2 \sim 9.6$）、高纯度和低膨胀性（$5.0 \times 10^{-6}/℃$）、高导热性 $[59W/(m \cdot K)]$、高导电性和化学稳定性，分为立方或等轴晶系（$\beta - SiC$）和三方晶系（$\alpha - SiC$）。$\beta - SiC$ 和 $\alpha - SiC$ 的形成与温度有很大关系。

工业上通常按色泽分为绿碳化硅和黑碳化硅，其 SiC 含量要求分别为 $\geqslant 99.0\%$ 和 $\geqslant 98.5\%$，绿碳化硅的杂质少，硬度比黑碳化硅高。

碳化硅在加热时易于氧化，约在 800℃ 开始氧化生成 SiO_2，在 1000℃ 时反应剧烈，生成量最多，形成 SiO_2 保护膜，减缓氧化速度。1300℃ 时保护膜中开始结晶出方石英，使氧化速度有所增加。在 $1500 \sim 1600℃$ 时保护膜达到一定的厚度，氧化作用大大减弱。但在 1627℃ 时 SiO_2 开始蒸发，加剧了氧化。

2. 碳类原料

耐火材料用碳类原料主要包括石墨、沥青、焦油和石油焦等。

（1）石墨。石墨按结晶形态主要分为显晶质石墨、隐晶质石墨和半石墨。显晶质石墨又分为鳞片状石墨和块状石墨。耐火材料用石墨多为显晶质的鳞片状石墨。鳞片状石墨又分为高纯石墨、高碳石墨、中碳石墨和低碳石墨，其固定碳含量分别对应为 >99.9%，94% ~ 99%，80% ~ 93%，50% ~ 79%。隐晶质石墨又称为土状或无定形石墨，这种石墨不是晶形，是一种各种微晶的集合体。天然的矿石品位较高，一般含固定碳为 60% ~ 80%，少数达到 90% 左右。石墨是 $MgO - C$ 砖、$MgO - CaO - C$ 砖以及 $Al_2O_3 - C$ 砖的主要原料，但因其与水的润湿性差、低密度、不易结合和易氧化，在不定形耐火材料中的应用受到限制。近年来，为能在不定形耐火材料中引入石墨，国内外做了大量的工作，已在 $MgO - C$ 浇注料、$Al_2O_3 - SiC - C$ 浇注料中取得显著成效。

（2）沥青。沥青是煤焦油或石油经过蒸馏处理或催化裂化提取沸点不同的各种分馏后的残留物。根据软化点的不同分为低温沥青（$< 60℃$）、中温沥青（$60 ~ 135℃$）和高温沥青（$> 135℃$）。沥青没有固定的熔化温度，因此用软化点来表示其固态转变为液态的温度。

五、隔热耐火材料

1. 多孔熟料

多孔熟料是天然原料用增孔技术成球或压坯，经高温煅烧而制得的，内部呈多孔状或蜂窝状，具有容重小、颗粒强度高等特点，是配制轻质隔热耐火材料的良好原料。

多孔熟料的生产是将相关的耐火粉成球或压坯后，经高温煅烧而成的，但在其中要引入添加物，以增加气孔，降低容重。按生产原理的不同可分为可燃物烧尽法、低熔物加入法、泡沫法和化学法等。

2. 空心球

空心球是指将氧化铝或氧化锆等原料熔化成液态，以一定的速度流出，用压缩空气将高温熔液吹成小液滴，在表面张力和离心力的作用下形成一个个空心小球。空心球是制造高档隔热耐火材料的主要原料。

3. 漂珠

漂珠是指能浮于水面上的粉煤灰空心微珠。由于漂珠的导热系数小，保温性能好，耐火度高，常用于各种耐火材料中，是降低耐火材料容重的良好添加物。

4. 硅藻土

硅藻土是一种生物形成的硅质沉积岩，有良好的隔热性能，一般使用温度只限于 900℃。

第三节　耐火耐磨材料的主要制品

一、硅铝系耐火制品

1. 硅质制品

硅砖是以硅石为主要原料，以 SiO_2 为主要成分的耐火制品，其 SiO_2 含量大于 93%。硅砖属于酸性耐火材料，对酸性炉渣抵抗力强，对 FeO、Fe_2O_3 等氧化物有很好的抵抗性，但对碱性炉渣的抵抗能力差，易被含 Al_2O_3、K_2O、Na_2O 等氧化物作用而破坏。主要用于砌筑焦炉、热风炉和玻璃窑等。

2. 半硅质制品

半硅砖是指 SiO_2 含量大于 65%，Al_2O_3 含量为 15% ~ 30% 的耐火制品。主要以叶蜡石为主要原料，体积稳定，可广泛用于焦炉、化铁炉、冶金炉烟道、钢包、铁水包等，水泥窑用耐碱砖就是一种半硅砖。

3. 黏土质制品

黏土砖是以耐火黏土为原料，Al_2O_3 含量为 30%～48% 的耐火制品。其矿物组成为莫来石（$3Al_2O_3 \cdot 2SiO_2$）20%～50%，方石英和石英相约 30%，玻璃相 25%～60%。黏土砖性能稳定，成本低廉，用途广泛。

4. 高铝质制品

采用高铝矾土熟料为主要原料，Al_2O_3 含量大于 48% 的硅酸铝质耐火材料制品统称为高铝质耐火材料。矿物组成主要为刚玉相、莫来石和玻璃相。根据 Al_2O_3 含量的不同，由高到低分为一、二、三级。高铝砖耐火度高，抗酸、碱性熔渣侵蚀性强，高温机械强度大，所以常用它来代替高质量的黏土砖和硅砖，以提高炉子的寿命。高铝砖的价格要比黏土砖高。

5. 刚玉质和莫来石质制品

刚玉砖是以刚玉为主要原料的耐火制品，其 Al_2O_3 含量大于 90%，具有一系列的优良性能，如机械强度高，良好的耐磨、抗氧化、耐侵蚀和电绝缘性能。莫来石砖是以莫来石为主要原料的耐火制品，其 Al_2O_3 含量为 70%～76%。两者均具有优异的耐高温性能，均属于高档耐火材料。

二、碱性耐火制品

碱性耐火制品是氧化镁、氧化钙或以氧化镁和氧化钙为主要成分的耐火材料。主要用于碱性炼钢炉、有色金属冶炼炉、玻璃和水泥工业用窑炉及其他热工设备。主要种类如下所述。

1. 镁砖

以镁砂为原料烧制的耐火砖。镁砖中 MgO 含量不少于 90%，是以方镁石为主要矿物相的碱性耐火制品，其矿物相组成为方镁石 80%～90%，并有铁酸镁（$MgO \cdot Fe_2O_3$）、镁橄榄石（$2MgO \cdot SiO_2$）和钙镁橄榄石（$CaO \cdot MgO \cdot SiO_2$）等少量矿物相。镁砖是碱性耐火材料中最主要的制品，耐火度高，对铁的氧化物、碱性炉渣及高钙溶剂具有良好的抗蚀性，在冶金窑炉中用得较多。

2. 镁铝砖和镁铝尖晶石砖

为改善镁砖的抗热震性，配料中以镁砂为主要原料，引入氧化铝、铝矾土熟料或镁铝尖晶石原料烧制而成。以方镁石和镁铝尖晶石（$MgO \cdot Al_2O_3$）为主要矿物相。

3. 镁铬砖

用镁砂和铬矿、铬铁矿或合成镁铬砂作为主要原料，采用不同的生产工艺，制成不同结合方式的镁铬砖。镁铬砖一般含 MgO 55%～85%，Cr_2O_3 8%～20%。主要矿物相为方镁石和镁铬尖晶石，以及镁橄榄石和钙镁橄榄石。镁铬砖分为普通镁铬砖和直接结合镁铬砖。后者与前者相比，在高温下直接烧成，方镁石和尖晶石大多呈直接结合，碱性砖中最易受侵蚀的硅酸盐相少于前者。故后者具有较好的高温性能，主要用于有色金属冶炼炉、水泥窑炉和钢铁精炼炉等。

4. 白云石砖及镁白云石砖

以白云石为主要原料生产的制品。主要用于炼钢转炉、精炼炉。

三、含碳耐火材料

指含碳的耐火原料如石墨、焦炭与其他耐火原料如镁砂、刚玉砂等制成的耐火制品。

（1）碳素制品，如碳砖、石墨砖等。

（2）碳化硅制品，如氮化硅砖、氧氮化硅结合碳化硅砖、赛隆结合碳化硅砖等。

（3）碳结合砖，如镁碳砖、镁钙碳砖、铝碳砖、铬碳砖、氧化铝－碳化硅－碳砖等。

四、含锆耐火制品

以氧化锆、锆英石为原料制成的氧化锆质或含氧化锆的不定形耐火材料或耐火制品。

五、隔热耐火制品

用隔热耐火原料如轻质骨料、氧化铝空心球、耐火纤维等制成的耐火制品，主要作用是保温隔热，常用于各种工业窑炉的保温层。

六、不定形耐火材料

不定形耐火材料是指由一定级配的耐火骨料、粉料、结合剂和外加剂混合而成，不经成型和烧成工序而直接使用的耐火材料。其工艺简单、品种繁多、用途广泛，在耐火材料中约占20%～30%。不定形耐火材料命名方法很多，根据材质来命名，如高铝质、黏土质、硅质不定形耐火材料等；根据结合剂来命名，如水泥、水玻璃结合不定形耐火材料等；也可根据施工方法和材料性质分为耐火浇注料、可塑料、捣打料和火泥等。

1．耐火浇注料

一种加水搅拌后具有较好流动性的耐火材料，是不定形耐火材料中的一个重要品种。耐火浇注料是由耐火骨料、粉料和胶结剂（或另掺外加剂）按一定比例组成的，浇注成型并养护，使其凝结、硬化，按一定制度烘烤后，可直接使用。

2．可塑料

可塑料是一种具有可塑性的泥料或坯料，在较长时间内具有较高可塑性的不定形耐火材料。由耐火骨料、粉料、结合剂、增塑剂和水分按比例组成。结合剂通常是软质黏土、水玻璃、磷酸等。可塑料采用捣打法或振动方法施工。

3．捣打料

捣打料是一种可塑性极低或不具有可塑性的散状耐火材料，由耐火骨料、粉料和胶结剂或外加剂等组成，按比例搅拌后用捣打方法施工。

4．喷涂料

喷涂料是以喷射机进行喷补或喷涂用的一种耐火混合料。按喷补方法不同可分为湿法喷涂、半干法喷涂和火法（火焰）喷涂。

5．耐火泥

耐火泥作为耐火砌体接缝的不定形耐火材料，又称接缝料。由一定颗粒配比的耐火粉料、结合剂和外加剂组成，加水或液态结合剂调成浆体。

第四节　耐火耐磨材料的性能

耐火材料的性能和理化指标很多，有些不是针对循环流化床耐火耐磨材料的。下面主要介绍循环流化床锅炉用耐火耐磨材料的一些性能和理化指标。

化学组成决定耐火耐磨材料的基本性能。按材料主要成分的化学性质不同可分为三类：酸性耐火耐磨材料、中性耐火耐磨材料和碱性耐火耐磨材料。

根据耐火材料的一般性质，其性能可以分为结构性能、力学性能、热学性能、高温性能等。下面具体讨论不同类别性能及其对耐用性的影响。

一、耐火材料的结构性能

耐火材料是由固相和气孔两部分组成的非均质体。其中各种形状和大小的气孔与固相之间的关联构成了耐火材料宏观组织结构。耐火材料的宏观组织结构是影响其耐用性和高温性能的重要因素。表示耐火材料结构性能的指标主要有气孔率、体积密度、密度和吸水率等。

1. 气孔率

耐火材料中包含的气孔可以分为开口气孔（V_1）、闭口气孔（V_2）和连通气孔（V_3）。假设砖的总体积为 V，那么耐火材料的总气孔率（真气孔率 P_t）为

$$P_t = \frac{V_1 + V_2 + V_3}{V} \times 100\% \qquad (8-1)$$

开口气孔率 P_a 则为

$$P_a = \frac{V_1 + V_3}{V} \times 100\% \qquad (8-2)$$

闭口气孔率 P_c 为

$$P_c = \frac{V_2}{V} \times 100\% \qquad (8-3)$$

由此可见，$P_a = P_t - P_c$。

在一般耐火制品中，开口气孔占总气孔体积的绝对多数，闭口气孔体积很少，另外闭口气孔很难直接测定，因此，耐火材料的气孔率常用开口气孔率（又叫显气孔率 P_a）表示。一般致密耐火材料产品的显气孔率为 10% ~ 28%，小于 15% 的称低气孔率制品。隔热材料的真气孔率大于 45%。

2. 体积密度 D_b

体积密度表示耐火材料单位体积的质量，单位为 g/cm^3，可表示为

$$D_b = \frac{W}{V} (g/cm^3)$$

式中　W——试样质量；

　　　V——试样体积。

耐火材料的体积密度表征了材料的致密程度，是耐火原材料和制品质量指标中基本技术指标之一。材料的体积密度高，相应的气孔率小，对强度、耐磨性、高温荷重、软化温度等一系列性能有利。

3. 真密度 D_t

真密度是指不包括气孔在内的单位体积耐火材料的质量，单位为 g/cm^3，可用式（8-4）表示，即

$$D_t = \frac{W}{V - (V_1 + V_2 + V_3)} \qquad (8-4)$$

4. 吸水率

吸水率为全部开口气孔和连通气孔吸收水的质量 W_a 与其干重 W 之比。耐火原料习惯上用吸水率鉴定熟料的烧结质量，原料煅烧得越好，吸水率越低。

体积密度、显气孔率和吸水率是一般表示耐火材料结构致密程度的常用指标。

二、常温力学性能

常用的耐火材料的力学性能主要有常温抗折强度、常温耐压强度、耐磨性等，它们的高低直接反映了耐火材料常温下的结构强度，下面分别就它们的概念、计算方法作一简述。

1. 常温耐压强度

常温耐压强度是指常温下耐火材料在单位面积上所能承受的最大压力，如超过此值，材料就被破坏，单位以 MPa 表示。以 A 表示试样的受压面积，以 P 表示压碎试样所需的极限压力，则可以用式（8-5）计算常温耐压强度 CCS，即

$$CCS = \frac{P}{A} \tag{8-5}$$

耐压强度间接地反映出制品的组织结构，如致密性、均匀性、烧结性等，是衡量材料耐磨性的一个重要性能。

2. 常温抗折强度

耐火材料在使用时，除承受压应力外，还要承受拉应力、弯曲应力和剪切应力的作用，为了评定耐火材料抵抗这些应力大小的能力，必须检验耐火材料的常温抗折强度。

耐火材料常温抗折强度的检验一般使用三点弯曲法进行。常温抗折强度 CMOR 的计算公式为

$$CMOR = \frac{3LF}{2bh^2} \tag{8-6}$$

式中　L——试样受力面的间距；

　　　F——试样断裂时所承受的力；

　　　b——试样的宽度，mm；

　　　h——试样的高度，mm。

3. 耐磨性

耐磨性是耐火材料抵抗固体物料磨损的能力，用耐磨性指数表示。

三、热学性能

体现耐火材料热学性质的性能指标有耐火材料的热膨胀系数、导热系数等。

1. 热膨胀性

热膨胀率表示单位温度下耐火材料受热后的体积变化率，单位为 1/℃。体积膨胀率的计算方法为

$$\beta = \frac{V_2 - V_1}{V_1} \tag{8-7}$$

式中　V_1——试样在室温下的体积，m^3；

　　　V_2——试样加热至试验温度 t 时的体积，m^3。

同样，线膨胀率的计算方法为

$$\alpha = \frac{L_2 - L_1}{L_1} \tag{8-8}$$

式中　L_1——试样在室温下的长度，mm；

　　　L_2——试样加热至试验温度 t 时的长度，mm。

　　炉窑砌筑通常在常温下进行，而使用却在高温下，因此，炉体要膨胀。为防止热膨胀产生的热应力，耐火、耐磨层必须留膨胀缝。

　　2. 导热系数

　　耐火材料的导热系数对于高温热工设备的设计是不可缺少的重要数据。导热是指单位温度梯度下，单位时间内通过耐火材料单位垂直面积的热量，国标单位为 W/（m·K）。计算公式可表示为

$$\lambda = \frac{Q}{A \times \Delta t} \times \delta \qquad (8-9)$$

式中　Q——热传递量；

　　　A——传热面积；

　　　Δt——温差；

　　　δ——耐火材料厚度。

　　耐火、耐磨材料的导热系数对材料选择，砌体厚度、温度分布和热损失有重要影响。采用导热系数小的材料可以减少保温层厚度，减少热损失。采用导热系数大的材料作受热面的绝热保护层可提高传热系数。材料的导热系数也直接影响制品的抗热震性和隔热性。

四、高温性能

　　1. 热态抗折强度

　　热态抗折强度是指耐火材料在高温下单位截面所能承受的极限弯曲应力，通常以三点弯曲法来进行检验。计算公式为

$$\text{HMOR} = \frac{3LF}{2bh^2} \qquad (8-10)$$

　　2. 荷重软化温度

　　荷重软化温度是指耐火材料承受 0.2MPa 的压力，并以一定的升温速度加热时变形到固定的数值时的温度，通常规定所指定的变形量为 0.6%，同时也需要 1.0%、2.0% 和 4.0% 所对应的温度。

　　3. 蠕变率

　　蠕变率是指耐火材料在一定的压力，如 0.2MPa，以固定的升温速度升温到一定温度后，保温一定的时间，所得到的耐火材料的变形量，用百分率来表示（应注明所保持的温度和时间）。

　　一般影响蠕变率的因素有：

　　（1）材质；

　　（2）使用条件；

　　（3）显微组织结构。

　　4. 耐火度

　　耐火度是指耐火材料在无外力作用时抵抗高温作用而不熔化或软化的能力。对于耐火材料，耐火度与熔点表征的意义是不同的。熔点是纯物质的结晶相与其液相处于平衡状态下的温度。

　　常见耐火原料及耐火制品的耐火度见表 8-5。

表 8 - 5　　　　　　　　常见耐火原料及耐火制品的耐火度（℃）

名　称	耐　火　度	名　称	耐　火　度
结晶硅石	1730 ~ 1770	高铝砖	1770 ~ 2000
硅　砖	1690 ~ 1730	镁　砖	> 2000
硬质黏土	1750 ~ 1770	白云石砖	> 2000
黏　土	1610 ~ 1750		

5. 高温体积稳定性

耐火材料在高温下长期受热过程中，将使物相继续变化，产生重结晶反应和烧结现象，随之引起体积的膨胀或收缩。收缩过大将使耐火材料出现裂纹、变形，抵抗温度急变的能力和抗渣侵蚀能力降低，从而影响其耐用性。

高温体积稳定性通常用耐火材料试样的线变化率来定量地表示耐火材料的好坏。线变化率可以通过式（8 - 11）计算，即

$$P = \frac{L_t - L_0}{L_0} \times 100\% \qquad (8 - 11)$$

式中　L_0——试样在室温下的长度，mm；

　　　L_t——试样加热至试验温度 t 时的长度，mm。

6. 重烧线变化

烧成的耐火制品再次加热到规定的温度，保温一定时间，冷却到室温后，所残存的以原长度的百分率表示的收缩或膨胀。其大小表征制品的高温体积稳定性。重烧线变化的大小可以衡量制品的烧成是否良好。重烧线变化过大的，对使用极为有害，如砌筑炉顶的制品，重烧收缩过大时，则会有砌砖脱落，引起整体结构破坏。对于其他砌体，也会使砌体开裂，破坏其砌体的整体性并降低炉料抗侵蚀的能力，加速砌体损坏。

7. 抗爆裂性

耐火、耐磨材料在快速升温过程中，由于内部产生的气体无法及时排出而造成耐火、耐磨层粉碎性破坏或崩裂。抗爆裂性能是耐火、耐磨材料的重要性能之一。循环流化床锅炉的结构和点火启动的特点，对耐火、耐磨材料的抗爆裂性有较高的要求。

8. 抗热震性

抗热震性是指耐火材料制品对温度迅速变化所产生损伤的抵抗性能。抗热震性也称为热震稳定性、抗温度急变性、耐急冷急热性等。

耐火材料在使用过程中，经常遇到环境温度的急剧变化，导致制品产生裂纹、剥落甚至崩溃。此种破坏作用限制了制品和窑炉（特别是循环流化床锅炉）的加热和冷却速度，限制了窑炉操作的强化，是制品、窑炉损坏较快的主要原因之一。

影响耐火制品抗热震性指标的主要因素是制品的物理性质，如热膨胀性、热导率等。一般来说，耐火制品的热膨胀率越大，抗热震性越差；制品的热导率越高，抗热震性越好。此外，耐火制品的组织结构、颗粒组成和制品形状等均对抗热震性有影响。

一般采用直形砖水急冷法测定耐火制品的抗热震性。其要点是将长为 200 ~ 230mm、宽为 100 ~ 150mm、厚为 50 ~ 100mm 的直形砖的受热端面伸入到预热至 1100℃ 的炉内 50mm，保持 20min。保温过程完成后，从炉内取出试样，迅速将其受热端浸入到流动冷水中急冷

3min，然后干燥。用试样受热端面破损一半的热循环次数表征其抗热震性。

　　YB/T 4018—1991《抗热震标准》采用长条试样实验法测定烧成致密耐火制品的抗热震性。其原理是将 $230mm \times 114mm \times 31mm$ 或 $230mm \times 65mm \times 31mm$ 的试样放在加热装置的均热板上，以规定的速度将一个面加热到实验温度，保温一定时间后，从加热装置中取出，置于空气中冷却。以试样热震前后抗折强度的保持率评价其热震损伤程度。

　　循环流化床锅炉负荷调节范围大，变化速率高，点火启动过程中耐火、耐磨层内温度变化大，温度梯度大的特点，要求耐火、耐磨材料有较好的热震稳定性。

　　9. 抗渣侵蚀性

　　抗渣侵蚀性指耐火材料在高温下抵抗炉渣侵蚀和冲刷作用的能力。

　　耐火材料的抗渣性主要与耐火材料的化学矿物组成及组织结构有关，另外也与其相关的条件有关。采用高纯度耐火原料，改善制品的化学矿物组成，尽量减少低熔物及杂质的含量，使制品中产生液相及与外界开始反应的温度提高，是提高制品抗渣侵蚀性能的有效方式。再者是注意耐火材料的选材，尽量选用与渣的化学成分相近的耐火材料，减弱它们界面上的反应强度，如碱性冶金炉衬应选用碱性耐火材料，或是尽量改变渣的成分，使其向所用的耐火材料成分靠拢，也是改善耐火材料抗渣侵蚀性能的方式之一。另外，耐火材料在使用中，还应该注意到所用材料之间化学特性应相近，防止或减轻在高温条件下的界面损毁反应。

　　循环流化床锅炉床料有的带酸性，有的带碱性。烟气中还有酸性气体。这些都对耐火耐磨材料的抗侵蚀性有要求。

　　五、不定形耐火耐磨材料的作业性能

　　1. 流动性

　　耐火耐磨浇注料的流动性是指耐火耐磨材料加水或其他流体混合剂，搅拌均匀后，在自重和外力作用下的流动性能，以流动值 D_f 表示

$$D_f = (D - 100)/100 \tag{8-12}$$

式中　　D——浇注料在自重或外力作用下平均铺展的直径，mm。

　　一般流动值达到 $60\% \sim 90\%$ 时，即为合适用水量。

　　2. 可塑性

　　泥料在外力作用下变形而不开裂，外力解除后，不再恢复原状的性能叫泥料的可塑性。它对耐火耐磨材料的施工性能和施工质量的优劣有很重要的作用。

　　3. 凝结性和硬化性

　　不定形耐火耐磨材料拌合料逐渐失去流动性和可塑性，成为具有一定强度的凝固状态，该过程为凝结过程。这一过程所需时间为凝结时间。拌合物开始凝聚成为一定结构，并开始失去可塑性时为初凝。当这种结构开始具有一定强度，并完全失去可塑性时为终凝。终凝后即硬化为具有一定强度的固体。凝结与硬化是紧密相接的两个过程。

　　拌合料凝结性主要由结合剂的性能所决定。所用结合剂不同，其凝结机理和条件也不同。水泥是耐火、耐磨浇注料最常用的结合剂，加水后经水化作用凝结（水硬性）。水玻璃结合剂加促凝剂氟硅酸钠后，在空气中室温条件下即可凝结（气硬性）。磷酸盐类结合剂要通过加热才能凝结（热硬性）。

　　凝结时间对拌合料施工有重要影响。凝结时间过快、过慢，均对施工有不利影响。凝结

过快，拌合料还来不及输送和浇注就会失去流动性，使浇捣不能顺利进行，或勉强浇捣而破坏已初步形成的硬化体结构，降低硬化强度。凝结过慢，则延长脱模时间，影响施工进度。

第五节　提高耐火浇注料耐磨性和热震稳定性的主要措施

　　循环流化床锅炉耐火耐磨层受固体粒子和气流冲刷，带来的磨损十分严重。锅炉的点火启动和快速的负荷调节对耐火、防磨层的抗热震稳定性提出了较高要求。提高浇注料的耐磨性和抗热震稳定性对循环流化床锅炉的长期安全运行、降低维修费用有十分重要的意义。

　　循环流化床锅炉用耐火材料分工作衬用耐火材料和隔热层用保温材料。最容易损坏的部位一般为工作衬用耐火材料。工作衬用耐火材料的损毁机理为：

　　（1）床料中的固体粒子和煤燃烧产生的湍流烟尘对内衬耐火材料的剧烈冲刷（尤其是在燃烧室壁及顶部和旋风分离器内壁），造成磨损；

　　（2）锅炉点火启动和负荷调节过程中，工作衬耐火层内外的温度差造成的热震；

　　（3）煤中所含的有害杂质，如硫、氮等在燃烧时产生的二氧化硫、氮氧化物等酸性气体，对耐火材料产生化学侵蚀和渗透剥落。

　　从锅炉实际运行观察，磨损和剥落是导致耐火材料失效的最关键因素。除了从锅炉运行上采取一些措施来降低耐火材料的磨损和剥落外，如何从本质上提高耐火材料的性能更为重要。下面以浇注料为例介绍如何提高耐火材料的耐磨性能和抗剥落性能。

　　1. 材料耐磨性的改善

　　（1）骨料（颗粒）的选择。耐火材料由不同的原料组成，耐火材料的耐磨性首先与原料的耐磨性相关，特别是与主要原料有关。耐火材料原料的结构组成决定了原料的耐磨性——硬度。碳化硅的硅和碳间牢固共价键结构赋予了材料高硬度，因此通常作为磨料使用；而方镁石的 M^{2+} 与 O^{2-} 间的离子键结构给予材料较低的硬度。表 8-6 列出了不同原料的硬度。

表 8-6　　　　　　　　　　　　　　　　　原 料 的 硬 度

原　料	碳化硅	刚玉	镁铝尖晶石	锆英石	氧化锆	莫来石	石　英	镁橄榄石	方镁石	叶蜡石
硬度（莫氏）	9.5	9	7.5~8	7~8	7	6~7	6~7	6.5~7	5.5	~2.8

　　不同生产方法生产的同材质原料，耐磨性也不同，如刚玉，气孔率较低的电熔致密刚玉的耐磨性优于电熔白刚玉，烧结刚玉的耐磨性逊于电熔刚玉。

　　烧结良好的特级、一级矾土熟料的主晶相为刚玉相，其耐磨性良好，是一种除碳化硅、刚玉外常用的 CFB 用耐磨原料。矾土熟料的氧化铝含量与其耐磨性密切相关，氧化铝含量越高，耐磨性越强。矾土熟料的烧结程度也影响到材料的耐磨性。原料烧结程度高，越致密，其耐磨性越强。矾土熟料作为耐磨原料，通常要求其吸水率小于 3%。

　　根据循环流化床锅炉不同部位对耐磨性的要求，采用不同的原料来制备耐磨耐火材料。

　　（2）结合剂的选择。耐磨浇注料一般采用水泥作为结合剂，但水泥的种类又很多，常用的如硅酸盐水泥、铝酸盐水泥（高铝水泥、纯铝酸钙水泥）。铝酸钙水泥本身按硬化时间和强度以及 Al_2O_3 含量又分为很多型号，如高铝水泥中的 625、725、925 水泥，高铝水泥 60，高铝水泥 70，烧结纯铝酸钙水泥以及电熔纯铝酸钙水泥。在材料设计中，根据使用部位的不同，综合考虑材料强度和耐火性能，选择不同的铝酸盐水泥。同一种水泥生产厂家也很多，如何选择水泥对耐火材料的强度性能影响很大。

硅酸盐水泥由于耐火度较低，且抗酸性较差，不适应循环流化床锅炉的应用，因此主要是铝酸钙水泥的选择。

（3）粉料的活性。循环流化床锅炉易磨损部位如炉膛密相区、旋风分离器入口等部位工作温度约在 850~950℃ 之间，一般不超过 1000℃。在此温度下，一般常用的耐火材料往往达不到烧结温度，因此整个耐火材料衬体在此工作温度下强度较低，很容易被冲刷磨掉。材料的烧结和粉体的活性密切相关，提高了粉体的活性，材料的烧结性也就得到大幅度提高。因此，材料中添加适量的超细微粉，其平均粒径小于 $2\mu m$，在较低温度下，能开始烧结而达到致密化。

另外，粉料活性的提高也增加了其化学反应活性，从而降低粉体间的化学反应温度，产生新的晶相。而这些新的晶相由于刚刚生成，活性更高，能进一步促进材料的烧结，提高耐火材料的强度和耐磨性。

（4）材料结构的致密化。致密化程度越高、气孔率越低的耐火材料耐磨性越好。为此，应用了颗粒最紧密堆积原理和超细微粉的分散技术。

根据实验和计算机模拟，耐火材料的整体粒度分布如能遵循下列 Dinger – Funk 公式，就可以使所设计的耐火材料达到最紧密堆积状态，从而获得致密化程度最高的状态

$$D_{d} = 100 \times \frac{d^{n} - d_{min}^{n}}{d_{max}^{n} - d_{mm}^{n}} \tag{8 – 13}$$

式中 d_{max}——临界颗粒尺寸；

d_{min}——最小颗粒尺寸；

d——在 d_{min} 和 d_{max} 之间任意颗粒尺寸；

n——粒度分布系数；

D_{d}——颗粒尺寸小于 d 的累积百分率。

在利用式（8 – 13）进行材料设计中，为达到最紧密堆积状态，临界颗粒尺寸 d_{max} 应尽量取大，而最小颗粒尺寸 d_{min} 尽量取小。

根据循环流化床锅炉衬体厚度的要求，临界颗粒尺寸一般为 15~5mm。如太大，对浇注料和可塑料而言就影响其施工性能，对耐火砖而言就影响其成型压坯。为了达到最小颗粒尺寸的要求，在材料中往往添加超细微粉（几种超细微粉的粒度分布见图 8 – 1），其最小粒径可达 $0.05\mu m$（即 50nm）。这样耐火材料各组分的堆积效率很高，材料的致密化程度也得到大幅度改善。图 8 – 2 为实际生产的浇注料的整体粒度分布。

需注意的是，由于添加了大量的超细微粉，这些超细微粉和结合剂铝酸盐水泥都极易团聚而影响材料各组分的堆积和浇注料的施工性能，为此必须添加适量的高效分散剂。这些高效分散剂能在水中电离出吸附能力强的阴离子，主要有两个重要作用：①由于结合剂铝酸盐水泥颗粒容易团聚，

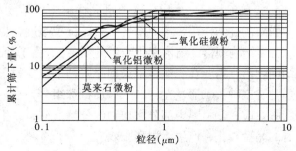

图 8 – 1 几种超细微粉的粒度分布图

团聚体带正电荷，分散剂被其吸附后，水泥颗粒团聚体被分散开来，既可减少水泥用量，又可增加铝酸盐水泥的总比表面积，充分发挥铝酸盐水泥的结合能力；②由于浇注料中添加了超细粉，因其有巨大的比表面积而容易团聚，其填充作用减弱了。但是在分散剂阴离子作用下，能改变团聚体表面电性，大大改变了复合超细粉的填充效果。宏观上表现为浇注料施工用水量减少、施工性能改善（流动性增加），中、低温强度有显著提高。

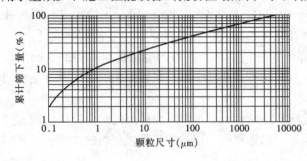

图 8-2　耐磨耐火浇注料整体粒度分布图

（5）钢纤维的加入。耐热钢纤维是用含铬镍等合金元素的不锈钢或耐热钢生产的，其截面规格为 0.2mm × 1.0mm，长度为 20、25、30 和 35mm。实验和生产实践表明：任何一种耐火浇注料、耐火可塑料中，外加质量为 1% ~ 5% 的耐热钢纤维，均可达到增强和增韧的效果（即提高材料的强度和抗热震性）。选择钢纤维时要根据使用部位的条件，慎重选择合适的钢纤维。否则，由于钢纤维的熔融和氧化，将损伤或破坏耐火浇注料的组织结构，造成施工衬体的使用寿命下降。

2. 抗剥落性的改善

耐火材料衬体剥落分为两种：热剥落（热震剥落）和结构剥落。

（1）热震剥落。耐火材料的热震稳定性既依赖于材料本身的热学和力学性能，还受热震条件、热应力大小与分布、材料的几何尺寸以及结构等因素的影响。

根据热震理论，可以采取如下措施来改善浇注料的热震稳定性：

a. 添加材料。在浇注料中有意引入热膨胀系数不同的材料，使不同材料在急冷急热过程中由于热膨胀失配而产生微裂纹，提高了裂纹扩展时的断裂表面能 G，从而改善浇注料的热震稳定性，如采取特级高铝熟料、一级高铝熟料、全天然电熔、烧结莫来石等复合配料，以达到提高热震稳定性的目的。

b. 加入高导热性材料。在浇注料中引入适量的不锈钢纤维，或以碳化硅为基的耐火浇注料，因其具有很高的导热率，故可提高整体材料的导热性，改善浇注料的热震稳定性。

c. 改变显微结构。在浇注料中引入低温下容易烧掉的有机纤维，达到改变浇注料气孔孔径大小，分布的目的，使材料中气孔微细、不连续、无贯通状态存在，使裂纹不易扩展，从而改善材料的热震稳定性。同时，添加有机纤维还可以有效避免施工衬体在初次烘炉排除水分时发生衬体爆裂。

d. 控制液相量的生成。减少耐火材料中低熔物相，控制液相量的生成，使材料不容易发生强烈的烧结作用，从而降低材料的抗拉强度，提高材料的热震稳定性。

（2）结构剥落（结构变化产生的剥落）。为了使衬里材料在高温下保持体积稳定性，减少结构剥落，需要在浇注料中添加膨胀剂来减少衬里材料的收缩。使衬里材料减少收缩的方法通常有三种：①通过在材料中添加特殊组分，在一定条件下相互间发生化学反应，产生体积膨胀效应；②材料中部分添加物的分解反应，产生体积膨胀；③加热升温过程中，加入物自身的晶型转化，产生体积膨胀效应。

第六节　循环流化床锅炉新型耐火浇注料、可塑料、保温浇注料

常规耐火浇注料，可塑料在抗热震稳定性、耐磨性、抗剥落等方面满足不了循环流化床锅炉的要求。近年来我国有关研究院和耐火材料公司研究开发了新型耐火浇注料、可塑料、保温浇注料。

一、抗热震耐磨浇注料（以 KR－75 为例）

1. 抗热震耐磨浇注料主要用原料

选用的主要原料有特级高铝熟料、一级高铝熟料、全天然电熔莫来石、纯铝酸钙水泥、$\alpha - Al_2O_3$ 微粉、SiO_2 微粉、莫来石微粉、钢纤维和添加剂等。表 8－7 列出了主要原料的化学成分和物理性能。

表 8－7　　　　　　　　　　　主要原料的主要理化性能

项目 名称	化 学 成 分 （％）							体积密度 （g/cm³）	吸水率 （％）
	Al_2O_3	SiO_2	Fe_2O_3	R_2O	CaO	F.C.	I.L.		
特级高铝熟料	≥85.0	—	≤2.0	<1.0	≤0.6	—	—	≥3.00	≤3.0
一级高铝熟料	>80.0	—	≤2.5	≤1.0	≤0.6	—	—	≥2.80	≤5.0
全天然电熔莫来石	70~72	26~28	≤0.8	<1.0	—	—	—	≥2.82	≤3.0
纯铝酸钙水泥	≥80.0	<0.5	<0.5	—	12~18	—	<0.5		
$\alpha - Al_2O_3$ 微粉	>99.0	≤0.1	<0.1	≤0.5	—	—	<0.2		
二氧化硅微粉	≤1.0	≥90	≤0.8	—	≤0.7	<1.5	≤2.5		

2. 浇注料中材料临界尺寸的选择

浇注料衬体形状复杂，对流动性要求较高，临界尺寸取 5、3mm，甚至 1mm。浇注料衬较薄时，采取较小的临界尺寸。如果衬体形状简单、较厚，可以将临界尺寸放大至 8、10mm。为获得某些特殊性能，如抗剥落性、改善热震稳定性，可在浇注料中加入一定比例的超大颗粒，如 25、40mm 的颗粒。

3. 浇注料粒度分布

根据最紧密堆积原理和分形几何学相关理论，确定浇注料的粒度分布。

4. 改善抗热震稳定性

（同抗热震剥落）。

5. KR－75 型抗热震耐磨高铝浇注料的物理性能

表 8－8 列举了 KR－75 型抗热震耐磨高铝浇注料的施工性能参数和理化性能指标。

表 8－8　　　KR－75 型抗热震耐磨高铝浇注料的施工性能参数和理化性能指标

项　　目		指　标	实　测　值
化学成分（％）	Al_2O_3	≥70.0	76.82
	CaO	<1.5	0.92
加水量（％）		5.0~6.0	5.5

项　　目		指　标	实　测　值
振动流动值（%）		15～20	17
凝结硬化时间（温度20～30℃，相对湿度75%～85%）（h）		3～6	4.5
抗爆裂温度（℃）		500	550
磨损量（cm³）		≤10	6.73
热震稳定性（次）		≥25	＞40
永久线变化率（%）	110℃×24h	0～-0.3	-0.01
	1100℃×3h	±0.5	-0.10
	1450℃×3h	±0.5	-0.20
显气孔率（%）	110℃×24h	≤18	16
	1100℃×3h	≤16	16
	1450℃×3h	≤16	15
体积密度（g/cm³）	110℃×24h	2.70～2.85	2.77
	1100℃×3h	2.70～2.85	2.76
	1450℃×3h	2.70～2.85	2.77
常温抗折强度（MPa）	110℃×24h	≥8	15.0
	1100℃×3h	≥10	14.9
	1450℃×3h	≥10	11.6
常温耐压强度（MPa）	110℃×24h	≥60	95.1
	1100℃×3h	≥80	113.1
	1450℃×3h	≥80	112.8

二、高耐磨刚玉质浇注料

某耐火材料研究院研制了 BA061 型高性能、高耐磨刚玉浇注料。该浇注料有高耐磨性、优良的热震稳定性及优异的各种常规物理性能。

1. 原材料的选用

为确保锅炉炉衬具有持久的耐用性，传统的单一材质的耐火材料很难满足要求，必须针对各种破坏因素，设计成多组分的复合耐火材料。该复合耐火材料具有高耐磨、抗热震、耐侵蚀等性能。参考国内外相关文献并结合我们的实际经验，将循环流化床锅炉炉衬设计成以刚玉为主材质，辅以抗酸、抗热震的添加剂为次材质的复合材料。

为保证优良的使用性能，所研制的浇注料必须具备如下物理性能：

（1）在低加水量下具有良好的流动性；

（2）恰当的施工时间和凝结硬化性能；

（3）合适的线变化率、体积密度、气孔率；

（4）良好的热震稳定性；

（5）优异的耐磨性能；

（6）良好的抗剥落性能；

（7）良好的抗酸性碱性介质侵蚀的性能。

为满足上述的性能要求，并根据我国循环流化床锅炉的容量大小、用途、燃料种类和操作条件，采用我国丰富廉价的原料——刚玉，开发研制了系列锅炉用耐磨刚玉浇注料。

刚玉浇注料用主要原材料为电熔棕刚玉、电熔白刚玉、$\alpha-Al_2O_3$ 微粉、二氧化硅微粉和纯铝酸钙水泥等。表8-9列出了试验用主要原材料的化学成分及物理性能。

表8-9 试验用原材料及主要理化性能

	原料 项目	电熔棕刚玉	电熔白刚玉	$\alpha-Al_2O_3$ 微粉	二氧化硅微粉	纯铝酸钙水泥
化学成分（%）	Al_2O_3	≥95.0	99.62	99.65	≤1.0	82.00
	SiO_2	≤1.2	0.04	0.03	91.68	0.27
	Fe_2O_3		0.03	0.02	≤0.8	0.25
	R_2O	—	0.20	0.04	—	—
	CaO				≤0.7	14.00
	TiO_2	1.5~3.8	—	—		
	I.L.			0.15	≤2.5	
耐火度（℃）		>1790	>1790			>1750
体积密度（g/cm³）		≥3.60	3.81			—
比表面积（cm²/g）						>3500

2. 良好的结合剂

为使耐磨刚玉浇注料的结合剂保证良好性能，必须考虑以下因素：

（1）合适的凝结硬化时间，赋予浇注料有足够的施工作业性能；

（2）早期强度要高，而且在整个使用温度范围内具有足够高的结合强度；

（3）具有一定的抗酸性，在酸性环境中具有安定性，能够在使用过程中不发生溃散。

耐磨浇注料的结合剂通常选用纯铝酸钙水泥和磷酸盐系结合剂。如果长期使用温度在700~1000℃之间，则使用磷酸盐系结合剂比较合适，不仅结合强度高、耐磨，而且热震稳定性好。如果不特别强调中等温度下的使用性能则以低水泥结合剂作为首选。以铝酸钙作结合剂的耐磨浇注料已开发研制成功。BA061型高性能耐磨刚玉浇注料使用了以纯铝酸钙水泥为主结合剂，以微粉和 $\rho-Al_2O_3$ 作助结合剂。其结合机理为

$$CA + H \rightarrow CAH_{10} + AH_3 + CH$$
$$C_2AH_8 + AH_3 + CH \rightarrow CH + f \rightarrow SiO_2 \rightarrow C \rightarrow S \rightarrow H \quad 胶体化合物$$
$$C_3AH_6 + AH_3 + CH$$

纯铝酸钙水泥按上述反应生成了六方片状或针状的 CAH_{10}、C_2AH_8、立方状 C_3AH_6 晶体和 Al_2O_3 凝胶体，产生水化结合，建立了浇注料的早期结合强度，同时生成的 Ca（OH）$_2$ 与加入的 SiO_2 超微粉生成 C—S—H 胶体化合物。在干燥过程中，C—S—H 胶体经过脱水群聚成硅氧烷网状（—Si—O—Si—）结构而增加了浇注料的结合强度。—Si—O—Si—网状结构中 Si 与 O 之间的键并不随温度升高而溃散。当温度升到足够高时，SiO_2 网状结构（薄膜）与其所包裹的细微 Al_2O_3 颗粒逐渐发生反应生成莫来石，形成交错结构，因此强度很高，使

浇注料基质也具有很好的耐磨性。同时由于生成的莫来石结合相热膨胀系数低，并与基质中的刚玉相等形成复相，大大提高了浇注料的热震稳定性。

$\rho - Al_2O_3$ 的特性是遇水后能发生水化反应并形成三羟铝石 $[Al(OH)_3]$ 和勃姆石凝胶 $[AlOOH]$。反应式如下

$$\rho - Al_2O_3 + 2H_2O = Al(OH)_3 + AlOOH \tag{8-14}$$

通过添加剂的加入来抑制三羟铝石而促进勃姆石凝胶的生成，在碱金属、碱土金属离子及微粉的共同作用下，产生凝结硬化，能明显增加浇注料的结合强度。

3. 复合超微粉填充剂

在耐火材料，特别是不定形耐火材料中引入超细粉可导致材料施工性能，密度及中、低温强度等一系列性能的改善。目前，在耐火浇注料中广泛使用的超细粉有 SiO_2、Al_2O_3、SiC 和 A_3S_2。这些超细粉粒径小、比表面积大、活性高。例如国产 SiO_2 微粉价格低廉，SiO_2 含量在 $90\% \sim 96\%$ 之间，比表面积为 $3 \times 10^5 cm^2/g$ 左右，平均粒径小于 $0.5\mu m$，显微结构呈微细的球状粒子。这些球状微粒填充在材料间隙，能减少骨料、粉料间的摩擦，在分散剂的作用下，可大大降低施工用水量，提高材料的致密度和强度，对于提高材料的耐磨性能是大有好处的。

在研制、生产 BA061 型高性能耐磨刚玉浇注料的过程中，主要采用的超细粉有 SiO_2、Al_2O_3 和 A_3S_2 等，其粒度分布的累积百分率如图 8-1 所示。由图 8-1 可知，尽管 SiO_2、Al_2O_3 和 A_3S_2 超细粉的中值粒径差别不大，但 SiO_2 微粉粒度分布的分散性要小得多，粒径基本小于 $2\mu m$。另外，在显微镜、电镜下进行微观观察发现，SiO_2 微粉粒子形状比 Al_2O_3、A_3S_2 更接近于球形，从而认为 SiO_2 活性更大，恰当使用时效果更佳。

研究工作中使用了 SiO_2、Al_2O_3 和 A_3S_2 复合微粉，期望能充分发挥其填充和减水作用，以改善材料的施工性能、强度和耐磨性能。

4. 复合添加剂

为改善循环流化床锅炉用耐火材料的施工性能、耐磨性能，要在其中引入多种添加剂，如分散剂、防爆剂、膨胀剂等。

通常使用的分散剂如三聚磷酸钠、六偏磷酸钠、FDN 等，它们能在水中电离出吸附能力强的阴离子，主要有两个重要作用：

（1）由于结合剂纯铝酸钙水泥颗粒容易团聚，团聚体带正电荷，分散剂被其吸附后，水泥颗粒团聚体被分散开来，既可减少水泥用量，又可增加纯铝酸钙水泥的总比表面积，充分发挥纯铝酸钙水泥的结合能力；

（2）由于浇注料中添加了复合超细粉，因其有巨大的比表面积而容易团聚，其填充作用减弱了，但是在分散剂阴离子作用下，能改变团聚体表面电性，大大改变了复合超细粉的填充效果，宏观上表现为浇注料施工用水量减少、流动性增加，中、低温强度有显著提高。

为满足循环流化床锅炉炉衬对高强度、高耐磨性能的要求，对浇注料进行了最紧密堆积设计，浇注坯体非常致密，在干燥、烘烤过程中，游离水很不容易排出，稍有不慎，局部就会发生爆裂，影响使用效果，严重时使整个浇注衬报废。因此，在浇注料中掺加了防爆剂，该防爆剂防爆机理为：防爆剂为聚丙烯类纤维，在 $100 \sim 250^{\circ}C$ 之间能熔化，留下均匀微细气孔，有利于水蒸气排出，降低了浇注坯体内的蒸汽压力。对于一般致密浇注料来讲，只要坯体内的蒸汽压力小于 $0.33MPa$，干燥烘烤时就不会爆裂。通过调整防爆剂的加入量，就可以

使坯体在烘烤时不爆裂。

若要减少衬里材料的收缩，还需要在浇注料中添加膨胀剂。使衬里材料减少收缩的方法通常有三种：

（1）通过在材料中添加特殊组分，在一定条件下发生化学反应，产生体积膨胀效应，如二次莫来石化反应、二次尖晶石化反应等；

（2）材料中部分添加物的分解反应，如蓝晶石、红柱石、硅线石等在 1200～1550℃ 之间加热，在莫来石化反应的同时，产生体积膨胀；

（3）加热升温过程中，加入物自身的晶型转化，产生体积膨胀效应，如硅石的晶型转化。

合理地使用膨胀剂，能够使衬里材料在高温下保持体积稳定，减少结构剥落，改善热震稳定性。

5. 刚玉浇注料的性能

（1）施工性和抗爆裂性。由表 8-10 中所示的结果可知，耐磨增强剂、结合剂和防爆剂对加水量、振动流动值、凝结硬化时间和抗爆裂性都有不同程度的影响。各组试验加水量都是比较低的，流动值也较大，都能满足施工要求。如果单纯从施工性能的角度讲，加水量越低，流动性好，施工性能就越好。有时，为了增强某些特殊性能，如耐磨性，在不碍大局的前提下，可以牺牲一部分施工性能。同样地，为确保施工体在干燥烘烤期间的安全而加入了一部分防爆剂，对施工性能稍有不利影响。根据以往的试验，浇注料的抗爆裂温度大于 500℃ 就能保证施工后材料烘烤时的安全性。不管何种浇注料，都希望有合适的凝结硬化时间来确保施工所需时间。如果在低加水量情况下，凝结硬化时间太短，材料还未来得及施工完就已发生凝结硬化，那么就会劣化施工衬体的性能，包括强度、耐磨性等一系列性能，严重影响使用寿命。当试验所确定的凝结硬化时间为 3～6h 时，就能完全满足施工要求。

表 8-10　　　　　　　　　　施工性和抗爆裂性

项目 \ 配比		X1	X2	X3	X4	X5	X6
加水量（%）		4.2	4.2	4.4	4.4	4.5	4.6
振动流动值		68	53	55	56	52	58
施工性		+++	+++	+++	+++	+++	+++
凝结硬化时间（h）		4	4	4	3.5	3.5	3.5
抗爆裂性	450℃	○				○	○
	500℃	×	○	○	○		
	550℃					×	×
	600℃		×	×	×		

注　1. +最坏，+++++最好；○不爆裂，×爆裂。

　　2. 测凝结硬化时间时，室温为 29℃，相对湿度为 82%。

（2）耐磨性和热震稳定性。目前，国家还没有关于耐火材料耐磨性的统一标准。因此，开展本试验工作时，借鉴了美国耐磨性试验标准 ASTMC 704—94。表 8-11 列出了耐磨性和热震稳定性试验结果。

表 8 – 11　　　　　　　　　　　　耐磨性和热震稳定性

项 目　　　配 比	X2	X3	X4	X5	X6
磨损量（cm³）	8.74	5.67	5.42	4.49	3.77
热震稳定性（1100℃，水冷），次	14	20	23	> 25	> 25

注　热震稳定性试样经 927℃ × 3h 热处理。

从表 8 – 11 试验结果可知，对于耐磨浇注料来说，不论单独加入还是复合加入耐磨增强剂，均能提高材料的耐磨性，尤其是加入复合耐磨增强剂，能大大提高材料的耐磨性能。$\rho - Al_2O_3$ 在某些添加物作用下，能明显增加水化产物中的胶结相，增强基质结合能力，可同时改善材料的热震稳定性和耐磨性，因此，$\rho - Al_2O_3$ 作为一种辅助结合剂而被加入。

（3）施工性能和理化性能。表 8 – 12 表明，BA061 型高性能高耐磨刚玉浇注料具有良好的施工性能和耐磨性。

表 8 – 12　　　　　　　　　　高耐磨刚玉浇注料的理化指标

项 目		指 标	实 测 值
化学成分（%）	Al_2O_3	≥85	85.78
	CaO	< 1.5	1.22
施工用水量（%）		4.5 ~ 5.0	4.6
振动流动值（%）		50 ~ 70	58
凝结硬化时间（h）		3 ~ 6	3.5
抗爆裂性（℃）		500	≥500
热震稳定性（次）		≥25	> 25
耐磨性（cm³）		≤5	3.77
永久线变化率（%）	110℃ × 24h	0 ~ - 0.3	- 0.01
	1100℃ × 3h	± 0.5	- 0.40
	1450℃ × 3h	± 0.5	- 0.10
显气孔率（%）	110℃ × 24h	≤15	10
	1100℃ × 3h	≤15	14
	1450℃ × 3h	≤15	14
体积密度（g/cm³）	110℃ × 24h	≥2.95	3.09
	1100℃ × 3h	≥3.00	3.12
	1450℃ × 3h	≥3.00	3.08
常温抗折强度（MPa）	110℃ × 24h	≥10	18.9
	1100℃ × 3h	≥15	> 46
	1450℃ × 3h	≥15	32.6
常温耐压强度（MPa）	110℃ × 24h	≥80	114.6
	1100℃ × 3h	≥120	197.5
	1450℃ × 3h	≥120	202.8

三、通达耐磨耐火浇注料、可塑料

根据循环流化床锅炉对耐火耐磨材料的要求，北京某耐火技术公司研制了 D–17M 耐磨耐火浇注料、D–17MT 捣打料、D–166 可塑料等产品。

1. 耐磨耐火浇注料——D–17M

（1）特点。该料由致密坚硬的优质矾石和刚玉复合做骨料，加入各种微粉、纯铝酸钙水泥，外加耐磨增强剂配制而成，耐磨性和抗热震稳定性较好，施工性能优良，中温强度不下降。

（2）使用部位。主要用在循环流化床锅炉的布风板、放渣管、炉膛密相区以及炉膛出口、旋风分离器等结构较复杂、可以立模浇注且振动较小的部位。

2. 耐磨耐火捣打料——D–17MT

（1）特点。选择致密坚硬的骨料、较小的临界颗粒直径，采用多级颗粒级配，选择优良的结合剂、超微粉和外加剂，配制成水硬性的耐磨捣打料，使材料致密度提高，以满足施工的要求和使用效果。

（2）使用部位。需要使用耐磨耐火材料部位的顶部、立面等，结构复杂不易支模振捣的部位。

3. 刚玉耐磨耐火可塑料——D–16S

（1）特点。该料由刚玉骨料及细粉和各种超微粉配制而成，采用复合磷酸盐结合基质，外加耐磨增强剂和增塑剂等，具有耐火温度高的特点，在高温下形成磷酸盐的三维网络状结构，使其具有常温强度高，中温强度不下降的特点，增强了材料在高温下耐磨损的性能。高温热态强度的提高，使材料的耐侵蚀性和抗熔蚀性增强。具有良好的可塑性，施工简单，适合现场捣打预制。

（2）使用部位。在循环流化床锅炉的水冷壁顶部、燃烧室、旋风分离器、水冷风室、布风板、点火器等处，采用地面预制或现场手工捣打施工。

4. 快硬性水玻璃结合耐火可塑料——D–13S

（1）特点。快硬性水玻璃结合耐火可塑料，初凝速度快，混合性好，便于施工和检修。其高温性能好，中温强度下降低，高温下体积微膨胀，整体性强，硬化后有良好的耐水性。

（2）使用部位。主要用于锅炉炉顶密封穿墙管、烟道等。

5. 轻质保温浇注料——DL–5、DL–7、DL–10

（1）特点。主要采用页岩、膨胀珍珠岩、漂珠、水泥等原材料配制而成，导热系数低、隔热性能好。

（2）使用部位。主要用于需要隔绝热传导，防止热散失，且不承受磨蚀的部位，如锅炉设备炉墙隔热密封层及炉顶、炉门和看火孔盖等有隔热保温要求的部位。

6. 耐火隔热浇注料——DL–14

（1）特点。采用多孔轻质熟料做骨料。多孔轻质熟料本身具有堆积容重小、颗粒强度高、耐火温度高和热导率低等特点，用它配制的耐火材料使用温度能达到 1400℃，具有体积密度小、高温线变化小、高温强度高、热导率低的特点。

（2）使用部位。主要用于对温度和导热系数要求较高的隔热层部位。需要隔绝热传导、防止热散失，且不承受磨蚀的部位。

7. 耐磨耐火砖

（1）特点。耐磨耐火砖分两种：一种由耐磨耐火浇注料浇注成型，然后进行烘干处理，耐压强度高，耐磨性好，具有与耐磨耐火浇注料一样的优良性能；一种以磷酸盐作为结合剂，采用高铝质、莫来石质或锆刚玉等材质的原料，压制成型后进行高温烧结，形成强度高、耐磨性能优良的耐磨砖。

（2）使用部位。耐磨耐火砖一般使用在带埋管的循环流化床锅炉重型炉墙、绝热型旋风分离器、冷渣器、点火器等处。

这些材料的理化性能见表8-13和表8-14。

表 8-13　　　　　　　　　　　　浇注料、可塑料的理化性能

项 目	指 标	耐火浇注料 D-16	耐磨浇注料 D-17M（T）	耐磨可塑料 D-16S	耐磨 耐火砖
制品的容重（kg/m³）		2600	2750～2950	2750～2850	2650～2800
耐压强度（MPa）	110℃		90～100	≥65	
	1100℃	≥80		90～100	80～90
抗折强度（MPa）	110℃		10	≥8	
	1100℃	≥10		≥15	
烧后线变化率（%）	1100℃	＜-0.4	-0.4	-0.4	-0.03
热震稳定性 1100℃水冷次数		≥25	≥25		≥25
耐磨指数（cm³）			≤6	≤7	≤7
可塑性指数				40～60	
成型方式		浇 注	浇注或手工捣打	手工捣打	

表 8-14　　　　　　　　　　　　保温浇注料、保温砖理化性能

项 目	指 标	耐火保温浇注料 DL-10	保温浇注料 DL-7	保温浇注料 DL-5	耐火 保温砖
制品使用温度（℃）		≥1100	≥900	≥800	≥1100
制品的容重（kg/m³）		900～1000	750	500～600	1000
耐压强度（MPa）	110℃	≥2	≥1.2	≥1	≥6
抗折强度（MPa）		≥1.0	≥0.6		
导热系数［W/（m·K）］	350℃（平均）		≤0.20	≤0.13	
	900℃（热面）	0.23			≤0.32
线变化率（%）	540℃		≤-0.7	≤-0.8	
	815℃	≤-0.6			≤-0.7

四、武汉某炉料有限责任公司耐火耐磨材料

从1996年开始，针对循环流化床锅炉各部位耐火材料内衬的工作特点，武汉某炉料有限公司开发出了分别运用于炉墙、炉顶、燃烧室及旋风分离器各部位的耐火浇注料，耐火可塑料和耐火砖系列产品。性能如表8-15～表8-17所示。

表 8-15 GJ 耐火浇注料理化性能

| 牌 号 | 容重 (g/cm³) | 抗压强度（MPa） | | 烧后线变化 (%) | Al₂O₃ (%) | 耐火度 (%) | 最高使用温度 (℃) | 使用部位 |
		110℃烘干	1000℃×3h烧后					
GJ-1A	2.50	≥30	≥60	±0.3	≥65	≥1790	1350	炉墙、炉顶
GJ-2A	2.65	≥60	≥90	±0.2	≥75	≥1790	1400	燃烧室
GJ-1B	2.80	≥80	≥100	±0.2	≥80	≥1790	1600	旋风筒、点火器

表 8-16 JKD 耐火可塑料理化指标

| 牌 号 | 容重 (g/cm³) | 抗压强度（MPa） | | 1400℃×3h烧后线变化 (%) | Al₂O₃ (%) | 耐火温度 (℃) | 施工方法 |
		110℃烘干	1000℃×3h烧后				
JKD-1	2.50	≥30	≥80	0～0.2	≥60	≥1790	捣打

JKD 耐火材料具有中温强度不下降、高温强度高、热震稳定性好和抗剥落性强。

表 8-17 JG2 耐火耐磨砖性能

牌 号	容重 (g/cm³)	常温耐压强度 (MPa)	Al₂O₃ (%)	气孔率 (%)	耐火温度 (℃)
JGZ-75	2.60	≥60	≥75	≤18	≥1790
JGZ-80	2.75	≥80	≥80	≤16	≥1790

第七节 循环流化床锅炉燃烧系统耐火防磨层使用部位、运行工况及对材料的要求

一、燃烧系统耐火防腐层使用部位

图 8-3 指出了循环流化床锅炉燃烧系统内耐火防腐层的使用部位。一般循环流化床锅炉燃烧系统由风室、燃烧室、分离器、返料器、料腿及连接管组成。物料的分离与循环燃烧发生在燃烧系统内，为满足隔热、防磨要求燃烧系统内各部位需采用耐火防磨层。

二、燃烧系统各部位的运行工况和对耐火防磨材料的要求

1. 风室

采用风室前燃油热烟气发生器点火时，风室内的温度为 600～800℃，整个风室内壁必须敷设绝热层，减少散热损失，保护风室内壁，减少点火油耗。一般选用保温混凝土，其主要成分为珍珠岩、蛭石或轻质骨料等。

2. 燃烧室下部

燃烧室下部燃烧温度一般为 850～1000℃。粒子颗粒粗，浓度大。离布风板一段高度内（二次风口以下）为缺氧燃烧区。流化速度为 5.0～5.5m/s。根据防磨、防腐蚀和热平衡的要求，在燃烧室下部一定高度内要敷设一层带销钉的耐火防磨绝热层，其厚度为 50～150mm。该部位材料要求耐高温，耐磨损。若是重型炉墙一般选用高铝质或刚玉质材料制成的耐火、耐磨砖。若是轻型炉墙选用高铝质或刚玉质材料的浇注料。浇注料须经高温烧结，而该部分工作温度如上所述为 850～1000℃，达不到烧结温度。为此，一般在浇注料中加入一些降低其烧结温度的某种添加剂。该区为还原性气氛，也可选用碳化硅材料。

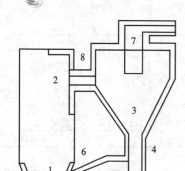

图 8-3　循环流化床锅炉耐火耐
磨层敷设部位示意图
1—燃烧室下部；2—燃烧室出口和顶部；
3—旋风分离器；4—料腿；5—返料器；
6—返料管；7—分离器出口；8—连接
管；9—风室

3. 燃烧室出口

燃烧室出口和顶部由于气流方向改变和还有一定的粒子尺寸和浓度，要求敷设一层耐火防磨层。该区的工作温度为 800 ~ 900℃，气流速度为 5.5 ~ 6.0m/s，燃烧在一定的氧化气氛下进行，与燃烧室下部相比运行工况较好。此区选用高铝质材料即可。由于碳化硅材料的热不稳定性，在此区不宜采用。

4. 旋风分离器

旋风分离器内气流中的粒子由于离心力的作用碰壁而分离下来，对分离器内壁产生严重磨损。该区工作温度为 850 ~ 950℃。分离器内壁必须敷设绝热、防磨内衬。该部位宜选用烧制好的高铝质（Al_2O_3 含量大于 85%）砖或刚玉砖，也可采用高铝—刚玉质复合材料砖。由于刚玉质材料的抗热应力性能差，复合料中刚玉质成分不宜太高。分离器在氧化气氛下工作，由于碳化硅热稳定性差，不宜采用。

5. 料腿、返料器和返料管

料腿、返料器和返料管工作温度为 400 ~ 850℃（与分离器工作温度有关），粒子浓度高，粒子细。工作条件相对较好，但仍须布置绝热防磨层。一般选用高铝质材料即可。这些部位施工条件困难，要特别注意施工工艺，确保施工质量。

第八节　循环流化床锅炉耐火防磨层运行中的主要问题及预防

一、耐火防磨层运行中的主要问题

（1）燃烧室下部耐火层被固体颗粒切削、冲刷而磨损，造成损坏。

（2）高温旋风分离器内耐火层被固体颗粒冲刷、切削而磨损，造成损坏。

（3）循环流化床锅炉点火启动或停炉过程太快。紧急抢修时，采取强制通风冷却，造成耐火层内温度急剧变化，产生很大的热应力，造成耐火层开裂，脱落。

（4）耐火层钢制外壳上未留排气孔，烘、煮炉和点火启动时，蒸汽从耐火层内侧排出受阻，造成耐火层产生裂纹和脱落。

（5）燃烧系统中有些死区，烘、煮炉时很难烘干，点火启动时又太快，造成大量水气排出受阻而引起耐火层开裂和脱落。

燃烧室中耐火层脱落，破坏流化质量，引起床层结渣，被迫停炉除渣块。

分离器及其管路上耐火层脱落，堵塞返料器，使飞灰循环燃烧系统失效，被迫停炉检修。

二、预防耐火防磨层开裂、脱落的措施

（1）针对流化床燃烧锅炉系统各部分的工作温度和燃烧气氛，合理地选用耐火防磨层材料，这是保证耐火防磨层长期安全运行的最重要措施。

（2）采用浇注料时，保证骨料［使用较多的有刚玉、碳化硅、特级高铝（$Al_2O_3 \geq$ 85%）］和粉料的质量，选择合适的结合剂（磷酸盐、耐火水泥）和添加剂。

（3）在浇注料中适量加入钢纤维，改善耐火防磨层的整体性能。另外适量加棉质纤维。棉质纤维在烘炉过程中会烧失，留下许多非贯通的孔隙。这些孔隙能使烘炉过程中产生的水蒸气顺利排出，防止耐火防磨层因水气排不出去而产生爆裂和脱落。

（4）耐火防磨层外如有钢壳（如旋风分离器），在外壳的适当部位布置排汽孔。烘炉和点火启动过程中耐火层侧水气排出受阻时，能通过钢壳排出，防止耐火层爆裂和脱落。

（5）耐火材料制品和浇注料施工时严格按施工工艺进行，确保施工质量。

（6）锅炉安装完毕之后有半个月到一个月的自然干燥期，使耐火层中大部分水分能析出。防止烘炉时，大量水气不能及时排出而使耐火层产生爆裂和脱落。

（7）严格按烘炉升温曲线进行烘炉，严格按点火启动升温曲线进行点火启动。防止烘炉和点火启动过程中升温过快，由于产生的水气不能及时排出，冲破耐火防磨层。防止耐火防磨层内温度梯度大，产生巨大的热应力，使耐火防磨层裂开和脱落。

第九节 循环流化床锅炉耐火材料的行业标准

目前循环流化床锅炉用耐火材料有两种标准，即黑色冶金行业标准和电力行业标准，分别介绍如下。

一、黑色冶金行业标准

（1）YB/T 4108—2002 循环流化床锅炉用耐磨耐火砖标准。

（2）YB/T 4109—2002 循环流化床锅炉用耐磨耐火浇注料标准。

表 8 - 18 和表 8 - 19 为循环流化床锅炉用标准耐火砖、耐磨耐火浇注料理化指标。

表 8 - 18　　　　　　　　　循环流化床锅炉用标准耐火砖理化指标

项　　目		指　　标		
		NMZ - 1	NMZ - 2	NMZ - 3
Al_2O_3（%）	≥	55	65	80
显气孔率（%）	≤	21	20	19
体积密度（g/cm^3）	≥	2.40	2.70	2.85
常温耐压强度（MPa）	≥	60	70	90
抗热震性(1000℃，水冷)(次)	≥	20	20	20
常温磨损量（cm^3）	≤	9	8	6

表 8 - 19　　　　　　　循环流化床锅炉用标准耐磨耐火浇注料理化指标

项　　目		指　　标		
		NMJ - 1	NMJ - 2	NMJ - 3
Al_2O_3（%）	≥	60	65	70
体积密度（g/cm^3）（110℃×24h 干后）	≥	2.40	2.60	2.80
常温耐压强度（MPa）（110℃×24h 干后）	≥	55	60	65
常温耐压强度（MPa）（1000℃×3h 烧后）	≥	80	90	100
常温抗折强度（MPa）（110℃×24h 干后）	≥	7	8	9
常温抗折强度（MPa）（1000℃×3h 烧后）	≥	9	11	13
烧后线变化（%）（1000℃×3h）		− 0.3 ~ + 0.3	− 0.3 ~ + 0.3	− 0.3 ~ + 0.3
常温磨损量（cm^3）（1000℃×3h烧后）	≤	9	8	7
抗热震性（次）（1000℃，水冷）		20	20	20
最高使用温度（℃）		1400	1450	1500

注 最高使用温度指材料在该温度下煅烧 5h 后收缩率不大于 1.5% 的温度。

二、电力行业标准

耐磨耐火材料的电力行业标准目前正在制定中，表8－20～表8－22所列常用材料的理化指标为征求意见稿的指标。

表8－20 循环流化床锅炉耐火浇注料理化指标

项 目		指 标		
		DMJ－1	DMJ－2	DMJ－3
耐磨性（cm³）	900℃×3h	≤9	≤8	≤6
体积密度（kg/m³）		≥2400		
耐压强度（MPa）	（110℃±5℃）×24h	≥60	≥70	≥80
	1000℃×3h	≥80	≥90	≥100
抗折强度（MPa）	（110℃±5℃）×24h	≥10	≥11	≥12
	1000℃×3h	≥11	≥12	≥14
热震稳定性（次）	900℃，水冷	≥25		
烧后线变化率（%）	1000℃×3h	±0.5		
耐火度（℃）		≥1710	≥1750	≥1770
化学成分	$\dfrac{Al_2O_3}{SiC}$	≥45 / ≥30	≥60 / ≥50	≥70 / ≥70
	Fe_2O_3	≤2.0		
	CaO	≤1.0		

表8－21 循环流化床锅炉可塑料及捣打料理化指标

项 目		指 标		
		DMK－1/DMD－1	DMK－2/DMD－2	DMK－3/DMD－3
耐磨性（cm³）	900℃×3h	≤9	≤8	≤6
体积密度（kg/m³）		≥2400		
耐压强度（MPa）	（110℃±5℃）×24h	≥50	≥60	≥70
	1000℃×3h	≥75	≥80	≥90
抗折强度（MPa）	（110℃±5℃）×24h	≥8	≥9	≥10
	1000℃×3h	≥11	≥13	≥15
热震稳定性（次）	900℃，水冷	≥25		
烧后线变化率（%）	1000℃×3h	±0.5		
耐火度（℃）		≥1710	≥1750	≥1770
可塑性指数（%）		15～40		
化学成分（%）	$\dfrac{Al_2O_3}{SiC}$	≥45 / ≥30	≥60 / ≥50	≥70 / ≥70
	Fe_2O_3	≤2.0		
	CaO	≤1.0		

注 DMD－1、DMD－2、DMD－3不要求可塑性指数指标。

表 8 – 22　　　　　　　　　　　　循环流化床锅炉耐火耐磨制品理化指标

项　目		指　标		
		DMZ – 1	DMZ – 2	DMZ – 3
耐磨性（cm^3）		≤8	≤7	≤6
体积密度（kg/m^3）		≥2400		
耐压强度（MPa）	（110±5）℃×24h	≥80	≥90	≥100
抗折强度（MPa）	（110±5）℃×24h	≥9	≥10	≥11
热震稳定性（次）	900℃，水冷	≥20		
重烧线变化率（%）	1000℃×3h	±0.3		
耐火度（℃）		≥1730	≥1750	≥1770
0.2MPa荷重软化温度（℃）		≥1420	≥1470	≥1500
显气孔率（%）		≤21		
化学成分（%）	$\dfrac{Al_2O_3}{SiC}$	≥45 ≥30	≥60 ≥50	≥70 ≥70
	Fe_2O_3	≤2.0		
	CaO	≤1.0		

第十节　循环流化床锅炉耐火耐磨材料的施工和材料选择

　　耐火材料主要砌筑在循环流化床锅炉的布风板上表面、炉膛水冷壁下部、炉膛出口区域、屏式过热器下部、旋风分离器入口烟道、旋风分离器筒体、回料阀、旋风分离器出口烟道、尾部烟道前墙上部、冷渣器、风室、点火风道以及各类门孔、密封盒等部位。对带埋管的循环流化床锅炉，下部燃烧室为重型炉墙，上部燃烧室有的为带光管水冷壁的重型炉墙，有的为带膜式水冷壁的轻型炉墙。重型炉墙用耐火耐磨砖砌筑。

　　循环流化床锅炉砌筑耐火耐磨层的部位燃烧运行工况各异，施工条件不同，有的施工很困难。耐火耐磨材料的施工必须注意施工工艺，保证施工质量。施工质量的好坏对材料的使用寿命有很大的影响。好的材料如果没有一个好的施工质量作保证，同样达不到满意的效果。

一、耐火耐磨材料在施工过程中应注意的问题

1. 浇注料施工

　　浇注料在施工过程中，首先要严格控制搅拌中的加水量。加水量过多，成型后材料内部气孔率高，材料强度大大降低（根据研究，加水量每增加1%，材料的强度降低5%左右）；加水量太少，材料流动性不好，振动不密实，容易留下气孔、洞穴等，强度也大大降低。

　　其次要控制搅拌时间和振动时间。搅拌时间太短，材料混合不均匀，不密实，强度降低；振动时间过长，材料易产生分层，细粉浮在表面，骨料沉在底部，导致材料强度降低、易剥落。

　　浇注料施工应在5℃以上的环境下进行。因为温度太低、材料不易凝固，即使凝固，也是一种假凝现象。

2. 可塑料（捣打料）施工

捣打料在搅拌时要求用混碾机或强力搅拌机，因为该材料黏性较大，所以搅拌时间应尽可能长，以使材料能混合均匀。在捣打时，有条件的可使用机械捣打，没有条件的可用木锤人工捣打，但要保证捣打的密实度。捣打料与捣打料之间的结合面，一定要进行处理，否则容易形成分层。

由于捣打料属热硬性材料（浇注料为水硬性材料），因此施工完后应保持一定的环境温度，使捣打料能快速硬化。

3. 销钉（锚固件）的处理

在锅炉内有很多销钉（锚固件）。销钉是金属材料，它受热后的膨胀系数远远大于耐火材料的膨胀系数。如果销钉不进行预处理而直接将耐火材料敷设在上面，在销钉与耐火材料的接触面上就会形成网状裂纹，导致耐火材料最后开裂、脱落。

4. 耐火砖砌筑

首先在耐火砖的选择上要特别注意耐火砖不能有裂纹、层裂（有些是在耐火砖里面）、缺边、掉角等外观质量问题。其次是耐火砖的化学成分、密度、烧后强度和烧成温度（烧成温度越高越好）等理化指标达到设计要求。

耐火砖是耐火泥浆砌筑而成，如果耐火泥浆的强度不高，将首先被冲刷掉，导致整块耐火砖松动，直至脱落。耐火砖在砌筑时要求灰缝饱满，砖缝为 2～3mm。此外，一个班（8h）一次砌筑耐火砖的高度以 1.2m 左右较为合适。因为这样既能保证砖缝饱满、符合砖缝要求，又能使砖缝受压均衡。

二、各部位的施工工艺

1. 水冷布风板施工

水冷布风板由膜式水冷壁和风帽组成。为了绝热和防磨的要求，需浇注耐火耐磨浇注料，形成一个绝热防磨层。耐火浇注料浇注之前必须将风帽小孔用胶带粘盖，防止浇注料堵塞小孔。由于浇注料与风帽金属的膨胀量不同，为保证运行中它们能自由膨胀，施工前将风帽外表面包裹 3mm 厚的陶瓷纤维纸。施工时，应以某侧墙为起点，向有人孔的另一侧墙顺序浇注施工。每次浇注一个宽约 300～500mm 的狭条，并用振动棒捣实。施工过程中，可在没有施工的部位铺上一条木板，供操作人员站踩和行走。

2. 炉膛密相区膜式水冷壁施工

炉膛下部为密相区，即粒子浓度最高区域。大量的、激烈的回混物料严重冲刷四周膜式水冷壁。为防止膜式壁磨损和绝热的要求，在燃烧室下部一定高度的膜式水冷壁上面必须敷盖一定厚度的绝热耐火防磨层。在下炉膛四周水冷壁区域，有许多开孔，包括出渣口、回灰口、回料口、启动燃烧器开口、二次风口、测温测压口及人孔。对于所有管口，除测温管及启动燃烧器处浇注孔与该管外径相同外，其他管口浇注孔径应与该管口的内径相同，且与相应管口同轴。

施工前，要求对炉膛底部所有部位用压缩空气进行一次吹扫，清除炉底部的杂物。

此外，在回料阀口、启动燃烧器口周围处的膜式壁上或密封盒板上还应焊一些 Y 形抓钉，以固定这些开口周围区域的耐磨浇注料，这些抓钉应在施工前涂沥青。

施工时，炉膛底部四周水冷壁不可能作为一体而同时施工，应分片进行。左、右墙由于不宽且结构简单，可独立为一片进行施工。前后墙较宽，分片施工。分片时，炉膛的四角应完整分为一片，分界面应距角部 300mm 以上。分片时，耐磨耐火材料可按尺寸 1000mm×800mm 的面积交替施工，即间隔位置施工，以便保留有规则的伸缩缝。

3. 炉膛上部悬吊屏及炉膛出口施工

高温烟气携带着床料粒子从炉膛进入旋风分离器时，在流经烟气出口处，气固两相流动速度急剧增大，出烟口及其相邻的后水冷壁部分区域受到粒子的冲刷磨损，因此在出烟口和周边炉膛区域分别预焊了短的圆销钉，并浇注 28mm（水冷壁管径外表起）厚的耐磨耐火浇注料。

悬吊屏有水冷屏、过热屏。锅炉运行中，高温烟气携带床料直接冲刷悬吊屏下沿及相应前后水冷壁。所以在弯管处水冷壁及屏下部都预焊销钉设置耐磨层。管屏平面耐磨层厚度为 25mm，侧面水冷壁厚度为 34mm（从水冷壁管径外表算起）。由于耐火防磨层厚度较薄，并有弯头，不易支模，采用耐磨可塑料捣打施工。

4. 旋风分离器入口段及顶部内衬施工

大型旋风分离器的顶棚面积较大，若按正常仰面施工，难度较大，更不容易捣实，是施工的一大难点。在施工中，一般情况下可采取割开顶棚板，加开施工孔的办法。割下的护板要做好标记，妥善保管。割开护板时，应根据抓钉和护板外部槽钢的布置情况而定，开方孔约 200mm×200mm，均匀分布。也有采取不割开护板直接从下部支模浇注的方案。

旋风分离器入口段顶棚及筒体顶棚设计为两层：保温层和耐磨层，内层为 150mm 厚的耐磨浇注料，外层为 200mm 厚的保温浇注料。施工时先浇注耐磨层，待其凝固后再浇注保温层。浇注保温层时不需留膨胀缝，对于保温层浇注不到的地方，应从顶棚下面及时补上捣实。浇注料施工前，应将 Y 形抓钉按要求焊好，涂以沥青。因为顶部保温层有 200mm 厚，有足够浇注振捣间隙，加上浇注料的流动性能好，能够满足浇注施工的要求。

具体施工步骤是按照图纸规定的耐磨材料的厚度支好模板，顶部要装吊挂砖的要装好吊挂砖，并检查、调整吊挂砖的长度与模板保持 2~5mm 的间隙。旋风分离器筒体顶棚的施工分成两种类型若干部位分别进行，中心筒体周围 350~450mm 的区域和圆环部分平均分成 6 个扇形区域。两区域之间应用陶纤纸留 3mm 的膨胀缝。施工时，首先浇注中心筒周围的耐磨耐火材料，浇注时采取从侧向向里浇注的方式。其他圆环部分施工时，应分开进行，每相邻部位应用陶纤纸留 3mm 的膨胀缝。顶部施工顺序是先施工耐磨浇注料再施工保温浇注料，分片支模进行施工，一次支模面积为 600mm×600mm，支模高度为耐磨层厚度。每模先施工耐磨浇注料，施工时要振动密实。待耐磨浇注料凝固后（至少需要 12h），再施工保温浇注料，保温浇注料采用捣打法施工，注意捣打密实。旋风分离器入口段顶棚的施工与旋风分离器筒体顶棚的施工方法相同。

旋风分离器入口段侧墙总厚 304mm。膨胀节周围以及形状不规则难以布置成型砖的部分内侧采用 304mm 厚的浇注料结构，用 Y 形抓钉固定。内层为 150mm 厚耐磨浇注料，外层为 154mm 耐火保温浇注料。先施工保温浇注料，采用捣打施工，待保温浇注料凝固后再进行耐磨层的施工。耐磨层施工采用支模浇注法，应按要求振捣密实。在施工旋风分离器入口处拐点时，应按照图纸圆弧过渡。

5. 旋风分离器施工

高温烟气携带着大量床料粒子进入旋风分离器，在旋风分离器内高速旋转，依靠离心力作用将固体颗粒分离下来，再顺其下部料腿流入回料阀。因此高温旋风分离器是循环流化床锅炉中冲刷、磨损较为严重的部位，也是防磨最重要的部位。每个旋风分离器由入口烟道和旋风筒组成，旋风筒自上而下由筒体、锥体及料腿所组成。在筒体及料腿内水平安装支撑托板，固接在金属壳体的内壁上，用以支撑内部的耐磨保温材料，实现分层承载。

在施工旋风分离器耐磨耐火浇注料前，必须清除筒体内的各种杂物及筒壁上的铁锈，还要认真检查筒体内焊件以及焊口的质量，特别是在旋风分离器筒体内沿高度方向均匀布置的一圈圆托砖架。同时还要检查筒体内有无漏焊的地方。为了施工和运送材料的方便，先搭好必要的平台和架子，设置好起重工具，还可以开一些临时人孔（以后待砖砌到该开孔处时，先焊好孔，再砌砖）。

为保证旋风分离器的筒体砌筑后形状合乎设计规范，施工过程中，应随时用模具检查每一圈砌砖后的尺寸（直径和圆弧率）。准确合适的模具是避免防磨耐火层偏离设计现象发生的重要工具。

旋风分离器耐磨耐火材料的施工应从下料腿底部开始。首先是盆口部分，一般采用耐磨浇注料，直至第一层托架上部形成一托转台。因为砖是砌在已浇注的托砖梁上，所以必须待托砖梁达到常温强度后才能开始砌砖。托砖梁的圆度和水平度一定要准，以保证砌砖的圆度和水平度。砌砖时，应从里（工作面）向外砌，即先砌耐磨砖内壁，要保证内壁的圆度，然后砌筑保温砖，最后填捣保温浇注料。回料腿与锥体连接处应留好膨胀缝。第一层托架上下侧缠上8mm厚陶瓷纤维纸。从第一层托架沿锥体向上应严格按照图纸要求留膨胀缝。

安装时，所有膨胀缝内填陶纤毯。砖缝均应按照设计要求，砌砖时必须错缝。

6. 回料器施工

回料器是将分离器分离下来的物料输送到炉膛的装置，内部结构较为复杂，由下行流道、水平流道、上行流道、回料斜管、入口斜管及布风装置组成。为防止磨损，整个箱体需浇注350mm厚耐磨浇注料，耐磨浇注料浇注前，需将风帽外罩取下，施工时不允许将浇注料浇入风帽内管、进风管内，进风管螺纹及螺纹以上部分也不允许有浇注料，因此需有稳妥可靠的预防措施。由于非金属耐磨耐火材料与进风管的膨胀量不同，为保证运行中它们能自由膨胀，在施工耐磨耐火浇注料前将布风板上所有进风管与浇注料接触部分的外表面缠上3mm厚的陶瓷纤维纸。浇注时要保证设计尺寸。回料器为耐磨和保温两层结构，总厚350mm，用Y形抓钉固定。内层为150mm厚耐磨浇注料，外层为保温层。保温层施工采用浇注法，应按要求振捣密实。

7. 冷渣器施工

冷渣器是冷却炉膛底渣的装置，结构较为复杂，由进渣管、水冷组件、出口壳体、布风装置等组成。施工时按照步骤先施工四周耐火保温浇注料，再支模浇注耐磨耐火浇注料，冷渣器顶盖最后浇注。在地面预制、吊装时应注意变形。冷渣器分两室，中间用砖墙隔开。

8. 门孔施工

在有耐磨耐火材料内衬的下列部位设有门孔：炉墙下部两侧墙，旋风分离器入口段右侧墙、出口烟道左侧墙、分离器料腿外侧，回料阀返料管前侧、回料阀弯管外侧。另外，在冷渣器前侧和后侧也设有门孔。门孔周围的炉墙用耐磨浇注料浇注而成，由抓钉支撑，门的内侧同样用耐磨浇注料浇注而成，由抓钉支撑。浇注时应支模浇注，模芯应与所安装的设备或钢管外侧保持一致，尺寸和角度都要准确。木模芯的外表面要涂上一层油或包一张薄油纸，以方便拆装。施工时要里外两侧同时浇注，如开孔较大还要以设备的中心线划分为上下两部分进行，并用振动棒捣实浇注料。

9. 水冷风室施工

该部位工作温度为 600~800℃，由于没有颗粒冲刷且气流速度慢，因此不存在磨损的问题，主要是考虑材料保温、隔热性能。该部位一般采用抓钉固定的保温混凝土层，材质主要是珍珠岩、蛭石或轻质骨料等。

第十一节　循环流化床锅炉烘炉和点火启动对耐火层的保护

循环流化床锅炉燃烧系统各部分大多由耐火耐磨浇注料或可塑料覆盖。这些覆盖内衬都在现场施工，不可避免地存有游离水、结晶水等不同形态的水分。在受热升温过程中，如果水分迅速蒸发，产生的蒸汽压力超过内衬的结合力，可能使内衬爆裂损坏，甚至可能造成大面积倒塌。内衬中难免有应力集中，如果再加上初始热膨胀过快、不均匀，也会由于热应力而受到损坏。因此，内衬材料的干燥——烘炉是新施工或大修后 CFB 锅炉启动运行前的一项重要工作，烘炉质量直接影响耐火耐磨内衬的寿命和 CFB 锅炉运行的可靠性。

一般，烘炉要实现的目标为：

（1）为避免水分快速蒸发而导致内衬损坏，必须使耐火耐磨材料内的水分缓慢蒸发析出，而且得到充分的干燥；

（2）干燥后，继续加热到一定温度，使耐火耐磨内衬材料充分固化，保持耐火耐磨层的高温强度和稳定性，提高耐火耐磨层强度；

（3）使耐火耐磨层缓慢、充分而又均匀地膨胀，避免耐火耐磨层由于热应力集中或耐火耐磨材料晶格转变时膨胀不均匀造成耐火耐磨层损坏等。

总之，掌握住缓慢而均匀地加热是保证烘炉质量的关键。

烘炉完成之后进行点火启动。点火启动过程中保证耐火耐磨内衬慢速温升，防止由于内衬内过大的温度梯度而产生过大的热应力使耐火耐磨内衬产生裂纹和破裂，这是点火启动过程中必须重视的问题。

烘炉有木材加小油枪烘炉和热烟气烘炉。点火有木柴、木炭固定床点火和燃油流态化点火。小型循环流化床锅炉一般采用木柴烘炉和固定床木炭点火。中大型循环流化床锅炉一般采用流态化油点火和热烟气烘炉（无焰烘炉）。

烘炉和点火启动过程中，既要达到烘炉要求并使点火成功，又要保护好耐火防磨层，使之不产生裂变和损坏，控制烘炉和点火升温速度是极其重要的。下面分别介绍烘炉和点火启动过程中的温控问题。

一、油枪烘炉

油枪烘炉一般分三个阶段：

第一阶段。为 110℃低温养护阶段。

第二阶段。为 250~530℃中温养护阶段。

第三阶段。为 850℃高温养护阶段，将在投入固体燃料时进行。

烘炉首先采用专供烘炉用的小油枪进行养护，然后用管道油燃烧器对燃烧室进行烘干。最后，视燃烧情况换用大油枪及投用启动燃烧器油枪进行旋风分离器和返料器的烘干。

烘炉必须严格按照烘炉温度曲线执行（见图 8-4），具体方法如下：

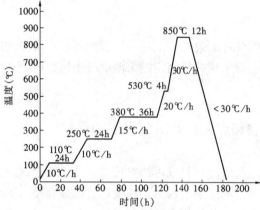

图8-4　循环流化床锅炉燃油烘炉温控曲线

（1）常温（约15℃）为起点，按10℃/h速率，升温到110℃，恒温24h。

（2）从110℃开始，按10℃/h速率，升温到250℃，恒温24h。

（3）从250℃开始，按15℃/h速率，升温到380℃，恒温36h。视实际燃烧情况投用启动燃烧器来帮助升温。

（4）在380℃恒温36h后，停炉检查内部浇注料有无脱落、开裂和穿缝现象。停炉过程中，应按小于30℃/h的速率进行降温，降到250℃后应逐步停用启动燃烧器、风道燃烧器和一、二次风机。炉膛温度下降到50℃后可开启各部位人孔门，保持自然降温。

二、热烟气无焰烘炉

1. 低温烘炉

低温烘炉的三个目标：

（1）使湿炉墙在80～110℃缓慢、均匀地排出游离水；

（2）使湿炉墙在250～330℃缓慢、均匀地排出结晶水；

（3）在300℃以上消除施工应力、增强固化强度。

低温烘炉温控曲线如图8-5所示。

2. 高温烘炉

高温烘炉温度提升速率可比低温烘炉快些，但仍须控制。图8-6表示了高温烘炉的温控曲线，具体方法如下：

（1）以25℃/h升温速率加热到150℃，接着以50℃/h升温速率加热到300℃，保温6h；

（2）以50℃/h升温速率加热到360℃，保温2h；

（3）以50℃/h升温速率加热到500℃，保温2h；

（4）以50℃/h升温速率加热到670℃，保温4h；

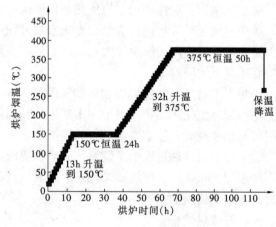

图8-5　低温烘炉温度控制曲线

（5）最后以50℃/h升温速率加热到850℃（运行温度）。

在烘炉的最后保温期结束前取出试块并检验，其含水量不大于2.5%即认为烘炉干燥合格。

三、点火升温过程

点火升温速度控制对保护耐火耐磨内衬有决定性的作用，一定要按升温曲线（图8-7）

控制点火过程。从图 8－7 可以看出：

（1）周围环境温度：20℃。

（2）以 25～35℃/h 的速率加热到 130℃。

（3）以 50℃/h 的速率加热到 300℃，保温 6h。

（4）以 50℃/h 的速率加热到 500℃，保温 2h。

（5）以 50℃/h 的速率加热到 670℃，保温 4h。

（6）以 50℃/h 的速率加热到正常运行温度 850℃。

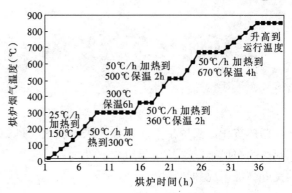

图 8－6　高温烘炉温升曲线

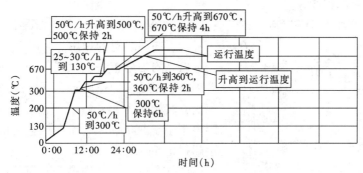

图 8－7　循环流化床锅炉点火温控曲线

四、投煤操作

达到投煤温度之后，启动中间一台给煤机，给煤量为锅炉额定给煤量的 10%。投煤 90s 之后，停止 3min，观察两个指标：一是床温变化率应为 +2～+5℃/min；二是燃烧室出口氧量有所下降，这表示加入的煤已着火。按此法断续投煤三次，床温上升 20～30℃，出口氧量下降为 2%～3%，这时给煤就可转为连续运行。然后根据锅炉启动温升曲线投第二、第三台给煤机。与此同时，由于床料增加，风室压力明显增加，燃烧室中、上部压力由负值转为正值。床温达到 800℃ 左右时，可切除油枪。

图 8－8 给出了锅炉投煤温度随燃煤挥发分的变化曲线。一条是国外公司推荐值，另一条是我国在已投运的多台 50MW 和 135MW 循环流化床锅炉上的实测值。两条曲线的趋势是一致的，但有较大差值。国外公司将投煤温度定得较高，以确保有足够的点火能量支持，投入给煤机后就连续给煤运行。国内是将投煤温度定得较低，通过数次断续给煤，以试点火的方式不断升高床温，然后转入连续给煤。采用后一种点火方式即能节省点火油，又可减小点火设备的容量。前种点火方式操作较简单和安全，缺点是点火油耗较大。

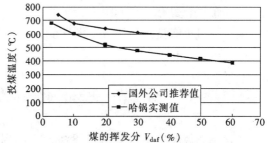

图 8－8　投煤温度与煤挥发分的关系

第九章
循环流化床锅炉风帽的漏渣及防磨措施

循环流化床锅炉是集煤燃烧、床料流化、热交换与污染物生成于一体的设备。循环流化床锅炉的布风装置是其重要组成部件之一，它决定着床料流化的质量，也就是决定了流化床的良好燃烧工况和热质交换。

第一节　循环流化床锅炉布风装置的组成、作用及要求

一、布风装置的组成
循环流化床布风装置由风室、布风板、风帽和绝热保护层组成，如图9-1所示。

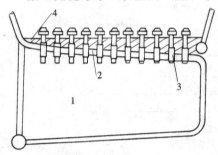

图9-1　布风装置的组成
1—风室；2—布风板；3—风帽；
4—绝热保护层

二、布风装置的作用
（1）均匀分布一次风的作用。一般一次风从风管以小于10m/s的速度进入风室。风室具有倾斜的底面，其倾角为8°~15°，倾斜底面离布风板的最短距离不小于500mm。气流在风室内的垂直上升速度不超过1.5m/s。

（2）布风板上有许多安装风帽的圆孔，一次风从风室进入各个风帽的中心孔，进行一次风的初步均匀分配。

（3）每个风帽上开有若干个$\phi4$~$\phi8$mm的小孔，再一次地将一次风进行细分，小孔风速一般取35~65m/s。

（4）布风装置除了均匀分配气流的作用之外，还应有一定的强度，起支撑床料的作用。

三、对布风装置的要求
（1）有一定的强度，在运行中不产生振动。
（2）风帽能耐高温和冲刷磨损。
（3）布风装置有一定的阻力，不使床渣漏入风室内。
（4）布风板有良好的热胀冷缩性能。
（5）风室上有人孔门。

第二节　循环流化床锅炉风帽的类型及结构特点

风帽是布风装置中最关键的设备，它起到细分一次风的作用。运行中风帽阻力不能过大，阻力大，则能耗大，风机功率大；也不能太小，太小容易发生漏灰现象。

1. 有帽头的圆柱形风帽

有帽头的圆柱形风帽的结构如图 9－2 所示，帽头上根据计算开有一定数量的小孔，小孔的直径一般为 $\phi 4 \sim \phi 6mm$。此种风帽结构简单，若风帽小孔堵塞，疏通方便。采用耐磨合金材料，布置中选取适当的风帽中心距离，风帽的工作寿命能保持一个大修期（3 年）。

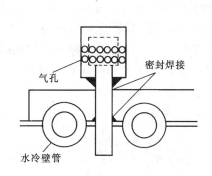

气孔　　密封焊接

水冷壁管

图 9－2　有帽头的圆柱形风帽

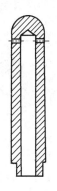

图 9－3　无帽头的圆柱形风帽

2. 无帽头的圆柱形风帽

无帽头圆柱形风帽的结构如图 9－3 所示，在圆柱形风帽的上端根据设计开若干个小孔，小孔直径为 $\phi 4 \sim \phi 6mm$。此种风帽无帽头，结构更简单，最省材料。若风帽小孔堵塞，疏通方便。采用耐高温、耐磨合金材料浇铸，风帽中心间距合适，风帽磨损不严重。

3. "⌐"字形风帽

"⌐"字形风帽的结构如图 9－4 所示，为美国 F&W 公司专利技术。此种风帽结构简单，出口孔径为 $\phi 20 \sim \phi 25mm$，风帽小孔不易堵塞。但在小孔流速低，低负荷时大渣易漏入风室内。另外，如布置不当，易发生后排风帽冲刷前排风帽"后脑袋"的情况。"⌐"字形风帽对定向排渣有利。

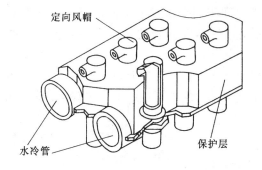

定向风帽

水冷管　　保护层

图 9－4　"⌐"字形风帽

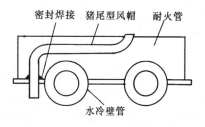

密封焊接　猪尾型风帽　耐火管

水冷壁管

图 9－5　猪尾风帽

4. 猪尾风帽

猪尾风帽的结构如图 9－5 所示，用不锈钢管弯成，为原奥斯龙公司专利技术。不锈钢管内径为 $\phi 20 \sim \phi 25mm$。此种布风装置不易发生床料泄漏情况。但是如果发生不锈钢管内床料堵塞，疏通十分困难。此种风帽基本上消除了风帽磨损问题。

5."T"字形风帽

"T"字形风帽结构如图9-6所示,此种风帽属原 ABB-CE 专利技术。风帽出口口径较大,只要出口气流速度设计合理,漏渣和堵塞都不会太严重,材料选用优质耐高温合金钢,磨损也不严重。

6.钟罩式风帽

钟罩式风帽结构如图9-7所示。风帽罩体直径达159mm,风帽之间距离约为270mm,风帽数量较少。风帽小孔直径为22.5mm。罩体与进风管之间采用螺纹连接,罩体损坏后易于更换。出口风速设计为50～70m/s,布风装置阻力较大,加上出风口与进风管小孔

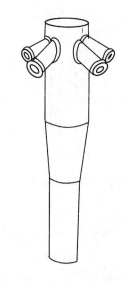

图9-6　"T"形风帽

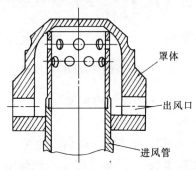

图9-7　钟罩式风帽

之间有一定的距离,防止床料漏入风室的性能好。这种风帽结构较复杂,长时间在高温下运行之后拆装困难。如发现风帽内部结渣,清渣工作量较大。

7.半球形卡箍式整体风帽

半球形卡箍式整体风帽结构如图9-8所示。这种风帽由两个铸件——带通风槽的帽头和进口短管组成。两部件之间采用卡箍式连接,取消了螺纹连接,克服了风帽在长期高温运行之后拆卸不方便的困难。该风帽的优点如下:

（1）风帽结构简单,拆装十分方便,只需旋转90度角即可拆装风帽,装卡到位后不会出现自动脱扣现象。

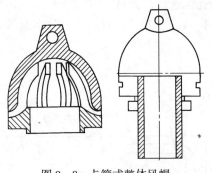

图9-8　卡箍式整体风帽

（2）帽头和连接短管均为铸造件,无需机械加工。

（3）帽头近似为半圆头形,减轻了床料的冲刷磨损。

（4）风帽设计出口速度合理,出口与连接短管端口之间有一定距离,这对防止床料漏入风室是有利的。

第三节　风帽小孔速度与布风装置阻力

风帽是布风装置的关键部件，它的性能对布风装置的阻力大小起决定性的作用，它的材料选择对防磨有决定性的影响。

风帽小孔速度是影响布风装置阻力的主要因素，也是影响流化床燃烧稳定性的主要因素。小孔风速高，布风装置阻力大，燃烧稳定性好；小孔风速低，布风装置阻力小，燃烧稳定性差，低负荷运行时容易产生床料流化不好，引起某些地方床料吹空，而某些地方床料沉积的现象。

布风装置的阻力由下列几部分组成

$$\Delta P_a = \Delta P_1 + \Delta P_2 + \Delta P_3 + \Delta P_4 \tag{9-1}$$

式中　ΔP_1——风帽进口局部阻力；

　　　ΔP_2——风帽中心管沿程阻力；

　　　ΔP_3——风帽小孔局部阻力；

　　　ΔP_4——风帽帽沿间局部阻力。

$$\Delta P_1 = \xi_1 \frac{u_1^2 \zeta_g}{2} \tag{9-2}$$

式中　ξ_1——风帽进口局部阻力系数；

　　　u_1——进风帽中心孔气流速度。

$$\Delta P_2 = \lambda \frac{l}{d} \xi_2 \frac{u_2^2 \zeta_g}{2} \tag{9-3}$$

式中　λ——中心管壁沿程阻力系数，一般取 0.03；

　　　l——中心管长度；

　　　d——中心管直径；

　　　u_2——风帽小孔入口气流速度。

$$\Delta P_3 = \xi_3 \frac{u_3^2 \zeta_g}{2} \tag{9-4}$$

式中　ξ_3——风帽小孔局部阻力系数；

　　　u_3——风帽小孔气流速度。

$$\Delta P_4 = \xi_4 \frac{u_4^2 \zeta_g}{2} \tag{9-5}$$

式中　ξ_4——帽沿间局部阻力系数；

　　　u_4——帽沿间气流速度。

通常风帽中心管直径比风帽小孔大许多，中心管内气流速度低，加上中心管长度不大于 200mm，而沿程阻力系数又小，故 ΔP_2 与 ΔP_1 和 ΔP_3 相比较小，可忽略不计。帽沿间气流速度比风帽小孔速度小许多，ΔP_4 也可忽略不计。

于是，布风装置阻力公式（9-1）可简化为

$$\Delta P_d = \Delta P_1 + \Delta P_3$$

$$= \xi_1 \frac{u_1^2 \zeta_g}{2} + \xi_3 \frac{u_3^2 \zeta_g}{2} \tag{9-6}$$

根据连续方程有　　　　　　　　　　　　$\Sigma f_1 u_1 = \Sigma f_3 u_3$

式中　Σf_1——风帽中心孔面积之和；

　　　Σf_3——风帽小孔面积之和。

令 $n = \dfrac{\Sigma f_3}{\Sigma f_1}$，则 $u_1 = nu_3$

故式（9-6）变为

$$\Delta P_d = \xi_1 \frac{(nu_3)^2 \zeta_g}{2} + \xi_3 \frac{u_3^2 \zeta_g}{2} = (\xi_1 n^2 + \xi_3) \frac{u_3^2 \zeta_g}{2} \tag{9-7}$$

《空气动力学计算标准方法》推荐 $\xi_1 = 0.5$，可通过实验方法测出布风板前后总阻力 ΔP_d，总风量（小孔速度）之后，根据式（9-7）计算出风帽小孔局部阻力系数 ξ_3。一般情况下（小孔水平布置），ξ_3 大约为 0.95。当风帽小孔下倾 15° 时，ξ_3 大约为 1.64。

从式（9-7）可以看出，$n < 1$，$\xi_3 = 0.5$，ξ_3 远大于 $0.5n^2$。如果作一般近似计算，可将式（9-7）简化为

$$\Delta P_d \approx \xi_3 \frac{u_3^2 \zeta_g}{2} \tag{9-8}$$

从式（9-8）可以看出，布风装置的阻力与风帽小孔局部阻力系数成正比，与风帽小孔速度的平方成正比。也就是说，设计布风装置时，正确选定风帽小孔速度和确定小孔的布置方式对布风装置阻力的影响是决定性的。

经验证明：为了维持床层运行的稳定性，防止床料漏入风室，布风装置的阻力应为整个床阻力（布风装置阻力与料层阻力之和）的 25%～30%。对有埋管的循环流化床锅炉布风装置，阻力为 2000～2500Pa 为宜；对膜式壁循环流化床锅炉布风装置，阻力为 2500～3000Pa 为宜。

第四节　布风装置的阻力特性曲线

图 9-9 为某一循环流化床锅炉布风装置的阻力特性曲线。对不同的布风装置，阻力特性曲线会有一些差异，但都存在一个阻力变化平稳区和一个阻力变化激烈区。当布风装置在 A 区工作时，阻力随风量的变化比较平稳，如风量从 750m³/h 变化到 1000m³/h 时，阻力变化只有 400Pa 左右。而当布风装置在 B 区工作时，阻力随风量的变化比较激烈，如风量从 1000m³/h 变化到 1250m³/h 时，阻力变化为 2300Pa 左右。试验研究指出，A 区和 B 区分界点的小孔风速一般在 35～45m/s。如果小孔风速偏低，布风装置在 A 区工作，风机压头较低，省电，但带来低负荷运行时料层运行不稳定，当燃烧脉动时，床料压力波动增值大于布风装置阻力，造成床料漏入风室内。相反的如果小孔风速偏高，布风装置在 B 区工作，要求风机压头较高，耗电，但在低负荷时，料层运行稳定，当燃烧脉动时，压力波动增值小于布风装置阻力，不会发生床料漏入风室内的情况。设计布风板时，要求风帽小孔速度大于 40m/s，也就是保证布风装置在额定负荷下的工作点落在靠近 A 区的 B 区。工作点也不宜离 A 区太

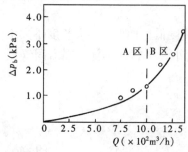

图 9-9　布风装置阻力特性曲线

远，否则布风装置阻力过大，风机压头过高，造成厂用电高。

第五节　循环流化床锅炉布风装置漏渣分析

布风装置发生床料漏入风室的情况在不同形式的循环床锅炉上均有发生，特别在"⊓"字形风帽布风装置上发生较多。什么原因造成床料从压力较低的床内通过布风装置漏入压力较高的风室呢？原因有二：一是布风板阻力太小，造成床层流化不稳定；二是由循环流化床锅炉燃烧过程中发生床压脉动引起。

一、布风装置压降对流化稳定性的影响

图 9－10 表示低阻力布风装置和高阻力布风装置对床层流化稳定性的影响。对低阻力布风装置，在某一个阻力下出现了三个不同的工作点，即在床层内不同的区域出现了三个不同的流化速度 u_1、u 和 u_2。速度 u_1 属固定床工作点，即此时床料没有流化，出现了死区；u 比临界流化速度稍高一点，属于流化区；u_2 在流化状态的良好区。当布风装置工作压降偏低时，流化床会运行在不稳定状态。在不稳定状态下，浓相床在流化床与固定床两

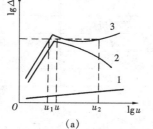
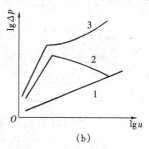

图 9－10　布风装置压降对床层流化稳定性的影响
(a) 低阻布风板；(b) 高阻布风板
1—布风装置阻力；2—床层阻力；3—床总压降

个状态下随机变化，使得燃烧发生很大的脉动。当脉动压力增值大于布风装置阻力时，床料就会漏入风室。对高阻力布风装置，没有流化床不稳定状态发生，一个布风装置阻力点对应一个流化速度。

二、燃烧脉动对床料漏入风室的影响

通过近几年来对循环流化床气动力学的研究，在下列问题上取得了一致的认识。即循环流化床烧宽筛分煤时，燃烧室下部存在一个一定厚度的鼓泡床。燃煤中粗颗粒越多，锅炉负荷越高，这个鼓泡床占有的高度就越大。气泡破裂时对燃烧产生的脉动较大。当燃烧脉动产生的压力增值大于布风装置阻力时，床料就会漏入风室内。

三、风帽种类对床料漏入风室的影响

根据上述分析可以得出以下结论：只要布风装置的阻力大于燃烧脉动产生的压力增值，布风装置就不会发生床料漏入风室的情况。所以，本章介绍的七种风帽，如果有足够大的阻力，燃烧脉动过程中都不会发生床料漏入风室的情形。反过来说，如果上述七种风帽没有足够大的阻力，燃烧过程中一旦发生脉动时，都有可能使床料漏入风室。

第六节　武汉石油化工厂 75t/h 烧石油焦
循环流化床锅炉布风装置的改造

一、原设计布风板结构

75t/h 烧石油焦循环流化床锅炉的布风板由后墙水冷壁下联箱引出的 44 根 $\phi 60 \times 5$ 的管

子形成。水冷布风板上装有 684 个定向风帽。风帽分 A 型、B 型两种，其中 A 型风帽 646 个，B 型风帽 38 个。风帽节距 $s_1 = s_2 = 120mm$。A 型风帽出口由 9 个 $\phi6mm$ 的小孔和一个 $\phi20mm$ 的大孔组成；B 型风帽由 9 个 $\phi6mm$ 的小孔和一个 $\phi16mm$ 的大孔组成。布风板截面积为 $9.8m^2$，布风装置的开孔率为 4%。

二、原布风装置阻力

在空床情况下进行了布风装置的阻力测定，测定结果见表 9-1。在一次风量为 $45000m^3/h$（标准状态下）的工作情况下，布风装置阻力仅为 1.0kPa 左右，布风装置阻力太小。

表 9-1　　　　　　　　　　　　　　原布风装置阻力

一次风量（m³/h，标准状态下）	小孔风速（m/s）	布风装置阻力（Pa）	一次风量（m³/h，标准状态下）	小孔风速（m/s）	布风装置阻力（Pa）
27500	19.1	400	42170	29.3	840
30200	21.0	510	45300	31.5	980
32960	22.9	580	47700	33.1	1080
36850	25.6	680	51100	35.5	1270
39800	27.6	750			

三、原布风装置运行情况

风帽漏床料现象十分严重。锅炉投运十余天后，停炉检查，发现风室内有大量床料。漏下的床料几乎占据了风室体积的 1/3。某一次漏入风室的床料发生二次燃烧，将风室严重烧损。

四、布风装置漏床料的原因分析

风帽漏床料的原因很多：风帽的结构形式、床料粒度、负荷大小和布风装置的阻力大小。根据武汉石油化工厂 75t/h 循环流化床锅炉布风装置的实际情况，分析其床料漏入风室的主要原因是布风装置阻力太小，容易产生较大的燃烧脉动。其次是每个风帽上都有一个大孔（$\phi20mm$）和许多小孔（$\phi6mm$）的布置形式不合理，造成大孔漏床料。

五、克服布风装置床料泄漏问题的改造措施

（1）改造原则。尽量少改动，还要达到增加布风装置阻力的目的。

（2）改造技术措施。

1）原风帽由帽头与连接短管构成，连接短管固定在布风板上。改造措施之一是在连接短管内增加一个节流环，节流环的外径为 34mm，内径为 26mm。

2）在风帽的大孔（A 形风帽的大孔为 $\phi20mm$，B 形风帽大孔为 $\phi16mm$）上加一段向下倾斜 30° 的短管，将气流方向从水平改为向下倾斜 30° 喷入燃烧室内。

六、改造后布风装置的阻力特性试验结果

表 9-2 为经上述两项改造后的布风装置阻力试验数据。从表 9-2 试验数据可以看出：

表 9-2　　　　　　　　　　　　改造后的布风装置阻力

一次风量（m³/h，标准状态下）	小孔风速（m/s）	布风装置阻力（Pa）	一次风量（m³/h，标准状态下）	小孔风速（m/s）	布风装置阻力（Pa）
25500	17.7	120	39000	27.1	1300
29800	21.0	650	51000	35.4	2150
34500	24.0	1030	56000	38.9	2160

（1）加节流环和大孔出口短管之后，在一次风量为 45000m³/h（标准状态下）时，布风装置的冷态阻力达到了 1500Pa，比改造前增加了 500Pa。

（2）改造后的运行结果表明漏床料的现象明显改善，连续运行一个月不需停炉清床料。

（3）改造后在一次风量为 45000m³/h（标准状态下）情况下，冷态布风装置阻力只有 1500Pa，仍然偏低。

七、布风装置第二次改造

经过上述改造之后还没有完全消除床料漏入风室的情况。另外，在点火过程中风室内的温度很难控制在 850℃以下，以至连接短管和节流环被烧坏，影响改造效果。

总结第一次改造的经验，认为增加布风装置的阻力克服床料漏入风室的方向是正确的。克服节流环烧坏是第二次改造的主要改造要求。

第二次改造的方案是将安装节流环的 $\phi 42 \times 4mm$ 的短管改为 $\phi 34 \times 3mm$ 的短管，取消节流环。也就是将原来内径为 34mm 的短管改为内径为 28mm 的短管。风帽出口大喷口的改造措施不变。

第二次改造后进行了布风装置的冷态阻力试验，试验数据见表 9 - 3。从表 9 - 3 的试验数据可以看出：第二次改造之后布风装置在 45000m³/h（标准状态下），一次风量时的阻力为 1765Pa，与第一次改造相比，阻力提高了 265Pa。

表 9 - 3　第二次改造后布风装置的阻力

一次风量（m³/h，标准状态下）	小孔风速（m/s）	布风装置阻力（Pa）	一次风量（m³/h，标准状态下）	小孔风速（m/s）	布风装置阻力（Pa）
20000	13.9	440	45000	31.3	1765
25000	17.4	670	50000	34.7	2280
30000	20.8	930	55000	38.2	2630
35000	24.3	1150	60000	41.7	3045
40000	27.8	1460			

八、布风装置改造结论

（1）增加布风装置阻力能减少燃烧过程中的脉动，克服布风装置漏床料的现象。

（2）为了防止点火过程中风帽连接短管被烧坏，建议材质采用 Cr25Ni20。

第七节　风帽的磨损及预防措施

风帽的磨损给循环流化床锅炉带来较大的维护工作量，也影响锅炉的连续运行。

一、风帽的磨损

风帽的磨损主要有以下几种形式：

（1）风从小孔出来带动床料高速冲刷邻近风帽，带来冲击和切削磨损。

（2）大量的回料从返料管进入燃烧室，横向对风帽带来冲刷磨损，如图 9 - 11 所示。

（3）燃烧室出渣口风帽的冲刷磨损（见图9 - 11）。

（4）锅炉压火期间风帽的氧化烧损。

二、风帽的防磨损措施

（1）风帽表面要光滑，避免有棱角。

（2）定向帽（如"¬"字形风帽）布置时要措开位置，防止后排风帽冲刷前排风帽的"后脑袋"。

（3）控制风帽小孔气流穿透深度小于风帽之间的净间距 H。

$$H = k/a(u_0/u)(\rho_a/\rho_b)0.5d_0 < (s - D)$$

式中　H——小孔气流穿透深度；

　　　K——气流相交角度的影响系数；

　　　a——紊流结构系数；

　u_0，u——分别为风帽小孔流速和流化速度；

ρ_a，ρ_b——分别为气流密度和床料密度；

　　　d_0——小孔当量直径；

　　　s——风帽节距；

　　　D——风帽外径。

（4）选择耐磨、耐高温氧化烧损的合金材料，延长风帽使用寿命。

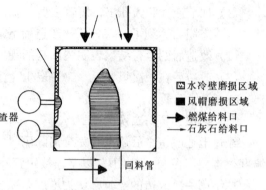

图 9–11　Nucla 电厂 420t/h 循环流化床锅炉风帽的磨损

第十章
循环流化床锅炉的燃烧事故及预防

层燃燃煤锅炉和煤粉燃烧锅炉已有了相当长的历史，积累了丰富的运行经验，运行中锅炉发生的燃烧事故较少。循环流化床锅炉是近二十余年来发展的一种新型燃煤锅炉，在运行方面的经验还有待积累，运行中的燃烧事故还常有发生。

本章将总结循环流化床锅炉最常发生的一些燃烧事故并提出其预防和处理措施。

第一节　循环流化床锅炉常发生的燃烧事故

循环流化床锅炉是一个流化床设备、燃烧设备和热交换设备的综合设备。床料（燃煤、灰渣和脱硫剂及其产物）的流化、燃烧反应、脱硫反应和热交换在燃烧室和循环燃烧系统中进行。循环流化床煤燃烧技术是一种先进的洁净燃烧技术，它的成熟性与层燃燃煤锅炉和煤粉锅炉相比还有一些差距。运行经验还有待积累，预防燃烧事故和处理燃烧事故的经验也有待积累和总结。

循环流化床锅炉常发生的燃烧事故：

（1）燃烧熄火。

（2）床料结渣。

（3）返料系统（返料器、料腿和返料管）结渣。

（4）燃烧爆炸事故。

第二节　循环流化床燃烧熄火

流化床燃烧是介于层燃燃烧与煤粉悬浮燃烧之间的一种燃烧方式。层燃燃烧不容易产生熄火事故；煤粉悬浮燃烧容易产生燃烧熄火事故，只要停止给粉，马上就有熄火的危险。流化床燃烧发生熄火的危险处于层燃燃烧和煤粉燃烧之间。

一、断煤是引起循环流化床熄火的主要原因

流化床燃烧的熄火是由于断煤引起的。流化床燃烧时，床中有大量灼热的床料，床温一般为 850 ~ 1050℃，床料中 95% 以上是热灰渣，5% 左右是可燃物质，主要是焦炭。而每分钟加入燃烧室中的新燃料只占床料的 1% 左右。大量的热床料为惰性物质——灰渣，它不与新加入的燃料争夺氧气，相反为新燃料的加热、着火燃烧提供了丰富的热量。所以，在循环流化床燃烧过程中，新加入燃料的着火和燃烧条件是最好的。当循环流化床燃烧发生短时断煤时，床料中的 5% 左右的可燃物质还能维持 3 ~ 5min 的燃烧。因此，循环流化床燃烧过程中，只要保持连续给煤并根据负荷变化、煤种变化适当调整给煤量，一般是不会熄火的。

二、造成断煤的主要原因及预防措施

造成断煤的主要原因是煤的水分大于 8%，煤在煤仓内搭桥、堵塞、不下煤，而运行人

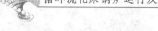

员没有发现，未能及时消除。

设计较大的干煤棚，控制煤的水分低于8%；加强给煤监视，设计断煤警报器或语音提醒是防止断煤的有效措施。

三、锅炉负荷大幅度变化时，及时调整给煤量，防止高温结渣及低温熄火

一般，当锅炉负荷变大时，要加风、加煤；相反，当锅炉负荷变小时，要减风、减煤。如果运行人员没有这样做，在负荷变大的情况下，会造成燃烧室温度不断降低，最终导致熄火。在负荷变小的情况下，会造成燃烧室温度不断升高，最终导致高温结渣而停炉。

四、返料投入运行时控制不当，造成压灭火事故

对中小容量的循环流化床锅炉，投返料不当，也可能将燃烧室火压灭，造成熄火。有的运行人员喜欢在锅炉运行一段时间之后投入返料，而控制不住返料量，造成大量返料进入燃烧室，将燃烧压灭，如河南一个纸厂的10t/h蒸发量的循环流化床锅炉，调试时发生过投返料不当将燃烧室火压灭的情况。锅炉点火成功之后，投返料时没有将返料中的料放掉一部分，直接开启返料风返料。返料器是流化密封形式的，返料风一开，大量返料一拥进入燃烧室，返料灰的温度又低，一下将燃烧室火压灭，造成再次点火启动。

五、煤的发热量发生很大改变时，调整给煤量，防止低温熄火和高温结渣

一般当燃煤热值变低时，必须加大给煤量。当燃煤热值变高时，减少给煤量。如果不及时调整，在煤热值变低的情况下，会发生燃烧室温度越来越低，最终导致熄火。在煤热值变高的情况下，会发生燃烧室温度越来越高，最终导致高温结渣而被迫停炉。

六、排床底渣失控，造成流化床熄火

运行中还有一种燃烧熄火情况是对排床料量的失控。一定的床料量和一定的燃烧温度对应一定的锅炉负荷。高的床料量和燃烧温度对应高的锅炉负荷；低的床料量和燃烧温度对应低的锅炉负荷。循环流化床锅炉底渣的排除方式有两种：一种是连续排底渣（大容量锅炉常采用），一种是间断式排底渣（中、小容量锅炉常采用）。第一种连续式排底渣能维持床料量不变。第二种间断式排底渣能维持床料量在一定范围内变化。这两种排底渣方式的锅炉如果出现排底渣失控，床料量排除太多，使床料量太少，床层厚度太薄，不能维持一个稳定的燃烧温度，会发生燃烧灭火。相反，如果底渣不能顺畅排除，造成床料越来越多，床层越来越高，一次风机压头不够，不能将床料吹起来，出现燃烧被压灭。

七、浓相床受热面布置过多，造成点火和运行过程中经常发生低温熄火

对小型带埋管的循环流化床锅炉，如果浓相床内受热面（埋管）布置过多，造成点火和运行过程中熄火。益阳一台35t/h带埋管的流化床锅炉，由于埋管受热面布置过多，点火过程和燃烧过程中易发生熄火。经过多次割除埋管受热面之后，锅炉才进入正常运行状态。埋管受热面布置过多，也可以采取提高煤的发生量的办法来消除熄火。

八、点火过程中，油枪撤除过早易造成熄火

采取床下预燃室和床上油枪点火时，当燃烧室温度达到850～900℃时，逐渐撤除油枪的同时，逐渐增加给煤量。确认加入的煤着火、燃烧温度有上升趋势时，撤除最后一根油枪。撤除油枪时，流化介质温度由预燃烟气温度降到比环境温度稍高的温度，这时对燃烧带来较大冲击。如果油枪全部撤除后，发现燃烧温度下降较快、有熄火危险时，赶快重新投入油枪助燃。撤油枪操作处理不当，最易引起熄火事故。

第三节　循环流化床燃烧结渣

流化床燃烧结渣是一种最常发生的事故，无论在点火启动、压火启动和运行当中都经常发生。燃烧结渣不仅发生在燃烧室中，也发生在分离装置、返料器和循环管路中。一旦发生结渣，就要停炉处理，对安全、经济运行带来很大影响。对采用冷渣装置的大型循环流化床锅炉，选择性流化床冷渣器内的结渣是威胁循环流化床锅炉安全、经济运行的最大问题之一。

流化床燃烧过程中，上述各种结渣的原因是操作温度超过了灰渣的熔点。如果控制运行温度低于灰熔点200~300℃，保持良好的流化状态和正常的流动，就不会发生床料和灰渣的结渣现象。灰渣的熔点一般在1250~1350℃之间，具体数值的大小与灰渣特性、灰渣成分和燃烧气氛有关。燃煤有高灰熔点煤和低灰熔点煤之分，灰渣成分也与煤种有关。不同的煤钾、钠、铁的含量不同，加石灰石脱硫和不加石灰石脱硫，这些对灰渣熔点都产生影响。燃烧室下部为还原燃烧气氛，其他区域一般为氧化燃烧气氛。还原性燃烧气氛有降低灰熔点的作用。钾、钠、钙的含量高，灰渣的熔点降低。

流化床燃烧室的浓相床内，在点火启动、压火启动和运行当中，由于流化工况破坏，燃烧温度超过灰熔点造成结渣是循环流化床锅炉运行事故中比较常见的。处理不当，严重影响锅炉的连续、安全和经济运行。

燃烧室浓相床内结渣分高温结渣和低温结渣两种。结渣一定发生在燃烧中床料温度超过灰渣熔点的情况，也就是说一定发生在高温下。但是根据结渣的具体情况，可分为高温结渣和低温结渣两种情况。对两种结渣采取的处理措施是有区别的。操作中运行人员必须正确判断结渣属于哪一种，针对结渣种类果断采取处理措施，否则结渣越来越严重，最终导致被迫停炉。

一、低温结渣

低温结渣多发生在点火启动过程中。低温结渣的特点是整个浓相床温度较低，只有400~600℃，但在个别局部地方的温度，由于没有流化或流化不好，燃料燃烧释放的热量不能被烟气带走或被受热面吸收，造成热量局部堆积，使局部床料温度超过灰渣熔点，而发生灰渣熔融结块。一旦发生了低温结渣，结渣区域流化风量变小，而其他区域流化风量加大，使全床流化质量变差，结渣范围扩大。低温结渣的表现是：浓相床内温度显示偏差大；火色差异大；风室压力波动较大。一旦判断为低温结渣，司炉人员必须立刻采取果断措施消除结渣。对小型人工点火的流化床锅炉，可打开炉门人工打耙子，打散渣块，继续点火。打耙子时，注意将引风机门开大一些，使炉门处为负压，防止炉门处正压冒火烧伤司炉人员。对自动点火的大型循环流化床锅炉，不可能打开炉门人工打耙子。这时赶快加大流化风量将渣块打散。低温结渣的渣块比较疏松，不像高温结渣渣块那样密质，有可能借助风力，在床料的碰撞过程中打散渣块。

二、高温结渣

1.高温结渣的特点和处理

高温结渣在运行过程和点火启动阶段均有可能发生。高温结渣的特点是全床完全流化和全床燃烧温度超过灰渣熔点，全床发生灰渣的熔融和结块。运行中的显示是燃烧火焰变成白色，刺眼；床层温度急剧上升，温度显示超过1050~1150℃；有的床层被吹空，火苗从床层往上直冲；风室压力波动异常。一旦发生高温结渣，司炉人员必须采取如下紧急处理措施：对人工操作运行的小型流化床锅炉紧急停炉，打开炉门扒出渣块，重新启动。如果渣块盖满大半个或几乎整个床，只有停炉，待炉冷却到一定程度时进行人工打渣，然后重新点火启动。如果及时发现了高温结渣，司炉人员也可全开风机，用大风将炉子吹灭。然后，停炉清渣。这种处理可减小高温结渣的严重性，缩短消除渣块的时间，减轻打渣的劳动强度。宁可吹灭燃烧，不可发生全床的高温结渣。

2. 高温结渣的原因分析

(1) 点火过程中爆燃引起高温结渣。点火过程控制不当，最易发生低温结渣和高温结渣。一旦发生结渣，多数情况下要停炉清渣。低温结渣发现得早，及时清除之后，可继续点火；发现得晚，未及时清除，会扩展成为大渣块，不得不停炉打渣，然后重新点火。点火过程中发生高温结渣的原因是配制的床料中可燃物成分过高，或点火过程中加煤过多，当达到着火温度之后，产生爆燃，大量的热量释放出来，造成床料温度猛涨，超过灰渣熔点而结渣。防止点火过程中产生高温结渣要注意两点：一是配制的床料中煤的含量不要超过 3% ~ 5%；二是当床料温度达到煤的着火温度之后，少量加煤后停止加煤，确认加入的煤着火之后再继续加一点煤。随着床料温度的上升，断续加煤。切忌加煤过多，造成燃料累积，产生爆燃，导致高温结渣。

(2) 负荷大幅度变化导致高温结渣。正常运行过程中，当锅炉负荷大幅度减小时，司炉人员没有注意减煤，这时锅炉蒸汽压力上升，燃烧室温度上升，如果还不快速调小煤量，最终导致高温结渣。

(3) 燃煤热值大幅度改变导致高温结渣。当燃煤热值大幅度升高时，如果不大量减煤，燃烧室浓相床的温度会大幅度上升，超过灰渣熔点而结渣。我国多数锅炉燃煤供应的品质变化较大，来什么煤，烧什么煤。锅炉运行过程中强化对煤热值的检查，针对煤质的变化及时调整给煤量，保持燃烧温度稳定，对防止产生高温结渣是十分重要的。

(4) 返料器返料发生故障，不返料造成高温结渣。由于返料器发生吹空或结渣堵塞，或被脱落的耐火材料、异物堵住不返料，这时流化床燃烧室下部浓相床温度突升，燃烧室出口温度突降，导致浓相床温度超过灰渣熔点而产生高温结渣。发现返料器堵塞或穿空而不返料时，赶快减小给煤量，降低锅炉负荷，边维持低负荷运行，边处理返料器故障。

(5) 浓相床受热面布置过少易引起高温结渣。早期设计的循环流化床锅炉浓相床受热面布置少，二次风布置点偏高，当燃烧煤种热值偏高时，操作稍不注意，就发生浓相床高温结渣和锅炉带不满负荷。

(6) 高温压火时易产生床料高温结渣。计划压火时先停煤，然后继续运行一段时间，当燃烧室温度出现下降趋势时，迅速压火。先停鼓风，接着马上停引风，保证快速风门关闭严密，防止残余流化产生高温结渣。燃烧温度在 1000℃ 以上突然压火，极有可能产生高温结渣。床料结渣必然使以后的压火启动失败。

(7) 渣块落入浓相床造成床料高温局部结渣。Π 型循环流化床锅炉燃烧室与尾部烟道之间有水平烟道相连。水平烟道内一般布置有高温、低温过热器。燃烧不正常时，高温过热器区发生高温结渣。高温渣块越结越大，在合适的条件下，渣块落入燃烧室下部浓相床内，破坏流化质量。在落入点，以渣块为核心造成床料结渣。若未及时发现，渣块迅速长大，最后造成床层中大面积高温结渣。调整好燃烧工况，控制燃烧室出口烟温低于 850 ~ 900℃，避免过热器发生飞灰结渣是防止渣块落入浓相床产生床料高温结渣的关键。一旦有过热器区的渣块落入浓相床，而又不能在浓相床内被打碎，这种情况引起的床内高温结渣很难避免。

总之，循环流化床锅炉浓相床内的高温结渣原因有许多：设计方面的原因——床内受热面布置过少；外界条件的变化——锅炉负荷突然变小或燃煤热值升高许多；运行条件的变化——返料器突然停止返料，高温过热器区的大渣块落入床内，或压火过程操作不当。但是，只要操作人员精心操作，时刻注意床下燃烧温度的变化，分析其变化的原因，采取适当措施，防止点火启动过程中燃料爆燃并注意压火操作程序，循环流化床锅炉浓相床内的高温结渣是不难防止的。

第四节　循环流化床锅炉其他区域结渣

循环流化床锅炉除了燃烧室内常发生结渣之外，其他区域——高温过热器区、高温分离器内、返料器内、返料腿和返料器与燃烧室之间的连接管内也常有结渣事故发生，这些结渣也应引起运行人员的注意。上述任何一种结渣事故的发生，都对锅炉的连续、安全和经济运行带来影响。

一、高温过热器区结渣

上节已提到了高温过热器区大渣块落入燃烧室内引起浓相床内床料结渣的情形。对中温下排气 Π 型循环流化床锅炉，高温过热器一般布置在燃烧室出口的水平烟道内，此种炉型有可能发生高温过热器结渣。

影响高温过热器结渣的主要因素：煤的种类，燃煤粒径分布，一、二次风分配和飞灰循环倍率。

（1）燃煤种类的影响。烟煤挥发分高，燃烧室上部燃烧份额较大、造成燃烧室出口温度高，有可能造成飞灰发生粘结，在高温过热器区发生结渣。

（2）灰熔点低的煤，易发生高温过热器结渣。

（3）燃煤小于 1mm 颗粒的百分数太高，造成燃烧室上部燃烧份额偏大，燃烧室出口温度偏高，产生高温过热器结渣。

（4）煤的灰分高，飞灰循环倍率过大，造成燃烧室出口温度偏高，引起高温过热器结渣。

（5）二次风比率偏高，造成燃烧室出口温度升高，引起高温过热器结渣。

总之，煤的种类、粒径分布和一、二次风的比率及飞灰循环倍率对燃烧室出口烟温和高温过热器区的二次燃烧产生影响，从而影响高温过热器结渣。

高温过热器结渣将影响传热；大渣块落入循环床浓相床将破坏正常床料流化过程，引起床料高温结渣。运行人员必须注意监视煤种和煤质的变化，及时调整燃煤粒度分布和一、二次风的比率，及飞灰循环倍率的大小，防止燃烧室出口烟气温度偏高和高温过热器区的二次燃烧。只要这样，防止高温过热器区的结渣是不困难的。另外，在高温过热器区布置吹灰器，定期吹灰，也是防止高温过热器区积灰和结渣的措施。如果发生了较为严重的结渣，靠吹灰不能消除，需视情况打开入孔门实行人工打渣。打渣时，将引风机风门开大一些，保持过热器区负压较大一些，以防喷火烧伤运行人员。

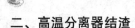

二、高温分离器结渣

多数类型的循环流化床锅炉均采用高温旋风分离器分离飞灰，被分离下来的飞灰经返料器送入燃烧室，实现循环燃烧。高温旋风分离器发生故障之一是产生循环物料结渣。

1. 影响高温旋风分离器结渣的因素

影响结渣的主要因素是分离器内的燃烧温度超过了灰熔点。分离器内的燃烧温度受下列因素的影响：

（1）煤种的影响。煤的灰熔点低，易发生结渣。

（2）烟煤在分离器内燃烧份额比无烟煤大，二次燃烧产生的温升高，如超过灰熔点会产生结渣。分离器在循环燃烧回路中有两个作用。一是起分离作用，将分离下来的飞灰经返料器送入燃烧室，实现循环燃烧。另外，高温旋风分离还有一个燃尽的作用。未燃尽的飞灰在分离内有一定的停留时间，加上有氧气和高的燃烧温度，分离器在燃烧室后起了一个燃尽室的作用。一般烧烟煤时，这个温升超过 100℃左右。烧无烟煤时，这个温升要小一些，一般也超过了 50℃左右。

（3）煤的粒度的影响。煤中小于 1mm 粒径的煤占的份额大，吹入分离器的物料多，在分离器内的燃烧份额大，二次燃烧产生的温升就大，如果超过灰熔点就会发生结渣。相反，如果煤中大于 1mm 颗粒占的比率大，分离器内燃烧份额小，二次燃烧产生的温升小，结渣的可能性就小。

（4）燃烧室内流化速度的影响。流化速度大，吹入分离器的物料的平均粒径大，物料的数量也多，造成二次燃烧强度加大，燃烧温升大，结渣的机会就大。

（5）二次风入口高度和二次风量大小的影响。二次风入口离布风板近，二次风量大，二次风口以上燃烧室内的气流速度和物料浓度加大。这样吹入分离器内的物料量和平均粒径均加大。两个因素的联合作用，将使分离器内二次燃烧产生的温升变大。控制不好，可能引起结渣。

2. 分离器内结渣对燃烧的不利影响

（1）分离器内发生结渣，破坏了分离器内的气流场，造成分离器分离效率变低，影响燃烧效率，降低锅炉蒸发量。

（2）分离器内渣块变大之后，在合适的情况下堵住料腿，小渣块则落入返料器内破坏返料器正常返料。这两种情况都会恶化循环流化床燃烧工况，必然导致停炉清渣，对锅炉的安全、连续、经济运行带来大的影响。

3. 分离器内发生高温结渣的处理

分离器内一旦发生结渣，燃烧室出口烟气温度降低，锅炉蒸发量带不足，飞灰含碳量升高，分离器进出口之间烟气压差加大。根据这些情况判断分离器结渣之后，立即采取锅炉降负荷运行，并寻求清渣措施。如果不能在运行过程进行人工清渣，只有停炉进行。

三、返料器内高温结渣

当返料温度超过灰熔点时，返料器内将发生高温结渣。

1. 返料器内高温结渣的原因

返料器内结渣的原因实质上就是返料器内物料温度超过灰渣熔点。

（1）设计上的原因。返料器流化床和移动床面积及送风量都偏大，返料器变成了一个燃烧器，燃烧温度超过灰熔点而结渣。

（2）运行上的原因。飞灰含碳量偏高，移动床送风量过大，造成移动床燃烧，燃烧温度超过灰熔点而结渣。

（3）分离器和返料器料腿中的耐磨隔热层脱落，掉入返料器中，破坏了移动床和流化床的流动情况而产生低温结渣。

2.返料器结渣的判断

返料器结渣的结果导致返料器不能正常返料，锅炉运行工况发生如下明显变化：

（1）燃烧室下部温度迅速上升。

（2）燃烧室出口温度迅速下降。

（3）锅炉负荷下降。

（4）飞灰含碳量上升。

这几个变化同时发生，证明返料器发生了结渣。

3.防止返料器结渣的措施

（1）正确选定返料器移动床和流化床的风量和气流速度，防止返料器变成一个燃烧器。

（2）分别装设移动床和流化床送风风量计，控制运行中的送风量，防止返料器中发生燃烧。

（3）返料器上设计清渣、打渣孔。

（4）一旦发现返料器结渣，应降低锅炉负荷，边运行、边清渣。

（5）如果边低负荷运行、边清渣不能解决问题，申请压火停炉清渣。

（6）如果结渣十分严重，短时间内压火清渣不能解决问题，最终采取停炉清渣。

四、返料器料腿中结渣

返料器料腿中的床料有一定的料柱高度，称为料腿高度。料腿之上的床料为稀相流动，料腿中床料的流动属移动床流动。料腿中的结渣多数为返料器移动床结渣的扩展。移动床中严重结渣必然会引起料腿中床料结渣。只要移动床内结渣之后能及时、正确地处理，一般不会发生料腿中的结渣。料腿中如果被脱落的耐火层堵塞，发生床料流动受阻，有可能在受阻处结渣。

料腿中发生结渣后，清渣很不方便，必要时，需在料腿上开孔打渣。

五、返料器至燃烧室的连接管（称之为返料管）结渣

多数循环流化床锅炉的煤和石灰石是从返料管上加入，与返料混合之后，一起经风力送入燃烧室。当给煤不通畅，或回料点流化不好时，煤在返料管内发生燃烧而结渣。河南南阳电厂一台35t/h的循环流化床锅炉常发生这种结渣，后经过提高给煤点、减少送煤风和改善布风装置的流化均匀性而得到克服。

煤种对返料管结渣有影响。烟煤挥发分高、着火点低，在返料管内燃烧易发生结渣。无烟煤挥发分低、着火点高，返料管内不易发生结渣。给煤方式对返料管结渣也有影响。对中小型循环流化床锅炉，大多采取给煤和返料分开布置的形式，返料管内不易产生结渣。对大型循环流化床锅炉，多数从返料管上给煤，使返料管内具备了燃烧三要素：燃料、空气和着火温度。一旦遇到返料不畅，或主床煤加入点区域流化不良，或烧烟煤（着火点低）的情况就会发生返料管内结渣。

第五节　循环流化床燃烧爆炸事故

　　燃烧爆炸多发生在点火启动和燃烧操作、调整过程中，在正常运行过程中很少发生燃烧爆炸事故。所以，在循环流化床锅炉点火启动和燃烧调整过程中，预防燃烧爆炸是要特别注意的，在操作规程中对防预燃烧爆炸要有明确规定。操作中一定要按操作、点火启动规程办事，不能为了加快点火过程而不执行与预防燃烧爆炸有关的操作规程。另外，在燃烧调整过程中，要精心操作，避免因调整失误而引起燃烧爆炸。点火启动过程中，点火成功固然很重要，但安全更重要。宁可点火启动过程延长一些，甚至宁可点火启动失败，也要确保不发生燃烧爆炸。一旦在点火启动过程中发生燃烧爆炸，将带来巨大的经济损失和人员伤亡。

一、燃烧爆炸的基本条件（燃烧爆炸四要素）

　　（1）有大量的可燃气体，如 H_2、CO、C_xH_y 等。

　　（2）有氧气存在。

　　（3）有明火源。

　　（4）在一个比较密或流通不好的容器内。

　　这四个条件同时具备才产生燃烧爆炸。有可燃气体和氧，若没有明火源，不会发生燃烧爆炸。具备了上述1、2、3三个条件，若是在一个流通很好的条件下，可能发生爆燃——大的燃烧脉动，而不会发生燃烧爆炸。第4个要素是产生燃烧爆炸的决定性因素。在锅炉点火启动过程中，燃烧室内燃料不完全燃烧会产生一定数量的可燃气体，烟气中过剩氧较多，燃烧室内有明火也是不可避免的。因此，燃烧爆炸的四个因素中的前三个是难在点火过程中消除的。第一个因素产生了较多的可燃气体，可以通过引风机及时抽走，可以加大鼓风量，将其浓度降低，避免可能发生的爆炸。可燃气体燃烧是否发生爆炸，与它们和氧气的浓度比有关。燃烧室是个燃烧空间，不是一个密闭的容器。但是如果烟气流动条件差，如引风量太小，燃烧室中可燃气体浓度变大，一旦达到它们的爆炸浓度范围，就会发生燃烧爆炸，造成设备和人员伤亡事故。

二、点火启动过程中的燃烧爆炸

　　点火启动是循环流化床锅炉燃烧最不稳定的过程。点火过程中有一个挥发分析出、着火燃烧，接着是焦炭的着火燃烧过程。在这个过程中氧量是过剩的。可燃气体等挥发分物质未完全燃烧，进入燃烧室上部。挥发分一着火便有火星和火苗。点火阶段燃烧爆炸四要素中有三个要素存在。只要第四个爆炸因素一具备，就有发生燃烧爆炸的可能。所以，在点火过程中，消除第四个因素的形成，对防止燃烧爆炸是极其重要的。

　　35t/h以上蒸发量的循环流化床锅炉大多数采用油预燃室点火，也有少数为了节省点火费用，采用木炭、木柴点火的。点火过程不顺利，发生燃烧爆炸的可能性就大。如果点火未成功，在再点火之前未进行一段时间的清扫（开启引风机和鼓风机，清扫上次点火过程中产生的可燃气体），造成大量可燃气体积累在燃烧室内，一遇氧气和火源即可引起燃烧爆炸。小则燃烧室防爆门爆开，大则燃烧室爆炸，造成严重设备毁坏和人身伤害。

　　四川一台75t/h循环流化床锅炉在点火过程中发生过严重燃烧爆炸，造成了严重的设备损坏，幸好没有造成人员伤亡。

　　点火前在床料中加入了一定数量的引子煤，采用床下预燃室油点火，油在预燃室内燃烧产生热烟气加热床料，床料在较好的流化状态下被加热。加热一段时间后，操作人员认为床温上升太慢，采取了关小鼓风和引风的措施，希望加快床温的上升速度。经过 2h 的加热，床温仍未达到煤的着火温度。操作人员认为迟迟达不到着火温度的原因是床料中引子煤太少，于是停鼓风机和引风机，打开人孔门向床内添加引子煤。然后重开风机，点燃油预燃室油枪，继续点火。点火后 1h，燃烧室内发生燃烧爆炸。燃烧室宽度为 5930mm，深度为 2930mm，高度为 20000mm。燃烧室较宽，前墙受力最大，加上燃烧室上部没有布置防爆门，爆炸结果造成锅炉前墙水冷壁严重变形。前墙 9~22m 之间的水冷壁外拱 250~300mm。前水冷壁的 7 根支撑梁被打弯，向外凸出 300mm。其中 1 根支撑梁被打落，掉在 12m 平台上面。锅炉被迫停炉进行处理。大量的处理工作是校直前墙水冷壁管和水冷壁支撑梁，恢复前墙的保温。锅炉的修理经过了数月，耗资超过 100 万元。锅炉停运带来的间接经济损失超数 1000 万元。

造成这次锅炉燃烧爆炸的主要原因是操作人员对点火过程中床温上升慢的原因的错误判断，并错误地在重点火时添加引子煤。新锅炉第一次点火床温上升慢是正常的，因为新炉墙要吸收大量的热。新炉首次点火床温上升慢有利于耐火绝热层的保护。加引子烟煤，对节省点火油是有利的，但对点火过程控制爆燃带来了困难。不加引子烟煤点火，油耗大一点，但安全性大增。预先在床料中不加引子烟煤，待床温达到着火温度之后，开启间断给煤。确定加入的煤着火之后，转入少量连续给煤。这可以避免加入引子煤量把握不住，而发生着火之后的爆燃，从而引起高温结渣。引子烟煤的加入不能过量。该炉燃烧爆炸的原因在于引子烟煤加入过多，重新点火时没有对锅炉进行可燃气体清扫。重新点火一小时后，引子烟煤中的挥发分大量释出，未及时着火，加上鼓风和引风偏少，可燃气体与氧气的比处于爆炸范围。燃烧室上部又无防爆门。因此，燃烧爆炸产生的气浪波冲破了前墙水冷壁和前墙支撑梁。

某港资纺织有限公司自备电厂第 3 号 75t/h 循环流化床锅炉于 2003 年在点火启动过程中发生燃烧室爆炸特大事故。

事故经过

该锅炉于 6 月 21 日下午作完热效率试验之后处于热备用状态。当日下午 16∶58 进行热态点火启动，此时燃烧室温度为 420℃。17∶10 和 17∶12 分别点燃右侧和左侧油枪。18∶31 发现左侧油枪熄火。19∶16 停风机，清洗油枪，关闭了左、右侧电磁速关油阀门，手动截止油门没有关闭。20∶09 启动油泵试验雾化质量，结果显示雾化质量良好。接着启动引风机和一次风机。一次风机风量为 18.99km³/h，风压为 12.5kPa。点火油枪还没有点，听到两声巨响，燃烧室发生爆炸，大量烟尘和蒸汽冒出，锅炉紧急停炉。

事故发生在 20∶20，无流动人员，没有造成人员伤亡。

设备损坏情况

燃烧室。整个燃烧室膜式水冷壁严重变形。燃烧室断面由长方形 5290mm×3170mm 变成椭圆形 5896mm×3833mm。燃烧室耐火材料部分脱落。燃烧室四周撕开达 50~100mm。外护板裂开。

钢性梁。从 7m 标高到燃烧室出口 28m 处全部钢性梁开裂、弯曲变形。有四处连接板打飞，落在 7m 平台上。炉膛四根立柱无明显变形，误差在 10mm 以内。

过热器左右两侧耐火砖、保温砖、紧固件及外护板被击倒。耐火砖散落在 7m 平台，最远飞出 20 多米。二次风道移位，四处非金属膨胀节撕裂报废。平台严重变形。下联箱下降管开裂。烟气出口上、下联箱扭曲变形报废。

经济损失

直接经济损失。水冷系统除汽包和上联箱外全部报废，加上风室和燃烧室紧固件更换，共计 106 万元；耐火、保温材料 82 万元；仪表及管道修复 36 万元；拆除、更换费用 134 万元；煮炉、烘炉费用 11 万元；共计 369 万元。

间接损失。锅炉停运 92 天，少发电 3300 万 kW·h，少供汽 4.4 万 t，损失超过 1000 万元。

爆炸原因分析

在处理和清洗左侧油枪时，右侧油枪速关油阀泄漏，手动截止油门没有关闭。在清洗油枪的 10min 时间内，大约有 35kg 柴油漏入油预燃室，油在预燃室内汽化。风机启动后，油汽和空气被送入燃烧室，与床料中火星相遇，发生爆炸。右侧速关油阀门漏油是燃烧爆炸的直接原因。

没有将油枪手动截止油门关闭，导致油漏入预燃室，这是违反操作规程的。如果手动截止油门关闭了，油就不会漏入预燃室，爆炸事故就可避免。

三、燃烧调整、操作失误造成的燃烧爆炸事故

燃烧调整和运行操作过程中操作失误造成大量燃料进入燃烧室，产生大量可燃气体，当遇空气，并达到可燃气体与氧气爆炸比时，又有火星存在，爆炸立即发生。

东北吉林桦甸油页岩 65t/h 循环流化床燃烧锅炉于 1996 年 9 月 23 日试投返料时，由于返料风控制失误，造成大量返料进入燃烧室，将火压灭。燃烧室温度从运行温度降到 400℃左右。锅炉火被压灭之后，未立即停止给油页岩，燃烧室内积蓄的油页岩较多。锅炉恢复运行约 20min 后，风室内可燃气体爆燃，造成燃烧室内多处损坏。造成风室爆燃的原因是燃烧脉动（燃烧室压力波动）使较多的床料漏入风室，并生成大量的可燃气体。可燃气体一遇空气和从燃烧室漏入风室的火星便发生爆燃，引起风室爆炸。风室上没有排渣管，又没有设计防爆门，使爆炸变得更为严重。除风室损坏之外，燃烧室内也有多处受损。

四川一台 75t/h 循环流化床锅炉由于运行操作失误，造成燃烧室爆炸，损失惨重。事故过程如下：操作人员放底渣时不小心将床料放得太多，床料变得很少了。操作人员此时应维持锅炉低负荷运行，并尽快补充惰性物料，慢慢提升锅炉负荷，直至达到正常运行。如果低负荷运行都维持不住，应停炉，重新点火启动。司炉人员采取了错误的处理方式——大量的加煤来增加床料量。大量燃煤加入之后，燃烧不完全，产生了大量的可燃气体。结果燃烧室内的可燃气体与氧气达到爆炸比，引起燃烧室爆炸，使燃烧室的前墙水冷壁和钢梁严重变形。结果被迫停炉大修，校正水冷壁管和钢梁。大修时间长达数月，带来了巨大的经济损失，万幸之处是无人员伤亡。

四、预防燃烧爆炸的措施

燃烧爆炸是锅炉最为严重的事故之一，除带来严重的设备损坏，巨大的经济损失之外，还带来人员伤亡。预防燃烧爆炸事故的发生是司炉人员应注意的头等大事。预防的具体事项如下：

（1）司炉人员务必了解燃烧爆炸四要素。在点火和运行操作过程中防止产生大量的可燃气体。点火和压火启动之前必须清扫可能产生的可燃气体。

（2）锅炉燃烧室上部要设计防爆门，这样至少可减轻燃烧爆炸对设备的损坏。煤粉燃烧锅炉都设计有防爆门，但有些循环流化床锅炉厂家没有布置防爆门。

（3）风室要布置防爆门。过去设计的循环流化床锅炉没有布置防爆门。风室燃烧爆炸已发生过数起，建议布置防爆门。

（4）要有健全的点火操作规程，严格的防爆炸措施。

（5）操作人员要严格按操作规程操作。

（6）运行人员要牢记安全第一。宁可点火时间长一些，宁可多耗些油，也要防止燃烧爆炸。

（7）正确处理燃烧过程中的事故，如床料多、熄火等事故，防止燃烧爆炸。

（8）点火时床料中引子煤不要加入过多。达到煤着火温度后，加煤要加加停停，断定加入的煤着火之后，随床温的上升逐渐加大给煤量，防止点火过程中加煤过多，引起爆燃或爆炸。

第十一章
提高循环流化床锅炉燃烧效率及
降低灰渣含碳量的措施

循环流化床锅炉具有对燃料适应性好、燃烧效率高、对环境友好及灰渣综合利用率高等优点而受到人们的高度重视。近几年来在中国得到极其快速的发展。但是与煤粉燃烧锅炉相比,循环流化床锅炉的飞灰含碳量比较高,如个别锅炉和多数 75t/h 蒸发量以下的循环流化床锅炉飞灰含碳量高达 20% ~ 40%,锅炉燃烧效率比煤粉锅炉低 1% ~ 2%。有的循环流化床锅炉燃用难燃劣质煤种,加上运行操作上的原因,床底渣的含碳量也比较高,可高达 5%。因此,研究和了解循环流化床锅炉飞灰含碳量和床底渣含碳量高的原因,提出降低含碳量的措施,对提高燃烧效率,降低发电煤耗有不可忽视的作用。

第一节 影响循环流化床锅炉燃烧效率的因素

影响循环流化床锅炉燃烧效率的因素有许多,其中最主要的有飞灰循环倍率、床温、煤颗粒直径、煤种、床料中煤粒分布的均匀性和布风特性等。本节将一一分析这些因素对提高燃烧效率和降低灰、渣含碳量的影响。

一、飞灰循环和煤种对燃烧效率的影响

荷兰 Twente 工业大学在他们的试验装置上对德国、美国、波兰等五个国家的煤种进行了试验,研究了飞灰循环倍率对燃烧效率的影响。试验工况:床温为 850℃,过剩空气系数为 1.20,煤种 A 为波兰煤,B 为比利时煤,C 为德国褐煤,D 为美国弗吉尼亚煤,E 为南非煤。试验结果如图 11 - 1 所示。从图 11 - 1 可以看出:

(1) 对不同煤种,飞灰循环倍率对燃烧效率的影响是不同的。德国褐煤反应性好,飞灰循环燃烧对燃烧效率没有什么影响。也就是说,燃用德国褐煤时,不需采用飞灰循环燃烧。对美国弗吉尼亚煤,飞灰循环燃烧对燃烧效率的影响是显著的。弗吉尼亚煤是一种难燃煤,不采用飞灰循环燃烧时,燃烧效率只有 83%,当飞灰循环倍率为 3 时,燃烧效率提高到 95%。

(2) 对不同煤种(除德国褐煤),燃烧效率随飞灰循环倍率的增加而增加。当飞灰循环倍率大于 3 以后,再提高,对提高燃烧效率没有明显影响。

(3) 如果不采用飞灰循环时燃烧效率低,那么采用飞灰循环后,燃烧效率显著提高。

(4) 为了提高燃烧效率,飞灰循环倍率采用 3 ~ 4 是适宜的。国外循环床锅炉采用高的循环倍率主要是为了热平衡,扩大负荷调节范围,提高脱硫剂的利用

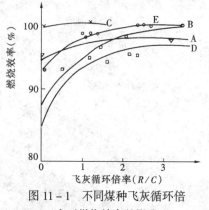

图 11 - 1 不同煤种飞灰循环倍率对燃烧效率的影响

率和扩大对燃料的适应性。

美国通用原子能公司和田纳西州流域委员会在试验台上研究飞灰再循环倍率对燃烧效率的提高。采用旋风分离灰和过滤器除尘灰再循环对燃烧效率的影响如图 11－2 所示。随着旋风灰循环倍率的增加，旋风灰中碳的未完全燃烧损失大约从 7% 降到 1.5% 以下。随着过滤灰再循环燃烧，飞灰中碳未完全燃烧损失进一步降低。除尘灰和过滤灰联合再循环燃烧可获得 99% 以上的燃烧效率。

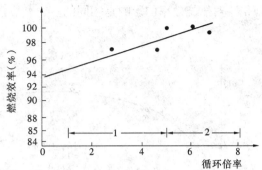

图 11－2　旋风分离灰、过滤器除尘
灰再循环对燃烧效率的影响
1—旋风分离灰再循环燃烧；2—旋风
分离灰加过滤器除尘灰再循环燃烧

二、床温与飞灰再循环对燃烧效率的影响

床温对燃烧效率的影响要比过量空气的影响重要得多。当床温从 750℃ 增到 900℃ 时，对试验的四种煤（除德国褐煤），采用飞灰再循环对燃烧效率都有明显提高。图 11－3 表示了比利时煤代表性的研究结果。试验工况：燃煤平均粒径为 6.8mm，过量空气为 18%。从图看出：

（1）当飞灰循环倍率为 0.92 时，在所试验的温度范围，燃烧效率平均提高 8% 左右。

（2）当床温从 750℃ 升高到 900℃ 时，对有、无飞灰循环燃烧，燃烧效率均提高 6% 左右。

从上两点可知，床温和飞灰再循环对提高燃烧效率均有明显影响。

三、煤的平均粒径与飞灰再循环对燃烧效率的影响

对上述的弗吉尼亚煤等几个煤种，取两种不同的平均粒径（一个是有细粒子，另一个是没有细粒子），研究飞灰再循环倍率对燃烧效率的影响。当床温为 850℃，弗吉尼亚煤的燃烧效率与飞灰再循环倍率的关系如图 11－4 所示。煤粒径和飞灰再循环倍率对燃烧效率有较大的影响。

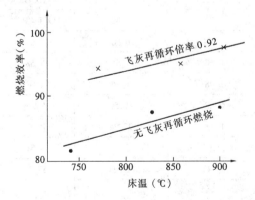

图 11－3　床温和飞灰再循环
对燃烧效率的影响

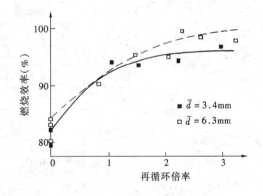

图 11－4　弗吉尼亚煤燃烧效率与
飞灰再循环倍率、煤粒径的关系

四、过量空气变化与飞灰再循环对燃烧效率的影响

图 11－5 表示了当床温为 850℃ 时，南非煤燃烧效率与飞灰再循环倍率、过剩空气量的关系。对平均粒径为 3.8～7.7mm 的南非煤，当过剩空气量从 14% 变化到 30% 时，飞灰再循

环倍率对燃烧效率的影响是相同的。

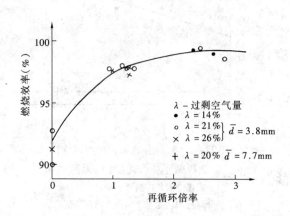

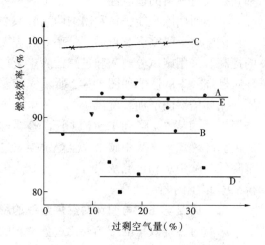

图 11－5　南非煤燃烧效率与飞
灰再循环倍率、过剩空气量的关系

图 11－6　床温为 850℃时过剩
空气量对燃烧效率的影响

荷兰 Twente 工业大学还研究了飞灰再循环倍率变化时，过剩空气量对燃烧效率的影响。研究结果表明：飞灰再循环燃烧能提高燃烧效率。过剩空气量从 10％ 变化到 30％，对燃烧效率没有影响，见图 11－5。图 11－6 表示了没有飞灰再循环时，过剩空气量对燃烧效率的影响。对不同煤种，过剩空气量从 10％ 变化到 30％，对燃烧效率没有影响。煤的特性见表11－1。

表 11－1　　　　　　　　　　　　　试验煤种及其特性

煤种代号		A		B		C	D		E	
煤　　　种		波兰煤		比利时煤		德国褐煤	弗吉尼亚煤		南非煤	
元素成分干基（%）	C	71.61		80.85		64.22	75.30		70.11	
	H	4.04		5.09		4.94	4.42		3.43	
	O	6.91		8.24		23.34	6.50		7.65	
	N	1.14		1.76		0.60	1.51		1.58	
	S	0.62		0.79		0.48	1.56		1.03	
	A	15.68		3.27		5.42	10.59		16.19	
工业分析工作基（%）	挥发分	29.21		23.73		44.06	27.24		22.68	
	水分	2.67		6.09		15.93	2.36		4.51	
	固定碳	52.86		57.11		33.45	60.06		57.35	
煤的热值（MJ/kg）		28.1		31.2		21.6	30.1		26.4	
煤的尺寸（mm）		0～10	4～10	0～4	2～10	0～4	0～12	3～12	0～12	3～12
平均直径（mm）		2.8	6.5	1.8	6.8	1.0	3.4	6.3	3.8	7.7
＜1mm（%）		31.4	0	13.8	0.3	63.1	24.0	0	23.7	0

五、播煤二次风对燃烧效率的影响

循环流化床锅炉给煤点越多对改善燃烧越有利，但数量过多会使给煤系统复杂，降低运行的可靠性。410t/h 循环流化床锅炉一般布置 4 个给煤点，一个给煤点每小时约给煤 18t，给煤是比较集中的。给煤区域煤的燃烧消耗大量的氧，造成缺氧区，对碳的完全燃烧十分不利。采用播煤风将煤播撒在比较大的床面上，对克服缺氧燃烧有好的作用，能提高碳粒和挥发分的燃尽度，提高燃烧效率。

六、一、二次风的合理调整对燃烧效率的影响

燃煤粒度分布对一、二次风的配比提出了一定要求。一、二次风配比如不符合燃煤粒度分布要求，带来的结果是燃烧室出口过剩氧量偏大或偏小（一般循环流化床锅炉燃烧室出口过氧量为 3% ~ 5%）；燃烧室上下温度差偏大（一般温度差为 15 ~ 30℃）。一、二次风的合理配比对提高锅炉燃烧效率，降低灰和渣的含碳量具有十分重要的作用。

七、采用小直径多数量风帽提高燃烧效率

风帽数量多、小孔直径小使布风均匀，近布风板区生成的气泡体积小。气泡体积小，数量多，使气泡中氧扩散到乳化相参与燃烧的阻力小（即转换因子 X 值大），从而加速碳粒子的化学反应速率，缩短碳粒子的燃尽时间，提高灰、渣的燃尽度和锅炉的燃烧效率。

第二节　床底渣含碳量高的原因及降低措施

一、煤粒在燃烧室下部浓相床内停留时间 τ_r 小于其燃尽时间 τ_p

$$\tau_r = \frac{60 H_b F_d \rho_b}{\delta B} \qquad (11-1)$$

式中　H_b——静止床料高度，m；

$\quad\quad F_d$——布风板面积，m^2；

$\quad\quad \rho_b$——静止料层的堆积密度，kg/m^3；

$\quad\quad B$——燃料消耗量，kg/h；

$\quad\quad \delta$——浓相床内粗粒子份额，与燃料粒度分布和种类有关。

τ_p 为粒子的燃尽时间，按第一章中式（3-7）计算。

表 11-2 为 75t/h 循环流化床锅炉燃烧不同热值煤种时，粗粒子在浓相床内的停留时间。

表 11-2　　不同热值煤种粗粒子在浓相床内的停留时间（75t/h 循环流化床锅炉）

煤热值（kJ/kg）	4180	8360	12540	16720	20900	25080
煤耗（kg/h）	66000	33000	22000	16500	13200	11000
粗粒子份额（δ）	0.5			0.4		
停留时间（min）	6.2	12.4	18.6	19.84	24.8	29.76

图 11-7 为 75t/h 循环流化床锅炉烧不同热值煤时，粗碳粒子（1 ~ 10mm）在燃烧室浓相床内的平均停留时间。

从表 11-2 和图 11-7 清楚地看出：

（1）烧热值低的煤，煤粒在浓相床内的停留时间短；烧高热值煤，煤粒在燃烧室浓相床内的停留时间长。

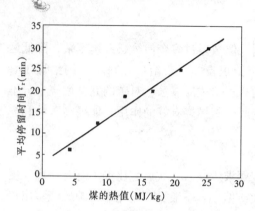

图 11-7 燃烧六种热值不同的煤
时（75t/h CFB 锅炉）粗粒子在
浓相床内的平均停留时间

（2）煤的热值为 4180kJ/kg 时，停留时间为 6.2min，而煤的热值为 25080kJ/kg 时，停留时间为 29.76min。它们的停留时间相差 5 倍。

（3）为了延长烧低热值煤时煤粒子在燃烧室下部浓相床内的停留时间，使之与它们的燃尽时间相匹配，可采取以下两个措施：

a. 新设计锅炉时将浓相床容积（$H_b F_d$）设计大一些；

b. 运行过程中，在维持合理燃烧温度条件下，适当提高运行料层厚度。

根据式（3-7）计算出来的粗颗粒煤在浓相床内的燃尽时间 τ_p 与床温和煤粒径的关系见表 11-3、图 11-8 和图 11-9。

表 11-3　　　　　　　　　燃尽时间 τ_p 与煤粒径和床温的关系

温度（℃）＼煤粒径（mm）　燃尽时间 τ_p（min）	1.0	2.0	3.0	4.0	5.0	8.0	10.0
950　τ_p	1.69	3.77	6.03	8.43	10.92	18.80	24.40
900　τ_p	3.20	7.14	11.43	15.69	20.67	35.66	46.19
850　τ_p	6.05	13.51	21.13	30.20	39.12	67.49	89.42
800　τ_p	11.45	25.58	40.94	57.16	74.05	127.73	165.47

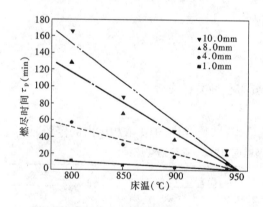

图 11-8 四种粒径煤在浓相床
内的燃尽时间与床温的关系

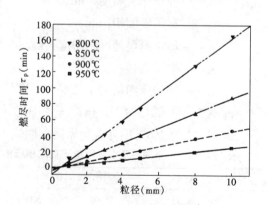

图 11-9 四个床温下煤粒在浓相床
内的燃尽时间与煤粒径的关系

从表 11-3、图 11-8 和图 11-9 可以看出：

（1）随着燃烧温度的提高，不同煤粒的燃尽时间都大为缩短。从 800℃ 升高到 950℃，燃尽时间缩短 6~7 倍。

（2）在上述 4 个温度下，煤粒直径从 1mm 升到 10mm，燃尽时间提高 14 倍多。

比较表 11-2 与表 11-3 中的数据知：

（1）此台75t/h循环流化床锅炉设计烧优质煤（热值大于16720kJ/kg），在950℃的燃烧温度下，所有粗煤粒（1～10mm）的燃尽时间几乎都小于它们的停留时间。但当燃烧温度为900℃时，只有粒径小于4mm煤粒的燃尽时间小于其停留时间；当燃烧温度为850℃时，只有粒径小于2mm煤粒的燃尽时间小于其停留时间；当燃烧温度为800℃时，只有煤粒径小于1mm的煤粒的燃尽时间小于其停留时间。这就是说，只在950℃的燃烧温度下，1～10mm的煤粒均能燃尽，床底渣含碳量低。当燃烧温度低于950℃时，较大的煤粒均有燃不透的情况，使得床底渣含碳量升高。温度越低，床底渣含碳量越高。

（2）此台75t/h锅炉设计燃料为高热值煤，烧劣质煤（热值小于12540kJ/kg）时，当燃烧温度小于900℃，所有大粒径煤粒的燃尽时间均大于其停留时间。这就是说，烧劣质煤时，床底渣存在严重的燃烧不透的情况，含碳量高。煤热值越低，燃烧不透的情况越严重。所以烧低热值煤时，燃烧室下部浓相床的容积必须设计得大一些。运行时，静止料层高度必须控制得高一些，否则床底渣含碳量偏高。

二、燃烧下部氧气量分布不均匀

一般，受二次风穿透深度的限制，燃烧室中心区缺氧严重，而在燃料的非加入侧存在富氧区。缺氧区煤粒燃烧不完全，造成床底渣含碳量高。运行中宜采用大动量的二次风，增加二次风穿透深度，改善燃烧室中心区的燃烧效果。另外，在加煤侧多加二次风，非加煤侧少加二次风，适应它们对氧量的不同要求，改善加煤侧和非加煤侧的燃烧效果，降低床底渣含碳量。

三、给煤口和排渣口的布置位置

给煤口离排渣口太近，有的煤短路，来不及燃烧就从排渣口排出，造成床底渣含碳量高。解决措施是合理布置给煤口和排渣口的位置，使它们之间距离不要太近。

第三节　循环流化床锅炉飞灰含碳量高的原因

在第三章第四节中介绍了流化床内不同尺寸焦炭颗粒的燃烧行为和燃烧特性，得到的结论为：

（1）直径为20μm以下的焦炭粒子由于其燃尽时间小于粒子在燃烧室内一次通过的停留时间，这些粒子的燃尽度是很高的，它们对飞灰总含碳量的贡献可以不考虑。

（2）对直径为50～100μm的焦炭粒子，分离器的收集效率不高，导致大部分焦炭粒子在燃烧室内的停留时间小于其燃尽时间，结果造成这些粒子的碳燃尽变低，飞灰含碳量最高，它们是飞灰总含碳量高的主要贡献者。

（3）对直径为200μm左右的焦炭粒子，分离器可全部收回，实现其循环燃烧，其飞灰含碳量接近于零。

从上述结论知：循环流化床锅炉飞灰含碳量高的原因主要是分离器收集不下来的细粒子不能实现在循环流化床内循环燃烧造成的。

一、细煤粒的燃尽时间与床温和粒径的变化关系

一般认为循环流化床锅炉内大于1mm的粒子属粗粒子，主要在浓相床内燃烧；小于1mm的粒子属细粒子，它在整个循环燃烧系统内循环燃烧；分离器收集不下来的细小粒子（取决于分离器的收集效率，一般为20～80μm）一次通过燃烧室燃烧。

图 11 - 10 和表 11 - 4 表示了煤粒燃尽时间 τ_p 与床温和粒径的关系。

表 11 - 4　　　　　　　　　　细颗粒煤燃尽时间与煤粒径的关系

燃尽时间 温度 (℃)	煤粒径 (mm) 时间 (s)	0.008	0.02	0.05	0.08	0.10	0.20	0.50	0.80
950	τ_p	0.37	1.08	3.14	5.41	7.01	15.66	45.33	78.20
900	τ_p	0.71	2.05	5.94	10.24	13.26	29.64	85.80	148.01
850	τ_p	1.34	3.88	11.24	19.38	25.11	56.10	162.40	280.14
800	τ_p	2.54	7.35	21.27	36.68	47.52	106.18	307.38	530.21

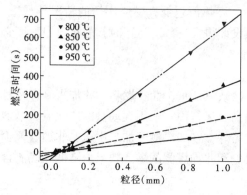

图 11 - 10　不同床温下煤粒燃
尽时间随粒径的变化

从表 11 - 4 和图 11 - 10 可以看出：

（1）在这四个温度下，当燃煤粒径从 0.02mm 变化到 0.8mm 时，它们的燃尽时间均提高 71 倍。

（2）这七种粒径的煤粒，当燃烧温度从 950℃ 降到 800℃ 时，它们的燃尽时间均提高近 6 倍。

循环流化床锅炉设计中，煤粒一次通过燃烧室的停留时间一般选定为 5～6s。

（3）当床温为 950℃ 时，小于 0.08mm 的粒子一次通过燃烧室能基本燃尽。

（4）当床温为 900℃ 时，0.05mm 的煤粒一次通过燃烧室能基本燃尽。

（5）当床温为 850℃ 时，0.02mm 的煤粒一次通过燃烧室不能燃尽。这就要求分离器能将 0.02mm 的煤粒收集下来，实现循环燃烧。

（6）当床温为 800℃ 以上时，0.008mm 的煤粒一次通过燃烧室能燃尽。

（7）估计当床温为 800℃ 以上时，0.01mm 以下的粒子一次通过燃烧室能燃尽。这就要求分离器能将 0.01～0.02mm 煤粒的收集效率提高到 50%，这样飞灰含碳量就可较大地降低。在实际中使用的分离器直径较大（5～7m），在热态下 d_{50} 达到 0.01mm 还是有困难的。

（8）提高分离器的分离效率，使 d_{50} 达到 0.01mm，就能有效地降低飞灰含碳量。我国循环流化床锅炉飞灰粒径为 0.015～0.070mm 的含碳量最高，这说明分离器对这部分粒径煤粒的收集效率不高。提高分离器对 0.015～0.070mm 粒子的收集效率是降低循环流化床锅炉飞灰含碳量的关键措施。

二、返料器运行不正常造成飞灰含碳量高

返料器运行不稳定，有时发生烟气反窜，严重影响分离器的分离效率。经常监视返料器的工作状态，对降低飞灰含碳量有重要作用。

三、燃烧温度对飞灰含碳量的影响

燃烧温度偏低，燃烧室内氧量分布不均匀，燃烧室内中心区缺氧，也是飞灰含碳量高的原因之一。

四、燃煤制备系统对飞灰含碳量的影响

燃煤制备系统和破碎设备选择不合理，燃料存在过破碎现象，燃煤中超细粉末过多，也会造成飞灰含碳量高。

第四节　降低循环流化床锅炉飞灰含碳量的措施

飞灰含碳量高是循环流化床锅炉燃烧效率低的主要原因，降低飞灰含碳量是提高燃烧效率的主要措施。

影响循环流化床锅炉飞灰含碳量的因素有许多。其中最主要的有床温，燃煤粒径合理分布，分离灰、除尘灰再循环燃烧和分离器的效率。

本书先介绍合理选择床温，合理制备燃煤粒度以降低飞灰含碳量。然后，较为详细地介绍提高分离器分离效率，强化分离灰和除尘灰的再循环燃烧降低飞灰含碳量的措施。

一、合理选择燃烧温度

从公式（3－7）我们知道：碳粒子的燃尽时间 $\tau_p \propto e^{-0.0127\tau_b}$。床温提高，碳粒子燃尽时间缩短，燃尽时间缩短有利于降低飞灰含碳量。为了防止床料结渣和控制 NO_x 的生成量，对低硫无烟煤，燃烧温度选高一些，有利于降低飞灰含硫量，一般取 $950 \sim 980℃$；对低硫烟煤燃烧温度取 $900 \sim 950℃$；对高硫无烟煤和烟煤，考虑到脱硫效果和减少石灰石消耗量，燃烧温度选低一些，一般取 $840 \sim 890℃$，烟煤取低值，无烟煤取高值。

二、制备粒度分布合理的燃煤

按不同的炉型、不同的煤种，制备粒度分布合理的燃煤。对燃煤粒径分布的总要求是"两头小，中间大"，即燃煤中大颗粒和过细颗粒占的百分比要小，中等尺寸颗粒占的百分比要大。这种分布有利于床料良好流化，有利于降低飞灰和床底渣的含碳量。正确地选择煤的破碎、筛分设备和合理的系统设计是燃煤粒度分布合理的根本保证。许多循环流化床锅炉的运行实践证明：燃煤粒度分布不合理是造成飞灰含碳量高、金属受热面和耐火防磨内衬磨损严重，以及流化床选择性风水联合冷渣器不能正常运行的根源（参看本书第十二章、第七章、第八章和第十三章）。

三、提高分离器的分离效率、选择合适的飞灰再循环倍率

本章第三节已介绍：循环流化床锅炉飞灰含碳量高的原因主要是分离器收集不下来的细粒子（$50 \sim 100\mu m$）一次通过燃烧室时，它们的停留时间小于其燃尽时间，使得碳粒子燃尽率度低，导致飞灰含碳量高。

1. 选择高效率的分离器——上排气旋风分离器

我国发展循环流化床锅炉初期，为了简化锅炉整体布置，采用过平面流分离器（图11－11）、百叶窗两级分离加低温旋风子分离器（图11－12）。这些惯性分离器本身分离效率低，加上运行一段时间之后的磨损，分离效率更低。带来的后果是锅炉达不到设计蒸发量、飞灰含碳量高和运行、维修费用高。这些锅炉的惯性分离器绝大多数已被改造成高温旋风分离器。

经过 20 年的发展，目前我国循环流化床锅炉使用的高效分离器有三种：上排气高温旋风分离器（有绝热式和汽冷式两种形式）、

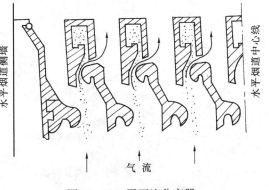

图 11－11　平面流分离器

下排气中温旋风分离器和水冷方形分离器。

上排气高温绝热旋风分离器结构特点如图 11 – 13 所示，汽冷旋风分离器结构特点如图 11 – 14 所示。

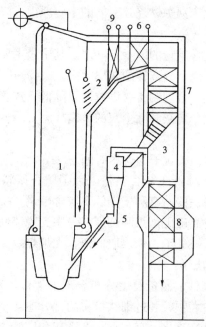

图 11 – 12　两级百叶窗加低温旋风子分离器

1—燃烧室；2—第一级百叶窗分离器；3—第二级百叶窗分离器；

4—旋风子分离器；5—送灰器；6—低温过热器；

7—省煤器；8—空气预热器；9—高温过热器

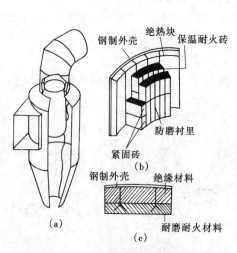

图 11 – 13　上排气高温绝热旋风分离器

(a) 立体图；(b) 正剖图；(c) 断面图

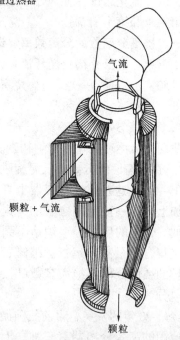

图 11 – 14　汽冷旋风高温分离器

（1）绝热式旋风分离器的优缺点。

a.绝热式旋风分离器的耐火防磨保温层内衬厚，热惯性大，冷态点火启动时间长达 12～16h。

b.体积大、重量重，支撑困难。

c.维修费用高。

d.散热损失大。

e.优点是分离效率高（见图 11-15）。

（2）汽冷旋风分离器的优缺点。

a.旋风筒内只敷设一层 40～50mm 厚的薄耐火材料层，不仅能缩短启停时间和承担一定的热负荷，而且还大大降低了耐火材料量，也降低了维护费用。

b.减少了高温管道和膨胀节，从而减少了维修费用。

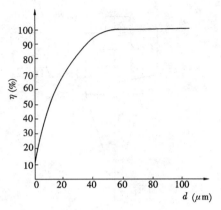

图 11-15　上排气高温旋风
分离器收集效率

c.可以采用标准的保温，使外表温度下降，有效地减少了散热损失，可节约燃料费用约 0.25%～0.5%。

d.分离器的重量和尺寸均有所减小。

e.能在制造车间装配好，整体或分片出厂，减少了现场工作量。

f.这种分离器的缺点是制造比较复杂，工艺要求高，因此成本较高。

（3）高温上排气旋风分离器的收集效率。从图 11-15 可以看出，此分离器总的分离效率达 99%，40μm 以上粒子的收集效率为 100%。其切割粒径 $d_{50}=10\mu m$。分离器的阻力较高，为 784.5～1471Pa（80～150mmH₂O）。

（4）两种高效上排气旋风分离器结构尺寸。分离器的结构见图 11-16，尺寸数据见表 11-5。

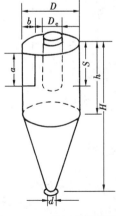

图 11-16　旋风分离器结构
D—筒体直径；a—进口高度；b—进口宽度；
D_e—排气管直径；S—排气管插入深度；
h—筒体高度；H—总高度；d—排料口直径

表 11-5　　　　两种分离器尺寸比较

名　称	数　据	
	stairmand	swift
筒体直径 D	1.0	1.0
入口高度 a	0.5	0.44
入口宽度 b	0.2	0.21
出口管长度 S	0.5	0.5
出口管管径 D_e	0.5	0.4
筒高 h	1.5	1.4
总高 H	4.0	3.9
排灰口径 d	0.375	0.4

（5）改变旋风分离器结构提高分离效率。改造后的旋风分离器结构如图 11-17 所示。

a.将排气管偏心布置。分离器直径变大以后，气流的旋转中心与旋风分离器筒体的几

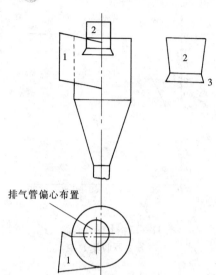

排气管偏心布置

图 11－17　偏心上排气旋风分离器
1—进气管；2—中心排气管；
3—中心排气管入口锥帽

何中心不一致，出现偏离。将排气管偏心布置，使排气管中心与气流旋转中心一致，提高分离效率。

b. 进气管 1 从水平进分离器改为倾斜一定角度进分离器。

c. 中心排气管从圆管改为倒锥形管。

d. 排气管入口增加一个锥帽。

e. 排气管偏后左布置。

偏心旋风分离器的分离效果：

美国一个循环流化床锅炉发电厂有两台同容量、同参数、同结构的循环流化床锅炉 A 和 B。A 号锅炉的旋风分离器没有改造，B 号锅炉旋风分离器按图 11－17 进行了改造。

经过对比试验发现：

a. 改造后的 B 号锅炉旋风分离器 $d_{c50} = 80\mu m$，没有改造的 A 号锅炉旋风分离器的 $d_{c50} = 180\mu m$。d_{c50} 从 $180\mu m$ 减小到 $80\mu m$，分离效率明显提高。

b. 同样的脱硫效率，A 号锅炉 Ca/S 为 100 的话，B 号锅炉的 Ca/S 只有 60。石灰石的消耗量减少了 40%。

上排气旋风分离器阻力大，但分离效率高，是当前国内外主要锅炉公司首选的循环流化床锅炉主导分离器。但对烧易燃燃料，或发热值十分低、灰含量特别高（60%～80%）的劣质燃料，选用分离效率低一些的分离器，如下排气中温旋风分离器，方形水冷旋风离器是最适宜的。既能降低能耗，又能达到飞灰再循环倍率的要求。如果采用上排气旋风分离器，收集的飞灰太多，不能全部送入燃烧室循环燃烧，而要将多余的飞灰经冷却后送入排灰系统。

2. 中温下排气旋风分离器

为了克服常规排气旋风分离器的缺点，华中科技大学研究开发了中温下排气旋风分离器，如图 11－18 所示。这种新型分离器的独特之处在于采用了新颖的结构形式——向下排气以及特殊结构的导流体。在导流体与筒体间形成分离空间，迫使气流向下作旋转运动，利用离心力将粉尘颗粒从气流中分离出来。被分离的颗粒进入灰斗，洁净气流则经下排气管排出。分离器的各部分结构尺寸均经试验研究及计算机优化处理，使得该分离器的分离效率与能耗比处于最佳值。这种新型分离器属于中温旋风分离器，布置在锅炉的水平烟道与尾部烟道间的转向室处，顺应了"Π"型锅炉的整体布置，使炉膛与尾部烟道融为一体，保持了锅炉Π型布置的结构特性。与采用上排气旋风分离器相比，锅炉整体结构更为合理，总体结构尺寸明显减小（可减小锅炉占地面积 30% 左右），锅炉结构更紧凑，布置更方

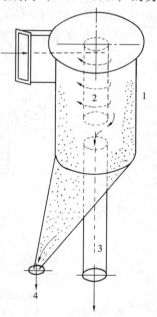

图 11－18　下排气中温
旋风子分离器
1—分离器外壳；2—导流体；
3—排气管；4—灰斗

便，系统阻力也明显减小，从而较大地降低了锅炉及其厂房的造价和运行费用。与采用惯性分离器相比，这种分离器的分离效率高，易于满足循环倍率的要求，有利于细小颗粒的燃尽，提高燃烧效率，也有利于提高脱硫效果，减少脱硫剂的消耗，更不会给锅炉受热面的布置带来结构上的困难。与采用高温分离器相比，分离器的体积缩小，分高效率提高，耐温耐磨材料易于解决，成本降低，热惯性小，还提高了锅炉运行的安全可靠性。试验研究与运行实践均表明：下排气旋风分离器具有高效率低阻力的特点。

采用中温分离器时，分离器前面的过热器受热面起到了冷却循环物料的作用，锅炉整体结构比 Lurgi 型锅炉简单得多。但带来了受热面的磨损问题。运行实践表明，设计中选取较低的流速（4～6m/s），并采取一定的防磨措施（如鳍片），磨损问题得以解决。

（1）下排气中温分离器的性能。在冷态实验台上的试验研究结果为：

a. 入口气流速度为 25m/s 左右，分离器阻力为 400～500Pa，分离效率为 98%～99%，$d_{50}=10\mu m$，$d_{100}=50\sim80\mu m$。

b. 入口气流速度与分离效率的关系见图 11－19。

c. 颗粒粒径与分级效率的关系见图 11－20。

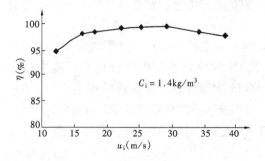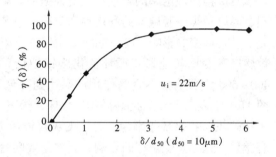

图 11－19　入口速度与分离效率的关系　　图 11－20　分级效率与颗粒粒径的关系

（2）下排气中温分离器的适应性。下排气中温分离器有分离效率较高和阻力较小的特点，特别适宜于烧低热值、易燃燃料的循环流化床锅炉，也特别适宜于带埋管受热面的循环流化床锅炉。该分离器已在 35t/h，75t/h，130t/h 循环流化床锅炉上得到了广泛应用。

3. 高温方形水冷分离器

这种特殊结构的旋风分离器是基于常规圆形旋风分离器的一些缺陷，并借鉴方形循环床内四壁特别是四角处粒子浓度很大的特点而提出并开发的。原 Pyropower 公司和国内清华大学均有所研究。采用方形结构可以方便地利用水冷壁形成分离器，结构简单，布置方便。分离器仍采用圆形排气管，含尘气流绕此排气管作旋转运动，颗粒在离心力作用下运动至器壁而被捕集，沿壁面和四角落入灰斗。据报道，这种分离器对于 $20\mu m$ 以上的颗粒分离效率较高，当床料平均粒径为 $330\mu m$ 时，分离效率可达 99% 以上，其阻力比常规旋风分离器略小。

（1）方形水冷分离器的优点。

a. 分离器膜式水冷壁与燃烧室膜式水冷壁为一体，膨胀问题容易解决。

b. 锅炉结构十分紧凑。

c. 耐火防磨内衬薄，锅炉冷态启动过程快。

d. 散热损失小。

e. 维修费用低。

f. 有一个进口加速段，分离效率提高。

(2) 方形水冷分离器的适应性。

a. 对易燃尽煤种和劣质燃料特别适宜。

b. 已在 75t/h、130t/h、220t/h 循环流化床锅炉上得到了广泛应用。

4. 选择合理的飞灰循环倍率

第三章中已介绍采用飞灰再循环燃烧能显著地提高燃烧效率，也就是能降低飞灰含碳量。针对提高燃烧效率的要求，实验台实试指出：飞灰再循环倍率超过 4 之后，再提高飞灰再循环倍率对提高燃烧效率的影响不再显著（见图 11 - 1）。国外许多循环流化床锅炉采用 40 ~ 60 的高飞灰再循环倍率主要是为了：

a. 提高脱硫效率，减少石灰石消耗量，提高 CaO 的利用率；

b. 减少大容量锅炉燃烧室内受热面布置不下的困难。因为加大飞灰再循环倍率，燃烧室内粒子浓度提高，床料与受热面之间传热系数提高，受热面布置数量可减少；

c. 循环灰量增加，负荷调节范围可扩大。

飞灰再循环倍率的合理选取要根据锅炉炉型、锅炉容量大小、对受热面和耐火内衬的磨损、燃煤种类、脱硫剂的利用率和负荷调节范围来确定。

(1) 炉型的影响。Circofluid 型循环流化床锅炉燃烧室上部布置有对流受热面，燃烧室有效燃烧高度比其他形式循环流化床锅炉低。另外，它的分离器为中温分离器，温度只有 400 ~ 500℃，没有燃尽室的作用。要达到降低飞灰含碳量的目的，飞灰再循环倍率要高些。图 11 - 21 表示了 Circofluid 循环流化床锅炉飞灰再循环倍率的提高对降低飞灰含碳量的影响。

a. 飞灰再循环倍率为 5 时，飞灰含碳量为 12.5% 左右。与实验台试验结果（图 11 - 1）有差异。这一是受炉型的影响，其次是实验台试验与大型锅炉上实测值有差异造成。

b. 飞灰循环倍率达到 13 之后，飞灰含碳量仍有 5% 左右。

c. 飞灰循环倍率从 3 提高到 4，飞灰含碳量降低约 2.5%。飞灰再循环倍率从 7 提高到 8 时，飞灰含碳量只降低了 1%。飞灰再循环倍率从 18 提高到 19 时，飞灰含碳量只降低了 0.5%。随着循环倍率的提高，飞灰含碳量降低的数量是减小的。这与图 11 - 21 的变化趋势是一致的。

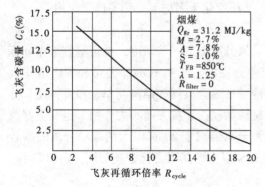

图 11 - 21　Circofluid 循环流化床锅炉飞
灰再循环倍率对飞灰含碳量的影响

Q_{gr}—煤高位发热量；T_{FB}—床温；λ—过量空气系数；
R_{filter}—除尘灰再循环倍率；R_{cycle}—分离灰再循环倍率

(2) 锅炉容量的影响。锅炉容量小，燃烧室的高度小，燃煤颗粒一次通过燃烧室的停留时间就短。为了保证煤粒通过燃烧室总的停留时间大于燃尽时间，飞灰再循环倍率要取高一些。35t/h 循环流化床锅炉的飞灰再循环倍率要比 75t/h 循环流化床锅炉的飞灰再循环倍率高几乎一倍。

(3) 燃煤种类的影响。高热值无烟煤的飞灰再循环倍率要比高热值烟煤的高。这是因为前者煤粒的燃尽时间比后者长。

(4) 脱硫的影响。如果需要脱硫（烧高硫煤），为了提高石灰石脱硫效率和石灰石利用率,飞灰再循环倍率取高一些。

(5)燃烧温度的影响。燃烧温度的高低对煤粒燃尽时间的长短有很大的影响。燃烧温度低时,飞灰再循环倍率取高值;反之,取低值。

(6)负荷调节范围的影响。不带外部流化床热交换器的循环流化床锅炉的负荷调节靠改变床温和料层厚度来进行。因此,负荷调节范围大的锅炉,飞灰再循环倍率选高值;反之,取低值。

为了降低对受热面和耐火材料内衬的磨损,飞灰再循环倍率取低值。

四、除尘灰再循环燃烧

对烧难燃尽的无烟煤,采取分离灰循环燃烧之后,飞灰含碳量仍比较高(高的原因见本章第三节)。为了进一步降低飞灰含碳量,一个比较有效的措施是采取除尘灰再循环燃烧。德国一台循环流化床锅炉,当分离灰再循环倍率为 10~15 时,飞灰含碳量仍有 23%左右。为了降低飞灰含碳量,采用了除尘灰再循环燃烧。除尘灰再循环倍率对降低飞灰含碳量的影响见图11-22。

从图 11-22 可以看出,除尘灰再循环燃烧对降低飞灰含碳量是十分有效的。除尘灰再循环倍率为 0.3 时,飞灰含碳量降低到了 10%左右。除尘灰再循环倍率为 0.6 时,飞灰含碳量从 23%降到了 4%,降低了 19%。

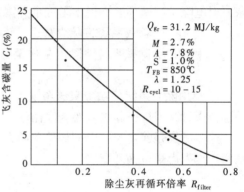

图 11-22 除尘灰再循环对降低飞灰含碳量的影响

Q_{gr}—煤高位发热量;T_{FB}—床温;
R_{cycle}—分离灰再循环倍率

1. 四川内江高坝电厂除尘灰再循环燃烧

高坝电厂 410t/h 引进循环流化床锅炉调试运行时,飞灰含碳量高达 28%。锅炉达不到燃烧效率的保证值 97.2%。为了降低飞灰含碳量,采取了电除尘灰再循环燃烧。他们将电除尘器—电场 A 侧灰斗和 B 侧灰斗的飞灰输送至灰库。灰库至燃烧室的管道上安装了两通阀。通过两通阀可使部分灰送到再循环灰仓。再循环灰仓的灰经回转阀、缓冲仓、螺旋给料机、风粉混合器,由暖风器前抽出的冷一次风送入炉膛再燃烧。

经电除尘器—电场除尘灰再循环燃烧后,飞灰含碳量从 28%降到了 13%(同时对一、二次风机进行了改造,调整了一、二次风配比。这一改造对降低飞灰含碳量也起了不小的作用)。锅炉燃烧效率达到了设计保证值。

410t/h 引进循环流化床锅炉示意图见图 6-7。

2. 石家庄永泰热电厂 75t/h 循环流化床锅炉电除尘灰再循环燃烧

石家庄永泰热电厂 3 号、4 号锅炉系 75/3.82—M29 中温中压循环流化床锅炉。锅炉燃用山西榆次、孟县贫煤。锅炉自 2000 年 10 月 27 日投运以来,飞灰含碳量高达 40%,达不到设计热效率,严重影响了电厂的经济效益。为了降低飞灰含碳量,提高电厂的经济效益,于 2003 年 5 月、10 月分别设计、安装了 3 号和 4 号锅炉的电除尘灰循环燃烧系统。运行结果证实:飞灰含碳量从 40%左右降到了 20%左右,锅炉热效率提高了 10%,带来了显著的经济效益。

（1）锅炉运行中的问题和改造思路。

a. 飞灰含碳量高达 40%，锅炉热效率达不到设计值，煤耗高，发电成本高、经济效益差。

b. 燃烧室下部与分离器入口之间温差大，达 250℃左右。

c. 燃煤热破碎特性好，床料中过细煤粒较多，飞灰量大。

d. 方形水冷分离器分离效率偏低，导致飞灰循环量较小，返料温度较低。

以上 4 个问题都是互相关联的，其中本质的、要害的问题是分离器效率低。

要改造分离器难度大、投资大。于是选择了通过电除尘器—电场的除尘灰部分再循环燃烧来降低飞灰含碳量，提高锅炉燃烧效率的思路。这项改造工作量小，投资小。

（2）电除尘灰循环燃烧方案的选择。锅炉除灰系统设计了气力除灰系统。利用气力除灰，对电除尘灰循环燃烧提出了三个方案：

a. 利用气力除灰系统将除尘灰送至锅炉前后，经过喷嘴送入燃烧室内循环燃烧。

b. 利用气力除灰系统将除尘灰送至锅炉前后，经过喷嘴从二次风口送入燃烧室循环燃烧。

c. 利用除尘系统将除尘灰送至锅炉前缓冲灰仓，再从缓冲灰仓通过螺旋绞龙将灰送入炉前落煤管，与煤一起进入燃烧室循环燃烧。

第一方案是除尘灰回燃的最简单的方案。但是除灰系统压力克服不了床中料层阻力，无法将灰送入燃烧室循环燃烧。

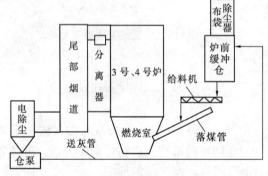

图 11-23　电除尘灰循环燃烧系统图

第二个方案送灰管路的磨损问题不好解决，没有把握。

第三个方案比较简单，与四川高坝电厂 410t/h 循环床锅炉的改造实例有部分相同之处。螺旋绞龙送灰在除灰系统中有应用实例，可供借鉴。

经研究决定采用第三个除尘灰循环燃烧方案。

（3）电除尘灰回燃系统技术改造方案。用锅炉气力除灰系统的仓泵将灰送到炉前原有的石灰石仓，经布袋分离器分离下来的灰，由螺旋绞龙给料机送至落煤管，与煤一起送入燃烧室再循环燃烧（回燃系统见图 11-23）。

（4）改造效果。改造前后运行参数和相关数据对比见表 11-6～表 11-8。

表 11-6　　　　　　　　改造前后运行参数

序　号	参　　数	3 号锅炉		4 号锅炉	
		改造前	改造后	改造前	改造后
1	负荷（t/h）	81	82	81.9	81.5
2	压力（MPa）	3.47	3.48	3.49	3.44
3	主汽温度（℃）	440	441	438.1	446.3
4	料层差压（Pa）	8569	8736	8256	9062

续表

序 号	参 数	3号锅炉		4号锅炉	
		改造前	改造后	改造前	改造后
5	炉膛出口温度（℃）	760	865	754.3	873.9
6	返料温度（℃）	863.5	962.3	871.6	950.2
7	燃烧室下部温度（℃）	1000.6	1000.3	1009.4	995.6
8	一次风量（km³/h）	45.13	42.35	43.41	40.83
9	二次风量（km³/h）	17.55	17.85	16.45	16.65
10	低温过热器处烟温（℃）	740	780.5	737	788.5
11	高温段省煤器处烟温（℃）	634	645.8	634	650
12	排烟温度（℃）	140	142.5	138	139.2

表 11 – 7　　　　　　　　　　　改造前后锅炉热效率和吨煤产汽量

序 号	内 容	3号锅炉		4号锅炉	
		改造前	改造后	改造前	改造后
1	正平衡热效率（%）	76.2	86	80	85
2	吨煤产汽量	6.01	7.96	7.21	7.94 ~ 7.83

表 11 – 8　　　　　　　　　　　改造前后锅炉飞灰含碳量

	3号锅炉		4号锅炉	
	改造前	改造后	改造前	改造后
飞灰含碳量	42.5%	20%	43.3%	21.8%

比较表 11 – 6 ~ 表 11 – 8 中的数据可得如下结论：

a. 锅炉达到设计参数。

b. 3、4号炉炉膛出口温度改造后分别提高了 105℃ 和 120℃。

c. 改造后 3、4 号锅炉一次风量均降低了约 3km³/h。

d. 改造后 3 号锅炉热效率提高了近 10%，4 号锅炉提高了近 5%。

e. 改造后 3 号锅炉吨煤产汽量提高了近 2t，4 号锅炉提高了近 0.8t。

（5）改造后的经济效益。两台锅炉总的改造费用为 6.54 万元。改造后仅节煤费用，两台锅炉一年为 185 万元左右。

第十二章
循环流化床锅炉燃煤粒径保证

循环流化床锅炉的最大优点之一是对燃料的适应性特别好。循环流化床燃烧技术能烧各种优质燃料和劣质燃料。同一台循环流化床锅炉对燃煤的适应范围比其他任何一种形式的锅炉都要广得多。但是循环流化床锅炉对燃煤的粒度范围，平均粒径大小和粒度的分布有较为严格的要求，不同的炉型、不同的煤种对燃煤粒径有不同的要求。如果燃煤粒径变化大，对锅炉的流化工况、燃烧工况、带负荷的能力，对锅炉耐火衬里和受热面的磨损，对某些附属设备的运行，如冷渣器的运行都会带来很大的影响。保证煤的粒度分布是电厂燃煤制备系统设计和运行必须解决的重要问题，必须引起电厂设计和运行人员足够的重视。

第一节 煤的种类对燃煤粒径的影响

一、考虑挥发分欧美国家对燃煤粒度分布的要求

欧美国家考虑挥发分对煤粒度分布的影响，按式（12-1）制备入炉煤粒度

$$V_{daf} + A = 85\% \sim 90\% \tag{12-1}$$

式中 V_{daf}——煤的干燥无灰基挥发分，%；

A——入炉煤中粒径≤1mm煤粒的份额，%。

从式中可以看出：对干燥无灰基挥发分高的煤，≤1mm粒径煤的份额可以小些；相反，对于干燥无灰基挥发分低的煤，≤1mm粒径煤的份额要求大些。

二、考虑挥发分我国对燃煤粒度分布的要求

根据长期循环流化床锅炉的运行经验，我国考虑挥发分变化对燃煤粒度分布的影响，提出按式（12-2）制备入炉煤粒度

$$V_{daf} + A = 60\% \sim 75\% \tag{12-2}$$

比较式（12-1）与式（12-2），我国入炉煤中粒径小于等于1mm煤粒所占的百分数比欧美的小。也就是说，在燃烧室内流化速度相同的情况下，我国循环流化床锅炉的飞灰循环倍率比欧美国家的低。

第二节 循环流化床锅炉炉型对燃煤粒度的要求

不同的炉型对煤的粒度分布的要求是不同的。高循环倍率的循环流化床锅炉对入炉煤的粒径要求比较细。低中倍率循环流化床锅炉对入炉煤的粒径要求比较粗。鲁奇型循环流化床锅炉，循环倍率较高，燃煤粒度较细，燃煤中最大颗粒尺寸不大于6~10mm。奥斯龙型循环流化床锅炉循环倍率比鲁奇型低，燃煤中煤粒尺寸不大于10~20mm（低灰煤），对高灰煤不大于13mm。我国的循环流化床锅炉多为中低倍率的循环流化床锅炉，对高挥发分低灰煤，入炉煤尺寸为0~13mm，对低挥发分高灰煤，入炉煤尺寸为0~8mm。

带埋管的中小型循环流化床锅炉与全膜式水冷壁循环流化床锅炉对燃煤粒度分布的要求也是不同的。带埋管的循环流化床锅炉燃煤平均直径可大一些，全膜式水冷壁循环流化床锅炉入炉煤平均直径要小一些。埋管循环流化床锅炉，因为燃烧室下部布置有较多的埋管受热面，允许吸收较多的热，燃烧室下部的煤燃烧份额和释热份额可大一些。煤粒较粗，在燃烧室下部的燃烧份额和释热份额较大，刚好适应了埋管循环流化床锅炉燃烧室下部吸热多的要求，维持燃烧室下部温度在 850~950℃之间。

一、Pyropower Nucla 循环流化床锅炉燃煤粒度分布

Nucla 循环流化床锅炉为 Pyropower 公司的产品，蒸发量为 420t/h，过热蒸汽参数为 540℃、10.3MPa，燃烧室高度为 33m，燃烧室总截面积为 98m²。自 1987 年以来，该锅炉一直在运行中。该锅炉属一个电厂改造工程，得到了美国能源部的资助，为美国清洁煤燃烧的示范工程。

该锅炉燃烧美国 Peabod 烟煤。煤的低位发热量为 24431.7kJ/kg，可燃基挥发分为 28.87%，水分为 5.2%，固定碳为 43.71%，灰分为 22.22%。燃煤的粒径分布和平均粒径见表 12-1。

表 12-1　　　　　　　　　　Nucla 420t/h 循环流化床锅炉燃煤粒径分布

燃煤粒径（mm）	该粒径煤所占百分比（%）	燃煤粒径（mm）	该粒径煤所占百分比（%）
≤0.15	8	4.75	17.45
0.30	7.3	6.30	7.40
0.60	9.3	12.50	13.25
1.18	12.35	≤19.00	7.60
2.36	17.35	平均粒径（mm）	3.572

燃煤平均粒径为 3.572mm。燃煤粒度分布呈两头小、中间大（即大颗粒煤、小颗粒煤所占比率小，中等粒径颗粒煤所占比率大）的分布。这种分布是比较合理的。最不好的分布是煤粒粒度呈两头大中间小（即大颗粒多、小颗粒多，中等颗粒少）的分布。

二、河南淅川造纸厂 10t/h 循环流化床锅炉燃煤粒径分布

淅川造纸厂循环流化床锅炉为全膜式壁循环流化床锅炉。锅炉整体布置见图 12-1。高温旋风分离器采取前置式布置形式。

锅炉蒸发量为 10t/h，饱和蒸汽温度为 194℃，蒸汽压力为 13kg/cm²。锅炉有对流管束。

锅炉燃烧煤种为贫煤。低位发热量为 16301kJ/kg，挥发分（可燃基）为 16.39%，水分为 6.03%，灰分和固定碳分别为

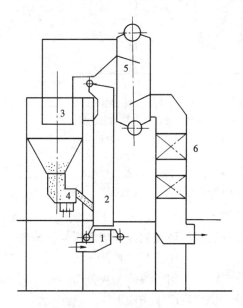

图 12-1　淅川造纸厂循环流化床锅炉
1—风箱；2—燃烧室；3—高温上排气旋风分离器；
4—送灰器；5—对流管束；6—省煤器

41.57%和39.2%。燃煤颗粒粒度分布见表12-2。

表12-2　　　　　　　　　浙川CFB锅炉燃煤颗粒粒度分布

煤粒粒径（mm）	该粒径煤所占百分比（%）	煤粒粒径（mm）	该粒径煤所占百分比（%）
≤0.14	0.7	6.00	13.5
0.355	8.1	8.00	8.1
0.630	13.5	10.00	3.7
1.00	11.7	≤12.00	5.3
2.00	4.2	平均粒径（mm）	4.03
4.00	31.2		

三、宜化热电厂75t/h CFB锅炉燃煤粒径分布

宜化热电厂75t/h CFB锅炉为全膜式水冷壁循环流化床锅炉。过热蒸汽压力为5.3MPa，过热蒸汽温度为450℃。锅炉采用百叶窗两级分离装置，整体布置见图12-2。

该锅炉燃烧四川奉节无烟煤。燃煤低位发热量为13397kJ/kg，水分为7.7%，灰分为50%，固定碳为38%。锅炉热效率为85%左右。表12-3为燃煤的粒径分布。

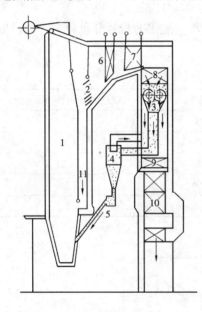

图12-2　宜化热电厂75t/h CFB锅炉

1—燃烧室；2—第一级百叶窗分离器；3—百叶窗卧式旋风分离器；4—低温旋风分离器；5—送灰器；6—高温过热器；7—低温过热器；8—高温省煤器；9—低温省煤器；10—空气预热器；11—落灰通道

表12-3　宜化热电厂75t/h CFB锅炉燃煤粒径分布

煤粒径（mm）	该粒径煤所占百分比（%）
≤0.22	21.40
0.6~0.22	13.89
0.8~0.6	6.25
1~0.8	4.63
2~1	4.01
4~2	22.11
6~4	12.85
8~6	8.22
10~8	2.78
>10	3.82
平均粒径（mm）	2.74

燃煤平均粒径为2.74mm，符合全膜式水冷壁锅炉的要求。缺点是小于0.6mm的颗粒偏多（占35.3%）。

四、巴威循环流化床锅炉燃煤粒径分布

巴威循环流化床锅炉整体布置见图12-3。锅炉有如下特点：

（1）锅炉采用了两级飞灰分离装置：第一级为槽形分离器，布置在燃烧室出口，收集的飞灰沿燃烧室后墙膜式壁下流，返回燃烧室下部循环燃烧；省煤器之后，空气预热器前布置多管旋风分离器，收集的细灰经气力输送送至燃烧室循环燃烧。第一级分离效率达97.5%，第二级分离器分离效率达88%。总分离效率达99.7%。

（2）飞灰循环倍率较高，适应无烟煤燃烧。

（3）分离器耐火防磨材料使用少，锅炉点火启动速度较快。

（4）燃煤粒径分布见表 12-4。

从表 12-4 可以看出：

a. 燃煤最大粒径小于 3.36mm；

b. 燃煤粒径范围较窄 0~3.36mm；

c. 燃煤平均直径只有 0.823mm。

五、波兰特隆 23.5 万 kW CFB 锅炉燃煤粒径分布

特隆 CFB 锅炉由一台 20 万 kW 的煤粉锅炉改成 23.5 万 kW 循环流化床锅炉。锅炉的整体布置见图 12-4。锅炉是典型的 Pyroflow 型循环流化床锅炉。锅炉蒸发量为 667t/h，过热蒸汽压力为 137bar，温度为 540℃，再热蒸汽流量为 597.6t/h，压力和

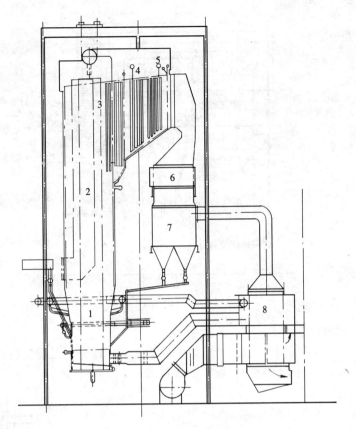

图 12-3 B&W 循环流化床锅炉

1—燃烧室；2—屏式受热面；3—槽形分离器；4—高温过热器；5—低温过热器；6—省煤器；7—多管旋风分离器；8—空气预热器

温度分别为 25.2bar 和 540℃。锅炉热效率为 90%~90.5%。锅炉设计燃料为褐煤，高位发热量为 9759.3kJ/kg。锅炉燃煤粒径分布见表 12-5。

表 12-4   B&W CFB 锅炉燃煤粒度分布

燃煤粒径（mm）	该粒径煤所占百分比（%）	燃煤粒径（mm）	该粒径煤所占百分比（%）
≤0.15	15.00	2.28	20.00
0.23	20.00	≥3.36	0.00
0.45	23.00	平均粒径（mm）	0.823
0.89	22.00		

表 12-5   特隆 CFB 锅炉燃煤粒径分布

燃煤粒径（mm）	该粒径煤所占百分比（%）	燃煤粒径（mm）	该粒径煤所占百分比（%）
≤0.40	4.00	6.25	14.50
0.45	5.00	8.75	3.50
0.75	16.00	13.75	4.00
1.50	30.00	≥17.50	0.00
3.50	23.00	平均粒径（mm）	3.176

从表 12-5 可以看出：

a. 燃煤粒径范围：0~13.75mm；

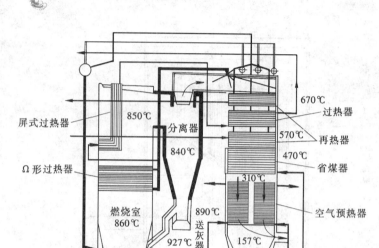

图 12 - 4　特隆 230MW CFB 锅炉

风分离器。

锅炉设计燃料为造气炉渣、造气废弃物——无烟煤屑和当地劣质煤混合燃料。混煤的低位发热量为 19228kJ/kg。燃煤粒度分布见表 12 - 6。

从表 12 - 6 可以看出：

a. 燃煤粒径范围较大，大于 10mm 的颗粒占 22.6%；

b. 燃煤平均粒径较大，达 4.12mm。

带埋管的循环流化床锅炉对燃煤粒径分布的要求没有全膜式水冷壁锅炉严格。燃煤平均粒径甚至大于 4.5mm，锅炉仍然能达到设计蒸发量。这是带埋管循环流化床锅炉的较大优点，对燃煤破碎筛分系统及设备要求不是十分严格。燃煤颗粒的粒径范围和平均粒径大一些，或小一些，埋管循环流化床锅炉都能适应。

七、判断燃煤粒径范围和平均粒径的规律

通过前两节对燃煤粒径要求的叙述，可得出如下结论性认识：

（1）煤种不一样，燃煤粒径范围和平均粒径不一样。对挥发分高

b. 燃煤最大粒径不大于 17.5mm；

c. 燃煤平均粒径为 3.176mm。

d. 褐煤挥发分高，易燃尽，粒径可大一些。

六、40t/h 带埋管循环流化床锅炉燃煤粒径分布

河池 40t/h CFB 锅炉由 35t/h 煤粉锅炉改造而成。图 12 - 5 为 CFB 锅炉整体布置。锅炉有如下特点：

a. 燃烧室下部浓相床内布置有埋管受热面；

b. 采用中温下排气旋

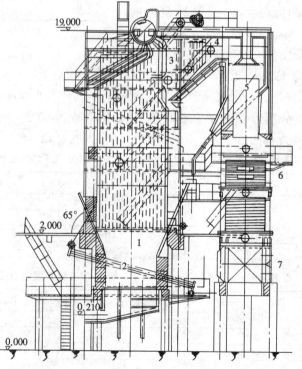

图 12 - 5　河池 40t/h 带埋管循环流化床锅炉
1—燃烧室；2—埋管受热面；3—高温过热器；4—低温过热器；5—下排气旋风分离器；6—省煤器；7—空气预热器

的煤，燃煤粒径范围和平均粒径可以大一些；相反，对挥发分低的煤，燃煤粒径范围和平均粒径要小一些。

表 12－6　　　　　　　　　40t/h 带埋管 CFB 锅炉煤的粒度分布

煤粒粒径（mm）	该粒径煤所占百分比（%）	煤粒粒径（mm）	该粒径煤所占百分比（%）
<0.09	1.1	5～2	17.8
0.3～0.09	8.2	8～5	13.3
0.6～0.3	9.1	10～8	7
0.9～0.6	6.9	>10	22.6
1.6～0.9	9.6	平均粒径（mm）	4.12
2～1.6	4.3		

（2）不同的循环流化床锅炉炉型，对燃煤粒径范围和平均粒径的要求是不一样的。B&W 循环流化床锅炉燃煤粒径范围和平均粒径较小，Pyroflow 型循环流化床锅炉燃煤粒径范围和平均粒径较大。

（3）高循环倍率循环流化床锅炉燃煤粒径范围和平均粒径较小，而中低倍率循环流化床锅炉燃煤粒径范围和平均粒径较大。

（4）膜式水冷壁循环流化床锅炉对燃煤粒径范围和平均粒径要求较小，而带埋管的循环流化床锅炉对燃煤粒径范围和平均粒径要求可大一些。

（5）对高倍率循环流化床锅炉燃煤平均粒径范围为 0.8～2.0mm；对 Pyroflow 型循环流化床锅炉燃煤平均粒径为 2.5～4.0mm；对带埋管循环流化床锅炉燃煤粒径范围为 4.5～5.5mm，高挥发分易燃尽煤种取高值，低挥发分难燃尽煤种取低值。

第三节　燃煤粒径变化对循环流化床锅炉运行的影响

根据燃煤粒径分布范围、粒度分布及平均粒径，选择合适的流化速度设计循环流化床锅炉。如果锅炉运行时燃烧的煤的粒度分布、平均粒径与设计值相差较大，必将对锅炉运行带来严重影响。

一、燃煤平均粒径对锅炉蒸发量的影响

燃煤平均粒径太大，在设计的流化速度下，吹出浓相床的细颗粒就少。大量的粗颗粒在浓相床内燃烧，释放大量的热量。由于燃烧室下部受热面的布置是一定的，不能吸收过多的热量，造成床下部温度升高。如果床下温度超过 1050℃，继续加煤，床下温度将继续上升，发生床料高温结渣。

石家庄市新技术开发区热电煤气公司的锅炉于 1997 年投入运行，能达到设计蒸发量 75t/h。宜昌市宜化集团太平洋热电公司 75t/h 循环流化床锅炉于 1996 年投运，能达到设计蒸发量。晋城煤矸石电厂 75t/h 循环流化床锅炉于 1997 年投入运行，设计燃烧烟煤与链条锅炉炉渣，该锅炉达不到设计蒸发量。这三台锅炉的炉型均为两级分离循环流化床锅炉。第一级分离为百叶窗分离，布置在燃烧室出口；第二级分离器为中

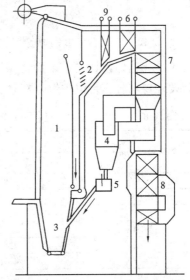

图 12-6　两级分离 75t/h 循环流化床锅炉
1—燃烧室；2—第一级百叶窗分离器；3—浓相床；4—旋风子分离器；5—送灰器；6—低温过热器；7—省煤器；8—空气预热器；9—高温过热器

温旋风分离器，布置在高温省煤器之后，低温省煤器之前。图 12 – 6 为锅炉示意图。

三台锅炉的特点为：

a. 燃烧室下部浓相床内没有布置埋管受热面和膜式壁水冷受热面，为绝热燃烧室。

b. 为典型 II 布置锅炉，水平烟道内布置有高低温过热器，尾部烟道内布置有高温省煤器、低温省煤器和空气预热器。

锅炉设计数据见表 12 – 7。

表 12 – 7　　　　　　　　　75t/h 两级分离循环流化床锅炉设计数据

项　　目	设　计　数　据	项　　目	设　计　数　据
蒸发量（t/h）	75	排烟温度（℃）	150
过热蒸汽温度（℃）	450	燃　料	贫　煤
过热蒸汽压力（MPa）	5.3	燃料低位发热量（kJ/kg）	12561 ~ 20395
给水温度（℃）	150		

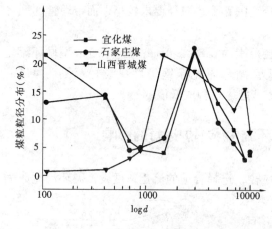

图 12 – 7　三台 CFB 锅炉燃煤粒径分布

三台锅炉的炉型完全相同，设计工况也相同。燃煤均为贫煤性质的煤，低位发热量相差也不大。循环流化床锅炉对燃料热值变化的适应性是特别好的。一般情况下烧 25000kJ/kg 燃料的循环流化床锅炉，热值相差 10000kJ/kg 左右，对蒸发量不会发生什么影响，只是锅炉热效率会有所变化。那是什么原因使石家庄和宜化的循环流化床锅炉能达到 75t/h 的蒸发量，而晋城的循环流化床锅炉达不到 75t/h 的蒸发量，只能达到 45 ~ 50t/h 的蒸发量呢？原因是前两家电厂的循环流化床锅炉燃煤粒径分布、平均粒径能达到设计要求，而晋城煤矸石电厂循环流化床锅炉的燃煤粒径分布和平均粒径达不到设计要求。三台锅炉燃煤粒径分布和平均粒径见图 12 – 7 和表 12 – 8。

表 12 – 8　　　　　　　　宜化、石家庄和晋城燃煤粒径分布及平均粒径

煤粒粒径（mm）	粒径所占质量百分数（%）		
	宜　化	石　家　庄	晋　城
>10	3.82	4.42	7.80
10 ~ 8	2.78	2.91	15.40
8 ~ 6	8.22	5.83	11.82
6 ~ 4	12.85	9.35	15.37
4 ~ 2	22.1	22.51	18.53
2 ~ 1	4.01	6.63	21.52
1 ~ 0.8	4.63	5.03	4.58
0.8 ~ 0.6	6.25	4.52	3.21
0.6 ~ 0.22	13.89	14.27	1.12
<0.22	24.40	13.07	0.67
平均粒径（mm）	2.74	2.53	4.71

从图 12 – 7 可以看出：

a. 宜化和石家庄燃煤中的小颗粒较多，晋城燃煤中的小颗粒少。

b. 晋城燃煤中的大颗粒多，宜化和石家庄燃煤中的大颗粒少。

从表 12 – 8 可以看出：

a. 循环流化床锅炉燃煤中粒径小于 1mm 的颗粒所占百分数与燃煤的可燃基挥发分百分含量有式（12 – 2）的关系，即

$$V_{daf} + A = 60\% \sim 75\%$$

这三台锅炉燃煤的可燃基挥发分为 10% 左右，那么要求煤中粒径小于 1mm 的颗粒占 50% ~ 65%。宜化和石家庄两电厂锅炉燃煤中粒径小于 1mm 的颗粒分别为 46.17% 和 36.89%，比较接近 50%，故这两个电厂的锅炉能达到设计蒸发量。而晋城煤矸石电厂锅炉燃煤中粒径小于 1mm 的颗粒只占 9.58%，远小于 50%，故锅炉只能达到 45 ~ 50t/h 的蒸发量，这也是燃烧室上部温度偏低的原因之一。

b. 从燃煤中粒径大于 4mm 颗粒所占百分数来看，晋城电厂燃煤占 55.39%，石家庄电厂燃煤占 22.51%，宜化电厂燃煤占 27.67%。大于 4mm 的煤粒均在燃烧室下部浓相床内燃烧。燃煤中大部分热量在燃烧室下部释放出来。而三台锅炉燃烧室下部均为绝热燃烧室，没有受热面。这就是晋城煤矸石电厂锅炉燃烧室下部温度高和带不上 75t/h 蒸发量的原因之二。

c. 从三个电厂锅炉燃煤平均粒径来看，宜化电厂锅炉燃煤平均粒径为 2.74mm，石家庄电厂锅炉的为 2.53mm，晋城电厂锅炉的为 4.71mm。前两个电厂锅炉燃煤平均粒径在循环流化床锅炉的要求范围之内（2.5 ~ 4.0mm）。而晋城煤矸石电厂锅炉燃煤平均粒径达 4.71mm，超过了循环流化床锅炉对燃煤平均粒径的要求范围，正好处在带埋管循环流化床锅炉对燃煤平均粒径的范围之内（4.5 ~ 5.5mm）。如果要使晋城煤矸石电厂锅炉达到 75t/h 蒸发量，解决方案有两个：一是改造燃煤破碎和筛分系统，确保燃煤平均粒径在 3.0mm 左右；二是在循环流化床锅炉燃烧室下部加埋管受热面。

二、燃煤粒径分布对循环流化床锅炉受热面和耐火防磨内衬的影响

燃煤粒径达不到循环流化床锅炉设计要求，颗粒太粗，必然导致流化床锅炉粒子循环流量小，蒸发量达不到设计值，燃烧室下部温度偏高，上部温度偏低。为了解决这一问题，作为运行手段之一，常采用加大风量运行，使较大粒子能带到燃烧室上部燃烧，提高燃烧室上部温度，降低燃烧室下部温度，防止结渣，改善煤粒燃尽效果，提高蒸发量。而受热面和防磨耐火内衬的磨损量与气流速度的 3 次方成正比，大风量运行的结果，急剧加速了对锅炉的磨损，有的锅炉一年要换一次省煤器，二年换一次过热器，耐火防磨内衬的维修工作量大，运行维护费用高、发电成本高。

三、燃煤粒径对锅炉燃烧效率的影响

锅炉燃烧热损失中较大的一项是固体不完全燃烧损失 q_4。对循环流化床锅炉，一般床底渣的含碳量≤2.0%，低于煤粉燃烧锅炉。但是，飞灰含碳量高于 10% 的偏多，高于煤粉锅炉，特别对燃煤中细颗粒偏多的情况，当燃煤热值较高、挥发分含量较低时，飞灰含碳量高达 20% ~ 30%。对 75t/h 蒸发量以下的循环流化床锅炉由于燃烧室高度有限，细颗粒煤在燃烧室内的停留时间远小于它的燃尽所需时间，从而导致飞灰量大，飞灰含碳不完全燃烧损失大，锅炉燃烧效率低。

四、燃煤粒径对锅炉灰渣比和冷渣器运行的影响

燃煤中粗细颗粒比率的变化影响锅炉床底渣和飞灰的比率。燃煤中粗颗粒多，床底渣排放量大，影响冷渣器的设计。如果冷渣器设计不能满足渣量多和粒度大的要求，冷渣温度就达不到设计值（200～150℃）。如采用流化床风水冷冷渣器，还会发生冷渣器渣堵塞和结渣的问题。流化床风水冷选择性冷渣器运行不正常——堵塞和结渣是影响 130t/h 以上蒸发量循环流化床锅炉不能带满负荷和连续运行时间短的主要原因。

第四节　燃煤制备设备的选择和制备系统的设计

循环流化床入炉燃煤粒度分布的确定与选择与流化速度有关。或者说，流化速度确定之后，要求选定适当的燃煤粒度分布。对燃煤粒度分布的具体要求如下：

（1）燃料的粒度分布。循环流化床锅炉要求燃料中有较大比例的终端速度小于流化速度的细颗粒，保证在已确定的流化速度条件下，有足够的细颗粒吹入悬浮段，确保燃烧室上部（稀相区）的燃烧份额，以及能形成足够的循环床料，保持物料平衡。即入炉燃料的粒度分布应符合宽筛分分布要求。

（2）燃料的粒度应具有可调整性。即能随煤种、循环倍率的不同而调整。一般情况下，高循环倍率的循环流化床锅炉，燃煤粒径较细；低循环倍率循环流化床锅炉，燃煤粒径较粗。低挥发分的煤种粒径一般应较细，高挥发分易燃煤种，颗粒可粗些。

（3）入炉燃料的粒度范围及颗粒度分布。由于炉型或参数选择上的差别，每个锅炉公司都有自己采用的颗粒度范围。在我国，循环流化床锅炉采用的颗粒尺寸一般为 0～13mm、0～10mm 或 0～8mm，而且对燃料粒度分布有一定要求。

燃料粒度分布和平均粒径如果不符合要求，燃煤平均粒径或大或小，都将对循环流化床锅炉运行带来十分不利的影响。燃煤平均粒径大，将使运行风量大，燃烧室下部燃烧温度偏高，耐火层与膜式壁交界面处磨损严重，锅炉带不上满负荷等。燃煤平均粒径小，将使燃烧室出口温度偏高，过热器超温，飞灰循环量加大，燃烧室下部温度偏低及尾部对流受热面磨损等。

循环流化床锅炉燃煤制备系统的设计和设备选择必须保证锅炉对燃煤粒度分布和平均粒径的要求。

我国一些循环流化床锅炉，由于燃煤制备系统及设备选择不合理，使得锅炉达不到设计蒸发量，金属和耐火层磨损严重，飞灰含碳量高，床渣冷却器运行不正常等，严重影响了锅炉的长期、安全、经济运行。所以，燃煤系统的正确设计和设备选择成为循环流化床锅炉电厂设计中一个特别重要的环节，必须给予足够的重视。

一、燃煤制备系统的形式

目前，国内循环流化床锅炉燃煤制备系统有以下三种基本形式：

（1）煤经过粗碎机（出力大）—煤筛—细碎机（比粗碎机出力小一半）到原煤仓。这种形式适合于原煤中煤的初始颗粒较大，80％的颗粒都大于25mm，且煤矸石的含量较多。原煤经粗碎后，相当部分的颗粒合格，合格的煤粒直接从煤筛漏下，送到原煤仓。大于合格粒度的煤则被送入细碎机里进行第二次破碎。

这种布置形式的优点是对煤颗粒的适应范围较宽，原煤的颗粒只要在 100mm 以下均可。粗破碎后的煤通过筛子筛下粒度合格的煤，剩下的大颗粒煤则进入细碎机进行第二次破碎。

这时进入细碎机的煤量较少，而且通过滚轴筛后煤在细碎机轴向上的分布要比输送带均匀得多。煤的粒度容易保证，但土建费较高。

（2）原煤经过粗碎机—细碎机（两者出力一样），中间没有煤筛。这种形式是原煤经过粗碎机破碎后，不管粗碎的情况如何，都送入细碎机进行第二次破碎。

这种布置形式土建费用较节省，但因前级破碎机的出力一样，电能耗费较大，同时不论粗碎机破碎的情况如何，细碎机又要重复进行第二次破碎，相比之下细碎机的破碎效率较低。破碎机的结构决定了煤的破碎不能达到百分之百的破碎，因此这种布置形式难保证煤的粒度。煤的粒度不是过大，就是过小，很难控制在一个合适粒度范围，因此对锅炉的燃烧有较大影响。

（3）煤筛—细碎机（比输煤皮带的出力略小），即不要粗碎机。这种形式是原煤首先经过煤筛进行筛分，合格的煤粒直接被送进原煤仓，不合格的煤粒则进入细碎机进行破碎。

如果电厂的原煤质量较好，原煤的颗粒较小，这种布置形式最佳。这种形式的电耗最小，土建费用相比之下也较节省。但是它对原煤的颗粒适应范围较小，原始颗粒必须有30%~40%的小于7mm，而且原煤的含泥量都要较小才行，否则很难有效地发挥煤筛与细碎机的效率，也较难保证煤的粒度合格。

国外循环流化床锅炉燃煤制备系统有以下几种型式：

（1）棒磨机制备系统。棒磨机广泛用于建材工业和有色金属磨矿工艺。根据循环流化床锅炉燃料制备的特点，采用棒磨机作为燃料的破碎设备。棒磨机制备出的成品煤粒径在 0~10mm，其中 $d \leqslant 1.1mm$ 的占 66%，$d \leqslant 0.84mm$ 的占 60%。

棒磨机制备系统简单，运行可靠，一般不受原煤中水分的影响，燃煤粒度也可在一定范围内调整。因此对于燃用无烟煤，石煤或对燃煤粒度要求较细的循环流化床锅炉比较适用。其缺点是投资相对较大。

（2）竖井式锤击磨系统。该系统是在传统的竖井式锤击磨制粉系统基础上作了一些改进。采用新型的锤击式碎煤机，并增加了分选干燥系统。该制煤系统通过调整干燥分选系统和锤击磨磨腔内的热风速度，可调整成品煤的粒度，且不受原煤水分的影响。由于该系统是在负压下运行，环境较清洁，运行可靠。其缺点是锤击磨煤机造价相对较高，因为磨腔内通干燥热风，磨机主轴及各部件需特殊冷却，投资较大，系统较复杂。

（3）干燥分选制煤系统。带有干燥分选（烟气干燥分选或蒸汽干燥分选）制煤系统对循环流化床锅炉系统是一个比较理想的制煤方案。由于采用干燥分选装置，碎煤机可不受原煤水分的影响，系统运行可靠。该系统投资比棒磨机和竖井式锤击磨系统小，比普通的筛分破碎系统略高，但总的经济效益较高。

二、燃料制备工艺设备

国内循环流化床锅炉系统普遍采用的筛碎设备见表 12-9。

表 12-9　国内循环流化床锅炉普遍采用的筛碎设备

产品名称		机　理	结　构　特　点	破碎能力			适用工况
				t/h	入料（mm）	出料（mm）	
粗碎机械	环锤式碎煤机	冲击＋挤压	环形锤头 破碎板＋筛板	50~1500	300~400	30	水分含量≤12%
	锤击式碎煤机	冲击	破碎板	50~1500	300	30	水分含量≤12%
	齿板冲击式碎煤机	冲击	齿形破碎板、无筛板	50~1500	300~400	30	
	颚式破碎机	挤压	动、静颚板				水分含量≤14%
	齿辊破碎机	挤压	单辊或双辊				水分含量≤12%

续表

| 产品名称 | 机　理 | 结　构　特　点 | 破碎能力 | | | 适用工况 |
			t/h	入料 (mm)	出料 (mm)	
环锤式碎煤机	冲击＋碾压	环形锤头　破碎板＋筛板	20～200	≤100	<10	水分含量≤8%
齿板冲击细碎机	冲击	齿形破碎板，无筛板，可双向旋转	20～500	<50～80	<8	水分含量≤12%
可逆冲击细碎机	冲击＋碾压	破碎板＋筛板，可双向旋转，除石槽	20～100	<100	<10	水分含量≤8%
棒磨机	滚碾磨	风选分级	4～30	≤30	<8　0.1～1占50%～60%	
竖井式锤磨机	冲击	热风干燥，风选分级	8～32		<8　0.1～1占50%～60%	
振动网筛	振动	钢丝编织网，方形筛子	200～300		≤10	水分含量≤8%
琴弦筛	振动	钢丝绳筛条，条形筛孔	300		≤10	水分含量≤10%
滚轴筛	机械	链传动或齿轮箱传动	100		<13	水分含量≤8%

（"细碎机械"跨越前五行，"筛分设备"跨越后三行）

三、燃煤制备系统存在的问题

目前，国内循环流化床锅炉燃煤制备系统存在很多问题，直接影响锅炉的安全、稳定运行。

1. 入炉燃料的粒度及粒度分布满足不了锅炉运行要求

我国已投入运行和正在建设中的循环流化床锅炉，一般要求燃料粒度在 0～8mm 或 0～10mm 范围之内，而且其粒度分布符合筛分分布规律，其中有些锅炉要求 0.1～1mm 的颗粒占 40%～60% 左右。但实际运行中出现有的系统制备的燃料过细。有的则超出要求范围的大颗粒较多等现象。其主要原因有以下几方面：

（1）国内普遍采用的破碎机为环锤式碎煤机或齿板冲击式破碎机，其破碎机理基本上以冲击破碎为主。国内破碎机制造厂家在设计破碎机时多考虑原煤品种复杂以及煤中含有杂质，尤其是矸石等坚硬杂质不易细破的因素。通过提高转子的线速度和加大锤头质量以增加破碎能力。这样一来，对煤的破碎能量相对过剩，造成煤的过粉碎现象。

（2）在系统改造过程中，由于资金限制或原有系统结构限制，最主要的是到目前为止没有适用于国内工况条件的难筛分煤的干法筛分设备而不得不采用无筛分分级措施的两级全通过式破碎工艺。在原煤中已经含有相当数量的小颗粒煤，在未经过中间筛分分离而全部经过两级破碎，结果颗粒粒度分布脱离正常宽筛分分布，出现过粉碎现象。这种不经过筛分分级措施的两级全通过式破碎工艺，只是在原煤中 100mm 以上的大块煤的含量较多，小颗粒煤较少，或者原煤中矸石含量较多，或者平均粒径在 80mm 以上的原煤情况下可以采用。

（3）在破碎机，尤其是细碎机的主要部件，锤头和破碎板磨损之后，一是锤头质量变小而破碎能力下降，二是打击面由原来的平面变为圆弧面而改变了冲击角度，见图 12-8。这在一定程度

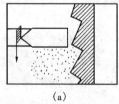
（a）

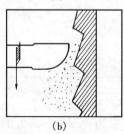
（b）

图 12-8　锤头磨损前后工作状况

（a）磨损前；（b）磨损后

上使原有的冲击破碎变成了碾压破碎，使锤头和破碎板之间的间隙——控制破碎粒度的重要因素扩大。其结果一是产品的粒度过大，二是降低了锤头的拨料功能而使破碎机的出力急剧下降。

（4）进入破碎机的原煤粒度不能有效控制，使超出破碎机能力范围的超大块原煤直接进入破碎机，造成产品粒度超标。一般在单级破碎系统容易出现这种情况。以冲击破碎为主的锤击式破碎机，其破碎比一般应控制在 10 左右。超过破碎比允许范围，将会造成产品粒度超标或出力下降。

2. 筛分效率不高

破碎（粗破和细破）之前物料的筛分分级，无论是对破碎机功效的充分发挥还是对保证产品煤达到循环流化床锅炉所要求的颗粒特性都具有相当重要的意义。但是目前国内大部分电厂接受的煤或供给制煤系统的原煤中非矿物性杂质较多，水分较高。常规的筛分设备不能发挥正常的筛分功能，筛分效率很低。

目前，国内循环流化床锅炉燃料制备系统中普遍采用振动网筛、琴弦筛、机械螺旋筛和细孔滚轴筛等筛分设备。这些筛分机械在筛分未经干燥和除去非矿物性杂质等预处理的原煤时，普遍存在筛分效率不高，甚至堵塞筛孔而失去或减弱筛分功能，有时只能当作低效率的给料机使用。

3. 燃煤制备系统及设备亟待解决的问题

（1）破碎机械主要功能部件的耐磨寿命短，不能在一个检修周期内连续、稳定运行，须经常停机更换和检修，既影响系统稳定，又增加了检修工作量。

在循环流化床锅炉燃料制备系统工艺设计中，由于各种条件的限制，如项目资金受限或原有系统结构受限，或因没有更多的适合该工况的筛碎设备可选用，不得不采用不尽合理的系统结构设计方式或采用不尽理想的设备，使系统运行满足不了循环流化床锅炉对燃料特性的要求。同时，个别工程中对筛碎设备的选型不合理。

（2）循环流化床锅炉燃料制备设备的大型化问题。目前国内生产的燃料制备设备基本上处于试验运行阶段，其规格在 200t/h 以下，只能满足中小型流化床锅炉系统。410t/h 以上的大型循环流化床锅炉系统的筛碎设备基本上依靠进口设备。因此国内筛碎设备的设计技术急需提高，尽快设计生产大型筛碎机械以满足大型循环流化床锅炉系统的需要。

四、提高循环流化床锅炉燃料制备技术措施

1. 对供给燃料制备系统的原煤进行干燥和除杂质等预处理

在系统工艺设计时，尽可能采取有效措施为筛碎设备创造有利于提高筛碎效率的工况条件，即在进入制备系统之前对原煤进行干燥和除去非矿物性杂质的处理，如进行干燥分选。煤的干燥分选装置在有关资料中已有介绍，如烟气干燥分选装置（图 12 - 9），蒸汽干燥分选装置（图 12 - 10）等。国外一些循环流化床锅炉系统中也有采用原煤干燥制煤的实例。原煤干燥以后，现有燃料制备系统最常见的粘煤、堵塞及因此而产生的筛碎设备效率不高、出力下降和难以保证产品粒度等问题在很大程度上得以缓解，使目前普遍采用的筛碎设备，尤其是筛分设备能发挥正常的设计功能和效率。

原煤干燥处理后，在破碎筛分过程中出现的粉尘污染问题，可通过加强筛碎设备的密封和加设除尘器等措施来解决。

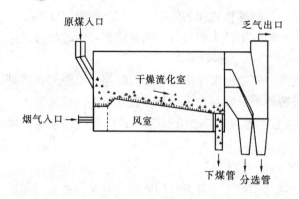

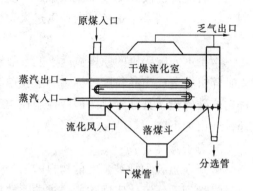

图 12 - 9　烟气干燥分选装置　　　　　图 12 - 10　蒸汽干燥分选装置

2. 耐磨材料技术是当前筛碎技术发展的关键

耐磨材料，主要是破碎设备的主要功能部件的耐磨性能，是影响国产破碎设备性能的主要因素。

常规电站输煤系统中碎煤机的锤头多年来一直采用铸钢 Mn13 材料。国际规定其耐磨寿命应达到 3000h，这在碎前筛分分离的系统中基本上能达到，但在碎前不经过筛分而全通过式系统中，如果原煤中细煤较多，而大块煤含量不多的情况下基本上达不到耐磨寿命指标。这是由于 Mn13 材料的特殊性能所决定的。

循环流化床锅炉燃料制备系统中，无论是单级破碎还是双级破碎，进入细粒破碎机的煤是中细粒煤。尽管破碎机是冲击破碎机理，但细颗粒煤对锤头的冲击起不到对锤头材质（Mn13）产生冲击硬化的作用。因此，初期开发的细粒破碎机（普遍采用 Mn13）锤头的耐磨寿命只有几百小时。到目前为止，国内生产的细碎机锤头、耐磨寿命只能达到 1000h 左右。到使用的后半期只能在严重磨损而产品粒度和出力相对较低的情况下维持运行。近年来，一些厂家正在不断研究和试验种种新材料，但其耐磨寿命仅有 1500 ~ 2000h。锤头的严重磨损不仅使燃料粒度达不到要求，而且使破碎机的出力明显下降。为了保证系统指标，只能频繁更换新锤头，导致运行费用较高，运行检修人员的劳动强度加大，也是降低国内产品的市场信誉度，制约国内辅机技术发展的重要因素。据称美国和德国产品的耐磨寿命可达到 8000 ~ 10000h，比国内产品的耐磨寿命长 5 ~ 10 倍以上。

3. 燃料制备工艺方案的选择

燃料制备工艺方案的选择应全面考虑工艺设备的综合功能和经济性。

（1）前述关于对原煤进行干燥分选的工艺方案，尽管增加投资和占用面积，但对提高整个燃料制备系统的功能，提高循环流化床锅炉的燃烧效率和安全稳定运行具有极其重要的意义。

（2）原煤在进入粗破碎机和细破碎机之前分别经过筛分，避免符合颗粒特性要求的成品煤重复破碎，即系统采用干燥—筛分—粗破—筛分—细破的二级筛分二级破碎工艺方案。这种工艺方案的优点为：

a. 可根据不同锅炉对燃料颗粒特性的要求调整筛分粒度，有效地保证产品的颗粒特性；

b. 根据筛上物料的份额选择小规格破碎设备；

c. 减轻破碎设备主要功能部件的磨损，延长使用寿命；

d. 基本上可消除筛碎设备的粘堵现象，保持稳定运行。

（3）合理分配总破碎比。根据原煤中最大颗粒粒径和所需产品颗粒粒径选择破碎工艺时，粗破破碎比一般在 10 左右（锤式冲击破碎），细破破碎比尽量选小，一般在 3～6 之间。

（4）细粒破碎机的破碎比尽量选小（3～6 之间），但其配套的驱动电动机功率要选大。

五、引进和消化国际先进技术，提高燃煤制备技术水平

循环流化床锅炉燃料制备系统中主要制煤设备——筛分分离机和破碎机，国内已形成了相当的开发设计和生产制造规模，结构设计和生产制造技术水平也已接近国际水平，但某些技术领域仍比先进国家有相当大的差距。

细粒破碎机的结构设计。就目前国内较普遍采用的锤击式细碎机而言，以美国和德国生产的齿板冲击细碎机为代表机型，分别称为美洲型（图 12－11）和欧洲型（图 12－12）。

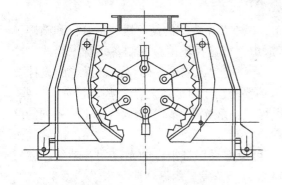

图 12－11　美洲型细破碎机

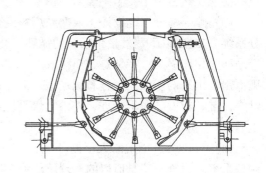

图 12－12　欧洲型细破碎机

美洲型的特点是破碎腔的容积相对较小，锤头为整体铸造结构，锤柄短，锤头大，锤头在沿主轴线方向的排列较密，见图 12－13。破碎板以顶部轴为中心变角度调整破碎间隙。欧洲型的特点是破碎腔的容积大，锤头小，锤柄长，而且锤头和锤柄为两种材质，采用装配式结构，轴向排列间隔大，见图 12－14，破碎间隙调整可变角度调整，也可以平移调整。

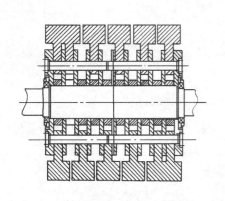

图 12－13　美洲型细破碎机锤头

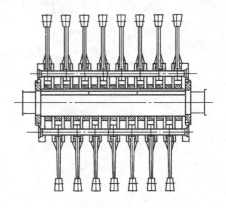

图 12－14　欧洲型细破碎机锤头

美洲型的优点是锤头大，破碎能力大，较适合于矸石较多的硬煤的破碎，但对 300t/h 以上大出力系统，其轴向尺寸过大，入料口的均匀布料难度大。欧洲型破碎机容腔较大，设备出力调整范围大，适应各种工况条件的能力较强。

国内碎煤机制造行业基本上是以国际先进设备技术为基础开发设计的。但到目前为止，国内设计生产的最大细粒破碎机只有 200t/h 左右。因此，必须通过引进和消化国际先进技术，研究设计和生产适合国内市场和工况条件的破碎设备，同时适应循环流化床锅炉技术的发展和建设规模速度，发展大型筛碎设备。

六、选择燃煤制备设备和制备系统的几点原则性意见

（1）电厂煤场设计中应设计较大容量的干煤棚，能储备 15～30 天的用煤量，控制原煤水分在 8% 以下。煤的水分大于 8%，煤的黏结将给破碎机、筛分机的工作带来困难，保证不了燃煤粒度，并使制煤设备达不到设计出力。

（2）根据煤的原始粒度分布、种类、水分和硬度，按表 12-1 合理地选择碎煤机和筛分设备。对水分含量高的煤选择双层滚动筛比振动筛好。双层滚动筛不易发生煤黏结、堵塞筛孔。湖北宜化热电公司，将振动筛改成双层滚动筛，运行效果十分好。煤的粒度分布能达到设计要求，运行中不发生湿煤堵筛情况。

（3）碎煤筛分系统设计。根据原煤粒度分布选择本节中介绍的破碎机、筛分机和破碎筛分系统。75t/h 以下蒸发量带埋管的循环流化床锅炉，可选择较简单的制备系统。膜式水冷壁循环流化床锅炉，特别是 220t/h 蒸发量以上的循环流化床锅炉，燃煤制备系统的设计要确保制备出来的燃煤粒度分布满足循环流化床锅炉要求。宁可系统复杂一些，投资大一些。燃煤太湿、粒度分布不合理，将给上煤系统、燃煤制备系统及锅炉安全运行带来一系列的严重后果。

（4）对 440t/h 以上的大型循环流化床锅炉，可考虑采用带干燥的燃煤制备系统。燃煤制备系统多投资一些是值得的。现阶段许多 440t/h 以上蒸发量的循环流化床锅炉发生停炉，不是金属受热面和耐火耐磨内衬磨损破裂引起，就是上煤系统和排渣系统发生故障引起。大炉子停一小时带来的直接和间接经济损失都是巨大的。

第十三章
循环流化床锅炉灰渣冷却装置

随着循环流化床锅炉的发展，高温灰渣的冷却问题愈来愈受到人们的重视。作为循环流化床锅炉的重要辅机，灰渣冷却装置的正常运行至关重要，特别是随着锅炉容量的增大，已经直接关系到锅炉的连续可靠和安全经济运行。

目前，国外循环流化床锅炉均配有灰渣冷却装置来冷却高温灰渣。其主要型式有流化床冷渣器、滚筒式冷渣器和水冷绞龙等，这些装置的应用基本上是成功的。这不仅与其加工制造和运行水平有关，而且还与其燃料特性（含灰量低、粒度也较小）等有关。由于灰渣量少且粒径较小，灰渣的冷却易于实现。我国的循环流化床锅炉大多燃用高灰分、低热值煤，灰渣量大、颗粒较粗，高温灰渣的冷却问题尚未得到很好解决。我国目前运行中的循环流化床锅炉，对大多高温灰渣，或堆积起来自然空冷，或用水直接接触冷却，虽然有一些不同结构形式的冷渣器，如滚筒式冷渣器、流化床冷渣器等得到了应用，但由于设计、制造和运行等方面的原因，还存在不少问题。滚筒式冷渣器存在密封不严、冷却能力差、检修维护工作量大等问题，流化床冷渣器（包括从国外引进的）也还存在结渣、堵塞以及达不到预期冷却效果等问题，这些都限制了冷渣器的应用与发展。这样不仅浪费了能源，而且还污染了环境（热污染、灰污染或水污染），也影响到对灰渣的后续处理（灰渣的输送和综合利用等）。因此，采取适当的方式，将大量的高温灰渣有效可靠地冷却下来，不仅可以回收其物理热，提高锅炉效率，而且还便于灰渣的输送和综合利用，改善工作环境，有利于锅炉的安全经济运行。

对于循环流化床锅炉的高温干排渣方式，由于大量的高温灰渣直接排放，运行条件差、操作不安全，还会对环境带来灰污染和热污染，是一种很落后的处理方式，应予摒弃。对于湿排渣方式，由于水淬冷后的灰渣活性变差，不宜作水泥掺合料，不利于灰渣的综合利用，不仅灰渣的物理热没有得到回收，而且还带来了水污染的处理问题，也不是一种合理的处理方式，应逐步予以淘汰。采用灰渣冷却装置，实现高温灰渣的干式冷却，则是一种较为先进的处理方式，应广泛地推广使用。它除了可以减轻工作环境的污染，便于灰渣的输送与综合利用外，还能回收一部分灰渣的物理显热，提高锅炉效率。特别是对燃用低劣质煤的循环流化床锅炉，灰渣量大、温度高，灰渣物理热损失随煤质的不同，可达 6% ~ 8%，灰渣冷却装置的作用显得更为重要。

本章首先探讨并总结循环流化床锅炉冷渣器所处理对象灰渣的特性，为深入探讨冷渣器的冷渣特性奠定基础。在对各种冷渣器进行分类，并总结其特点的基础上，重点介绍几种典型灰渣冷却装置，包括结构与技术特点、工作原理与运行效果以及存在的问题及其改进。然后对冷渣器的设计与选用的相关问题进行深入分析，介绍循环流化床锅炉的灰渣处理系统，最后分析冷渣器及冷渣系统存在的问题，给出相应的改进措施，并结合实例进行详细的讨论。

第一节 循环流化床锅炉的灰渣特性

了解循环流化床锅炉排放的高温灰渣所具有的特性，包括灰渣形成特性、物料平衡、灰渣粒度及其分布、灰渣温度及灰渣量等，对循环流化床锅炉特别是其灰渣系统的正确设计和正常运行至关重要。目前，国内循环流化床锅炉灰渣冷却装置和系统运行中出现的许多问题，在很大程度上与对灰渣特性的认识不足有关。因此，有必要深入研讨循环流化床锅炉的灰渣特性。

一、灰渣形成特性及其粒度分布

燃煤在循环流化床燃烧过程中的灰渣形成特性不仅对锅炉的燃烧、传热特性有很大的影响，而且对锅炉的灰渣排放规律也影响很大。

国内循环流化床的开发和运行与发达国家相比有许多不同。一个最基本的不同点是床料的构成不同。国外出于环保考虑，在流化床运行中要添加脱硫剂，而燃煤通常灰分较低、粒度较小，因此脱硫剂颗粒构成了床料的主体。这些颗粒尺寸适宜而且尺寸稳定，有利于循环流化床锅炉的稳定运行，也有利于灰渣冷却与输送系统的连续、稳定运行。而在国内，多数循环流化床锅炉燃用低劣质煤，极少添加脱硫剂，即使添加脱硫剂，也因为脱硫剂的粒度比燃煤粒度小得多，床料主要还是由燃煤生成的灰构成。煤种的差异，给煤破碎程度的变化，加上煤在循环流化床内燃烧、爆裂、磨耗情况的不同，对床料的质量构成影响很大，这不仅给国产循环流化床锅炉的设计、运行和控制带来了特殊问题，也给灰渣冷却与输送装置的设计、运行和控制带来了很大的困难。因此，有必要掌握煤的灰渣形成特性，认识物料平衡规律。

所谓灰渣形成特性是指一定粒度分布的煤燃烧后生成灰渣的粒度分布情况。实际上，灰渣形成特性与煤在燃烧过程中的热破碎特性密切相关。煤的热破碎特性直接决定了床内的固体颗粒粒度与浓度、物料的扬析夹带过程、炉内的传热过程以及煤颗粒的燃烧过程，对燃烧室内热负荷的分布也有极为重要的影响。

不同煤种、不同入炉粒径的煤颗粒经循环流化床燃烧后所产生的灰渣，其颗粒粒度分布有很大的不同。通常，石煤、煤矸石不易破碎，在破碎过程产生的细颗粒量少；而烟煤等则正好相反。只要不发生结渣，煤燃烧后所产生的底渣颗粒粒径都比相应的入炉煤颗粒粒径要小。显然煤颗粒在燃烧过程中发生了包括一次破碎、二次破碎及磨损等过程。而底渣颗粒粒度分布与入炉煤颗粒的粒度分布具有相似性。由此可见，给煤颗粒在某种程度上决定了燃烧所产生的底渣特性。另外，不同特性的煤种在燃烧过程中具有不同的破碎及磨损特性，给煤颗粒的粒度及其分布对燃烧过程渣和灰颗粒的形成有很大的影响。同一种煤种随着挥发分增加，含灰量的降低，底渣中细颗粒的质量份额增高，底渣的平均颗粒粒径与给煤颗粒的平均颗粒粒径的差别增大。其原因在于给煤颗粒中挥发分含量高的颗粒份额增加时，使得颗粒入炉后由于挥发分析出而导致的一次破碎变得更加剧烈，而含灰量低的颗粒份额增加则会使焦炭颗粒在燃烧过程中更容易发生二次破碎。

对同一台循环流化床锅炉，一般不同煤种飞灰颗粒的粒度分布很相近。这是因为循环流化床锅炉飞灰粒度分布通常是由分离器的分级分离效率和燃烧过程中所产生的细颗粒决定的。旋风分离器分级分离效率一般由分离器结构、分离器入口烟气速度和颗粒特性决定，而循环流化床燃烧过程中细小颗粒的来源除了给煤带入的一部分外，主要来源于颗粒的破碎和磨损。其中磨损产生的颗粒大部分在 $70\mu m$ 以下，而且其他物性如密度等也比较接近。这表明飞灰颗粒中相当一部分是磨损产生的灰颗粒。可以说，燃煤特性对飞灰颗粒粒径分布的影响比较小。

二、物料平衡及其影响因素

1. 物料平衡

物料平衡或灰平衡是燃煤锅炉计算锅炉热平衡和热效率的关键数据之一，对循环流化床锅炉尤为重要。在循环流化床锅炉设计和运行中必须保持固体物料的平衡。送入循环流化床锅炉的固体物料主要是燃煤和脱硫剂，燃料中的 C、H、O、N、S 和水分会转化成气体，其余的固体物料（主要是灰分，还有部分未燃尽碳）应在不同的部位排放以维持炉内物料的平衡。加入炉膛的煤燃尽成灰（含石灰石带入灰量）：一部分从炉膛底部排出，称为底灰或底渣；一部分飞出炉膛，进入分离器，其中分离器未能捕集的灰飞出分离器，进入尾部烟道，进而飞出锅炉，成为飞灰；而被分离器分离下来的灰，经返料器返回炉膛，称为循环灰。应当指出：由于燃烧，且粒子间碰撞、磨耗，以及粒子与分离器壁面之间的磨耗，使大的灰粒在逐渐减小，这部分循环灰又有可能成为飞灰。

图 13-1 是法国 Emile Huchet 电厂 125MW 循环流化床锅炉灰平衡图，图中还表明了 100% 负荷时的灰平衡数据。

图 13-1　法国 Emile Huchet 电厂 125MW 循环流化床锅炉灰平衡图

通常，循环流化床锅炉除了有两个基本的出灰口（一个是流化床的排渣口，一个是尾部除尘器的排灰口）外，一般情况下返料装置或外置式流化床换热器下也应排掉一部分灰，另外在尾部竖井下的转弯烟道也有可能需排掉一部分飞灰，参见图 13-2。

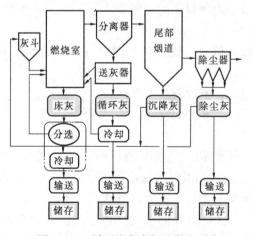

图 13-2　循环流化床锅炉灰渣系统

流化床燃烧室排渣主要是排放那些不能被流化风带出下部密相区的大颗粒物料，如果不把这些大颗粒物料及时从床内排出，这些物料会在布风板区域越积越多，造成流化质量的下降，从而影响锅炉的正常运行。排渣温度一般等于下部密相区床温。

返料器或外置式流化床热交换器的排灰量由系统的灰平衡确定。如果分离器分离效率较高，燃煤的灰分也不低，可以在返料器或外置式流化床热交换器中排去一部分灰分。这样不仅可以降低尾部受热面的磨损，还可以减轻尾部除尘器的负荷。排灰温度为返料器或外置式流化床热交换器的运行床温。

尾部对流竖井排灰一般是指利用对流受热面下的转弯烟道的惯性力分离的飞灰。但应该注意的是，当对流竖井中吹灰时，可能会造成该处排灰瞬间较大，这在除灰系统的设计与运行时必须予以考虑。此处的排灰温度近似等于排烟温度。

2. 物料平衡的影响因素

循环流化床物料源来自外添加床料，如启动用床料、脱硫用石灰石和燃煤形成的灰渣。启动用床料的输入是暂时性的，对于连续运行的流化床稳定物料平衡没有影响，而燃煤形成的灰流及脱硫石灰石流是稳定输入物料流。

一般来说，宽筛分床料的质量构成是进出流化床的固体质量平衡的结果，除了同燃料特性（燃料含灰量、成灰特性、给煤粒度分布）和设备特性（分离器效率、炉膛几何尺寸）有关外，还同运行参数（如给风参数、给煤量、排渣量、循环灰排放量）等因素密切相关。在实际运行中，由于运行参数处在不断地调节过程中，加之燃料粒度变化等的扰动，循环流化床的质量平衡是一个连续的动态过程而非稳态过程，因此床料的质量构成、料层的厚度、主燃烧室的压降也处在不断的动态变化过程中。实际上，料层的厚度及压降反映了固体在燃烧室内的净质量累积。

（1）排渣粒度分布对物料平衡的影响。排渣系统作为流化床"一进二出"系统的一个出口，其排渣粒度分布对于循环物料量影响很大。若燃煤灰分小，则排渣少，排渣系统为常关，床内物料有足够的时间进行物料分层，细颗粒在上，大颗粒下沉，排掉大颗粒，细颗粒作为循环灰；若燃煤灰分多，排渣多，排渣系统为常开，床料来不及进行物料分层，排渣易带走细颗粒，从而使循环灰减少，造成循环床上部灰浓度不够，锅炉负荷上不去。这时需采用选择性排渣装置将排掉的细粒送回循环流化床，以减少循环灰损失。

（2）煤颗粒的成灰特性对物料平衡的影响。循环流化床锅炉的长期运行表明床内物料循环结果为床料非常均匀，床料粒径为 $100 \sim 300\mu m$，即燃煤成灰的灰粒度在 $100 \sim 300\mu m$ 的灰分作为循环灰，细粒飞走，粗粒排掉。若煤颗粒的成灰特性差，形不成循环灰所需的粒度，则循环量满足不了运行要求，物料平衡困难，流化床只能以鼓泡床运行。

另外，灰分的磨耗特性的影响也很大。磨耗影响灰分在炉内的停留时间，磨耗越大，停留时间越小，从渣口跑掉的细粒越多，则循环灰越少。对于磨耗程度严重的物料，因磨耗而丢失的物料远比由于分离效率不高减少的多，造成炉内物料平衡的困难。

三、底渣和飞灰份额

底渣或飞灰份额是指底渣或飞灰占入炉灰的质量份额。循环流化床锅炉的底渣和飞灰份额主要与以下因素有关：

（1）煤种及其特性，包括挥发分、灰分等的含量，密度及粒度等；

（2）燃煤的成灰特性，包括燃烧过程中的破碎特性和磨损特性；

（3）炉型及运行工况，主要是烟气的截面流速。

研究与运行实践均表明，煤质特性对底渣和飞灰份额具有明显的影响。通常，对挥发分含量高、灰分含量低的烟煤，煤中所含有的灰大部分以飞灰形式排出，飞灰份额约为 $60\% \sim 70\%$；而对挥发分含量低、灰分含量高的石煤，煤中所含有的灰大部分则以底渣形式排出，底渣份额约为 $60\% \sim 70\%$。一般地，底渣份额随煤中挥发分含量的降低、灰分含量的提高而增加。其原因在于不同煤种具有不同的成灰特性。挥发分高、灰分低的煤颗粒在炉内的一次破碎和二次破碎都比较剧烈，产生更多的细颗粒，而且在燃烧过程中灰分含量低的焦炭颗粒在燃烧过程中所产生的灰层一旦生成，往往自动脱落或很快被磨损剥落，从而产生大量的细灰。另外，含灰量低的煤颗粒所生成的渣颗粒由于其孔隙率大，强度低，在炉内更容易被磨损产生大量的细颗粒。

此外，底渣或飞灰份额还与燃煤密度、粒度和截面流速等有关。煤密度越高，煤越密实，破碎特性越差，也越易沉积，底渣份额越高；粒度越大，产生的大颗粒灰渣越多，底渣份额越高；截面流速越高，飞灰携带能力越强，所引起的燃煤颗粒破碎和磨损的作用越大，飞灰份额越高。

由于底渣和飞灰份额的影响因素较多，也较复杂，在目前循环流化床锅炉炉型多样、燃料多变、运行参数各异的情况下，很难总结出具有普遍参考意义的底渣和飞灰份额的具体数据。有关飞灰份额取值的文献也不多。一般低倍率循环流化床锅炉由于燃用高灰分的劣质煤，燃煤粒度较大，底渣份额较高，通常大于60%；高倍率循环流化床锅炉燃用的煤质相对较好，燃煤粒度也较小，底渣份额较低，通常小于40%；若缺乏相关资料，可以近似地认为底渣和飞灰各占一半。当然，也有极端的情况：当燃用低灰分的优质煤、石油焦等燃料时，底渣份额几乎为零。根据对国产75t/h循环流化床锅炉的部分考察结果，底渣和飞灰份额分别为40%和60%。各锅炉厂或研发单位设计时往往根据自己的经验选取，差别也很大。国外循环流化床锅炉的底渣份额很低而飞灰份额很高，其典型值分别为20%～30%和80%～70%。由此可见，循环流化床锅炉底渣和飞灰份额取值差别较大，在20%～80%之间变化都有可能。

四、我国循环流化床锅炉底渣的特点

循环流化床锅炉排放的底渣是一种高温（850℃左右）、宽筛分（0～15mm，有的甚至为0～30mm）的固体颗粒，比较难于进行相关的操作和控制处理。大容量或大渣量循环流化床锅炉的底渣排放控制、冷却和输送是锅炉辅机系统中最为棘手的技术之一。

与国外循环流化床锅炉的运行情况相比，国内循环流化床锅炉底渣排放量大，底渣粒度及排放量变化范围大，经常出现底渣粒度及渣量远大于设计值的情况。由于入炉煤复杂多变，尤其是煤中夹杂有矸石或石头时，锅炉实际排放的底渣粒度最大为30mm，甚至达到40mm以上。以某电厂为例，冷渣器事故排渣渣样中粒度大于25mm的底渣占68.64%。另外，由于煤源紧张，入炉煤发热量变化范围大（10～25MJ/kg），灰分变化范围大（10%～70%），底渣份额变化范围大（20%～70%），实际锅炉底渣排放量经常远大于设计值。这些都在很大程度上造成无论是国产还是引进的冷渣器难以适应，不仅无法满足冷渣要求，还经常引起排渣事故。例如，引进的流化床式冷渣器要求底渣粒度在0～10mm，因此引进的流化床式冷渣器必然存在先天不足，诸如输送不畅、堵塞和结渣等故障频频发生。

➤ 第二节　冷渣器的分类与特点

冷渣器的功用是采用水或空气将循环流化床锅炉排出的900℃左右的高温灰渣冷却至200℃左右。冷渣器是循环流化床锅炉的重要辅助设备，它对于连续排渣及系统的稳定运行，乃至锅炉的连续、可靠、经济运行和文明生产起着至关重要的作用，是保证循环流化床锅炉安全高效运行的重要部件。目前，对于大容量循环流化床锅炉，冷渣器工作的失常是导致被迫停炉和减负荷运行的主要原因之一。

一、冷渣器的作用

从循环流化床锅炉中排出的高温灰渣带走了大量的物理热，恶化了现场运行条件，灰渣中残留的硫和氮仍可以在炉外释放出二氧化硫和氮氧化物，造成环境污染。对灰分高于

30%的中低热值燃料，如果灰渣不经冷却，灰渣物理热损失可达2%以上，这一部分热量通过适当的热交换装置可以回收利用。另外，炽热灰渣的处理和运输十分麻烦，不利于机械化操作。一般输送装置可承受的温度上限大多在150～300℃之间，故灰渣冷却是必需的。而循环流化床锅炉没有溢流渣，主要以底渣形式放渣，这样，为了控制床内存料量和适当床高，防止大渣沉积，保持良好的流化条件，从而避免结渣，就必须对底渣的排放进行控制。此外，底渣中也有很多未完全反应的燃料和脱硫剂颗粒，为进一步提高燃烧和脱硫效率，有必要使这部分细颗粒返回炉膛。这些方面的操作可在冷渣装置中完成。

早期的流化床锅炉一般都未配置冷渣器，只能靠定期排渣或水力冲渣，操作工作量大，劳动强度高，工作环境差，且水力冲渣产生的蒸气造成了局部热污染，灰渣也失去了活性，不利于综合利用。定期排渣还造成床内压力工况的波动。因此，开发和应用冷渣器对循环流化床锅炉整体性能的提高是非常重要的。

综上所述，冷渣器的作用主要有：

（1）实现锅炉底渣排放连续均匀可控，保持炉膛存料量。一方面排掉大渣改善流化质量，另一方面若能同时实现细颗粒分选和回送，将有利于提高燃烧和脱硫效率。

（2）有效回收高温灰渣的物理热，提高锅炉的热效率。例如：加热给水，起省煤器的作用；加热空气，起空气预热器的作用。

（3）将高温灰渣冷却至可操作的温度以下（通常为200℃以下），以便采用机械或气力方式输送灰渣。

（4）保持灰渣活性，便于灰渣的综合利用。

（5）尽可能减少高温灰渣的热污染，改善劳动条件，消除安全隐患。

二、冷渣器的分类

随着循环流化床锅炉的不断发展与完善，国内外先后出现了多种型式的灰渣冷却装置，如流化床冷渣器、滚筒式冷渣器、水冷绞龙冷渣器、高强钢带冷渣器、移动床冷渣器和混合床冷渣器等。按照分类方法的不同，可将它们进行如下分类：

（1）按采用的冷却介质的不同，可分为风冷式、水冷式以及风水共冷式。风冷式即灰渣全部由风来冷却。通常是风与渣直接接触进行换热，很少有采用非接触方式的风冷式冷渣器。水冷式则是灰渣全部用水来冷却。通常是水与灰渣进行非接触换热，以保持灰渣活性，一般不采用直接接触方式冷渣。风水共冷式则充分发挥了风、水两种冷却方式的优点，通常是风与灰渣直接接触换热，而水与灰渣则进行间接换热。因空气的热容量小，单纯的风冷所需的空气量大，动力消耗高，只能应用于冷渣要求较低的场合。而水的热容量大，传热效果好，冷渣要求高时，一般均采用水冷式或风水共冷式。

流化床式、移动床式和混合床式冷渣器有采用风冷式的，也有采用风水共冷式的。水冷绞龙冷渣器则为水冷式。滚筒式冷渣器主要采用水冷，通常也辅之以风冷。

（2）按灰渣运动方式或工作原理的不同，可分为机械式和非机械式。机械式通常利用机械部件，使高温灰渣运动，进行冷却。非机械式则主要利用气力或重力使高温灰渣运动，实现与冷却介质间的热交换。机械式冷渣器的主要形式有滚筒式、水冷绞龙式和高强钢带式等，非机械式主要以流化床式为代表，移动床式和混合床式等也属于非机械式。显而易见，非机械式易于解决高温下的耐温、磨损和膨胀等问题，采用气力方式的往往动力消耗较大，对灰渣粒度要求高，但冷却效果较好，而重力方式虽然无动力消耗，但往往冷却效果较差；

而机械式则便于在冷渣的同时实现灰渣的输送，对灰渣粒度要求不高，但转动或振动部件存在较多的机械故障。此外，也有将机械式与非机械式相结合的，如振动流化床冷渣器等。

（3）按传热方式的不同，可分为直接式、间接式和混合式。间接式指高温物料与冷却介质在不同的通道中运动，通过间接方式进行换热，冷却介质通常是水。直接式指高温物料与冷却介质直接接触、混合进行热交换，冷却介质通常是空气。混合式则是两种传热方式兼而有之。通常，直接式的传热效果要优于间接式，但在冷渣器中，由于采用的冷却介质不同，间接式的冷渣效果可能会优于直接式。如果采用水来实现直接冷渣，即将高温灰渣直接排入水中冷却，如冷渣池，在锅炉排渣管的下方设置一水池，将底渣直接排入池内进行冷却，虽然会有好的冷却效果，但热渣经水浸泡后反应活性被破坏，降低了灰渣的综合利用价值，同时存在水的二次污染，对于循环流化床锅炉是一种不合理的冷渣处理方式，不应采用。

目前国内大中型循环流化床锅炉中主要采用流化床风水联合冷渣器，中小型循环流化床锅炉主要应用水冷滚筒冷渣器和水冷绞龙冷渣器。针对具体的灰渣处理对象，如果灰量特别大，应该考虑采用两级冷却的方案，通常是高温级为非机械式，低温级为机械式。这样不仅可以充分利用非机械式冷渣器耐高温的优势，而且还可以利用机械式冷渣器在冷却灰渣的同时，实现灰渣的输送，从而发挥各自的优势，克服各自的不足。

三、几种典型冷渣器的原理与特点

1. 风水共冷式流化床冷渣器

该冷渣器利用流化床的气固两相流特性传热，气固间以及床层与受热面间的传热强烈，以风、水联合冷却，冷渣效果好。冷渣温度随风量增加和渣量的减少而降低。采用合理的风水共冷式流化床冷渣器无机械设备，结构简单，维护费用低，出口风温高于200℃，可作二次风入炉，冷渣水可选择低温给水或其他冷凝水，出渣温度在120℃左右，热能回收利用性好，节能效果佳，使配套的输渣设备工作安全可靠，密封性好，缺点是体积略大。是一种很有发展前途的灰渣冷却设备，应广泛推广应用。目前大容量循环流化床锅炉多采用这种冷渣器。

2. 滚筒式冷渣器

滚筒式冷渣器的原理是通过水冷筒体的转动和风的作用将灰冷却和输送。热渣进入滚筒后沿其内筒壁螺旋槽道前进，内外筒夹套内通过冷却水与热渣进行表面逆向换热，同时可接入风冷系统，可将850℃的热渣冷却至200～300℃。滚筒式冷渣器的优点是磨损较小，维护量较小，使用寿命较长，结构简单，运行可靠。对冷却水水质要求不高（软化水或工业水即可）。缺点是灰渣充满度低，受热面利用差，外形尺寸略大，目前应用范围较广。

3. 水冷绞龙冷渣器

水冷绞龙冷渣器的原理是通过水冷轴、水冷叶片的转动将灰冷却和输送，水冷壳体也对灰起冷却作用。热渣沿螺旋槽道前进，具有一定压力冷却水在绞龙外壳水套内和轴心、叶片的水套内流动，两种介质逆向流动换热，热渣可从850℃冷却到200℃左右，可由调速电机调节转数实现自控。其优点是换热量较大，再燃性小，运行稳定，调节方便，外型尺寸较小。缺点是主轴、叶片磨损量大，易漏泄，每年需要换叶片、防磨护瓦，维护量大，冷却水水质要求高（除盐水或软化水），应合理设置一套水循环系统，目前仍有许多用户在使用。

4. 钢带式冷渣机

该设备是应用于煤粉锅炉上的一种新型干式排渣设备，也可应用于大型循环流化床锅炉。其结构主要由大量条形耐热钢板组成，靠两侧链条带动低速前进，热渣落在钢板上受到负压通风大面积冷却至200℃，冷风吸热升温至300～400℃，可当做送风利用。该设备优点是清洁卫生，运行稳定可靠，热能利用性好，易于自控。但设备造价太高，投资大，设备体积庞大，只适合于大型循环流化床锅炉。

5. 移动床式冷渣器

移动床冷渣器中灰渣靠重力自上而下运动，并与受热面或空气接触换热，冷却后的炉渣从下渣口排出。有水冷式、风冷式和风水共冷式移动床冷渣器。该设备具有结构简单、运行可靠、操作简便等优点。缺点是体积庞大、换热效果差、应用较少，只宜在小容量或低灰分循环流化床锅炉中使用。

几种冷渣器相比较，水冷螺旋冷渣器和水风冷滚筒式冷渣器的体积较小，布置比较方便，流化床冷渣器体积较大，有时在锅炉布置上会有一些困难，特别是中小容量的循环流化床锅炉。

从使用情况看，水冷绞龙冷渣器的磨损比较严重，检修工作量大，流化床冷渣器的排渣有时不是很可靠。相对地说，滚筒式冷渣器问题少一些。但是，对于大容量循环流化床锅炉或在燃用煤矸石、油页岩等灰分很高的燃料时，其冷渣和输渣能力不足。风水共冷流化床冷渣器获得了大量的应用。

从操作方式上比较，冷渣器可以采取间歇和连续两种运行方式，对低灰分煤或木块等总排渣量较小或可能有大块残留的燃料，一般采取间歇操作，而对高灰分煤，则推荐采用连续操作方式。

以上对各种冷渣器进行了大致的分类与特点介绍，由于许多冷渣器实际上综合了多种流动与传热方式，利用了多种冷却介质与工作原理和方法，因此以上分类只是为讨论问题的方便。根据冷渣器的实际应用情况，以下将着重介绍流化床冷渣器、水风冷滚筒式冷渣器和水冷螺旋冷渣器等三种冷渣器，包括其结构与技术特点、工作原理与运行效果以及存在的问题及其改进，并对其他几种冷渣器进行简要介绍。

第三节　流化床式冷渣器

流化床中气体与固体颗粒之间以及床层与受热面之间的换热十分强烈，把它作为灰渣冷却方式是十分适宜的。流化床式冷渣器的种类很多，按床结构可分为单室流化床、多室流化床、喷动流化床和振动流化床（喷动和振动流化床冷渣器作为特殊的流化床冷渣器将在本章第六节专题介绍）等，按冷却介质则可分为风冷和风水共冷。

一、风冷式单室流化床冷渣器

风冷式单室流化床冷渣器是结构最简单的一种流化床冷渣器，它仅有一个流化床冷却室，利用流化介质与固体颗粒之间的热交换实现高温灰渣的冷却。典型代表为德国 EVT 公司设计的流化床冷渣器，如图13－3所示。在紧靠燃烧室下部设置两个或多个风冷式流化床冷渣器。根据锅炉炉内压力控制点的静压，通过脉冲风来控制进入冷渣器的灰渣量。冷却介质由冷风和再循环烟气组成。加入烟气的目的是为了防止残炭在冷渣器内继续燃烧。冷渣器内的流化速度为1～3m/s，冷风量约为燃烧总风量的1%～7%，根据燃料灰分的多少而定。床灰经冷渣器冷却到300℃左右以后，排至下一级冷渣器（如水冷绞龙等）继续冷却到60～80℃。

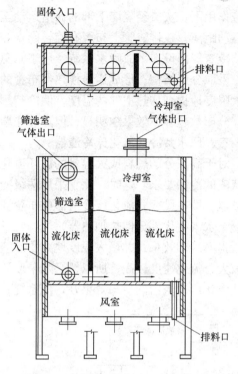

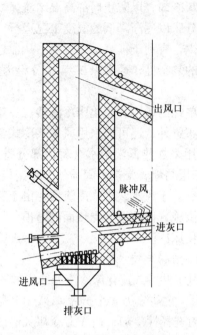

图 13 - 3　风冷式流化床冷渣器　　　　　　图 13 - 4　多室流化床选择性排灰冷渣器

二、多室流化床选择性排灰冷渣器

在风冷式冷渣器中，实现选择性排放灰渣，对于燃用低灰分的循环流化床锅炉是很重要的，因为这是补充循环物料的技术措施之一。所谓选择性排灰，就是将床料进行风力筛选，将粗粒子冷却后排放掉，而将细粒子送回炉内作为循环物料。典型代表为美国 FW 公司的选择性排灰冷渣器，如图 13 - 4 所示。通常，每台锅炉配有两个 100% 容量的选择性排灰冷渣器。该冷渣器具有下列功能：

（1）选择性地排除炉膛内的粗床料，以便控制炉膛下部密相区中的固体床料量，避免炉膛密相区床层流化质量的恶化。

（2）将进入冷渣器的细颗粒进行分离，并重新送回炉膛，维持炉内循环物料量。

（3）将粗床料冷却到排渣设备可以接受的温度。

（4）用冷空气回收床料中的物理热，并将其作为二次风送回炉膛。

选择性排灰冷渣器通常由几个分床组成。第一分床为筛选室，其余则为冷却室。在炉膛下部采用定向风帽将粗床料吹向炉膛侧墙上的排渣口，经有耐火材料衬里的倾斜输送短管流入冷渣器的筛选室。来自 J 形回料阀鼓风机的高压空气注入输送短管，以帮助灰渣送入冷渣器。经旁路绕过一次风空气预热器的冷风作为各个分床的流化介质。为了提供足够高的流化速度来输送细料，对筛选室内的空气流速采取单独控制，以确保细颗粒能随流化空气（作为二次风）重新送回炉膛。冷却室内的空气流速根据物料冷却程度的需要，以及维持良好混合的最佳流化速度的需要而定。筛选室和冷却室都有单独的排气管道，以便将受热后的流化空气作为二次风送回炉膛。在冷渣器内，采用定向风帽来引导颗粒的横向运动。在定向喷射的气流作用下，灰渣经隔墙下部的通道运动至排渣孔。定向风帽的布置应尽可能延长灰渣的横向运动距离。在排渣管上布置有旋转阀来控制排渣量，以确保炉膛床层压差在一恒定值。同时，冷渣器内设有事故喷水系统，用于紧急状态下的灰冷却，以防止局部高温结渣。

采取分床结构，形成逆流换热器布置的形式，各分床以逐渐降低的温度工况运行，可以最大限度地提高加热空气的温度，使冷却用空气量减少，有利于提高冷却效果。从原理上分析，分床数越多，效果越明显，但这往往增加了系统的复杂性，通常以 3~4 个分床为宜。

三、风水共冷式流化床冷渣器

对于高灰分的燃料或大容量的循环流化床锅炉，单纯的风冷式流化床冷渣器往往难以满足灰渣的冷却要求。这时，除了采用两级冷渣器串联布置外，还可以采用风水共冷式流化床冷渣器。即在风冷式流化床冷渣器中布置埋管受热面用来加热低温给水（替代部分省煤器）或凝结水（替代部分回热加热器）。这样，可以利用床层与埋管受热面间强烈的热交换作用，大大提高冷却效果，并最大限度地减小冷渣器的尺寸。对于风水共冷式冷渣器，由于灰渣粒度较大，流化速度较高，所以，必须采取严格的防磨措施，以防埋管受热面的磨损。风水共冷式流化床冷渣器的冷却效果好，但系统较风冷式流化床冷渣器复杂。

1. 结构与技术特点

风水共冷式流化床冷渣器结构如图 13-5 所示，它共分为 4 个分室。第 1 个分室采用气力选择性冷却，在气力冷却灰渣的过程中还可以把较细的底渣（含未燃尽的颗粒，未反应的石灰颗粒等）重新送回到燃烧室；第 2、第 3 分室内布置埋管受热面与灰渣进行热交换，可以把渣冷却到 150℃以下，然后排至除渣系统。每个分室均有独立的布风板和风箱，布风板为钢板式结构，在它上面布置有大直径的钟罩式风帽。同时布风板上敷设有 200mm 厚的耐磨耐火材料，并且微倾斜布置，有利于渣的定向流动。每个分室均布置有底部排渣管，在第 3 个分室还布置有溢流灰管。3 个分室的配风来自与总风机串联的冷渣器流化风机。冷渣器埋管受热面内的工质为除盐水，来自回热系统，完成换热后送至回热系统中。根据锅炉排渣量的多少及冷却情况，可适当调整进入冷渣器的冷却水量。由于水温很低（约为 30℃），可以获得较大的传热温差，因此灰渣冷却效果好。冷渣器的 3 个分室均处于鼓泡床状态，流化

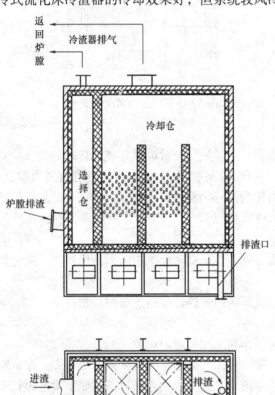

图 13-5　风水共冷式流化床冷渣器

速度不是很高（≤1m/s），同时埋管管束上还焊有防磨鳍片防止磨损，从而保证除渣系统工作的安全性。

这种冷渣器由于通过气固直接接触传热和气固混合物在流态化状态下与受热面间传热达

到冷渣的效果，传热系数高达 $100\sim250W/(m^2\cdot K)$，冷却效果好，处理灰渣量大，单台灰渣处理量可达 $3.5\sim25t/h$，应用范围广，灰渣物理热能够有效利用。冷渣器的进渣量采用气力控制，也可采用机械阀控制。排渣控制问题是该冷渣器的关键。

2. 应用现状

目前，这种冷渣器在国内外都有应用。国外的应用基本上是成功的。近年来，国内投产了 100 余台 100MW 和 135MW 及以上级别的循环流化床锅炉，大部分采用这种冷渣器（国外技术）。由于该技术原设计主要适用于低灰分、窄筛分、细颗粒底渣的处理，难以适应国内循环流化床锅炉主要燃用高灰分、宽筛分、粗颗粒、煤质变化大的现状，出现了许多问题，并经常造成机组停炉。目前存在的问题主要有：

（1）灰渣复燃，在冷渣器进渣管（锅炉排渣管）及冷渣器内结渣。

（2）对底渣粒度要求高，处理大块的能力不足，稍有大块即造成冷渣器内堵塞。因此，对大块较多的情况，设计上作了一些变动，采用了倾斜布风板，取消了埋管受热面。

（3）热风管道堵塞。这是因为夹带的细灰未能有效地分离下来，或出风管道设计方面的缺陷。

（4）冷渣器受热面、风帽磨损严重。由于冷渣器处理的是宽筛分灰渣，故流化风速不可能降至外置换热器内那么低，这样，为解决磨损问题，需采取有效的防磨措施。

（5）送风系统设计上的不足。这种问题在与一次风共用风机时较容易发生，造成调节困难。

（6）冷渣器进渣（锅炉排渣）控制失效，出现渣自流或不进渣等问题。进渣阀采用全开或全关运行方式，不利于冷渣器的安全稳定运行，冷渣器的调节能力有待提高。由此对锅炉机组带来如下问题：

a. 机组被迫停运，造成大的经济损失。

b. 锅炉运行不稳定，由于出渣不畅，迫使机组降负荷运行。

c. 锅炉不能燃用价格相对较低的低热值高灰分煤。

d. 运行操作难度大，检修维护工作量大，管理困难。

尽管如此，这种冷渣装置仍获得了较广的应用。

关于风水共冷流化床冷渣器的具体运行情况、存在的问题以及解决的措施，将在本章第九节中详细讨论。

在流化床冷渣器中，从炉膛进入冷渣器的灰渣温度很高，灰渣的输送与控制技术十分重要。显然，常规的机械方式并不可取，

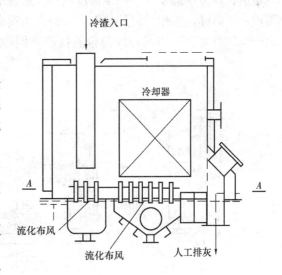

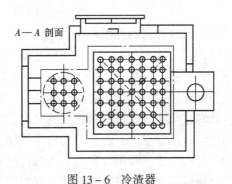

图 13-6　冷渣器

推荐采用非机械方式。除了以上介绍的 EVT 公司的脉冲风以及 FW 公司的定向风帽和高压风外，德国 Lurgi 公司在拜尔制药厂循环床锅炉的流化床冷渣器中采用的"灰锥"技术也颇具特色，如图 13-6 所示。该冷渣器布置在流化床燃烧室下部，灰渣从炉内经排灰管落下，在冷渣器布风板上形成灰锥，挡住落灰口。当需要向冷渣器中送灰时，调节流化风量，将灰锥吹走，炉内灰渣即源源不断地向冷渣器内注入。这样就可避免采用机械机构来控制排渣。

流化床冷渣器没有机械设备、结构简单、冷却效果较好、运行维护费用较低，目前在大容量循环流化床锅炉中应用广泛，是一种很有发展前途的灰渣冷却方式。

第四节　滚筒式冷渣器

这种冷渣器由滚筒式（也称回转式）输送机发展而来，类似于化工和建材等行业的滚筒式干燥或烘干机。德国 Duisburg 270t/h 循环床锅炉采用了这种冷渣器，可将渣温从 850℃冷却到可以操作的温度。

常规滚筒式冷渣器主要由具有螺旋导向叶片的空心滚筒、进渣装置、出渣装置、驱动机构、冷却水系统和电控系统等组成，如图 13-7 所示。滚筒由不同直径的内外两筒构成，其中内筒内壁沿长度方向螺旋焊接一定高度的钢板形成排渣通道，内筒外壁根据内外筒之间净空也沿长度方向螺旋焊接一定高度的钢板形成冷却水通道，再通过两端封箱的连接使内外筒形成一个整体。工作时锅炉热态炉渣排入内筒，随着冷渣机的转动，炉渣由排渣通道排出，由于同时有外筒冷却水和内筒自然风的共同冷却作用，带走了大批热量，使得炉渣由热变冷。

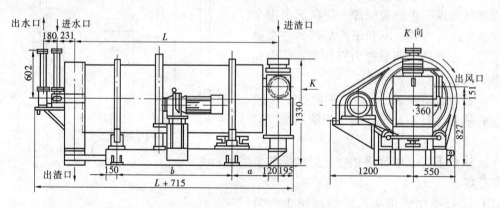

图 13-7　滚筒式冷渣器

滚筒式冷渣器的磨损较小，维护量较小，使用寿命较长，结构简单，运行可靠，但灰渣充满度低，受热面利用差，外形尺寸略大。国内有多家公司相继开发了各具结构特点的风水冷滚筒式冷渣器，在 35、75、130 甚至 220t/h 循环床锅炉上使用，有的取得了较好的应用效果。实际应用中也出现了磨损、泄漏、卡涩及冷却效果达不到设计要求等问题。

针对常规滚筒式冷渣器存在的问题，国内一些单位采用了若干改进技术措施，形成了新型的滚筒式冷渣器。有的在滚筒内采用螺旋水冷壁管；有的在原径向螺旋叶片的基础上增加纵向百叶式叶片，强化与高温灰渣的传热；有的将原滚筒内壁更改为多个六棱体管子，管内为灰渣通道，管间为冷却水通道，并将筒体倾斜布置，驱动装置有驱动外筒体的，也有驱动中间转轴的。以下以采用螺旋水冷壁管及采用六棱体管子的滚筒式冷渣器为例详细介绍其特点。

一、带螺旋水冷管的滚筒式冷渣器

1.工作原理及结构特点

该冷渣器由进渣排风装置、风水冷滚筒和机架等组成，见图 13－8。工作时，滚筒低速旋转，循环流化床锅炉排出的灰渣经落渣管进入冷渣器渣斗，并进入风水冷滚筒内，由膜式水冷螺旋管排向前推进。冷却风不断地在滚筒内通过，灰渣在翻滚流动中与冷风和冷却水管进行热交换。当灰渣冷却到较低温度后，从风水冷滚筒的另一端向下排出。为了防止换热面结垢，冷却水必须采用化学除盐水或软化水。该机具有以下特点：

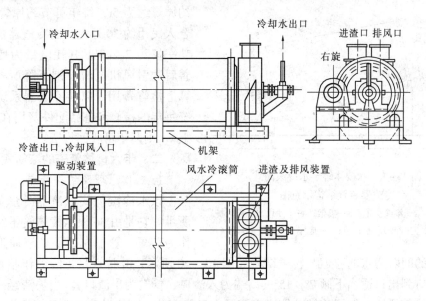

图 13－8 带螺旋水冷管的滚筒式冷渣器

（1）布置在滚筒内的膜式水冷换热元件及冷却风同时与抛散的物料进行热交换，冷渣效果好，能将高达 900℃ 的循环流化床锅炉的高温炉渣间接冷却到 100℃ 以下。冷却后的炉渣仍然保持了渣的活性，可以很好地实现综合利用，避免红渣直接排放。风冷系统的负压可以保证滚筒内的飞灰不外泄，既有利于环境保护，又可取得可观的经济效益。

（2）用锅炉补给水冷却，物料的废热有效回收率高达 90％ 以上。冷却水温升高达 60℃，可直接进入除氧器，无需增加加热设备，补给水无损耗，大大提高了锅炉机组的热效率。

（3）本装置有良好的热膨胀系统，热补偿性能好，高温部件采用高温耐热钢制造，运行可靠性高，物料滚动畅通，不会堵塞，能保证长期连续运转，维护简单。

（4）采用滚筒整体转动推进物料前进，膜式水冷换热元件与筒体无相对运动，灰渣对换热器只有轻微的接触，无强烈摩擦，设备磨损轻微，整体寿命高，功耗低，噪声小。

（5）该设备拆卸方便，内部的换热元件可以从滚筒内抽出，便于修理和整体更换。

（6）采用交流变频调速装置，能实现远程自动控制，保证排渣量可以在大范围内调控，有利于稳定锅炉床压，保证锅炉料层厚度，降低渣的含碳量。

该设备可采用全水冷和风水冷运行方式。当锅炉在额定工况下运行时，本机可提供的水冷换热面积能满足冷渣的需要；当锅炉超负荷运行时，出渣温度有所提高，但小于200℃。运行时，应相应加大冷却水量和采用变频调速装置调整滚筒的转速，亦可投入风冷系统，以便达到最佳的冷却效果。

2. 应用效果

上海某矸石热电厂原采用的是4台水冷螺旋绞龙式冷渣器，自投产以来，因为经常发生堵塞、卡死和磨穿漏水等故障造成锅炉多次被迫停炉。更换成这种新型冷渣器后，情况大大改观，锅炉的热效率也提高了。根据热电厂75t/h锅炉冷渣器改造后的测试，排渣量在5t/h时，热渣温度为900℃，除盐水量为21t/h，除盐水温为20℃，热渣温度可降至80℃，除盐水温度可提高到70℃，可吸收热量3465MJ/h，折合18.237MJ/kg的原煤为190kg/h，每天可节约原煤约为5t，每年可节约原煤1500t，折合人民币约36万元。而冷渣器的驱动电机功率仅为2.2kW，其耗电量为燃烧工况改善后送引风机电流分别下降所补偿，如果算上检修费用（以前冷渣器系统和输渣系统每年的检修和备品配件费用在10万元以上），则两年可收回投资。

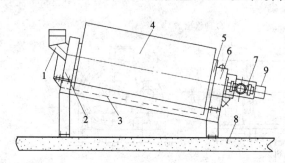

图13-9 六棱体管子水冷滚筒式
冷渣器装置结构示意图

1—进渣口；2—滚圈护罩；3—机架；4—转筒；5—齿轮护罩；6—除渣室；7—冷却水系管组；8—底座；9—摆线针轮减速机

二、带六棱体管子的滚筒式冷渣器

1. 工作原理及结构特点

该水冷滚筒式冷渣器外形如图13-9所示。它是由36根六棱体管子组成的整体作为转子，管子内部是炉渣通道，六棱体管子之间的间隙为水的通道。转子结构如图13-10所示，其特点是将圆筒作倾斜支撑，使灰渣从进口到出口适当下倾7°~15°（高端为入渣口，低端为出渣口）。当炉渣经进料口弯头进入六棱体管子后，转子旋转，炉渣在管子内只能滚动，不能滑动，由于管子是斜的，炉渣滚动轨迹以类似螺旋状向出渣口滚动。渣粒与金属壁之间是滚动摩擦，摩擦系数低，再加上转子转速在2r/min以下，管子内径小，速度低，因此磨损小。另外用变频电机调节转子速度，控制出渣量，耗用功率小，只有1.1kW，运行费用低，冷却水耗量小，出水温度高。此型冷渣器冷渣排渣工艺合理，换热系数高，排渣温度可降到100℃以下，设备体积小。

采用冷却水作为传热介质，冷却水来自除盐水箱。除盐水箱的除盐水经除盐水泵升压后流经冷渣器，进水温度为20℃，出水温度为70℃左右，一部分直接进入除氧器作为锅炉补给水，多余部分经换热器冷却后回到除盐水箱循环使用。由于除盐水出口温度较低，换热器不易结垢，运行非常稳定。

2. 应用情况

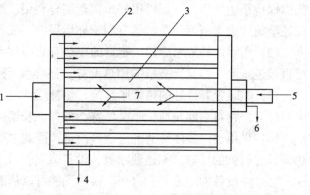

图13-10 转子结构示意图

1—进渣口；2—六棱管；3—冷却水腔室；4—冷却水出口；
5—冷却水进口；6—冷渣出口；7—分水管

某厂两台循环流化床锅炉选用了该型冷渣器。两台锅炉共配有四台冷渣器，自运行以来，出现过以下问题：

（1）冷渣器进料口弯头磨损严重，出现泄漏。

（2）由于大渣块堵塞，部分冷渣管堆积，影响排渣量。

（3）冷渣器六棱体管渣道磨漏，冷却水进入渣管。

针对上述问题，认真分析事故原因，实施以下改造：

（1）冷渣器进料口弯头为双层壳体结构，内层是渣通道，外层是冷却水通道，工作环境恶劣，且弯头部件并不随冷渣器转动，磨损严重。因此决定在此处焊上销钉，打上一层耐磨可塑材料，以减小磨损。此处冷却水与炉渣换热面积小，所以对整个冷渣器传热效果影响很小。耐磨可塑材料厚度为 10mm。

（2）将转子出渣侧端部整体封板改为若干个可拆式法兰盲板。若某个冷渣通道堵塞，可有选择地拆掉法兰盲板，通渣后，再装上，方便了检修。

（3）因为热渣在六棱体渣道滚动过程中，换热温度逐渐降低，所以在进渣口一段长度上是泄漏多发部位。对渣道前部分大约 500mm 进行硬质合金喷涂，厚度约 0.3～0.5mm。此种硬质合金耐热耐磨，喷涂后既不影响传热，又可保证耐热耐磨性。

（4）严格控制给煤粒度，防止冷渣器通道堵塞事故；合理控制冷渣器转速，防止热渣通道过热损坏；加强对冷却水温的监视，防止冷却水中断烧坏冷渣器。

通过以上各项改造措施，延长了设备运行周期，降低了设备维修费用，提高了设备运行效益。

第五节　水冷绞龙冷渣器

水冷绞龙冷渣器作为一种特殊的热交换器——螺旋输送机式热交换器，也是一种特殊的螺旋输送机，最初是从常规的螺旋输送机发展而来的。由于它能在物料的输送过程中间换热，实现对物料的搅拌、混合、冷却、加热或干燥，因此被广泛应用于热工、化工、粮食加工以及矿物处理等行业。它是一种高效换热器，用来冷却循环流化床锅炉的高温灰渣，冷却效果好，同时还能有效地利用高温灰渣的余热，节能降耗效果较为明显。

一、结构与技术特点

水冷绞龙冷渣器通常由螺旋叶片、空心轴、旋转接头、端封、物料进出口、箱壳、支撑轴承和驱动机构等组成，如图 13－11 所示。

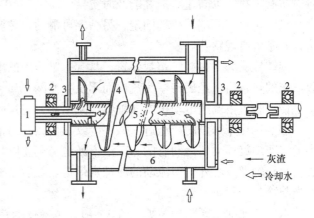

图 13－11　单轴水冷绞龙结构
1—旋转接头；2—轴承；3—端封；4—螺旋叶片；5—轴；6—箱壳

水冷绞龙冷渣器有多种结构型式，如单螺旋轴、双螺旋轴和多螺旋轴结构。冷却方式有外壳、轴和叶片水冷。通常，轴和叶片为空心结构，也有的为普通叶片。

下面以华中科技大学与原湖北锅炉辅机厂联合研制开发的双螺旋轴水冷绞龙为例，介绍这种冷渣器的结构。如图 13－12 所示，该水冷绞龙主要由旋转接头、料槽、机座、机盖、螺旋叶片轴、密封与传动装置等组成。

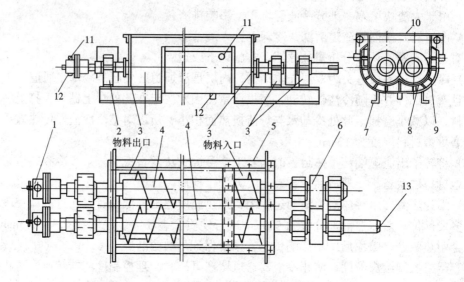

图 13－12　双螺旋轴水冷绞龙

1—旋转接头；2—轴承组件；3—密封装置；4—螺旋叶片轴；5—物料入口法兰；6—齿轮传动装置；
7—机座；8—料槽；9—箱壳；10—机盖；11—介质入口；12—介质出口；13—传动轴

　　螺旋叶片轴是水冷绞龙的主要换热部件，由空心管轴、空心叶片、两端轴等组成。一端接传动机构，另一端接旋转接头。冷却水在空心螺旋叶片、空心轴内流动。物料则在螺旋叶片的作用下，在料槽内运动。

　　料槽为夹套式结构，料槽截面形状为 ω 形（配单螺旋轴时则为 U 形）。料槽内侧通常布置有防磨内衬，以防止磨损并能及时更换。

　　机座布置在两端，一端固定，另一端可滑动，热胀冷缩时可自由伸缩。机盖也为夹套结构，并布置有观察孔。

　　旋转接头为一种旋转密封装置，具有一定压力的冷却水经旋转接头进入螺旋叶片轴，吸收灰渣的热量后又经旋转接头流出而不发生泄漏。

　　传动装置由调速电动机、联轴器、减速器、力矩限制器和链轮等组成。

　　循环流化床锅炉的灰渣进入该水冷绞龙后，在两根相反转动的螺旋叶片的作用下，作复杂的空间螺旋运动。运动着的热灰渣不断地与空心叶片、轴及空心外壳接触，其热量由在空心叶片、轴及空心外壳内流动的冷却水带走。最后，冷却下来的灰渣经出口排掉，完成整个输送与冷却过程。

　　水冷绞龙的主要结构参数见表 13－1，主要技术参数见表 13－2。

　　二、水冷绞龙中灰渣的运动分析

　　冷热态输送试验中发现，灰渣在水冷绞龙中的运动状态，总体来看，只能沿着螺杆作直线运动。但对具体颗粒，由于受旋转着的螺旋叶片的影响，其运动为一具有轴向分速度 V_a 和圆周分速度 V_c 的空间运动。根据受力分析及速度分解可得

表 13 – 1　水冷绞龙的主要结构参数　m

名　　称	符号	数　值
螺旋叶片直径	D	0.3 ~ 0.8
轴直径	d	0.1 ~ 0.28
叶片节距	p	~ 0.2
叶片轴有效长度	L	4 ~ 8
螺旋叶片厚度	δ	0.05
轴间距	S	0.25 ~ 0.9

表 13 – 2　水冷绞龙的主要技术参数

名　　称	单位	数值（单轴/双轴）
物料粒度	mm	~ 20
物料输送量	t/h	~ 5/10
物料进口温度	℃	~ 1000
物料出口温度	℃	150 ~ 200
冷却介质进口温度	℃	20 ~ 30
冷却介质出口温度	℃	60 ~ 80
冷却介质流量	t/h	~ 20/40
转速	r/min	~ 20
旋转体受热面积	m²	4 ~ 30/8 ~ 60
箱壳受热面积	m²	4 ~ 15/6 ~ 20

$$V_a = pn/60[\mathrm{tg}\alpha + p/(2\pi r)]/\{1 + [p/(2\pi r)]^2\} \qquad (13 – 1)$$

$$V_c = pn/60[1 - p\mathrm{tg}\alpha/(2\pi r)]/\{1 + [p/(2\pi r)]^2\} \qquad (13 – 2)$$

式中　p——绞龙叶片的节距，m；

　　　n——绞龙转速，r/min；

　　　α——灰渣对绞龙叶片的摩擦角；

　　　r——粒子与绞龙轴间的距离，m。

由式（13 – 1）和式（13 – 2）可知，不同半径处的粒子具有不同的 V_a 与 V_c 值，因此粒子间将产生相对滑动。靠近轴的粒子，其圆周速度比远轴处的大，而该处的轴向速度却明显降低。因此内层的粒子较快地绕轴转动，并较早地到达表面，从而产生垂直于输送方向的附加粒子流。这虽然不利于灰渣的输送且增加了功率的消耗，但却加强了粒子与受热面间的接触更新，强化了传热效果，对换热过程有利。

叶片节距影响灰渣运动，随节距 p 的加大，物料运动的滑移面与轴线的夹角加大，V_c 提高，V_a 下降，可能导致 $V_c \geqslant V_a$，这样对灰渣的输送不利，引起过大的附加能量消耗。螺旋轴直径 d 对灰渣的运动也有影响，随直径 d 的增大，螺旋面的升角增大，粒子的混合及其与受热面间的接触更新加强。绞龙转速 n 也影响着灰渣的运动，随着转速的提高，附加粒子流逐渐加强，当 $n \geqslant 45\mathrm{r/min}$ 时，附加粒子流十分明显，不少粒子甚至产生垂直于输送方向的跳跃。另外，灰渣的充填系数 ψ 对其运动状态也有影响，随着充填系数的提高，粒子运动的滑移面与输送方向趋于垂直，附加粒子流逐渐加强。

三、灰渣输送特性

水冷绞龙的灰渣输送量 m_p 除与结构特性（如螺旋叶片直径 D、螺旋轴直径 d、螺旋叶片厚度 δ、螺距 p 等）有关外，还与运行条件（主要指转速 n、灰渣的充填系数 ψ）及灰渣特性（主要指堆积密度 ρ）等有关。对于单轴水冷绞龙，灰渣输送量为

$$m_p = 47\psi n\rho(p - \delta)(D^2 - d^2) \qquad (13 – 3)$$

研究表明，双轴水冷绞龙的灰渣输送量约为单轴水冷绞龙的两倍。

特别要指出的是充填系数 ψ 与转速 n 的选用不同于常规螺旋输送机。对于常规螺旋输送机，一般取 $\psi \leqslant 45\%$，以免导致输送速度的降低和附加能量的消耗。对水冷绞龙，ψ 取较

大值更为有利，一般取 $\psi \geqslant 50\%$，甚至完全充满即 $\psi = 1$，以充分地利用换热面，并加强粒子与换热面间的接触、更新，强化换热效果。水冷绞龙的转速 n 比常规螺旋输送机为低，通常取 $n \leqslant 20\text{r/min}$，这是综合考虑物料的输送量、装置的使用寿命等因素而确定的。

四、传热特性

水冷绞龙的传热系数与其结构特性、灰渣特性及运行条件等有关，主要受灰渣传热阻力的影响。灰渣传热阻力不仅与灰渣的物理特性（如热导率、粒度等）有关，还与灰渣粒子的运动状态，特别是粒子与换热面的接触更新状态有关。粒子的运动状态与转速、充填系数和螺旋叶片的结构特性等有关。试验研究表明：灰渣粒度越小，热导率越高，则传热系数越高；在一定转速范围内，转速越高，物料与受热面的接触越多，更新越快，传热系数越高；双螺旋叶片轴的结构有利于灰渣的混合，提高传热效果；通过水冷绞龙的结构优化，如合适的螺旋轴直径和叶片节距等，可以提高传热系数。

试验研究还表明：水冷绞龙的换热过程主要发生在螺旋叶片及其轴上，而料槽与机盖的换热量很小，仅占总换热量的 $10\% \sim 20\%$；螺旋叶片轴的传热系数 $K = 48.3 \sim 58.7\text{W/}(\text{m}^2 \cdot \text{℃})$，料槽的传热系数 $K = 10.6 \sim 11.2\text{W/}(\text{m}^2 \cdot \text{℃})$。

五、胀缩与密封

在水冷绞龙中，灰渣与冷却水间的温差较大，设备本身存在较大的热应力，因此必须采取合理的结构与工艺措施，以防焊缝撕裂、设备变形等严重故障发生。

对于机体本身的胀缩，采用一端机座固定，另一端机座可滑动的办法，保证机体在热胀冷缩时能自由伸缩。

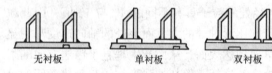

图 13-13　螺旋叶片轴的结构改进

螺旋叶片与空心轴之间的胀缩问题尤为重要，解决不当，会发生焊缝撕裂、叶片轴变形等故障。为此，螺旋叶片轴采用了一种独特的双层浮动衬板结构，有效地补偿了叶片与轴间的胀缩，巧妙地解决了这一难题，参见图 13-13。该结构可确保设备在冷却 $900 \sim 1000\text{℃}$灰渣的高温条件下连续正常运行而不致发生上述事故。

另外，对于冷却水在高压下的密封及防止灰渣泄漏的问题同样不可忽视。冷却水的密封采用一种旋转密封装置，即旋转接头；灰渣的防泄漏则采用在箱体两端加密封座，即端封。

六、磨损与防磨

在水冷绞龙中，由于灰渣的摩擦作用，螺旋叶片、轴和料槽均存在不同程度的磨损。它们均为承载部件，严重的磨损将影响其承载强度，造成壁面的破裂及冷却水的泄漏，危及水冷绞龙的安全运行，也影响其使用寿命。因此，合理采用耐磨耐热材料并对易磨损部位进行特殊的防腐处理，可有效地提高装置的耐磨性，增加其使用寿命。螺旋叶片轴的磨损主要是进料口附近叶片的磨损，特别是前叶片及其尖端（边缘）的磨损较为严重。为此，采取如下防磨措施：

（1）叶片采用耐磨合金钢制造，并选用较大壁厚；

（2）在易磨损部位作防磨喷涂与堆焊处理。

料槽的磨损主要发生在料槽的内底面，且进料口附近较为严重。为此，采取分段布置防磨合金钢内衬板，并根据实际情况随时更换，可有效地延长料槽的使用寿命。

　　另外，根据灰渣的磨蚀性，在进料和出料管内可考虑内衬防磨材料。

　　国内在应用水冷绞龙中存在磨损严重、焊缝撕裂、泄漏、转轴卡死等故障，在水冷绞龙应用初期，国外也曾出现过这些故障。随着水冷绞龙不断地改进与完善，这些缺陷都在很大程度上得到了改善。突出的严重磨损问题有所减轻，能实现可控，但磨损始终存在。目前，由于它具有冷却效果好、占用空间小、便于布置等优点，另外还可输送灰渣，已在循环流化床锅炉中作为单级或第二级冷渣器得到了较多的应用。

第六节　其他类型的冷渣器

　　除了以上介绍的几种主要的冷渣器外，还有几种型式的冷渣器也在不同的场合得到了应用，现简介如下。

一、塔式冷渣器和 Z 形冷渣器

　　如图 13 - 14 所示，塔式冷渣器是在流化床冷渣器的基础上发展的。在冷渣器内流化床的上方布置了一些分流装置。在该装置的作用下，灰渣下落时与来自下部流化床的空气充分接触冷却，再落入流化床继续冷却。因此这种冷渣器冷却效果较好。

　　图 13 - 15 则为 Z 形冷渣器，它实际上是一种带 Z 形落渣槽的流化床冷渣器。灰渣自上而下地沿 Z 形通道下落，来自流化床的空气沿 Z 形通道逆流而上，气固之间产生接触换热。这样就降低了下部流化床内的温度水平，可以获得较好的冷却效果。

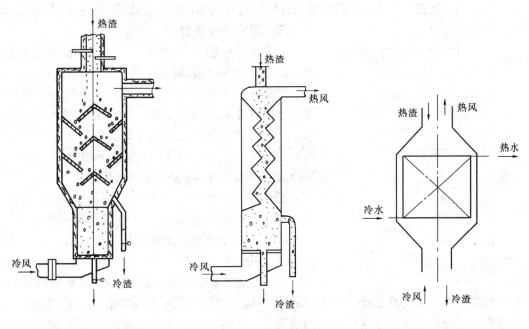

图 13 - 14　塔式冷渣器　　　　图 13 - 15　Z 型冷渣器　　　　图 13 - 16　移动床冷渣器

　　由华中科技大学开发的这两种流化床式冷渣器的特点是在流化床上部增加了曲折通道，这样不仅增加了气固停留时间，而且曲折通道内气流扰动加强，传热系数较大，从而提高冷却效果。试验和运行数据表明，它能在 0.5～1.5 的风渣比下运行，将热渣从 800℃冷却至 250～300℃，并将热风加热至 300～400℃。由于底部流化床较浅，压降小于 3000Pa。

二、移动床冷渣器

移动床冷渣器中灰渣靠重力自上而下运动，并与受热面或空气接触换热，冷却后从排灰口排出。在移动床中，如果仅利用空气作为冷却介质，称为风冷式移动床冷渣器。如果在床内布置受热面，仅利用冷却水来吸收灰渣热量，称为水冷式移动床冷渣器。如果上述两种冷却方式都采用，则称为风水共冷式移动床冷渣器，如图 13 – 16 所示。

曾在一台 35t/h 流化床锅炉上采用水冷式移动床冷渣器。床内布置蛇形管受热面（逆流布置），作为省煤器的一部分，加热给水。床层与蛇形管间的传热系数为 11 ~ 22W/（㎡·℃）。对这种冷渣器内的传热过程进行分析，不难发现：当灰渣颗粒与受热面直接接触时，两者间的热交换是这两种固体通过其接触面的导热过程。由于灰渣颗粒的运动，与受热面接触的灰渣颗粒不断被后续的灰渣颗粒所替换而更新。正是由于这种接触、更新的作用，使得这一换热过程的换热强度较灰渣的单纯接触导热要高得多。试验及研究表明采取有效的技术措施，改进灰渣粒子的运动状况，加强粒子与受热面间的接触与更新，是提高换热效果的关键。当采取若干技术措施后，该冷渣器的传热系数提高了 30%。如果对床结构和受热面布置等做进一步改进，传热系数可以得到较大幅度的提高。

在风冷式移动床冷渣器内，影响空气与灰渣两相流换热过程的因素很多，主要取决于气固间的相对流速、颗粒粒度等。对于移动床内气固间的传热问题，化工领域有较深入的研究，很多有益的结论可供冷渣器设计时借鉴。

移动床冷渣器具有结构简单、运行可靠、操作简便等优点，但体积较为庞大、换热效果也有待于进一步提高。作为小容量或低灰分循环流化床锅炉的冷渣装置，也是较为适宜的。

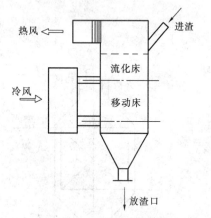

图 13 – 17　混合床冷渣器

三、混合床冷渣器

混合床冷渣器由下部的移动床和上部的流化床组成，即在移动床上叠加一个流化床，如图 13 – 17 所示。冷渣器位于锅炉排渣口下方，灰渣从它的顶部落下，与换热介质进行热交换。先以流化床方式迅速冷却，再进入移动床状态继续冷却，最后从底部放渣口排出。冷却方式可以采用风冷或风水共冷，分别称为风冷式混合床冷渣器或风水共冷式混合床冷渣器。

混合床冷渣器可以充分利用上部流化床传热效果好及下部移动床流动阻力低的特点，实现优化设计，达到最佳的冷却效果。如果只是一段较高床层的流化床，除了阻力太大以外，气固间的传热强度远不如浅床流化床，通常难以将高温灰渣的温度降到较低的水平。单纯的移动床虽然阻力低，但换热效果不理想。混合床冷渣器则综合了两者的优点。有资料表明，在冷却风量占总风量 20% 的情况下，风冷式混合床冷渣器的风温从 20℃ 加热到 250℃，灰渣温度可降到 150℃ 左右。

四、振动流化床冷渣器

该冷渣器是在常规移动床和流化床冷渣器基础上发展的一种新型振动流化床冷渣器。它克服了常规移动床和流化床冷渣器径向流渣不均匀、流动不畅及易产生"死床"的缺点。

1. 原理及结构

振动流化床冷渣器的结构如图13－18。冷风由送风机送入冷渣器风室，在与高温炉渣换热后被引风机排出，经过旋风分离器除尘净化后再利用。高温炉渣经进渣控制机构进入冷渣器本体后与冷风气固错流直接接触换热。依靠振动力和风力的共同作用沿布风板向出口流动，流动过程中又进一步被气体冷却。最后冷渣经出渣控制阀流出冷渣器，吸收了炉渣物理显热的空气温度升高被回收利用。冷

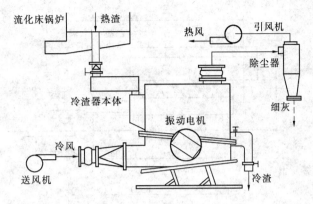

图13－18　振动流化床冷渣器及其系统

渣器本体与送风及引风管的连接均采用柔性连接。冷渣器两侧装有振动电机，它产生倾斜向上的直线往复运动，促使颗粒在振动力和重力作用下，呈跳跃式前进。既能增强气固间的相互接触，强化其传热，又能保证良好流态化质量，避免大颗粒在床内存积，还能增强颗粒的整体流动性。

2. 技术特点

（1）采用气固直接接触的浅床换热技术。具有结构简单、换热强度高的优点。浅床层是基于流化床中的换热过程主要发生在距布风板一定高度的"布风板区"的原理，床层利用率高。

（2）浅床流化床虽有很多优点，但由于料层薄，床层面积大，易产生"穿孔"现象而导致"死床"。引入振动后，物料不断碰撞、掺混，沿布风板方向的料层阻力均匀，防止了"穿孔"现象发生。炉渣大颗粒处于移动床状态，而非全流化或固定床状态，使流化风速降低，床层压降和物料扬析量明显减少，回收炉渣热量后的风温也较高。适当的振动强度可以加大气固换热强度。振动使颗粒表面与气流接触更加充分，同时提高了气固之间的换热系数。

（3）同时具有移动床和流化床的特点，无冷却风最低风速要求。整个料层可近似在布风板上方某高度分为上下两部分。上面为较细颗粒，由于受振动力和风力的双重作用，流动快，物料返混强烈，可看作浅流化床；下面为大颗粒，主要受振动力作用，可看作移动床。

（4）进出渣控制机构可单独操作，协调工作，使振动流化床冷渣器稳定运行。

（5）回收的热利用价值高。如果回收热后的热空气温度很低，虽回收率很高，但可利用价值低。该冷渣器风渣比在1.62～2.00时，回收热后的热空气温度高，利用价值大。

五、水冷式振动冷渣器

由图13－19可见，水冷式振动冷渣器由双质体振动机构、冷渣换热输送及槽内管式热交换器组成。水冷式振动冷渣器的工作原理是振动电机产生的振动力使炉渣呈跳跃式向前运动，实现炉渣的输送。在输送炉渣的同时，炉渣与换热输送槽及管式换热器进行热交换实现冷却炉渣的目的。该型冷渣器炉渣的输送距离约8m。由于炉渣在输送槽内呈跳跃状运动，炉渣对热交换器及槽体的磨损小。换热器材质选用耐热耐磨钢。

水冷式振动冷渣器的主要性能参数如下：有效换热面积14.8m²，热渣温度约900℃，冷渣温度为120～160℃，进口水温为20℃，出口水温为70～85℃，除渣能力为1～3t/h，冷却水量

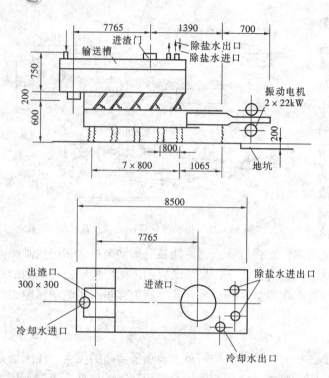

图 13 - 19　水冷式振动冷渣器

为 4～8t/h，噪声 70dB。

针对流化床锅炉炉内浇注料及耐火砖在运行中时有脱落，导致落渣口堵塞，影响排渣的问题，在布风板上落渣口加装 2/3 球形的球笼（材质为 5230 耐热钢），防止粒度大于 40mm 的浇注块或耐火砖进入落渣口而使落渣堵塞。

为实现锅炉连续排渣，消除定期排渣对锅炉燃烧带来的冲击，减小司炉对燃烧的调整，在落渣管上装设炉渣流量控制阀，根据锅炉运行需要，进行开度限位调整，有效控制出渣量。水冷式振动冷渣器冷却水为除盐水，冷渣器冷却水流程为：除盐水箱→水冷式振动冷渣器冷却水入口→槽体换热器和管系换热器→水冷式振动冷渣器冷却水出口→疏水箱→除氧器水箱。

水冷式振动冷渣器配套的主要辅助设备有 80m³ 贮渣罐 1 座，水平振动输送机 1 台，刮板斜升输送机 1 台。

水冷式振动冷渣器性能试验数据如下：热渣温度为 900℃，冷渣温度为 123℃，除渣量为 1.44t/h，冷却水进口温度为 20℃，冷却水出口温度为 81℃，冷却水量为 4.2t/h。同时由于炉渣物理显热的回收利用，热效率相应增加，生产成本每年估计节省 20 万元。900℃的热渣经急剧冷却至 120～160℃，灰渣活性好，渣的销售供不应求。水冷式振动冷渣器系统结构牢固，运行可靠，检修工作量很小。水冷式振动冷渣器实际运行情况表明，该型式的冷渣器具有运行性能可靠，投资小，经济等优点。

六、超强钢带式冷渣器

这种冷渣器实际上是应用于煤粉锅炉上的一种新型干式排渣设备——超强钢带输送机，目前已在国内应用于 4×135MW 循环流化床锅炉。该系统具有设备简单，底渣在冷却和输送过程中不结渣、磨损小、使用寿命长、可回收底渣的热量和降低底渣中未燃烧的碳等特点。

1. 结构及工作原理

如图 13-20 所示，超强钢带式冷渣器主要由壳体、超强钢带、清扫链、端部驱动滚筒、气动张紧装置及紧急喷淋系统组成。壳体由成型钢板制成，超强钢带、清扫链、端部主从动滚筒、气动张紧装置和紧急喷淋系统等均密闭在壳体中。实际上它与用于煤粉炉的钢带输渣机的结构基本上相同，而该设备在煤粉炉上已获得了成功的应用。由于渣与超强钢带间无相对运动，钢带的运行速度很低，使得超强钢带的使用寿命非常长，设备的维护工作量小。

锅炉排渣口排出的热底渣经过排渣管落入超强钢带输送机，热渣在输送过程中，被从外

部引入逆向流动的空气冷却成适合后续设
备输送的冷渣。清扫链将散落到输渣机底
部的细渣清扫出排渣机。为避免灰尘飞扬
和防止不受控制的外界空气进入，超强钢
带输送机和清扫链被完全封闭在排渣机密
封的壳体内，在排渣机运行时允许受控制
的空气进入壳体内冷却底渣。利用锅炉排
渣管内的渣料高度来隔断循环流化床锅炉
运行的床压与风冷钢带排渣机运行的压力，
排渣管配备机械膨胀节，吸收锅炉受热后的膨胀量。

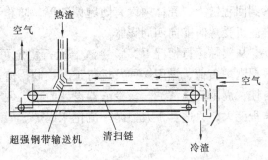

图 13-20　超强钢带式冷渣器

（1）超强钢带输送机。它是热渣冷却和向外输送渣的主要部件，与传统的橡胶带输送机
类似。超强钢带由支撑辊轮承载（类似于皮带机），通过钢带和驱动滚筒间的摩擦力驱动，
尾部的张紧装置将自动调节钢带的热膨胀和收缩，为超强钢带提供恰当的恒定张紧力。

超强钢带主要由抗拉力强的钢丝网带和一系列钢板组成，一系列钢板相互部分搭接、覆
盖并用连接板固定在钢丝网上，它的主要受力部件是钢丝网，钢丝网由多根螺旋的钢丝用 1
根直的钢丝连接而成。超强钢带螺旋型的输送网，即使在运行过程中，出现螺旋型的钢丝有
1 处断裂，该螺旋型钢丝还和其他螺旋型钢丝连接，超强钢带还能继续运行。在实际运行过
程中，1 根螺旋型钢丝的螺旋全部断裂几乎是不可能的，所以在运行过程中超强钢带不可能
发生突然的整体断裂，从而保证了超强钢带运行的可靠性。因各部件可以自由地向四周膨
胀，超强钢带耐温能力高，能够经受高达 1100℃ 的温度。超强钢带 24h 连续工作时的平均使
用寿命可达 10 年。

（2）清扫链。在风冷钢带排渣机壳体底部装有清扫链，清扫链结构与煤粉炉的刮板捞
渣机相似，由耐磨材料制成的环链和刮板组成。刮板为重型刮板，清扫链靠刮板的重力
与风冷钢带排渣机壳体底部接触，清扫链将从超强钢带上掉下的细渣清扫到排渣机的排
渣口。

排渣系统利用自然风冷却热渣，需设置风机将自然风吸入排渣系统，并利用风机将冷渣
器出口处的空气升压后送入锅炉炉膛参加锅炉燃烧。每台炉排渣系统装设有 2 台风机，在正
常情况下，2 台风机同时连续运行。如果其中 1 台风机出现故障，风机入口中间连通门打
开，此时 1 台风机也完全能满足 1 台炉的冷却要求。风机采用变频调速，根据风机入口的风
温或冷渣器排渣口渣温，自动调节进入系统的冷却风量，避免过低的风温进入炉膛对燃烧产
生不利影响。风机将自然风引入排渣系统，将热渣冷却并将热空气送入锅炉炉膛，输送的是
含尘高温空气，因此选用适合于含灰热空气的耐磨、耐高温的风机。风机必须克服排渣系统
的压降、风道压降和炉膛入口处二次风压力。

2. 技术特点

封闭的金属外壳将输送链和清扫链完全包围在里面，在输送过程中渣不会向外泄漏；轴
承设在壳体外，便于检修和更换；干式排渣机两侧布置有侧风门，从侧风门进入的自然风冷
却干式排渣机壳体和热渣；清扫刮板能将从输送链上掉下的细渣清扫出排渣机；不锈钢输送
链由耐热和线膨胀系数小的不锈钢加工而成；尾部张紧装置采用气动自动张紧，能保证不锈
钢输送链恒定的张紧力；输送链和回程链间设有中间挡板，保证从输送链上掉下的细渣不会

落到回程链上；壳体内设有防跑偏装置，防止不锈钢输送链跑偏；支架放在光滑平台上保证排渣机受热时能向四周膨胀。

从实际运行情况看，该冷渣器运行稳定可靠，冷却效果好（排渣温度低于150℃），能根据锅炉负荷、燃用煤种及运行工况控制排渣量，满足锅炉排渣要求，热能利用性好，易于自控，周围环境清洁。该冷渣器设计简单、便于安装维护，但设备造价太高，投资大，设备体积庞大，只适合于大型循环流化床锅炉。

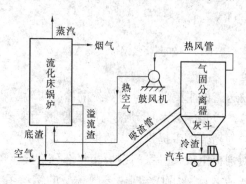

图 13-21　气力输送式冷渣器

七、气力输送式冷渣器

图 13-21 所示是一种气力输送式冷渣器。灰渣出炉后，利用鼓风机进口真空将灰渣与冷却空气一起抽入一根输渣冷却管，渣被风带到水封重力沉降室或旋风分离器内分离下来，而热风则通过鼓风机送入炉膛。该装置输渣管内风速一般为 12～20m/s，渣的输送浓度（渣气比）为 0.2kg/kg 左右，即风渣比约为 4.5～5.0，输渣管长度根据冷渣量一般为 7m 以上。运行数据表明，该装置能将 800℃ 左右的渣冷却至 120～140℃，而风被加热至 120℃左右。实测的压力损失不超过 500Pa。

气力输送式冷渣器输渣管正常工作的风速必须大于某一最低值，但风速过大将引起管壁严重磨损。一般管内风速可选为球形粒子飞翔速度附近的某一值，使输渣管内的气固流动状态接近于气力输送，大渣会沉积下来，但气体流通面积也减小，反过来使当地风速提高，从而将沉积的灰渣重新带走。这样，可以在管子的下壁保持一个移动缓慢的渣层，它有助于防止磨损。

气力输送式冷渣器的冷却效果较好，且阻力低，无需人工操作即可自行运行，本体检修率低。气力输送式冷渣器所需冷却风量大，故常用锅炉一次风。加热风温一般不超过150℃，而且这会使鼓风机面临严重磨损，为此，在鼓风机前必须将灰渣有效地分离下来。水封是一种简单而阻力小的方式，但热风通过水封时约有 40%～50% 的回收热量重新散失，并且使灰渣带有很大湿度，这样，未分离的湿渣的弱碱性还会带来风机的腐蚀。采用高效旋风分离器可以避免这些问题，但条件是风机压头应有足够余量。

八、气槽式冷渣器

如图 13-22 所示，气槽式冷渣器实际上是一种风水共冷式喷动流化床冷渣器。利用喷动流化床气固两相流的特性形成气槽，对炉底渣进行冷却。它与常规流化床内温度分布比较均匀的特点不同，利用一个冷却室就可将炉底渣从进口的 900℃ 迅速冷却到出口的 150℃ 左右。其布风装置阻力小，喷动流化冷却风刚度大，900℃的底渣经自动排渣阀的吹送进入冷渣器后被喷动风吹起，

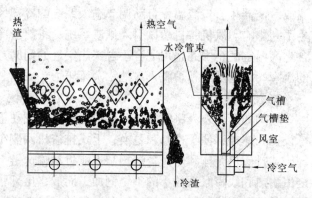

图 13-22　气槽式冷渣器

如喷泉状流化并冷却，无再次燃烧现象，避免结渣。在冷却室内合理布置水冷受热面，常温水经与热渣换热升温至65℃，既保证冷渣温度的需要，又保证水冷管束的耐磨损，还确保冷却水不被汽化。利用特定的抽风措施使冷却室内微负压运行，流化冷却风经与热渣换热后升温至200℃，在负压作用下迅速进入出气管道，或入尾部烟道或入二次热风管利用余热。出渣采用溢流方式，无需阀控制即可根据锅炉排渣量的大小自动平衡冷渣机的出渣量。此外，在与热渣接触的工作面都采用耐高温耐磨损材料。

在某厂140t/h流化床锅炉上的应用表明：该设备结构简单，无机械转动部件，无机械故障，运行安全可靠；压力损失约4500Pa，动力消耗低，运行与维护费用低；冷却效果好，可将渣温从800℃迅速降到120℃以下（单台处理渣量约1.68t），可有效地回收热渣余热，系统简单，使余热回收与锅炉燃烧系统及热力系统有机地结合起来，有利于改善流化质量，提高锅炉燃烧效率和热效率，能大大减少环境污染，改善环境条件；体积较小，布置比较方便、灵活，易于实现大型化。

第七节　冷渣器的设计与选用

目前，对于循环流化床锅炉的冷渣器，尚无统一的设计方法与选用准则。各种冷渣器也各具优缺点，选择时应该根据具体情况作具体分析。目前，由于冷渣器的作用愈来愈大，已经成为循环流化床锅炉整体不可或缺的有机组成部分，了解冷渣器的设计原则及相关问题，进行冷渣器的技术经济比较，对于冷渣器的合理选用至关重要。

一、冷渣器的设计原则

在冷渣器的设计中，应遵循如下原则：根据循环流化床锅炉的不同型式、不同容量、不同煤种、不同冷渣要求以及不同的热力系统与实际需求等，进行综合技术经济比较，采取合适的灰渣冷却装置及其系统配置，进行优化设计，以最低的能量消耗和投资费用，获得最佳的灰渣冷却和余热回收效果。冷渣器设计时应注意以下一些问题：

1. 处理的灰渣对象

对于循环流化床锅炉，灰渣冷却装置除了要冷却底渣外，有时还需冷却循环灰。对于鼓泡流化床锅炉，通常设有溢流口来排放溢流渣以维持床层稳定，冷渣器常用来冷却溢流渣。而底渣的排放采取间歇方式，主要用于排出沉积的粗粒子。实际上完全可以通过冷渣器来连续冷却和排放底渣，维持床层的稳定，这种方式更为合理。

对于中小容量的循环流化床锅炉，灰渣冷却通常采用冷渣器单级布置的形式，以简化灰渣处理系统。对于较大容量的循环流化床锅炉或燃用高灰分的煤种，灰渣量大、冷却要求高，为确保冷渣要求，除了通常采用风水共冷式多室流化床冷渣器的布置方案外，还可考虑冷渣器的两级布置，如流化床冷渣器加水冷绞龙或滚筒式冷渣器，以确保灰渣冷却的可靠性，同时还便于灰渣的输送。

对于高温灰渣排放量的控制，应采用非机械方式；对于低温灰渣的排放，则可采用旋转阀等机械方式控制。

2. 冷渣器的选型

以上介绍的冷渣器各有优缺点，应根据实际情况进行选用。应优先考虑技术成熟，应用成功，运行可靠的冷渣器。实际上，冷渣器的选择应在锅炉设计时作整体的考虑。特别是随着锅炉容量的增大，灰渣冷却装置已直接影响到锅炉的安全经济运行。只有作整体的考虑，才能确保冷渣器设计与运行的最优化。否则，受现场布置空间以及冷却介质等实际条件的限制，无法实现冷渣器的优化设计，冷却效果也往往难以保证。

3. 冷却介质与灰渣物理热的利用

如果采用风冷方式，受热后的热空气常作为二次风送回炉内，也可作为干燥物料的热源，回收灰渣的物理热。

如果采用水冷方式，应视热力系统与实际需求确定水源和余热回收方式，通常可用于加热给水、凝结水、化学补充水等。必须指出，水源的选择与回送位置，应根据热力系统的特点确定最佳方案，最大限度地减小由于排挤汽轮机回热抽汽而造成的对循环热效率的影响。

4. 结构与设计优化

冷渣器的结构对灰渣与冷却介质间的换热影响很大，进行结构的优化设计，可以获得最佳的冷却效果。例如：对于水冷绞龙，适当地选择螺旋叶片的节距及螺旋面的升角等结构参数，可以大大改善灰渣粒子与受热面间的接触、更新，强化换热效果；对于流化床冷渣器，采用分床结构及利用计算机可进行优化设计，合理确定分床的个数和各床层的运行温度，可以最低的代价获得最佳的冷却效果。

5. 设计计算方法

在冷渣器的设计计算时，通常采用热平衡法，即忽略散热损失，认为灰渣粒子放出的热量全部被冷却介质吸收。根据热平衡方程和传热方程，求得出口渣温和冷却介质的温度。其中，传热温压按对数平均温压计算；传热系数根据冷渣器型式的不同，按所推荐的关系式计算或根据经验选取。有时，也可根据各区域传热系数的不同，进行分段设计计算。

必须说明，在冷渣器的设计中，除了应保证可靠稳定的冷却效果外，还必须考虑足够的备用系数或余量，以满足事故处理或锅炉变工况运行的需要。对于较大容量的循环流化床锅炉，通常以100%的余量并联布置两套冷渣器。另外，在冷渣器的设计中，还必须采取有效的防磨措施，以提高装置的可靠性。

二、冷渣器的技术经济比较

目前应用在循环流化床锅炉上的冷渣器种类较多，常用的有流化床冷渣器，风水共冷流化床冷渣器和水冷螺旋式冷渣器等。采用滚筒式或绞龙式冷渣器的优点是系统简单、控制简单，通过控制调速电机的转速来调节锅炉的排渣量。但滚筒式冷渣器充满度低，绞龙式冷渣器充满度也不高，虽然灰渣受叶片推动而翻转更新传热表面，但由于受热面利用率不高，传热效果仍不理想，冷却能力有限。设计得较好的滚筒式或绞龙式冷渣器可以满足冷渣要求，热量回收率较高，但因采用了机械传动部件，磨损严重，如果水套漏水将增加灰处理设备运行的困难，且其电动机易过载，受热部件会因扭曲变形而卡死，设备抗热冲击能力差，对煤种的适应性较差。

流化床冷却方案具有气固混和好，传热系数大的优点，但单床流化床式冷渣器一般只能将灰渣冷却至风渣平衡温度，这样如果要将渣冷却至较低温度，则需很大风量。一方面风机电耗大，一方面热风温度低，从经济性方面考虑并非最佳方案。如采用水冷，则又因处理的是宽筛分灰渣，流化风速不会很低，故磨损较严重。多流化床冷却方案可以在保持传热优势的同时，将细渣回送以提高燃烧和脱硫效率，但单纯风冷也存在冷却能力低的问题。若布置埋管，则冷却能力大，煤种适应性广，但系统复杂，控制较复杂，管子防磨仍是一大问题。

此外，提高调节性能、防止结渣和堵塞也是必须进一步考虑的问题。锅炉排出的灰渣（特别是含碳量较高时）可能在选择床内继续燃烧，这虽然减少了机械未完全燃烧损失，但有结渣的危险。该种冷渣器操作简单、方便，不易发生机械故障。目前，在国外 100MW 循环流化床锅炉、国内 50MW 循环流化床锅上有运行业绩，并已向大型化方向发展。但选择性冷渣器结构复杂，运行风量大，金属耗量大，隔板及冷却床中埋管的磨损严重。

气力输送式冷渣器虽然冷却效果较好、输渣管布置方便，但所需风量大，出口风温低，后部风机磨损腐蚀也较突出，应用并不多。移动床冷渣器可以利用受控渣流与气流的逆流传热形成大的传热温差，将风加热至较高温度，回收率高，磨损轻微，但死区较大，空间利用率不高，使系统显得较为庞大。目前，许多研究单位致力于开发流化床与其他接触方式组合的冷渣方案，如塔式和 Z 型、混合床冷渣器等，这些方案的共同特点是传热和冷却效果好，风渣比较小，热风温度较高。因为冷却空间里无机械运转件，无埋管，故防磨措施简单有效，磨损对运行的影响较小。此外，由于灰渣流道间隙大，无堵渣现象。但结构庞大的缺陷并未根本消除。

钢带式冷渣器虽然有不少优点，运行性能较好，但因初投资大，目前仅有一例应用。其他一些特殊形式的流化床冷渣器，如振动流化床冷渣器和喷动流化床冷渣器具有常规流化床冷渣器的优点，克服了某些缺陷，目前已经在不同容量的循环流化床锅炉上得到了一些应用，也表现出较好的灰渣冷却性能，但这些冷渣器由于应用的例子不多，实际应用效果还有待运行实践的进一步检验。

在国外，有的电厂将纯风冷冷渣器和水冷螺旋式冷渣器串联使用，收到了较好的效果，既解决了设备的热冲击问题，又提高了系统的除渣能力，但其系统复杂，控制也复杂。

表 13 - 3 中列出了几种方案的技术经济指标，以供选择时参考。

表 13 – 3 　　　　　　　　　几种灰渣冷却方案的技术经济比较

	移动床	流化床	Z 型 + 浅床	气力输送	混合床
有效余热回收率（%）	30 ~ 60	40 ~ 65	40 ~ 70	40 ~ 75	65 ~ 80
风渣比（m³/kg，标准状态下）	0.8 ~ 1.5	2.5 ~ 3	1 ~ 1.8	3.5 ~ 4.5	1.7 ~ 2.3
风压降（Pa）	~2500	~6000	~2500	~500	~5000
相对风机电耗	1	4.5 ~ 6	1.5 ~ 2	0.8 ~ 1.2	3.5 ~ 4
磨损情况	轻	重	轻	重	轻
分选情况	无	有	有	有	有

三、冷渣器的评价与选择

冷渣器应根据锅炉系统的特点、具体的处理对象、冷渣要求等进行合理的选择，应遵循下述基本原则和要求：

（1）冷渣器具有传热系数高和连续冷却的功能，能及时连续有效地把排放出来的炉底渣迅速冷却到安全温度以下。

（2）运行故障少，检修工作量少，做到长期稳定、安全、可靠地运行。

（3）能有效地回收炉底渣的余热，提高锅炉的热效率。

（4）能改善流化质量，改善燃烧工况，提高锅炉燃烧效率。

（5）尽可能减少环境污染，提高灰渣的利用率。

（6）成本低、体积小、运行费用少。

（7）便于实现自动化、智能化和大型化。

下面根据这些原则就几个主要问题进行讨论。

1. 传热性能

传热性能是评价冷渣器的主要依据。选择传热系数高的冷渣器，可以有效地缩小冷渣设备的体积，减小材料消耗，降低成本，有利于大型化。一般情况下，流化床冷渣器的传热系数较高，水冷绞龙、滚筒式和移动床冷渣器较低。需要指出的是，传热性能的比较应该注意传热系数单位的一致性，应将面积传热系数折算到体积传热系数下进行比较才有意义。

2. 动力消耗

动力消耗是衡量冷渣器运行经济性的指标。选择能耗低的冷渣器，有利于降低运行成本，节约能源。通常，滚筒式和水冷绞龙的动力消耗最低，若令其为1，则移动床次之，为2左右；流化床最高，为3~4。

3. 磨损及事故率

磨损及事故率关系到冷渣器及锅炉的稳定运行，是非常重要的指标。从磨损情况看，由于处理的灰渣对象磨损性强，磨损是冷渣器普遍存在的问题。相比较而言，只有移动床冷渣器的磨损较轻，其他都较严重。值得指出的是，磨损对冷渣器是不可避免的，关键是磨损的成本和磨损的可控问题，如果磨损后更换的成本低或实现磨损的可控即可预知，磨损件的更换方便，则磨损及其带来的影响还是可以接受的。当然应该尽量减轻磨损，这方面已有不少成功的经验可以借鉴，包括从循环流化床锅炉本体上获得的防磨经验。而事故率常常是和磨损联系在一起的，结渣引起的事故往往与运行工况有关。显然，有机械转动设备比无机械转动设备的事故率高，维修工作量大，维护费用高。因此，应尽可能选择无机械转动的冷渣器，特别是对于大容量的循环流化床锅炉或在处理大渣量时。

其他诸如冷却介质、灰渣余热回收及综合利用、选择性排渣等方面的问题在本章已有讨论，此处不再赘述。

综合以上分析，冷渣器各有其特点和应用范围。通常，水冷绞龙和滚筒式冷渣器比较适用于中小容量循环流化床锅炉，但随着锅炉容量的增大，应该优先选择风水共冷流化床式冷渣器以及流化床冷渣器与绞龙式冷渣器组成的两级冷渣系统，也可考虑将改进型的滚筒式冷渣器应用在较大容量的循环流化床锅炉中。

➤ 第八节　除 灰 除 渣 系 统

除灰除渣系统是循环流化床锅炉的重要辅助系统，对于锅炉的连续可靠经济运行起着至关重要的作用。本节将简要介绍除渣除灰系统，以便对循环流化床锅炉的灰渣系统有所了解。

一、除渣系统

循环流化床锅炉的除渣系统由排渣管、冷渣器（进渣控制阀、冷却器本体、排渣控制阀）、二级冷渣器（如果一级冷却达不到设计温降时）以及排出系统组成。

由于循环流化床锅炉属低温燃烧，灰渣的活性好，并且炉渣含碳量很低（一般为1%~2%），可以用做许多建筑材料的掺合剂，因此锅炉灰渣一般可以进行综合利用。炉渣的输送方式和输送设备的选择，主要取决于灰渣的温度，对于温度较高的灰渣（800～1000℃），一般采用冷风输送。冷风在输渣过程中把炉渣冷却下来，送入渣仓内再用车辆运出。这种输送方式的缺点是需要大量的冷风，管道磨损严重，而且灰渣的温度较高，需要在渣仓储存冷却一定时间才可运出利用。这种方式对于未布置冷渣器、渣量不大的小型循环流化床锅炉可以采用。对于中、大容量的锅炉一般均布置有冷渣器，冷渣器通常把灰渣冷却至200℃以下，此时灰渣可以采用埋刮板输送机把灰渣输送至渣仓内。对于温度低于100℃的炉渣也可采用链带输送机械输送，当然对于较低温度的灰渣亦可采用气力输送方式。气力输送系统简单、投资小，易操作，但管道磨损较大。在电厂中最常用的输渣方式是埋刮板和气力输送。

国内外循环流化床锅炉典型底渣处理系统见表13－4。循环流化床锅炉底渣处理系统中主要采用水冷绞龙和流化床式冷渣器两种型式的冷渣器。一般小容量、中低灰分燃料时采用水冷绞龙，中大容量、高灰分燃料时采用流化床型冷渣器结构。灰渣输送一般采用刮板机械输送或气力输送装置。

一般排渣管需要水冷夹套冷却。对水冷绞龙和滚筒式冷渣器，可以将进料控制阀与本体及排料控制阀三个合一。但最好是设计进渣控制阀。流化床冷渣器一般带有进料控制阀和滚筒碎渣式出渣控制阀，以有效控制和保护冷渣器工作安全。排出系统一般由绞龙直接将渣排入输运车运走。由于绞龙事故比较多，目前排渣已趋向于由气力输送完成。由风机来的压力空气将渣带出锅炉房，经分离器后，渣被分离下来由车辆运走，空气则送入炉内或送入风机入口（或排入大气）。也有用浸水式刮板机将渣进一步排到室外的。由于这种方式形成水蒸气，热污染严重，危害运行设备及人身安全，因此，在进行这种设计时，应该进行封闭吸排汽风系统设计。

灰渣冷却处理系统一般设计为两套100％出力系统。作为安全保护措施，应在炉床布风板底部设紧急事故排渣管，可将渣不经冷渣器直接排出炉膛。

在这种设计中可以设事故喷水装置，并配有热蒸汽吸排风系统，以利安全。

表13－4　　　　　　　　　国内外循环流化床锅炉典型底渣处理系统

电厂名称	容量（t/h）	冷渣器型式	数量（套/台）	输送装置	燃料	
					种类	灰分（%）
法国 Gardanne 电厂	700	流化床型	2	链式刮板机	褐煤	35
美国 Texas New - Mexico 电站	474	水冷绞龙	6	水冷埋刮板		15.5
韩国 Tonghae 热电厂	694	流化床型	2		无烟煤	45
捷克 Ledivice 热电厂	350	水冷绞龙	3	破碎后气力输送	褐煤	22～33
德国 August 造纸厂	100	流化床风冷型	2	气力输送	烟煤	7
德国 Goldberg 电站	400	流化床风冷＋绞龙	4	刮板输送到破碎机，破碎后气力输送	褐煤	2～7
德国 Goldberg 电站	290	水冷刮板＋绞龙				
吉林桦甸油页岩热电厂	3×65	流化床型	1	水力冲渣	油页岩	61
杭州协联热电公司	220	水冷绞龙		刮板输送机	烟煤	27
宁波中华纸业有限公司	2×220	流化床型	2	气力输送，后改为刮板输送机	大同烟煤	21～25
四川内江高坝电厂	410	流化床＋水冷绞龙	6	刮板输送机，斗式提升机	南川煤	20～30

二、除灰系统

循环流化床锅炉除灰系统与煤粉炉没有大的差别，多采用静电除尘器和浓相正压输灰或负压除灰系统，应当特别注意循环流化床锅炉飞灰、烟气与煤粉炉的差异，如循环流化床锅炉由炉内脱硫等因素使其烟尘比电阻较高，而且除尘器入口含尘浓度大，飞灰颗粒粗等，这些都将影响电除尘器的除尘效率和飞灰输送。因此对于循环流化床锅炉不宜采用常规煤粉炉的电除尘器，必须特殊设计和试验，对于输灰也应考虑灰量的变化以及飞灰颗粒的影响。

三、冷灰再循环系统

为了便于调节床温，有时会将电除尘器灰斗收集的部分飞灰由仓泵经双通阀门送入再循环灰斗，再由螺旋卸灰机或其他形式的输灰机械排出并由高压风送入燃烧室。这个系统称为冷灰再循环系统。

冷灰再循环的设计在大型循环流化床锅炉上受到重视。实践证明，冷灰再循环系统可以作为维持炉膛内物料浓度的一个辅助手段，还可调节床温，使其保持在最佳的脱硫温度。更重要的是，冷灰再循环可以降低飞灰含碳量，提高燃烧效率，可以提高脱硫剂利用率，减少脱硫剂用量，减少脱硫剂制备能耗，提高锅炉运行经济性。另外，灰渣对氮氧化物有一定控制作用。但冷灰再循环系统使整个锅炉的系统变得更为复杂，控制点增多，对自动化水平要求较高。

冷灰再循环投入时，会对尾部受热面吸热量造成一定影响。这种影响从目前的实践看来主要是提高汽温，但也有一种观点认为，长期投运会因尾部受热面沾污而降低汽温，但对炉内床温影响不大。所以，冷灰再循环系统投入顺序一般如下：

(1) 试投减温水，将汽温控制在许可值范围内的下限。

(2) 开启飞灰送风（烟气再循环）风机，吹扫系统数分钟，调风速（烟速）到气力输送速度。

(3) 开启排灰机（一般用叶轮排灰机为宜），观察排灰量与汽温的变化。

(4) 控制循环灰量到设计值。注意单台排灰机出力不应超过饱和携带量，防止系统堵塞。

四、Babcock 循环流化床锅炉灰渣系统

德国 Babcock 公司的循环流化床锅炉灰渣系统如图 13-23 所示。考虑到循环流化床锅炉的灰循环及除灰系统设计会直接影响整个锅炉的安全可靠和经济运行，Babcock 设计的燃煤粒径一般小于 8mm，石灰石粒径小于 2mm；燃烧形成的飞灰粒径在 0.1mm 以下，床灰粒径在 1~10mm 之间，飞灰可燃物约为 5%，床灰可燃物为 1%~2%。由于飞灰和床灰的物理化学特性不同，故采用飞灰和床灰分别输送集中系统。一部分灰重新送回炉内燃烧，另一部分送到外除灰仓集中储存，然后用车辆送到灰厂或综合利用处。送回炉内的灰循环系统分三路：①旋风分离器捕集的飞灰再循环；②尾部除尘灰再循环；③床灰再循环（到中间床灰仓后再循环）。

外除灰系统是指不参与循环的灰的集中输送系统。除尘器收集的飞灰、旋风分离器捕下的飞灰（一部分）和预热器后烟道的自然沉降灰等，根据锅炉燃烧情况、负荷和床温的高低，确定送到除灰仓的灰量。

灰仓设电加热装置，维持仓灰温度在 110℃左右。外除灰系统分飞灰排除和床灰排除两套系统，每套系统又分为干式除灰和湿式除灰两路。干灰用刮板链条输灰机，湿式除灰为带

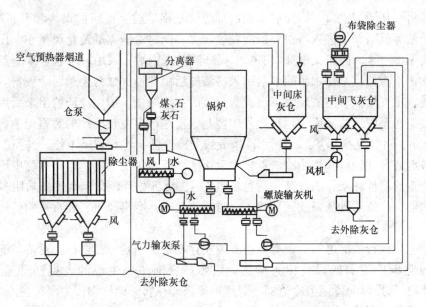

图 13 - 23 Babcock 公司循环流化床锅炉灰渣系统

有多个水喷嘴的双桨螺旋输灰机。这种布置是为了保证除灰可靠，防止堵灰和结块，即使发生事故时也可通过切换输灰管道，避免影响整个系统的运行。此外，设计的系统出力有较大的裕量，并考虑了磨损、密封等问题。

第九节　冷渣器及冷渣系统的问题与改进

由于种种原因，目前国内循环流化床锅炉机组的冷渣系统，特别是冷渣器都不同程度地存在许多问题，能长期、连续稳定运行及真正商业成功应用的冷渣器不多，严重影响了机组的长期安全经济运行。目前，绝大多数电站循环流化床锅炉冷渣器运行不正常的主要原因在于燃煤品质和制备水平。燃煤中矸石和水分含量大，制备的燃煤粒度不符合设计要求。此外，冷渣器的设计与运行也存在不少缺陷。因此，应尽量改善燃煤的破碎粒度，同时从设计和运行上采取措施来解决冷渣器的正常运行问题。以下结合一些电厂的运行实例，探讨改进设计和运行的方法。

一、部分电厂冷渣器和输渣系统运行情况

山东某自备电厂（220t/h 循环流化床锅炉）采用风水联合式冷渣器（由锅炉厂配供），冷渣器运行超温结渣严重（第 1，2，3 分室均结渣），经常采用就地放红渣方式运行。河北某热电厂（220t/h 循环流化床锅炉）采用风水联合式冷渣器（由锅炉厂配供），气力输渣。冷渣器一直难以正常运行，电厂反映冷渣器的流化风量小、压力低，冷渣器内渣无法越过隔墙，不往前走，渣通过冷渣器事故排渣口就地排至锅炉 0m。气力输渣系统不能输送锅炉床料（沙），因此在锅炉投运后的 2 天时间内（锅炉床料全部置换完成约需 2 天），因渣中有床料（沙），气力输渣系统不能运行，此时渣全部通过冷渣器事故排渣口就地排至锅炉 0m。石化某热电厂（220t/h 循环流化床锅炉）采用风水联合式冷渣器，气力输渣。冷渣器和气力输渣系统自 2002 年初开始调试，一直不能正常运行。主要问题是冷渣器内渣不往前走，渣通过冷渣器事故排渣口就地排至锅炉 0m，同时冷渣器漏风严重。初步分析其主要原因为：输

煤系统细碎机（从美国进口）因无底箅，有部分大于锅炉粒度要求的煤块和矸石进入锅炉，以及锅炉结渣等原因，使进入冷渣器的渣粒度较大，同时冷渣器的流化风量小、压力低，使冷渣器内渣不往前走。四川某电厂（410t/h 循环流化床锅炉）采用风水联合冷渣器，炉渣用风从炉膛吹入冷渣器，冷却水由除氧器引入冷渣器后由专设的 2 台泵送回除氧器。冷渣器运行效果不佳，出现堵渣、结渣现象，已成为运行的主要瓶颈。渣由冷渣器出来后用埋刮板输送机、斗提机送至附近的渣库，运行过程中埋刮板输送机存在较严重的磨损现象。浙江某热电厂（220t/h 循环流化床锅炉）采用水冷螺旋绞龙冷渣器，运行效果不佳，磨损严重，经常采用就地放红渣方式运行。渣由冷渣器出来后用埋刮板输送机送出，运行过程中埋刮板输送机存在较严重的磨损现象。浙江某公司自备电厂（220t/h 循环流化床锅炉）采用多室流化床选择式冷渣器，冷渣器排渣系统问题较多，排渣不及时，磨损严重，经常采用就地放红渣方式运行。

从上述电厂运行情况可知，现有冷渣器确实存在不少问题，需要认真对待与解决。由于风水共冷流化床冷渣器的设计出力较大，国内三大锅炉厂生产的大型循环流化床锅炉（400t/h 等级）都推荐配置该型冷渣器。但这种冷渣器在实际运行中，主要存在冷渣器结渣、堵塞和磨损等三大问题。

二、风水共冷流化床冷渣器的故障与处理

1. 某厂 410t/h 锅炉冷渣器低温结渣堵塞

由于现场条件限制，冷渣器无法按原设计安装旋转排渣阀，只能改为插板式阀门。由于插板式阀门难以有效地控制排渣量，试运初期冷渣器建立不起床压，风量及风压不足，进入冷渣器的渣料得不到足够的冷却而造成选择室经常发生低温结渣、堵塞。后将冷渣器内部排渣口的高度增加 300mm（原排渣口与布风板平齐，见图 13 – 24），以建立冷渣器内部床压。提高风量及风压后运行，发现冷渣器的运行已基本稳定，整台锅炉运行也十分稳定。这表明对冷渣器的改造是有效果的。但是冷渣器的出力比设计值偏小，冷渣器床压不高，冷渣器无法正常流化。为保证排渣，不得不加大流化风量，导致渣料对风帽的冲击加剧、磨损加重。此外，排渣量能否通过脉动风来进行调整控制等问题

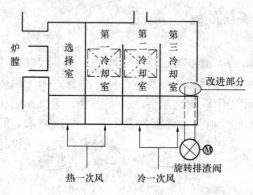

图 13 – 24　冷渣器结构及其改进示意图

还有待进行分析、试验。如果现场条件允许使用旋转排渣阀，一般容易实现冷渣器床压的建立和排渣量控制。但是在一些装有旋转排渣阀的电厂仍然存在问题，结渣、堵塞现象也较严重。当冷渣器启停、负荷调整、床压过高、流化不良、燃煤杂质多且粒径大时，极易发生冷渣器结渣、堵塞故障。冷渣器结渣多发生在选择室，由于床层整体或局部温度超过灰熔温度而形成高温或低温结渣，与煤灰熔结渣特性及运行工况有关，主要是锅炉排渣失控所致。所谓排渣失控包含两层含义，即排渣量大和排渣中可燃物含量多。当锅炉排渣失控时，大量的热渣携带部分可燃物（包括一些未燃烧的煤粒）迅速进入冷渣器选择室，在床层较厚的情况下局部不能流化，流化风不足以将热渣冷却到设计温度，引起可燃物的再燃结渣，造成选择室堵塞。

另外，造成选择室结渣的原因还有锅炉排渣管（冷渣器进渣管）上的渣门不严，在冷渣器停运后，进渣管内的热渣料流动性较好，存在炉渣自流现象，会有少量热渣排入冷渣器选择室。为解决冷渣器结渣、堵塞问题，采取如下技术措施：

　　(1) 增加专用流化风机。冷渣器流化用风和炉膛床料流化用风全部来自一次风机，在运行调整中，存在相互制约、干扰、调节性能差等问题。当冷渣器发生轻微堵塞、结渣，需加大风压及风量进行疏通时，受到风机出力和炉膛床料流化用风的制约，难以疏通。增加冷渣器专用风机后，即构成两套独立的系统，运行调节互不干扰，并将冷渣器专用风机风压提高至30kPa。当发生轻微堵塞时，可加大流化风进行疏通，同时，由于流化风量的提高，又可防止粗渣堆积、流化不良造成的结渣、排渣不畅等故障发生。

　　(2) 加装隔离阀。冷渣器进渣管、选择室及三个冷却室的返风管均与炉膛直接连通，当冷渣器发生故障时，不能有效地与炉膛隔离，对冷渣器单独进行处理，系统只能退出运行。因此，根据现场实际情况，采用专用的隔离阀，以便在冷渣器出现故障时，能有效地与炉膛隔离进行处理，从而保障冷渣器和锅炉的正常运行。

　　(3) 增设掏渣孔。根据冷渣器结构及布置，在适当的位置增开掏渣孔。运行中冷渣器发生堵塞时，可关闭输送风停止排渣，关闭相应的流化风门，在采取有效的安全保护措施的情况下，对冷渣器进行掏渣疏通，将渣块等引起堵塞的杂物清理出冷渣器，从而保障排渣的畅通，维持冷渣器的正常运行。

　　(4) 更换流化风门中的电动风门，保证其严密性。

　　(5) 改进操作方法。控制进渣管的高压风量来控制进渣量，初期进渣量一定要小，操作一定要缓慢。当选择室内的床温、床压发生变化时，应加强观察，如床温上升速度过快，应适当减小进渣量，甚至停止进渣。加大各室风压、风量，使各室的渣块能迅速被吹走，避免在室内长期停留，造成结渣堵塞。

　　2. 某厂440t/h循环流化床锅炉冷渣器结渣严重

　　原因是煤中矸石较多，粒度较大。炉渣进入冷渣器一室（见图13-25）后，不同粒径的炉渣分层，较大的炉渣在底部沉积。一旦发生沉积，流化质量变差，沉积不断增多，黏结在一起形成渣块，渣块越结越大。用压缩空气吹扫非常有效，但吹通后，排渣控制失灵，炉内的渣大量进入冷渣器，在冷渣器一室内压死，又造成冷渣器结渣。另一厂440t/h循环流化床锅炉冷渣器进渣存在自流现象，也造成同样的后果。此外，还有一厂440t/h循环流化床锅炉排渣不畅的主要原因是由于冷渣流化风机风压偏小和气力输送管道堵塞所致。

　　解决冷渣器结渣的措施为：

　　(1) 重新作冷渣器空板阻力试验及冷态排渣试验，指导运行合理调整流化风量及维持合适的压差，在确保冷渣器流化良好的前提下，合理地控制排渣量，避免排渣量过大，造成压床结渣。

　　(2) 合理地控制锥形阀的开度，防止排渣量过

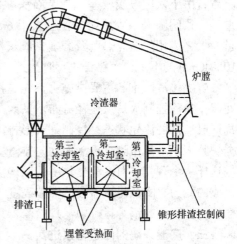

图13-25　440t/h循环流化床
锅炉冷渣器

大，要求运行人员控制排渣量要做到"细水长流"，并控制一室压差不得超过 20kPa，防止一室炉渣过满，出现压死、结渣。

（3）冷渣器一、二室内的粗渣要求运行人员及时用粗排口排掉，防止粗渣堆积，流化不起来，造成结渣。

（4）炉膛排渣口堵塞，用压缩空气吹扫装置吹扫时，锥形阀要求只开 80%，吹通后，要求及时全关锥形阀。

（5）解决好冷渣风机压头，或减小风道阻力损失，保证冷渣器一室有充足的流化风量冷却炉渣，控制一室的床温低于 600℃，可防止冷渣器出现二次燃烧。

（6）消除原煤中的小石头和煤矸石，防止冷渣器堵塞、结渣。

冷渣器设计上存在如下缺陷，也是造成排渣故障的原因之一，应予改进：

（1）一、二室的布风板倾斜度较小（只有 3°），且风水联合冷渣器不是使用定向风帽，故粗渣很难全部从粗排口排掉，从而造成粗渣在冷渣器一、二室底部沉积，导致流化不起来，出现压死结渣。

（2）设计主排口的排量为 70%，但由于二、三室之间布置有 1m 高的隔墙，大部分大于 2mm 的炉渣都翻不过隔墙进入三室，造成主排口的排量只有 20% 左右，严重降低了冷渣器的出力，使冷渣器远远达不到设计出力，锅炉只能被迫减负荷运行。

3. 某厂 465t/h 循环流化床锅炉冷渣器排渣困难

本炉配置了两台风水共冷流化床式冷渣器，由于该型冷渣器的出力设计很大，灰渣冷却效果好。但它对底渣的粒径较敏感，如果粗大颗粒在底渣中所占比例大，则使冷渣器内流化质量恶化，灰渣很难从溢流口排出，甚至造成床层压死、结渣，将粗渣排放口堵死。冷渣器运行经常采用事故排渣口进行排渣，由于热渣仅仅在一室进行风冷却，排渣温度较高，经常造成后续除渣设备故障，主要是输渣机高温下轴承包死，刮板磨损严重，内部装置高温变形。

引发上述现象的主要原因是入炉煤的粒径不合格，制造厂对入炉煤的粒径要求是：最大粒径 $d_{max} \leqslant 7mm$；中位粒径 $d_{50} = 0.6mm$；粒径小于 0.2mm 的 $\leqslant 25\%$。若煤的制备系统（双转筛加一级细碎机）能满足上述要求，排渣系统是能够正常运行的。然而，从几个月运行情况看，由于入厂煤质较差，掺杂石头、矸石量大，细碎机破碎石头的能力差，锤头磨损严重，导致间隙大，入炉煤中粒径大于 6mm 所占比例在 10% ~ 40% 范围内，严重偏离设计要求，加之燃用的贫煤热爆及磨损，成灰特性也差，造成灰渣中粗大颗粒多，现场观察粒径在 10 ~ 40mm 的不少，大粒石块有时达到 70mm。

解决排渣困难的主要措施：首先是控制入厂煤的质量，尽量少掺矸石，调整好破碎机的间隙，从而控制入炉煤粒径分布。其次，控制好冷渣器 3 个风室的风量分配，使 3 个冷渣室都形成良好的流化状态；控制好锥形排渣阀的排渣方式和冷渣器大渣排渣阀的运行方式，根据炉膛床压尽量做到少量多次均匀排渣，避免将冷渣器一室压死。最后，还应适应入厂煤质差这样一个现实，对冷渣器作一些结构上的改进。例如：加大粗渣排放阀的口径，增强事故排渣的能力；降低冷渣器内的隔墙高度，提高底渣翻越能力；在冷渣器向炉膛返气管上安装插板门，以便在锅炉运行中清理冷渣器；提高输渣设备的可靠性等。

三、底渣系统的问题与改进实例

内江 410t/h 循环流化床示范锅炉为芬兰奥斯龙 Pyroflow 型，是我国投运最早的大型循环流化床锅炉，自 1996 年投运以来总体运行情况良好，但底渣系统暴露出的一些问题具有代表性，值得国内同行注意，并可借鉴其改进经验。

1. 系统概况

该锅炉的底灰冷却系统如图 13－26 所示，包括炉底排灰管、底灰冷却器、水冷绞龙、刮板输灰机、斗式提升机、$600m^3$ 的底灰库以及脉冲空气系统、空气炮系统、喷水减温系统、再循环式烟气系统等设备和系统。底灰从炉膛底部的排灰管排出，进入底灰冷却器。在底灰冷却器内，底灰的热量释放给底灰冷却器的水冷壁及再循环烟气，从而降低温度。降低温度后的底灰，经底灰冷却器的排灰口

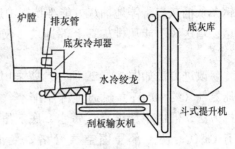

图 13－26 锅炉的底灰冷却系统

进入水冷绞龙。底灰在水冷绞龙内被进一步冷却并输送到刮板输灰机，而后通过斗式提升机排入底灰库。

排灰是由 DCS 自动控制的。当炉内床料增多时，床压就会升高，炉膛底部排灰管的压缩空气 KS 阀就会自动频繁间断开启，增加排灰量，反之亦然。底灰排进底灰冷却器后，底灰冷却器的灰量增多，其床压升高超过设定值，绞龙就会低速启动，如床压持续升高，绞龙转速就会随之加快，反之亦然。

底灰冷却器实际上相当于一个小的流化床。它既有布风装置、进料口、上部烟气出口、底部排灰口，又有水冷壁。冷却介质有两种：一种是经布风装置来的再循环烟气，另一种是底灰冷却器筒壁四周布置的水冷壁内的除氧水。再循环烟气是用再循环烟气风机从引风机出口抽回的温度约 130℃的烟气。它在底灰冷却器内既起冷却作用，又起流化作用，吸收热量后，从底灰冷却器上部回到炉膛。水冷壁内的水是用底灰冷却水泵从除氧器底部打来的除氧水，它吸收了底灰的热量后又回到除氧器。

2. 存在的问题与处理情况

（1）流化床底灰冷却器入口管（即炉膛排灰管）堵塞及处理。该炉的底灰排灰管共有六个，见图 13－27，两侧墙各布置一个，后墙布置四个。底灰排出的动力及排灰量的大小都是通过脉冲压缩空气来控制的。从压缩空气母管来的约 0.7MPa 的压缩空气先经过 KS 阀（脉冲控制阀），然后分三路（见图 13－28），一路到排灰管进口处，加强排灰口处底灰的流化，使底灰能顺利进入排灰管，另两路分别从排灰管的上部和下部斜向进入排灰管，作为底灰的输送风和排灰量大小的控制风。六个底灰冷却器排灰的控制都送入了 DCS。排灰量的大小是由炉膛床压决定的，床压高于设定值，DCS 就加大压缩空气进入排灰管的时间，使排灰量增大，反之亦然。

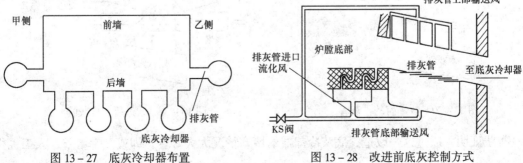

图 13－27 底灰冷却器布置　　　　　　图 13－28 改进前底灰控制方式

从运行情况看，排灰管堵塞相当严重。投运初期，电厂派了数人专门捅灰，每班都要用钢条从捅灰口不停地捅灰方能维持锅炉运行。分析其原因是由于排灰管上部的压缩空气管被堵，输送风不能从排灰管上部进入，仅靠排灰管下部进入的空气不能保证足够的输送量所致。

改进方法如图 13-29 所示。曾采用高压氮气（约 10MPa）疏通上部压缩空气管的方法，但由于压缩空气带水，底灰里含有 $CaSO_4$，使上部压缩空气管堵塞变小，10MPa 的氮气无法疏通。后来采取了在排灰管进口增加两根压缩空气管的方法，来解决炉膛排灰口堵塞的问题。

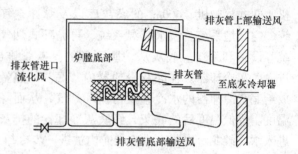

图 13-29　改进后底灰控制方式

（2）底灰冷却器排灰温度高。设计上底灰冷却器的进灰温度为 880℃ 左右（约等于锅炉床温），排灰温度应低于 300℃。但由于设计上的原因，该底灰冷却器的冷却能力达不到设计值。运行记录显示，实际上底灰冷却器的排灰温度已达 400℃ 左右，大大超过设计值。采取的解决措施是在底灰冷却器的底部加装一根自动调节的喷水管。当排灰温度升高到 400℃ 时，喷水自动投入，当排灰温度低于 400℃ 时，喷水自动关闭，但后来停用了。因为喷水冷却灰渣会带来严重的堵塞问题。

（3）底灰冷却器排灰管堵塞。底灰冷却器的排灰管原设计是金属圆管，见图 13-30。由于底灰冷却器的排灰量是由底灰冷却器下的水冷绞龙来控制的，故正常运行时水冷绞龙及底灰冷却器排灰管都充满了灰。当水冷绞龙转动排灰时，由于底灰温度高（约 300~500℃），故排灰管壁温度高，管径增大。停止排灰一段时间后，排灰管温度降低而管径收缩，使管内的积灰被压紧而不能自然下落造成阻塞。后经多次改造，目前堵塞情况有很大好转。第一次改造是在底灰冷却器的排灰管上加装一"空气炮"，空气炮的运行控制进入 DCS，按要求设置启、停时间和频率。第二次改造是将底灰冷却器排灰管改成如图 13-31 所示的"上小下大，天圆地方"的喇叭型。"上小下大，天圆地方"相当于一个缩放管，只要物料由上至下、由小到大流动，通道就越来越宽，物料就会越来越松散，流动性也就越来越好，排灰相应就顺利。

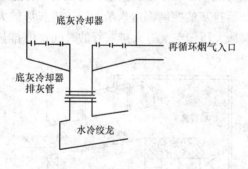

图 13-30　改进前的排灰管

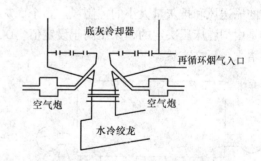

图 13-31　改进后的排灰管

实践证明，通过这一改造，底灰冷却器的堵塞情况大大好转，即或发生堵塞，人工也很容易疏通。

（4）水冷绞龙的冷水流量不够。水冷绞龙的冷却水是闭式循环，采用的是除盐水。冷却水箱内的水经泵加压后打到水冷绞龙，分两路进入。一路通过绞龙空心轴，另一路通过绞龙壳体，这样，从内、外两方面带走介质传输给绞龙的热量。被加热的冷却水又通过表面式水冷却器将热量释放给工业水、而后回到冷却水箱，完成一次循环。

原设计水冷绞龙的进灰温度低于 $300℃$。由于底灰冷却器的冷却能力不足，故水冷绞龙的进灰温度大大高于设计值，导致水冷绞龙冷却水温过高，达到饱和温度，使水冷绞龙的冷却水长期处于沸腾状态运行，以至于电厂不得不长期向水冷绞龙的冷水箱补充除盐水，并让其冷水箱长期溢流，才勉强维持机组带 60% 的负荷运行。采取的措施是将冷水系统增容，增加两台工业管道泵以增大工业水量；提高工业冷却水压力，把原设计的表面式水冷却器换成进口的阿法拉法板式冷水器；冷水箱由 $2m^3$ 换成 $6m^3$，冷水回母管直径由 $\phi108mm$ 换成 $\phi219mm$，解决了水冷绞龙冷水量不足、换热效率低的问题。截止目前，水冷绞龙的冷水系统运行完全正常。

3．目前仍然未能解决的问题

（1）底灰冷却器排灰温度高。底灰冷却器底部的喷水减温，受底灰冷却器排灰管内灰温的控制，若底灰冷却器排灰温度超过设定值，底灰冷却器底部喷水就会动作，同时底灰水冷绞龙也停转。尽管此时降低了底灰冷却器内的灰温，但由于水冷绞龙未转动，排灰管内的灰温未下降，喷水就一直喷，直到喷进底灰冷却器内过多的不能汽化的水流到排灰管内，降低排灰管内的灰温至设定值时，喷水方才停止。此时打湿了的含有 $CaSO_4$ 的底灰更容易结块堵塞。因此，实际上底灰冷却器的喷水减温投运仅一个多月的时间就停用了，换句话说，降低底灰冷却器排灰温度的方案还要进一步完善。

（2）炉膛排灰出现自流。炉膛排灰出现自流，也就是说当 KS 阀关闭，水冷绞龙停转后，底灰仍然不断地从炉膛出口排到底灰冷却器内，使底灰冷却器内底灰过多，床压升高，灰温升高，最后致使底灰冷却器水冷壁内的水汽化，导致水冷壁变形。

综上所述，作为一个重要设备，冷渣器设计必须有进渣控制器、本体、排渣控制三个部分，以冷渣器安全出力限定其负荷是基本原则，进渣阀采用虹吸结构，便可以解决渣自流问题。

四、预防冷渣器事故

防止冷渣器事故最重要的一点是，要将冷渣器作为提高循环流化床锅炉效率和循环流化床安全运行必不可少的辅机设备来对待，进行合理设计，及时通过实践改进，制定合理的运行维护规程和保护措施，规定安全运行极限，从而实现其设计目的。一些必要的运行预防措施和合理设计对预防冷渣器事故是有帮助的。通过分析大部分循环流化床锅炉冷渣器事故的原因，下列几方面是需要注意的：

（1）冷渣器是循环流化床锅炉的一个重要辅助设备，在设计上要对其系统进行优化，以简单、安全为基本设计原则。要对其运行程序作出规定，冷渣器应以断续、脉冲式排渣方式工作，应根据炉膛内料层阻力去控制冷却器的开启与关停，防止渣量太大使设备超温损坏。早期循环流化床配套流化床冷渣器被烧坏的大部分原因是进渣量不可控、热渣大量进入冷渣器造成的。在开启状态下，冷渣器进渣控制阀以脉冲控制为宜。

（2）冷渣器要设计可靠的进渣、排渣控制阀，设定安全运行程序。运行前，先开冷却水、冷却风；关闭前，先关热渣，后停冷却风、冷却水。一些水冷绞龙冷渣器无进、排渣控制器，由自身转速控制渣的量，控制简单，但却未与排渣量分开，常出现过载与排渣温度高的情况，但最主要的问题还是渣对冷渣器的摩擦损坏。防止超载的措施是把进料与螺旋排渣机转速分开，即在绞龙入口设置一个闸板门或进渣控制门，减少排渣量，这样可以保证渣的充分冷却和不因加大转速而超载，也可以加大冷却水量，强化冷却，保证冷却效果。冷渣器入口要设计有阀门，防止渣自流。内江循环流化床锅炉电站存在的锅炉排渣自流问题便是由进渣控制方面无阀门控制造成的。

（3）要重视进渣控制阀的设计。运行中发现，多数冷渣器事故是由于进渣量无法控制造成的。进渣控制阀以流化式 U 形、J 形、L 形阀为宜。由于除渣系统位置、工作环境和制造厂商的关系，除渣系统控制程序未得到合理设计，无运行程序或程序标志不明确，是造成无法操作的另一个原因，需要注意。

（4）进渣量应控制在冷渣器工作出力范围以内。由于事故排渣量很大（大于冷渣器设计出力），因此，事故排渣时应同时开启事故排渣管排渣，以保护冷渣器安全。以设备能力确定其工作负荷是必须遵守的原则。

（5）被冷却过的冷渣采取气力输渣是比机械输渣更安全可靠的一种方式，是除渣系统后续设计的发展方向。

（6）在事故状态下，底渣用事故排渣管排到炉外大气环境中时，出于安全考虑，可用喷水降温法降低灰渣温度。除此之外，最好不要用水喷渣，一方面，防止造成热污染、影响工作环境。另一方面，防止改变渣的物性。后一点需特别注意，应用循环流化床灰渣的良好火山灰特性制造混凝土，已是世界上现代混凝土的基本概念。设计者和循环流化床用户对这个问题要有清楚的认识。另外，喷水冷却也常造成灰渣结块，堵塞设备。

第十四章
循环流化床锅炉运行中的其他问题及处理

循环流化床锅炉除了金属受热面磨损、耐火防磨内衬磨损、风帽磨损及漏灰及燃烧事故问题之外，还存在一些其他问题，如煤斗堵煤问题、给煤管高温烟气反窜问题、过热器超温问题、循环流化床锅炉负荷调节和点火节油等问题。本章对这些问题及相应的解决措施作一介绍。

第一节 煤斗堵煤问题及解决措施

在锅炉运行中，煤斗的事故率很高，煤斗的堵塞时有发生，分析其原因，大多数厂家都是参照链条炉设计的长方形煤斗，而没有考虑流化床本身燃料颗粒的具体情况。按电力部门目前的设计要求，成品煤仓的容积应能满足锅炉满出力时 8h 以上的贮煤量的需求。成品煤堆积在锥形煤仓内受到煤的挤压，使煤粒之间、煤粒与煤仓壁之间产生摩擦力，越接近下煤口，摩擦力和挤压力越大，并呈双曲线增大。所以在靠近煤口（约 1m）处的煤易搭桥。另外水分越大，煤粒间的黏着力也越大。但当水分超过某一极限值时，黏着力又会减少。煤粒间的黏着力以单个颗粒间的黏附力为基础。颗粒越小，单位质量煤粒的表面积增大，煤粒间的黏附力增加，使煤的流动性恶化。

为减小成品煤与仓壁间的摩擦力，可以采取一些措施：设计成品煤仓四壁与水平面的倾斜角 > 70°；为减少煤粒与仓壁之间的摩擦力，仓壁内衬采用不锈钢板或高分子塑料板——聚氯乙稀（PVC）板；原煤仓的容积适当减小，如德国大型火电厂在燃用高水分褐煤时，存煤量按 2～4h 设计，这样为煤斗结构的合理设计创造了有利条件，同时煤在仓内停留的时间缩短后，煤层受上煤层的重压时间缩短，在下煤口处可以减轻起拱搭桥等堵煤现象。下煤口越小，越容易堵煤。德国火电厂对下煤口宽度的要求为燃用烟煤时 ≥1000mm，燃用褐煤时 ≥1200mm。下煤口长度则 ≤1200mm，同时煤仓与给煤机相连接部分的金属斗加工成双曲线形。

由于煤仓下煤口的尺寸比较小，加上成品煤又碎又湿，因此在下煤口处发生搭桥、不下煤是经常发生的故障，严重影响循环流化床锅炉的正常运转。这种入炉煤落入炉内密相区时，在下落过程中被高温烟气加热后蒸发的水蒸气往往上升并云集在下料口，使该处的潮气特别大，很容易使湿煤黏结不下煤，造成落煤管堵塞。

一、合山电厂8号循环流化床锅炉煤斗堵煤问题及解决措施

（1）燃煤破碎系统及设备。合山电厂 420t/h、8 号循环流化床锅炉烧合山高硫劣质煤加外省贫煤。原煤经一级环锤式破碎机破碎后进入混煤仓，然后经二级锤击式碎煤机破碎后送入炉前细煤仓。燃煤经链轮传动式煤闸门进入 4 台称重式皮带给煤机，从前墙下部给煤。给煤管上设置电动煤闸门、气动快速煤闸门及检修用手动煤闸门。给煤机出口设有播煤热一次风。为防止炉膛烟气反窜，在给煤机处引来二次风（冷风）作为给煤机密封风，在给煤管上引来二次风（热风）作为给煤口密封风。给煤机出口设有堵煤、断煤报警和出口温度报警。

（2）煤仓结构。细煤仓为钢制仓，容积约为 620m³。为防止煤仓堵煤，在煤仓前后墙下部给煤机入口煤闸门上方处对称安装了 8 台空气炮。空气炮工作压力为 0.4～0.7MPa，冲击力 7400～15080N。

（3）煤仓堵煤、搭桥严重。

a. 细煤仓下煤口经常发生堵煤，各给煤机下煤量极不均匀。由于下煤口频繁发生堵煤，调试时经常要专人就地开启空气炮和人工敲打煤仓壁，才能暂时保证给煤机的正常给煤。不仅增加了运行人员的工作量，更严重的是威胁到锅炉的正常运行。堵煤最严重时，曾出现 4 台给煤机下煤口同时断煤，造成床温急剧下降，锅炉被迫降负荷投油运行。

b. 煤仓壁上积煤严重。在煤仓料位不高时，从煤仓上部往下可看到中上部四周煤仓壁上结有厚厚的煤层，仅有中间部位煤粒在流动，造成煤仓实际有效容积变小，缩短了煤仓上煤间隔时间。而且在上煤时煤灰尘特别大，增加了燃料运行人员在高粉尘环境下的工作时间。

c. 煤仓内煤搭桥严重。在调试初期曾经发生过煤仓上满煤后，由于放置较长一段时间后才点火开炉，结果煤仓搭桥非常严重。每台给煤机均发生下煤不畅的现象。开启空气炮和人工敲打下煤口处仍不能使给煤情况改善，使锅炉难以稳定运行。停炉后检查，发现煤仓的煤较湿，含水量较大，每个煤仓下煤口都出现搭桥现象，搭桥位置在煤仓原有空气炮上方。

（4）煤仓堵煤、粘壁和搭桥的原因。

a. 堆积在煤仓内的煤粒受到煤的挤压，使煤粒之间、煤粒与煤仓壁之间产生摩擦力，越接近煤仓下部，煤粒受到的摩擦力和挤压力越大，所以在靠近煤仓下煤口（约 1m 高度）处的煤粒容易搭桥，造成煤仓堵煤。

b. 煤粒间的黏着力以单个煤粒的黏附力为基础，随颗粒的减小，单位质量的表面积增大，煤粒间的黏着力增加，使煤粒的流动性变差。设计输煤系统时，在二级碎煤机前没有布置燃煤筛分装置，所有来煤都经过二级碎煤机破碎，造成细煤仓燃煤中细颗粒含量较高。8 号炉调试试运期间取样分析得：入炉煤颗粒直径在 $\phi1.5$mm 以下的达 76.97%，$\phi1.5～\phi7.0$mm 之间的煤粒为 11.75%，颗粒直径在 $\phi7.0$mm 以上的煤粒为 11.28%。燃煤中大量细煤粒的存在，导致煤粒间黏附力增加，使煤粒的流动性更加恶化。另外煤粒间的黏着力还与燃煤中水分的含量有关，燃煤中水分含量越高，煤粒间的黏着力也越大。

c. 黏结在煤仓壁上的块状煤脱落后也容易造成煤仓下煤口处堵煤。

d. 在下煤口出现堵煤时，启动空气炮对缓解煤仓堵煤有一定的作用。原设计中只在煤仓下部接近下煤口处安装有一层空气炮，该层空气炮只对克服下煤口附近的堵煤和搭桥起到一定的作用，当搭桥部位在空气炮上方时，给煤口处已形成空腔，启动空气炮基本不起作用。事实上，煤仓的搭桥现象不仅发生在煤仓的下部，在中上部也有发生。

（5）解决措施。针对煤仓堵煤问题，从设备改造、运行操作和加强煤仓煤管理等方面采取了如下措施：

1）设备改造方向。

a. 针对煤口处经常出现堵煤的情况，在每台给煤机入口煤闸门下煤仓壁上装设 1 台电动振动装置。

b. 在靠机侧距原空气炮上方约 1.5m 高度装设 3 台空气炮；距原空气炮上方约 3.0m 高度，在煤仓近机侧及近炉侧各装设 4 台空气炮。这样整个煤仓共装设了 19 台空气炮，比原来增设了 11 台，可以对煤仓不同高度的搭桥进行处理。

c. 将所有空气炮的操作引入 DCS，这样就地和 DCS 上均可以操作控制。

2）运行操作方面。

a. 给煤机正常运行转速保持恒定时，给煤量基本保持恒定。当发现某台给煤机的给煤量突然产生异常波动时，往往是下煤管堵煤的前兆，此时应立即启动相应的空气炮，并就地启动电动振动装置，待给煤机出力正常后再停止。堵煤情况严重时，可将电动振动装置连续投入运行。

b. 发现煤仓壁上有煤块黏结的迹象时，可启动中上部空气炮来松动黏结的煤粒，以减少煤粒黏结在煤仓壁上的可能。

c. 在雨天或煤中水分含量较大时，为减少煤仓中煤粒搭桥的可能，可定期开启空气炮和电动振动装置，用以松动煤仓煤粒，保证给煤机正常给煤。

d. 锅炉运行中，尽可能地使 4 台给煤机同时投入运行，以防止停用给煤机下煤口处煤粒长时间不流动，从而黏结搭桥，造成该给煤机投运后下煤不畅。

e. 如果锅炉停运时间较长，在停炉前尽量把煤仓的煤烧空，以免煤仓里的细煤受潮结块、搭桥，造成下次开炉时下煤不畅。在烧空煤仓过程中，运行人员应注意观察煤仓的存煤情况和给煤机出口温度的变化情况，避免煤仓烧空后下煤口形成给煤机密封风的通路，造成炉内烟气反窜，烧坏给煤机皮带的事故发生。

3）加强煤仓上煤管理。每次锅炉点火前开始向煤仓上煤，避免煤在煤仓里的停放时间过长，这样可以减少煤粒结块和搭桥的情况发生。另外，原煤运输到厂后，注意避免淋雨，以免煤被淋湿后增加结块的可能。

加强煤仓巡视工作，发现煤仓有搭桥的情况及时汇报处理。当搭桥情况不严重时，通过启动空气炮可以较好地消除，这样可以避免煤仓搭桥现象的扩大和发展。

（6）改造效果。通过对给煤系统进行设备改造并采用相关的运行措施后，锅炉的给煤情况得到了很大的改善。几次开炉运行结果表明，给煤机下煤不畅的问题已基本得到解决，没有发生过由于煤仓下煤不畅引起锅炉负荷波动的情况，给煤系统基本能保证锅炉满负荷稳定运行。

二、开封某电厂 440t/h 循环流化床锅炉煤仓下煤不畅及其解决措施

（1）煤仓下部煤搭桥堵塞严重。开封火电厂 2 号炉有两个储煤仓，每个煤仓的容积为 $420m^3$，储煤量为 250t 左右。煤仓为长方形，上大下小，下部分有两个出煤口，整个煤仓的外形为锥形。为防止煤在仓内黏结，煤仓下部内侧为不锈钢材质。但在运行中煤仍黏结严重，其主要原因为：

a. 煤仓设计不很合理。煤仓设计成长方形煤斗，煤仓的容积大于锅炉满出力时 8h 所需的储煤量，下部又设计为两个出煤口，并安装有下煤插板。成品煤堆积在煤仓内受到挤压，使煤粒之间、煤粒与煤仓壁之间产生摩擦力。越接近下煤口，其摩擦力与挤压力就越大，所以在靠近下煤口约 1.5m 处煤易搭桥。煤仓的示意图见图 14-1。

b. 循环流化床锅炉所用的煤经过粗、细碎煤机破碎后，其粒度小于原煤，但由于没有像原煤粉锅炉的磨煤机设备，其粒度仍远大于煤粉，又由于破碎过程中没有干燥设备，其水分和原煤相同。这就造成了煤粒之间的黏附力增加，使煤的流动性恶化。

c. 电动插板门造型设计不合理。电动插板门安装在落煤口上部，为保证其密封性，防

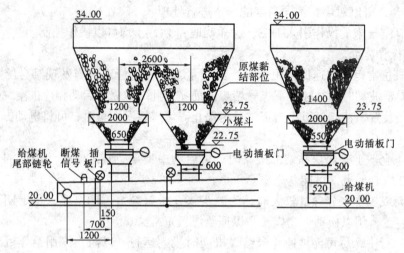

图 14-1 原有煤仓示意图

止漏煤，传动部件丝杠和插板全都在密封盒内，造成丝杠上黏结煤粉而无法正常开关，进一步加剧了煤仓下煤不畅。

（2）煤仓下煤不畅的处理。经过对煤仓下煤不畅的原因分析，相应地采取了以下措施：

a. 改变标高 20.75 ~ 23.75m 煤仓结构。将煤仓下部的两个小煤仓合并。为保证其坡度，增加了下口的宽度。改造后的落煤斗采用 $\delta = 10 ~ 14mm$ 的钢板焊制，用角钢加固，加固间隔为 500mm。拆除电动插板门，在下部距给煤机高度方向 200mm 的部位加装针形阀控制其下煤量，同时减小因重力引起的给煤机运行的阻力，示意图见图 14-2。

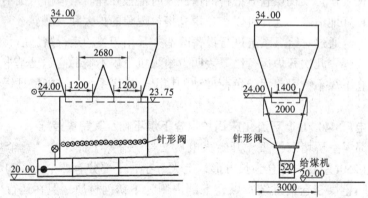

图 14-2 改造后的煤仓示意图

b. 在煤仓内增加疏松机一套。为保证疏松机的效果，根据煤仓实际黏煤的情况调整了疏松机的具体安装位置，在上部煤仓装三组主体，在下部煤斗装两组主体。具体安装位置均是煤仓容易黏结煤粉的位置。

c. 在给煤机上加装断煤信号发生器。当给煤机内煤层低于设定值或断煤，信号发生器发出指令，疏松机开始工作。疏松机主体沿煤仓壁作上下往复运动，彻底清除煤粉黏结仓壁的基础，消除堵煤。当来煤正常后，疏松机停止工作。

d. 实行煤仓定期降煤位制度。通过一个星期降一次煤位的制度，减少煤仓长期高煤位运行造成的问题。

经过以上改造之后，煤仓黏煤堵塞现象基本消除。

第二节　落煤管旋转给料阀堵卡的问题及解决措施

开封火电厂2号锅炉的每个给煤管均安装有旋转给料阀，设计的目的是防止给煤管内高温烟气的反窜。但在运行过程中经常出现堵塞、卡跳，甚至发生断链现象。

一、旋转给料阀堵、卡的原因

（1）在煤粉水分较大时，煤粉易黏结在旋转给料阀叶片上，降低其出力，严重时造成叶片之间积满煤粉，致使旋转给料阀成为一个实心的滚筒而堵塞。

（2）煤中的较大颗粒及杂物容易卡在叶片与箱体之间，造成旋转给料阀卡跳，甚至造成传动链条断裂。如将其间隙调大，在下煤量小时又会造成返风，下煤量大时，潮湿的煤粉迅速板结在给煤管内。

（3）旋转给料阀的转轴套内易进入煤灰，造成轴套损坏。

二、解决旋转给料阀堵卡的措施

旋转给料阀的主要作用不是调整给煤管的下煤量，而是锁气功能，即防止高温热烟气反窜到给煤机内。如果高温烟气进入给煤机，不仅会造成煤粉在给煤机内燃烧损坏设备，还会造成煤粉和煤烟污染环境。只要采取合适的措施，就可以取消旋转给料阀。拆除旋转给料阀后，为了解决高温烟气的反窜，在原旋转给料阀的位置加装了环形冷风密封装置，风源取自一次风机出口的冷一次风。在给煤机来煤正常的情况下，冷风密封风只需要开很小的开度就可以防止热烟气的反窜。改造后从运行的实际情况看，运行情况基本正常，解决了堵煤现象。但是断煤的情况下仍存在返风的问题。由于加装了冷风密封，所以反窜的烟气温度较低，对给煤机不会造成损伤，但对文明生产和卫生仍有很大的负面影响。

第三节　过热器超温、低温和爆管问题及处理措施

过热器超温、低温和爆管是锅炉运行中比较普遍存在的问题。循环流化床锅炉的燃烧特点决定了它的过热器超温、低温和爆管问题比其他形式的锅炉严重。对超温、低温和爆管的解决措施也有所不同。

过热器的超温、低温和爆管严重影响锅炉的安全、经济运行，必须引起高度重视。

一、过热器的超温

过热器超温分两种：锅炉运行过程中发生的超温和锅炉点火启动过程中发生的超温。过热器超温严重威胁到锅炉和汽轮机的安全运行。频繁地发生过热器的超温将缩短过热器的使用寿命并最终引发爆管事故。

（1）点火启动过程中过热器超温。超温原因：

点火启动过程中蒸汽流量小，而燃烧产生的烟气量比较大（超过了正常运行工况下的烟气量），结果导致在某一特定蒸发量下，过热蒸汽温度超过额定温度。

处理措施：

点火过程中发生短时过热器超温有时是难免的。遇到这种超温现象时应采取如下处理措施：

a. 加大减温水量。

b. 在不影响流化质量的情况下，适当降低流化空气量。

c. 上述两项措施采取之后仍超温，采取适当调整循环灰量的措施并密切观察过热蒸汽温度的变化趋势。

（2）运行过程中过热器超温。超温原因：

a. 过热器受热面布置过多。

b. 循环灰量过大，燃烧室出口烟气温度偏高。

c. 煤中细颗粒偏多。

d. 锅炉大风量运行。

处理措施：

a. 加大减温水量。

b. 减少循环灰量，返料器放灰。

c. 调整燃煤粒度，减少燃煤中细颗粒含量。

d. 减少运行风量，控制燃烧室出口氧含量在 3% ~ 4%。

以上措施采取之后仍不能解决问题，只有对设备进行改造。改造从两方面考虑。

a. 减少过热器受热面。

b. 在表面式减温器中加喷水减温。

大冶电厂 40t/h 循环流化床锅炉过热器超温严重，采取割掉一部分低温过热器受热面的措施后，超温问题得到了解决。山西有两台 40t/h 循环流化床锅炉，与大冶电厂两台循环流化床锅炉完全一样，同为一个锅炉厂产品，同样存在过热器严重超温问题。采取的处理措施是在表面减温器内加喷水减温，同样使问题得到了解决。后者要求给水为无盐水。改造之后略为加大了蒸发量。

二、过热器爆管

过热器爆管分三种形式：一是磨损引发爆管，二是过热器干烧引发爆管，三是过热器材质缺陷引发爆管。

1. 过热器材质缺陷引发爆管

此类事故所占比率不高。主要是锅炉制造厂对使用钢材要进行质量检测，把住钢管的质量关。

2. 过热器磨损引发爆管

过热器磨损爆管事故在爆管中所占比率最高，原因如下：

（1）循环流化床锅炉烧劣质煤的居多，劣质煤含灰量较高，烟气中飞灰浓度高，而过热器的磨损与飞灰浓度成正比。

（2）有的循环流化床锅炉过热器区的烟气设计流速较高，而受热面的磨损与气流速度的 3 次方成正比。

（3）燃煤中细颗粒占的比率大，飞灰占的份额较大，加速了过热器磨损。

（4）有的锅炉经常在超负荷下运行，造成过热器区气流速度高于设计速度，加剧了过热器的磨损。

（5）有的煤种热破碎特性非常好。煤进入燃烧室之后急剧加热而破碎，造成排渣量少，飞灰量多，加剧了过热器受热面的磨损。

某台75t/h循环流化床锅炉于2001年底投产，仅运行一年高温过热器就开始磨损爆管。到2002年8月高温过热器磨损爆管5次。

爆管原因分析：

a. 燃煤粒度较细。锅炉燃烧盂县无烟煤和宁武烟煤，煤中2mm以下的占60%，10mm以上的占8%，烟气中飞灰浓度高。

b. 煤的热破碎性强。燃煤未经破碎送入炉内燃烧。燃烧结果是大部分以飞灰形式排出，床底渣排放量很少，故烟气中灰浓度高。

c. 燃煤未经筛分和破碎直接送入燃烧室燃烧。燃料中10mm以上粒径的颗粒占8%左右。为了使这些大颗粒流化，运行中使用的风量较大。一般一次风量为6～6.5万 m³/h（标准状态下），二次风量为4万 m³/h（标准状态下），总风量为10～10.5万 m³/h（标准状态下），比设计风量大了2～2.25万 m³/h（标准状态下）。过热器区的烟气流速超过了设计流速8.79m/s，达到10.6m/s左右。

d. 锅炉经常超负荷运行，出力达到85t/h左右。超负荷、大风量运行，使烟气流速和飞灰浓度超过设计值许多，加快了过热器受热面的磨损。

处理措施：

若将高温过热器从46排减少到36排，烟气流速可从8.79m/s降到7.51m/s，磨损速度可降至原来的60%，但因供热发电任务重，暂不能对设备进行改造。目前采取的措施如下：

a. 加强排放床底渣频率，一次风从6万 m³/h（标准状态下）降到5～5.5万 m³/h（标准状态下），降低过热器区气流速度和飞灰浓度，减少磨损。

b. 防止超负荷运行。一般维持锅炉蒸汽流量在75t/h，最大不超过80t/h。

采取上述措施之后，锅炉已运行十个多月，高温过热器未发生磨损爆管。

3. 过热器管干烧引起爆管

过热器管屏内的蒸汽流动工况严重失衡引起管壁温度过高，超过承受的极限而产生干烧爆管。

江汉油田35t/h循环流化床锅炉投运一个月之后，高温过热器管发生了爆破。其原因不是管子磨损，而是减温器内蒸汽分配管变形，阻碍了汽流的均匀分配，进汽少的高温过热器管子发生了干烧爆裂。

4. 过热器爆管事故扩大

过热器爆管后，高压蒸汽可把受冲击的其他过热器管或炉墙冲击破，使事故扩大化，带来大的损失。江汉油田35t/h循环流化床锅炉由于过热器管干烧发生两次爆管事故。第一次爆管后，压力蒸汽将过热器前面三排槽型分离器和一根拉稀管击穿。第二次爆管后，压力蒸汽将炉子左侧墙打了一个大洞。为了防止过热器管爆破事故扩大化，一发现爆管事故要立刻紧急停炉。

三、过热器低温问题及处理

若过热器蒸汽温度低，会给汽轮机运行带来严重不良影响。

1. 过热器低温产生的原因

（1）过热器受热面布置偏少。

（2）循环流化床锅炉分离器效率低，飞灰循环量不够，燃烧室出口温度偏低。

2．过热蒸汽温度偏低的处理措施

一般来说，通过增加过热器受热面来改变过热蒸汽温度，实施起来很困难或不可能，通常通过以下措施加以改善：

（1）降低给水温度。

（2）加大风量运行。

（3）改造分离器，提高飞灰的分离效率，加大飞灰循环量，提高过热器入口烟气温度。

第四节　循环流化床锅炉负荷调节问题

循环流化床锅炉的特点之一是负荷调节范围大、负荷变化速率高。一般负荷调节范围为25%～110%，负荷变化速率为5%～10%。循环流化床锅炉发电机组比较适宜作为调峰机组。但是据运行操作人员反映：锅炉的负荷调节性能不好，只能满负荷、超负荷运行，不能满足低负荷运行。为了满足低的蒸汽供热要求，锅炉被迫采取对空放汽运行。因此对循环流化床锅炉负荷调节特性的了解是掌握负荷调节的重要环节。

一、循环流化床锅炉负荷调节的主要手段

循环流化床锅炉负荷调节的主要手段与其他形式的锅炉相比有共同点，也有不同点。现介绍如下：

（1）调煤、调风是各种形式锅炉调节负荷优先采取的手段。要提高锅炉负荷，必须加大风量和煤量，这一点是十分容易理解的。同样，要降低负荷必须减风、减煤。循环流化床锅炉在负荷变化不大的情况下，一般就这样，通过加煤、加风，减煤、减风的方式来调节负荷。

（2）提高燃烧室内燃烧温度来增加负荷，降低燃烧温度来减小负荷，这也是各种锅炉共同采用的方法。随着加煤、加风，燃烧强度加大，燃烧温度升高。高负荷必然是高煤量、高风量、高燃烧温度。低负荷必然是低煤量、低风量和低燃烧温度。

以上是从煤燃烧放热角度来说明调节锅炉负荷必须调整煤量、风量和燃烧温度。另外，燃烧释放出来的热必须通过床料与水冷壁之间的热交换将热量传递给水，产生水蒸气，才能使锅炉产生一定的蒸发量，同时维持燃烧室稳定的燃烧温度，使锅炉连续运行。循环流化床锅炉燃烧室的传热主要受床层高度（床料量）和燃烧温度的控制。床层高度高，意味着床内粒子浓度大，床料与水冷壁之间的传热系数大，传热量大，锅炉蒸发量大。床层温度高，床料与水冷壁内水的温差大，导致传热量加大，锅炉蒸发量提高。另外，床温高，床料与水冷壁之间的传热系数加大，导致传热量加大，锅炉蒸发量加大。所以床料厚度（床层高度）和燃烧室温度（床温）是影响锅炉蒸发量的两个最重要的因素。调节床层高度（加煤、加床料、排床底渣、飞灰循环量控制调节）和燃烧室温度是循环流化床锅炉从传热角度调节锅炉负荷最重要的手段。通过调整床层高度来调节锅炉负荷是循环流化床锅炉负荷调节区别于煤粉锅炉负荷调节之处。

提高床层高度和燃烧温度，锅炉负荷加大；反之，降低床层高度和燃烧温度，锅炉负荷降低。循环流化床锅炉负荷随床层高度和温度的变化曲线见图14-3。从图14-3可以看出：

a. 带一定负荷时，床温升高，床层高度降低。

b. 带一定负荷时，床温降低，床层高度增加。

c. 锅炉负荷随床温和床层高度近似成正比增加。

焦作化工总厂有一台 35t/h 带埋管受热面的循环流化床锅炉，燃烧无烟煤屑、造气炉渣和链条锅炉炉渣的混合燃料，锅炉带负荷能力强。在运行初期，常采取锅炉向空排汽运行的方式实现低负荷运行。认为锅炉只能带高负荷，不能带低负荷。后经锅炉制造厂指导，明白带低负荷时，必须降低料层厚度。从此采取排放床底渣、控制料层高度的办法来调节锅炉负荷。不仅取得了良好的经济效益，而且消除了向空排汽产生的噪声对环境的不良影响。

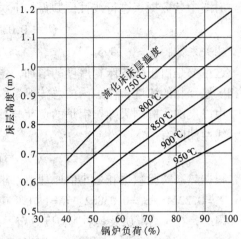

图 14-3　循环流化床锅炉负荷随床层高度和床温的变化曲线

二、埋管循环流化床锅炉负荷大小与床温和床层高度的关系

为了了解循环流化床燃烧锅炉浓相区布置受热面时的负荷与床温的关系，在广西河池 4 号锅炉上进行了试验。在床层厚度一定（$H = 650mm$）的情况下，考查了锅炉负荷与床温的关系，试验结果如图 14-4 所示。

对图中各数据点进行线性回归，得锅炉负荷与床温的关系为

$$Q = 0.22442 T_b - 165.3683 \qquad (14-1)$$

相关系数为 0.9919。

从图 14-4 可以看出，在锅炉运行的床料高度不变的情况下，床温升高，锅炉的负荷成直线上升。这主要是由于温度升高，气体的导热系数增大，同时辐射传热也增大，最终导致炉内总的传热系数增大，锅炉的负荷增加。

还在这台锅炉上，在床温一定的（$T_b = 913℃$）情况下，考查了锅炉负荷与运行料层厚度的关系，实验结果如图 14-5 所示。

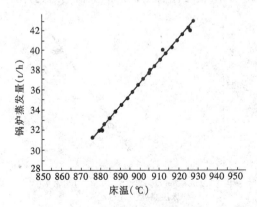

图 14-4　床温与锅炉负荷之间的关系

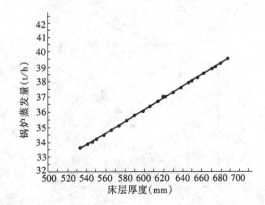

图 14-5　锅炉负荷与运行床层厚度之间的关系

从图中可以看出，锅炉的负荷在床温一定的情况下，明显与其运行的料层厚度成线性关

系。对图中各数据点进行线性回归得如下关系式

$$Q = 0.03862H_b + 12.9203 \tag{14-2}$$

相关系数：$R = 0.9995$

这主要是由于随着床料厚度的增加，增加了床料与浓相区受热面之间的传热，也提高了稀相区悬浮物的浓度，使炉内的总传热系数增大，最终导致锅炉的负荷增加。

由以上的实验结果知：锅炉的负荷与其运行的床温及床层厚度均成线性关系变化，根据多元线性回归有

$$Q = AT_b + BH_b + C \tag{14-3}$$

根据热态实验数据和最小值原理，可求得

$A = 0.2244$，$B = 0.03862$，$C = -190.03$

因此，在所给煤质及其对应粒度分布下，锅炉的蒸发量与运行的床温及床层厚度的关系为

$$Q_有 = 0.2244T_b + 0.03862H_b - 190.03 \tag{14-4}$$

在实际操作过程中，可根据此关系式，在锅炉的床温及鼓风机能力许可的范围内，由所需的锅炉蒸发量来确定对应的床温与运行料层厚度。

三、膜式水冷壁（无埋管循环流化床）锅炉负荷大小与床温和床层高度的关系

为了考查循环流化床锅炉浓相区无埋管受热面时锅炉负荷与床层厚度的关系，在武汉乾能燃气有限公司的一台循环流化床锅炉上进行了试验，试验锅炉简图见图 14-6。

结果锅炉的负荷与床温的关系在等床料高度下也成线性关系，如图 14-7 所示。对图 14-7 中各数据点线性回归，得锅炉的负荷与床温的关系为

$$Q = 0.2175T_b - 186.58 \tag{14-5}$$

相关系数：$R = 0.9819$，床料高度 $H_b = 818mm$。

同理锅炉在等床温下，其负荷与运行床层高度的关系如图 14-8 所示。从图中可以看出，锅炉负荷与运行床层

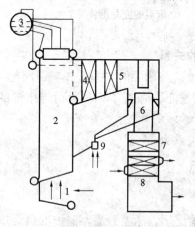

图 14-6　浓相区无埋管受热面的循环流化床锅炉简图

1—风室；2—燃烧室；3—汽包；4—高温过热器；5—低温过热器；6—下排气分离器；7—省煤器；8—空气预热器；9—返料器

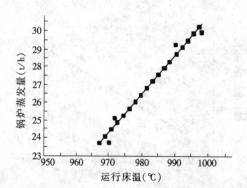

图 14-7　床温与锅炉负荷之间的关系

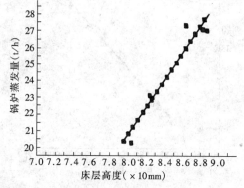

图 14-8　锅炉负荷与运行床层厚度之间的关系

高度的关系也成线性关系，对图中各数据线性回归得如下关系式

$$Q = 8.1443H_b - 44.36 \tag{14-6}$$

相关系数 $R = 0.9549$，床温：986.4℃。

从上面的实验结果可知，对于浓相区没有布置埋管受热面的循环流化床锅炉，负荷与其运行的床温及床层高度均呈线性关系。经多元线性回归得锅炉的蒸发量与床温及床料高度之间的关系为

$$Q_无 = 0.2175T_b + 8.1443H_b - 255.3 \tag{14-7}$$

比较式（14-1）、式（14-4）二式可以看出：不管锅炉是否在浓相区布置埋管受热面，床温对锅炉负荷的影响程度几乎相同，而床层厚度对锅炉负荷的影响，则存在显著的差别。床层厚度对浓相区无埋管受热面锅炉负荷的影响比浓相区有埋管受热面锅炉负荷的影响程度要大得多。这主要是因为浓相区有埋管受热面时，传热系数比其他区域要大。床温与床层厚度对锅炉负荷的影响相比较，床层厚度对锅炉负荷的影响没有床温那样显著，浓相区有埋管受热面时，埋管吸收了较大一部分热量，且浓相床不易超温，运行时对循环倍率不要求太高。而浓相区无埋管受热面时，则需要维持一定的床层高度，运行时循环倍率要求较高，否则浓相床易超温，且达不到设计蒸发量，因浓相床燃烧产生的热量主要通过粒子循环带到燃烧室上部吸收。

从以上分析可知，无论浓相床内是有埋管受热面还是膜式水冷壁受热面，锅炉的负荷均与床温和床层高度成线性关系。

四、带埋管循环流化床锅炉与膜式水冷壁循环流化床锅炉负荷调节范围、变化速率的比较

（1）埋管受热面循环流化床锅炉由于流化速度选择比较低，燃煤平均粒径比较大，飞灰循环倍率比较低，故负荷调节范围比较小，一般为 40% ~ 110%。

（2）膜式水冷壁循环流化床锅炉由于流化速度较高，燃煤平均粒径较小，飞灰循环倍率较大，故负荷调节范围较大，一般为 25% ~ 110%。

循环流化床锅炉负荷调节变化速率与循环流化床锅炉的形式有关。重型炉墙（带埋管）和绝热式旋风分离器循环流化床锅炉，负荷变化速率取低值，为 5% 左右；膜式壁和汽冷旋风分离器循环流化床锅炉，负荷变化速率取高值，为 10% 左右。

五、循环流化床锅炉负荷调节的具体方式

循环流化床锅炉负荷调节有小负荷变化调节、大负荷变化调节和超低负荷调节三种。

1. 小负荷变化调节

外界热电负荷小量变化带来锅炉蒸汽负荷的少量变化。这时只需少量调节给煤量（风量不变，料层厚度不变），维持床温在 850 ~ 950℃ 范围内。给煤量的改变，通过改变螺旋绞龙转速或皮带转速来实现。

2. 负荷变化较大时的调节

负荷变化较大时，在减煤前，首先改变二次风量，然后根据燃烧室出口氧含量，必要时变化一次风量和床层高度，并维持床温在 850 ~ 950℃ 之间变化。

3. 超低负荷调节

由于外界热电负荷的变化要求锅炉实现超低负荷（25% ~ 40%）运行，此时的调节方式为：

（1）关闭二次风，减少一次风量，保证流化速度一般不低于 0.75m/s。

（2）减少循环灰量，必要时切断飞灰循环燃烧系统，循环流化床锅炉按鼓泡床锅炉方式运行。

（3）降低床层厚度，但最低料层厚度不小于300mm，否则容易造成吹空和结渣。

（4）为了维持超低负荷下流化床锅炉的正常运行，锅炉过剩空气系数较大，排烟损失和机械不完全燃烧损失 q_4 较大。

南阳电厂35t/h循环流化床锅炉为膜式水冷壁循环流化床锅炉，由于设计流化速度选取得比较高，锅炉负荷调节范围比较大。一般能在20%的负荷下以循环燃烧方式长期稳定运行。35t/h循环流化床锅炉，能在7～8t/h蒸发量下长期稳定运行。

贵州铜仁25t/h循环流化床锅炉是带埋管的循环流化床锅炉，能长期在30%的低负荷下稳定运行。锅炉蒸发量维持在8t/h左右。这时锅炉第二级飞灰循环燃烧停止运行。

六、高低负荷运行基本条件

（1）高负荷运行对应条件为高料层、高床温、高流化速度、高飞灰循环量（多加煤、大风量、少排渣）。

（2）低负荷运行对应条件为低料层、低床温、低流化速度、低飞灰循环量，甚至关闭飞灰循环燃烧系统（给煤量小、小风量运行）。

七、循环流化床断续运行维持超低负荷

循环流化床锅炉超低负荷运行既不安全又不经济。为了维持外界的超低热负荷，可采取锅炉间断运行的方式。当锅炉蒸汽压力达到额定值后，将循环流化床锅炉压火。当锅炉蒸汽压力降到用户最低要求值时，启动鼓风机，进行压火启动。当锅炉蒸汽压力再次升到额定值时，再压火。如此反复进行压火、启动、运行、压火，来维持锅炉对外界超低热负荷的需求。与煤粉燃烧锅炉相比，循环流化床锅炉在负荷调节和超低负荷能力方面，显示了它特有的优越性。

第五节　循环流化床锅炉的点火与节油问题

与其他形式的锅炉相比，循环流化床锅炉的点火比较复杂。在循环流化床锅炉发展初期，点火技术成为循环流化床锅炉发展的关键技术之一。初期某些流化床锅炉点火几十次才获得成功，消耗很大的财力和劳力。经过30余年的发展，循环流化床锅炉的点火已积累了丰富的经验。目前点火方式已达四种，点火成功率均很高。目前，各种点火方式的比较和适应性及点火节油是人们仍较为关心的问题。本节归纳了几种点火方式及其适应性和各种节油技术措施。

一、四种点火方式及其适应性

归纳起来，目前循环流化床锅炉有四种点火方式，这些方式各有优缺点和适应性。

1. 固定床木炭点火

在固定料层上铺一层烧红木炭，固定床层厚度以300～400mm为宜。床料粒径0～5mm。开动鼓风机，风量从零升到临界流化风量。此时木炭燃烧激烈，产生很长的火苗。继续微加风量，让木炭燃烧分层加热床料（从细床料到粗床料）。随着床层温度的升高逐渐加大风量，直至床料完全流化并达到800～850℃的燃烧温度。加风过程中既注意不要用大风量将木炭火压灭，也要注意加风不及时产生局部高温结渣。固定床木炭点火费用低，但操作人员要求有

较丰富的点火经验。此种点火方式对 35t/h 及 35t/h 蒸发量以下的循环流化床锅炉适宜，对 75t/h 蒸发量以上的循环流化床锅炉不适宜。

2. 床上油枪流态化点火

床上点火油枪置于炉膛水冷壁上，距布风板 2~3m，下倾 25°~30°，点火在床料流化工况下进行。油枪产生的火焰与流化起来的床料接触，加热床料。当床层温度升到煤的着火温度之后开始加煤。随着煤的着火，床温上升较快，这时若判断煤已着火，逐渐减少油枪喷油并加大给煤量。当床温达到 800~850℃时，退出油枪。

这种点火方式的主要优点是设备少、初投资少。而缺点也明显，热利用率低，点火油耗大（相当大的热量被烟气带走，而没参与加热床料）；加热不均，特别是油枪雾化不好时易造成床料结渣。适用于褐煤及烟煤点火。用于贫煤，无烟煤点火时所需油枪容量过大。此种点火方式对蒸发量≤35t/h 的循环流化床锅炉适宜。

3. 床下油枪预燃筒点火

油枪点火预燃筒位于风道与水冷风室之间，由带风套的预燃筒和混合筒组成，平流式油燃烧器装在预燃室入口。油枪燃烧时出风（过量空气系数 $\alpha = 1.1$）及混合风（$\alpha = 1.75$）均为冷一次风。点火启动时能产生 α 值达 1.85 的烟气经水冷布风板流入炉膛，在流化状态下较均匀地加热床料。通过改变油枪出力和混合风量大小控制床温上升速率。当床层温度达到燃煤着火温度 450~650℃之后，开始断续给煤。一旦煤着火，床层温度上升加快，这是判断煤着火的信号。煤着火之后随着床温上升，加大给煤量。当床料达到 800~900℃时连续给煤并退出油枪。

这种点火方式的主要优点是热利用率高，锅炉点火油耗低，而且加热均匀，升温稳定。它的缺点是设备庞大、初投资多，热功率不能太大（受布风板变形的限制）。适应于 130t/h 蒸发量以下的循环流化床锅炉。220t/h 蒸发量的循环流化床锅炉如果是烧油页岩、褐煤、烟煤等易燃煤种可考虑采用。

4. 床下、床上油枪联合点火方式

该方式将床下油枪的热功率规定为 10%~12% BMCR，而床上油枪热功率为 23%~33% BMCR（视煤的着火温度而定）。点火启动初期投入床下油枪，使水冷风室风温升至 600~800℃，床下部温度达到 400~520℃。此时，再投入床上油枪，将床中温度和床下温度均升至 540~650℃。此温度可以点燃贫煤和无烟煤。联合点火方式与单独使用前两种方式相比，既可降低床下油枪的热功率以减少烧坏预燃室耐火层和非金属膨胀节的风险，又可降低床上油枪的热功率，防止加热不均或油雾化质量不好引起的床料结渣。这种点火方式对 220t/h 蒸发量以上的大型循环流化床锅炉适应。130t/h 蒸发量的燃用难燃煤种，如石油焦、无烟煤、贫煤的循环流化床锅炉也可采用。

表 14-1 列出了四种点火方式的比较。

表 14-1 　　　　　　　　　　　　**四种点火方式的比较**

点火方式 特 点	固定床点火	床上油枪点火	床下油枪点火	床上、床下油枪 联合点火
加热床料热利用率（%）	<85	<45	<90	60~70
最大热功率，相对 BMCR（%）	200~300mm 炭火层	35~66	10~15	35~45

点火方式 特　点	固定床点火	床上油枪点火	床下油枪点火	床上、床下油枪联合点火
初投资	最低	低	高	高
占地面积	无	小	大	大
加热均匀性	不均	不均易结渣	均匀不易结渣	较均匀
维护工作量	无	少	多	多
运行操作难度	最难	难	易	较难
适应锅炉蒸发量（t/h）	≤35	≤35	≤75	≥130
启动油耗量	无	大	小	较小
锅炉启动时间	快	慢	快	较快
点火安全性	差	高	高	高

二、点火节油技术

循环流化床锅炉的点火耗油量是不小的。如何节约点火油耗是有十分可观的经济利益的。如一台410t/h的循环流化床锅炉正常冷态点火启动时间为8h。但如果操作不当，有时点火启动时间达18h，点火油耗达70多吨，造成点火油耗成倍的增加。

点火节油关键技术：

1. 料层厚度的选择

循环流化床锅炉点火要有一定的料层厚度。考虑到良好流化质量和点火油耗较小，一般料层厚度选取为300~400mm。料层太薄，流化质量不好，点火过程中易造成吹空和局部高温结渣。料层太厚，流化质量好，点火过程中不易发生局部高温结渣，但是点火启动油耗太大。

2. 点火流化风量的选择

油枪点火启动均在床料流化状态下加热升温，直至燃煤着火。流化风量选择过大，空气带走热损失过大，点火启动时间长，油耗量大，但好处是不容易发生流化不好而产生局部高温结渣。流化风量选择过小，局部流化质量不好，出现死区，造成局部结渣。启动流化风量的确定一般是点火前通过冷态试验确定。点火启动流化风量一般在临界流化风量和良好流化风量之间选定某一流化风量。

3. 点火启动过程中流化风量的调整

试验确定的点火启动流化风量是在常温下确定的。随着点火过程的进行，床温不断上升。空气的黏度是随温度而变化的。随着温度上升，空气的黏度加大，高温下的临界流化风量远小于常温下的临界流化风量。所以随着床温的上升，良好流化风量减小。根据这个原理，随着床温的上升应适当减少启动流化风量，减少空气带走的热损失，提高流化气体的温度。一般当床温升到400℃左右时，油枪油量已较大，但床温上升比较缓慢，此时，最好将流化空气量减小20%左右。这样，随流化气体温度的升高，气体带走的热量减少，床温升高速度提高。这是降低点火启动过程油耗的重要措施之一。但这一措施往往不被人们认识和理解。河北热电有限责任公司一台410t/h循环流化床锅炉点火启动时就采取了此项节油措施。表14-2表示了DG410/9.81-9型循环流化床锅炉点火的流化风量与床温的变化关系。

从表 14-2 可以看出，点火启动流化风量大于床层温度为 580℃、674℃、814℃及 840℃时的流化风量（或燃烧所需风量）。

表 14-2　　　　　　　　　410t/h 循环流化床锅炉点火启动风量随床温的变化

左侧流化风 （m³/h）（标准状态下）	42810	31524	33840	38150	37629
右侧流化风 （m³/h）（标准状态下）	46389	32519	33880	43416	41050
床　温（℃）	146	580	674	814	840

4. 正确设定给煤机投煤时的燃烧温度

向炉内初次投煤的允许床温（简称允许投煤温度）是一个关键参数，该值定得太低，会造成煤粒着火不稳定，甚至引起爆燃、结渣等。若该值定得过高，则点火设备容量要加大，点火用油量增加，经济性差。

由于锅炉冷态启动时炉内一次风量及总风量均较低，床料基本上处于鼓泡床状态，给煤口在距风板 1m 以下。因此，采用下层床温和中层床温测量值来判断煤粒是否着火是可行的，一般是 $t_{下床}$ 和 $t_{中床}$ 均达到某一定值（允许投煤温度）时，才释放投煤连锁，允许给煤机启动。也有的电厂采用 $t_{下床}$ 和 $t_{中床}$ 的平均值来判断是否达到允许投煤温度。

煤粒的着火温度主要与可燃基挥发分的大小有关，当然也会受煤的灰分、粒度、炉膛结构等其他因素的影响。图 14-9 所示的两条曲线，一条是国外公司推荐值，另一条是我国在已投运的多台 50MW 机组上的实测值。两条曲线趋势是一致的，但有较大的差值。通常国外公司将投煤温度定得较高，以确保有足够的点火能量支持，投入给煤机后就连续给煤运行。而国内的习惯做法是允许投

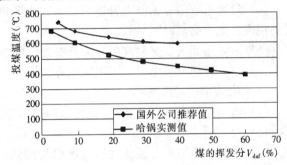

图 14-9　循环流化床锅炉的投煤温度与煤的挥发分的关系

煤温度设定较低，通过数次断续给煤、试验的方式不断升温，然后转入连续给煤。采用后一种方式既可省油，又可减少点火设备的负担，延长点火设备使用寿命，目前国内运用广泛。

开始投煤标志着点火启动过程将结束，点火启动将很快成功。但是掌握点火投煤的注意事项，对保证点火成功，不产生低温熄火和局部高温结渣起重要作用。一旦发生结渣，要等消除渣后方能重新点火启动，耗油将成倍增加。

流化床锅炉燃烧粒度一般在 0~8mm 之间，加之投煤初期床温水平较低，因此必须注意给煤量和给煤速度的控制。在不同的床温阶段，应采用不同的风量和不同的煤量，并应注意间断给煤和连续给煤方式的切换。

以下是一台 410t/h 循环流化床锅炉点火投煤时的注意要点：

（1）床温在 580~650℃开始投煤时，煤量一般在 1~2t/h，时间间隔在 10~20min。在这一阶段只是析出挥发分的燃烧，所以必须控制总给煤量在一个安全范围，防止床温变化率的大幅波动，主要是间断给煤。

（2）床温在 650～750℃ 阶段时，可以连续给煤，但是煤量应控制在 8t/h 以内，观察给煤变化时间应在 5～10min 之间。

（3）床温在 800℃ 左右时，应观察 10～15min，待床温变化率相对稳定后再进一步增加给煤量。增加给煤量以后 1～2min 床温变化率就开始变化，而煤量变化所引起的扰动趋于平衡则需要 5～8min。随着给煤和床温的变化情况，逐渐地撤出油燃烧器的运行。

三、南阳火力发电厂 35t/h 循环流化床锅炉点火节油技术实例

南阳火力发电厂 35t/h 循环流化床锅炉采用床上油枪点火。油枪布置在两侧墙膜式水冷壁之上，离布风板 1.2m 处。

1. 改进前点火情况

（1）两支油枪同时开。

（2）砂子作床料，料层厚度 600mm 左右。

（3）点火启动流化风量为良好流化风量，试验测定。

（4）一次点火启动油耗为 4t 左右。

2. 油耗量高的原因

（1）点火料层过厚。

（2）点火油枪布置略高。

（3）点火启动风量太大。

（4）没有采取随着床温上升适当降低流化风量的措施。床温达到 400℃ 之后，床料温度升高很慢，点火启动时间过长。

（5）床温达到煤着火温度后，未及时断续投煤。

（6）点火启动过程中投入了飞灰循环燃烧，导致点火启动油耗加大。

3. 点火技术改进措施

（1）适当降低点火启动流化风量。点火前实测确定。流化风量点处在临界流化风量和良好流化风量之间。

（2）床料达到煤着火温度之后（燃煤为烟煤，着火温度为 450℃ 左右），断续给煤。煤着火之后床温升高变快。这时断定加入的煤已着火（同时观察到燃烧室出口过氧量减小）。煤着火之后，逐渐加大给煤，减少喷油量。

（3）随着床温达到 800℃，先撤出一支油枪，给煤机连续给煤。当床温达到 850～900℃ 时再撤出另一支油枪。

（4）点火启动过程中，停投飞灰再循环燃烧。当点火启动过程完成，锅炉带到 8t/h 蒸发量之后，将飞灰循环燃烧系统投入运行。

4. 改进效果

（1）点火启动过程从原来的 4～5h，缩短为 1h 多。

（2）点火启动油耗量由原来的 4t 多降为 1.5t，比原来少了 2.5t，节油效果明显。

如果进一步将床上油枪点火改为床下油枪预燃筒点火（有改造可能性），有望将点火启动油耗量降到 400kg 左右。

第六节　循环流化床锅炉灰渣系统

循环流化床锅炉运行中，许多事故都是由灰渣系统的故障引起的。近年来，国内外都对灰渣的冷却及输送给予了特别的重视。

下面介绍一些关于 Circofluid 循环床锅炉的灰渣处理系统。Circofluid 循环床锅炉烧无烟煤，燃煤粒径小于 8mm，石灰石粒径小于 2mm，燃烧后形成的飞灰粒径小于 0.1mm，床灰渣粒径在 1 ~ 8mm 之间，见图 14 – 10。飞灰可燃物含量为 5%左右，床灰渣可燃物含量为 1% ~ 2%。由于飞灰与床渣的化学物理特性不同，它们的输送处理采取了独立的系统。

一、Offenbach 热电厂 110t/h CFB 锅炉灰、渣处理系统（图 13 – 23）

Offenbach 热电厂 110t/h 循环床锅炉燃煤量为 10.6t/h，加入石灰石 0.78t/h，原煤灰分为 8%，燃烧后形成的灰量约为 0.9t/h。图 13 – 23 为该锅炉的灰渣系统图。

（1）分离器收集下来的飞灰通过送灰器与煤、石灰石一并送入床内，用来控制床温。分离器下有一旁路，将收集灰的多余部分排入水冷绞龙冷却至 110℃，然后采用气力输灰正压送到中间飞灰仓。

（2）旋风分离器下灰管上安装有最高和最低灰位监测器，便于控制下灰量。灰位低于最低灰位线，易造成虹吸回灰调节器吹空现象，影响炉内燃烧。灰位高于最高灰位线，易造成分离器堵灰和产生大量 CO。以前设计的灰循环系统没有灰位监测器，在实际运行中出现过以上问题。后经改进，加装灰位监测器之后，问题解决了。

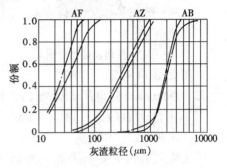

图 14 – 10 Circofluid CFB 锅炉灰、渣粒度分布
AF—除灰器灰；AZ—分离器灰；AB—床底渣

（3）除尘器飞灰循环倍率为 0.8 左右，含碳量高，运行中将这部分飞灰尽量送回床内再燃，以提高燃烧效率和脱硫效率。

（4）空器预热器尾部烟道自然沉降分离的飞灰，也通过送灰装置送到中间飞灰仓。

（5）为了防止布袋除尘器下部锥形灰斗中灰结板堵塞，在灰斗底部装有透气板，低压风吹入灰斗内，清除板结的灰，使下灰流畅。

（6）床灰的排放，主要由床层压力损失来决定。当压力损失过高，超过规定值，就要进行床灰的排放。床灰通过下灰管进入水冷螺旋输灰机，将灰冷却到 110℃，然后由风机或气力输灰泵直接送到中间床灰仓。输送方式也是采用正压气力输送。由于床灰含炭量低，脱硫产物 $CaSO_4$ 高，运行中，这部分灰很少送回床内再燃，只是在调节床温时才回送。大部分床灰在中间床灰仓集中后由气力输灰泵（见图 14 – 11）送到外部灰仓，再由汽车运走。该系统中水冷螺旋输灰机和气力输灰泵是两个重要设备。螺旋输灰机中心管内通冷却水，回收一部分灰物理热。由于床灰粒度大，设计中要考虑到对管子的磨损、堵塞和密封性问题。

（7）床灰的输送配有两套排灰系统，正常运行时，只投入一套系统。事故情况下，可切换到另一套系统工作，增加了可靠性。

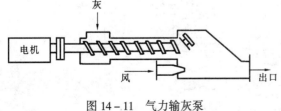

图 14 – 11 气力输灰泵

（8）气力输灰泵出力可达 50 ~ 100m³/h，输送距离为 1000m，最大输送压力为 5×10^5 Pa。灰进入泵内，经螺旋绞龙送到出口，在出口加风一并送到中间床灰仓。

（9）灰仓设计中主要考虑灰的流动

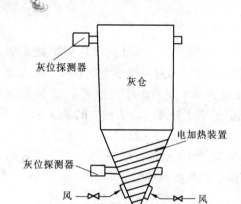

图 14-12 灰仓设计示意图

性、保温及防止灰斗出口板结。通常灰仓壁用奥氏体钢板做成，表面光洁度好，灰不易在表面黏结。灰仓出口锥角不小于 60°。为了防止结块，需要维持一定的灰温，使仓内灰温不低于 100℃。锥形体周围装有电加热装置，以保持灰温。另外，为了避免灰仓出口灰棚结而影响下灰，在锥形底壁四周设计有透气板，使灰处于流化状态，流化风经加热干燥后送入仓内。灰仓上部设计有小型布袋除尘器，进入灰仓的含尘气流经布袋除尘后由引风机抽出。定期反吹风将布袋上的积灰清入仓内。灰仓设计有高低位微波灰位探测器，以控制灰仓的存灰量。灰仓示意图见图 14-12。

二、Offenbach 热电厂 110t/h CFB 锅炉外除灰系统

图 14-13 为 Offenbach 热电厂 110t/h CFB 锅炉外除灰系统图。除尘灰和床渣都可根据中间灰仓和床灰仓的灰位将床灰送入外部床灰仓。飞灰和床灰系统是相互独立的。每一套系统又分干式除灰和湿式除灰两路。外部灰仓出来的灰直接到刮板式链条输灰机，其出力为 40m³/h 左右。通过调节链条速度来调节排灰量。从刮板式输灰机分两路。一路排放至装有压气仓罐的卡车中（密封罐运灰车），放灰管口系柔软波纹管，内管有一插板，插板由钢丝连至卷扬机。当放灰时，管口与车口对准连接，将插板放下，灰即流入灰车。放灰结束后，将插板提起锁住下灰。为使下灰畅通，波纹管口四周装有电振动设备，灰可顺利落入车中。另一路除灰，可将灰送到湿式除灰机，除灰机为双浆螺旋输灰机。输灰机装有许多小的喷水口，喷嘴直接对准叶片，一是将灰拌湿，二是可清除黏附在叶片上的积灰，避免堵塞。拌湿的灰直接用车运走。为了增加除灰系统的安全可靠性，刮板式输灰机有两个出口。正常情况下，只用一个出口，事故情况下切换到另一排灰口。刮板式输灰机还安装有保护装置。当输灰机堵灰时，链条受力增大，增加到某一值时，靠背轮自动解列，防止烧坏电机。另外，刮

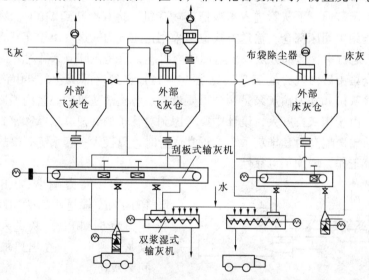

图 14-13 Offenbach 热电厂循环流化床锅炉外除灰系统

板式链条输灰机还装有链条张力校正器。在运行了一段时间后，链条可能松弛，因此需将链条校紧，否则易造成卡链堵灰现象。两个外飞灰仓和外床灰仓之间，设计有连通管，目的在于当某一灰仓上部布袋除尘器损坏后，含尘气流可走另一灰仓的布袋除尘器引出，避免事故情况下影响整个除灰系统的工作。灰仓的设计容量能储存锅炉运行三天以上的排灰量，确保锅炉安全运行。

三、Offenbach 热电厂 110t/h CFB 锅炉灰、渣处理系统设计的启示

（1）分离器收集的循环灰除通过返料器送入燃烧室下部循环燃烧之外，另一分支路将循环灰送入灰处理系统，经冷却之后进入中间床灰仓。通过返料器送入燃烧室的灰量用来调节床温和提高飞灰的燃烧效率。烧劣质燃料时，循环灰量太大，若全部送入燃烧室，床温降低，不利于燃烧。此时，需通过支路将一部分循环灰送入灰处理系统。我国许多循环流化床锅炉灰、渣处理系统没有这个分支路的设计，导致燃烧调整和多余循环灰处理困难。有的锅炉采取直接在返料器下排灰，造成现场灰污染严重；有的将多余循环灰送入排烟系统，增加了电除尘器的负担。

（2）床灰采用双路处理系统。每一路系统的床灰处理能力都能满足锅炉满负荷的要求。当一路系统发生故障时，能切换到另一路处理系统运行。床灰处理系统的处理能力为锅炉满负荷运行时排床灰量的 200%。

（3）灰仓的合理设计。

1）灰仓出口锥角不小于 60°。

2）为防止灰结块，仓内灰温度不能低于 100℃，灰斗锥体周围装有电加热装置。

3）为了避免灰仓出口灰棚结而影响下灰，在灰仓锥体底壁四周设计有透气板，使灰处于流化状态，防止灰棚结在壁上，确保灰从灰仓口排至下游设备。

第七节　循环流化床锅炉炉内加石灰石脱硫对锅炉设计和运行的影响

循环流化床锅炉炉内加石灰石脱硫有如下三个反应

$$S + O_2 \Longleftrightarrow SO_2 \tag{14-8}$$

$$CaCO_3 \Longleftrightarrow CaO + CO_2 \tag{14-9}$$

$$CaO + SO_2 + \frac{1}{2}O_2 \Longleftrightarrow CaSO_4 \tag{14-10}$$

碳酸钙分解为吸热反应，脱硫反应为放热反应。因为分解吸热量和脱硫放热量相差不大，所以脱硫过程对床内热量平衡影响不大。但从式（14-8）~ 式（14-10）知，脱硫过程对煤燃烧所需的理论空气量、烟气量、灰渣量与锅炉热效率产生影响。

一、脱硫时理论空气量的计算

从式（14-8）知脱硫需要氧，故理论空气量增加。从式（14-8）、式（14-10）知，1mol 硫生成 1molSO$_2$。1molSO$_2$ 需要 0.5mol 的氧，生成 1mol 的 CaSO$_4$。

在标准状态下，1mol 气体的体积为 22.4L。空气中氧的浓度为 21%，故脱硫时的理论空气量按式（14-11）计算

$$V^{os} = 0.0889(C_{ar} + 0.375S_{ar}) + 0.265H_{ar} - 0.0333O_{ar}$$
$$+ 0.000167S_{ar}\eta_s \quad m^3/kg(标准状态下) \tag{14-11}$$

二、脱硫时理论水蒸气量计算

石灰石中含有水分，故 $V_{H_2O}^{os}$ 按式（14-12）计算

$$V_{H_2O}^{os} = 0.111H_{ar} + 0.0124(M_{ar} + \frac{B_{sh}}{B_j} \cdot M_{sh}) + 0.0161V^0 \qquad (14-12)$$

$$B_{sh} = 3.125K_SS_{ar}B_j\frac{1}{\eta_{CaCO_3}} \quad m^3/kg(标准状态下) \qquad (14-13)$$

三、脱硫时理论氮气量计算

理论氮气量按式（14-14）计算

$$V_{N_2}^{os} = 0.79V^0 + 0.8\frac{N_{ar}}{100} \quad m^3/kg(标准状态下) \qquad (14-14)$$

四、三原子气体量按式（14-15）计算

$$V_{RO_2}^s = 1.866\frac{C_{ar} + 0.375S_{ar}(1-\eta_s)}{100} + (\eta_{CaCO_3}/100 + \eta_{MgCO_3}/84.31)$$

$$- \frac{22.4B_{sh}}{100B_j} \quad m^3/kg(标准状态下) \qquad (14-15)$$

五、加石灰石脱硫后的烟气体积 V_y 计算公式

$$V_y^s = V_{H_2O}^{os} + V_{N_2}^{os} + V_{RO_2}^s + 1.0161(\alpha-1)V^{os} \quad m^3/kg(标准状态下) \qquad (14-16)$$

式（14-11）~式（14-15）中：

$C_{ar}, H_{ar}, O_{ar}, N_{ar}, S_{ar}, M_{ar}$——分别为每公斤燃料中碳、氢、氧、氮、硫和水含量，%。

α——过量空气系数。

B_{sh}——石灰石耗量，kg/s。

M_{sh}——石灰石中水分含量，%。

K_s——钙硫摩尔比。

η_{CaCO_3}, η_{MgCO_3}——$CaCO_3$，$MgCO_3$ 在石灰石中所占质量份额，%。

η_s——脱硫效率，%。

B_j——计算煤耗量，kg/s。

$0.000167S_{ar}\eta_s$——炉内进行石灰石脱硫时增加的理论空气量。

$-1.866 \times 0.375S_{ar}\eta_s$——炉内石灰石脱硫减小的 SO_2 烟气量。

六、脱硫时燃料低位发热量计算

$$Q_{net,ar}^s = Q_{net,ar} - S_{ar}(52.1K_s - 154.2\delta_s) \qquad (14-17)$$

式中 δ_s——脱硫份额。

七、石灰石脱硫对灰量的影响

$$A^s = A_{ar} + 3.125S_{ar}[K_s(\frac{1}{K_{CaCO_3}} - 0.44) + 0.8\delta_s] \qquad (14-18)$$

式中 K_{CaCO_3}——石灰石纯度，%。

八、脱硫时烟气质量

床内加入石灰石脱硫时，烟气中 CO_2 增加，SO_2 减少，耗氧量增加，故一千克煤燃烧所产生的烟气质量 G_y^s 为

$$G_y^s = 1 - \frac{A_{ar}}{100} + 1.306\alpha V^{os} + S_{ar}(0.0137K_s - 0.025\delta_s) \qquad (14-19)$$

九、脱硫时飞灰浓度计算

$$\mu^s = \frac{A^s \alpha_f}{100 G_y^s} \qquad (14-20)$$

式中 α_f ——飞灰份额。

十、脱硫时其他量的计算

由于脱硫时烟气量、低位发热量、灰渣量和飞灰浓度的变化，对相应的锅炉热平衡计算，入炉热量计算，烟、风焓计算，排烟热损失和灰渣物理热损失计算带来变化，计算中均需将采用脱硫时的有关数据代入。

十一、脱硫对锅炉运行带来的影响

(1) 灰量加大，导致床料量加大，结果燃烧室内传热系数加大。这在锅炉运行中对床料量和飞灰循环量的控制带来很大影响，即对燃烧室内的温度控制带来影响。新设计锅炉对燃烧室内受热面的布置数量带来影响。

(2) 灰量加大，飞灰量加大，导致对流受热面传热系数加大。这对锅炉尾部受热面的布置数量和过热蒸汽参数的调节带来不可忽视的影响。

(3) 飞灰量加大，对流受热面区域烟气中飞灰浓度加大。这不可避免地使对流受热面，如过热器、省煤器受热面的磨损加剧。在设计时，对流受热面区的烟气流速必须取低值，以防磨损。

(4) 灰渣量加大，对冷渣器容量的选择和系统设计都带来影响。如果冷渣器容量选择偏小，排渣温度将偏高，影响后续设备的正常运行，严重时将限制锅炉的出力。

(5) 灰量加大，对电除尘器容量的选择和电除尘器的性能（含 CaO，CaSO₄，飞灰比电阻值变化）提出了不同要求。选型时必须考虑脱硫后灰量大和飞灰比电阻值的变化情况。

第十五章
循环流化床锅炉改造实例

第一节 概　　述

　　进入新世纪以来，可持续发展的观念更加深入人心，在环境得到有效保护的前提下，发展经济已经成为人们的共识。长期以来，能源工业特别是燃煤火力发电，由于排放大量有害污染物而成为人们关注的焦点。循环流化床锅炉具有煤种适应性广、燃烧效率高、环境性能好、负荷调节范围大和灰渣综合利用等优点，近几年来在电站锅炉、旧锅炉改造和燃烧各种固体废弃物等领域得到了迅速的发展。

　　从循环流化床锅炉的发展史来看，开发新型、大容量、高参数循环流化床锅炉和用循环流化床技术改造旧锅炉占有同等重要的地位。世界上循环流化床锅炉的主要供应商福斯特惠勒公司大型循环流化床锅炉的发展就是以美国 Nucla 电站 420t/h、电功率 110MW 循环流化床锅炉改造完成（1987 年）为标志的。用大型循环流化床燃烧技术改造超龄的或对环境污染严重的煤粉锅炉、运行成本高的燃油或燃气锅炉，一直是循环流化床的重要发展方向和应用领域。法国用一台新的 125MW 燃烧洗煤泥浆的 CFB 锅炉取代一台原来燃烧洗煤泥粉的煤粉锅炉，完成了艾米路希旧电厂的改造工程。法国 Gardenne 250MW CFB 锅炉也是一个燃油锅炉的翻新改造工程。美国 JEA 300MW Intrex 型 CFB 锅炉就是燃油气锅炉的改造工程。伴随着这些改造工程的完成，新的 125MW、250MW、300MW CFB 锅炉也就问世了。可以说，循环流化床锅炉的发展历史就是一个将旧锅炉改造成 CFB 锅炉的历史。

　　在我国，以煤为主的能源结构和煤炭资源分布的不均匀性决定了循环流化床锅炉应用量多面广的现状。由于技术的进步和燃用煤质的变化，我国早期开发的循环流化床锅炉面临着完善化改造的任务，以提高锅炉运行的经济性、安全性、并进一步降低污染物的排放。

　　1995 年国家五部委联合发出的《关于严格控制小火电设备生产、建设的通知》中明确提出国家鼓励综合利用煤矸石、煤泥、石煤、垃圾等低热值燃料，利用余热、余压、生物质能、沼气、煤层气等综合利用资源的小型发电工程和小火电建设应符合环保要求，尽量多采用循环流化床锅炉和高效除尘设备。截止 1996 年底，全国 10 万 kW 及以下的小火电机组装机容量达 7570.2 万 kW，占全国火电装机容量的 43.3%，占全国装机总容量的 32%。小火电机组发电量为 34299 亿 kW·h，占火电机组发电量的 39%，占全国总发电量的 31.8%。可见小火电无论从装机容量，还是发电量其阵容都是十分强大的。然而，许多小火电厂采用中小容量的链条锅炉、正转炉排抛煤机锅炉、煤粉锅炉，需燃用好煤，而且锅炉效率较低，污染物排放量大，污染源分散，治理的单位成本高。由于煤炭价格持续走高，污染物排放标准的提高和执法力度的加强，这部分小火电越来越难以维持，必须用循环流化床技术加以改造。高效率、较清洁地利用价格低、品位低的劣质燃料，并结合热电联产等措施，提高综合利用效率。国家原计划在 2005 年前淘汰 50MW 及以下的凝汽式机组，在 2010 年前淘汰 100MW 及以下的凝汽式机组。虽然现在因为电力紧张，执行的力度有所放缓，但从长远来看，这是我国电力技术进步必须跨越的一步，是一定会实行的。

淘汰凝汽式机组有三个途径，即关停、改造为热电联产机组和改为采用流化床燃烧技术的机组。其中，流化床燃烧技术由于能利用劣质燃料，如难燃无烟煤、矸石、煤泥、生物质燃料等，变废为宝，并能在燃烧过程中实现 SO_2 的经济控制而特别引人注目。例如在化肥、化工等行业中，由于要利用低热值、高灰分的造气炉渣，将层燃锅炉和室燃锅炉改为流化床锅炉，是仅有的一条现实途径。

本章根据循环流化床锅炉改造的具体应用对象，介绍循环流化床锅炉完善化改造、煤粉炉改造成循环流化床锅炉、燃油锅炉改造成循环流化床锅炉、链条锅炉改造成循环流化床锅炉的实例。

第二节　循环流化床锅炉的完善化改造

循环流化床锅炉的完善化改造是流化床锅炉运行中经常面临的课题。一般来说，以下几种情况造成必须对已投运流化床锅炉进行改造：

（1）对新开发的炉型，由于缺乏必要的实际运行数据支持，设计中不可避免地存在一些缺陷，客观造成了它有一个逐步完善的过程。世界上最早运行的大型循环流化床锅炉——德国杜易斯堡 270t/h 循环流化床锅炉，炉膛上部采用膜式水冷壁，下部绝热，烟气上升速度为 10~20m/s，入炉煤粒径小，范围窄，飞灰循环倍率为 80~100。1984 年投运时，炉膛受热面和飞灰分离器、返送回路磨损十分严重。后来经过两年的改造，将炉膛下部也改为膜式水冷壁，放宽入炉煤粒径，炉膛烟气速度降至约 8m/s，飞灰循环倍率相应下降，1986 年全面达到设计要求并通过验收。

（2）部分结构设计不合理，需要改造。常见的是分离器效率低，返料装置设计不合理，省煤器受热面等过度磨损而频频爆管等。

（3）由于技术进步，在原流化床锅炉上添加新的部件，进一步降低劳动强度，提高锅炉运行的安全性和经济性。

一、75t/h 百叶窗、中温旋风两级分离循环流化床锅炉的改造

1. 锅炉存在的问题

75t/h 百叶窗、中温旋风两级分离循环流化床锅炉（图 15-1），是我国投入运行较早的循环流化床锅炉，有众多的用户。根据运行中暴露出来的问题，许多用户采用更先进的技术对这种锅炉进行了完善化改造，其中有代表性的一种方案是用一级高温旋风分离代替原先的两级分离，下面以黑龙江某公司的改造方案为例介绍这种方案。

黑龙江某公司现有三台 75t/h 循环流化床锅炉，分别于 1994年、1995 年投入正式运行。经近几年的运行，存在问题较多，主要表现在锅炉出力不足、分离器性能差、炉内易结渣、锅炉热效率低、对流受热面磨损严重、维修量大、运行可靠性差等。该炉型对流受热面多布置在第二级物料分离装置前，处于高浓度的物料循环区域。加上对流受热面烟速设计较高，因此管壁磨损严重，导致锅炉对流受热面爆管频繁。虽然该公司在防磨损方面投入了

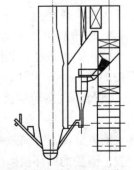

图 15-1　75t/h 百叶窗、中温旋风两级分离 CFB 锅炉

大量的人力物力，但收效一般。锅炉连续运行时间不超过一个半月，全年累计运行时间约为 7000h，给生产带来了影响。锅炉尾部飞灰含碳量高达 20%，锅炉热效率仅为 78% ~ 82%。

2. 改造措施

为解决上述运行中存在的问题，在保证锅炉负荷不变的前提下，该公司对锅炉进行了改造，方案（图 15－2）如下：

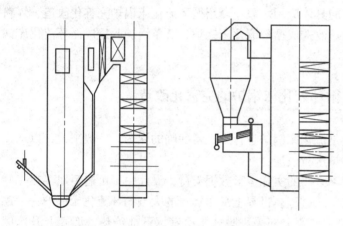

图 15－2　75t/h 一级高温旋风分离 CFB 锅炉（改造后）

（1）改变原设计的二级物料分离循环燃烧方式为一级高温物料分离循环燃烧方式。取消一级百叶窗惯性分离装置及二级百叶窗、旋风筒分离器，相应地取消了炉膛内隔墙水冷壁及附加燃烧室。在炉膛上部将烟气引入两台布置在锅炉两侧的高温旋风筒分离器，烟气经旋风分离器分离后进入水平对流烟道。

（2）将原设计隔墙水冷壁取消，炉膛水冷壁受热面积由 362m² 减少至 285m²。为了维持锅炉负荷不变，在高温分离器下部返料装置内增加一组蒸发受热面，面积约为 37m²。

（3）改造后高温过热器、低温过热器及高温省煤器都不在高浓度灰的循环回路中，过热器区域的传热系数有一定程度的下降。为保证锅炉汽温及汽压的稳定，在低温过热器入口处增加一部分低温过热器受热面，面积为 42m²。

（4）锅炉采用一级高温分离后，流经尾部高温省煤器烟气中的灰浓度降低，传热系数下降，排烟温度将会偏高。因此，在原二级百叶窗分离器区域增加一组中温省煤器，面积约为 560m²。

（5）原设计炉膛顶部为耐火砖悬吊密封结构，运行一段时间后密封效果变差，现场粉尘浓度大。故将其改为顶棚管膜式水冷壁密封结构，外敷耐磨浇注料，提高密封效果。

（6）取消原燃烧室耐火砖砌筑炉墙，炉膛燃烧室采用全膜式水冷壁结构，同时将一次风室改为水冷风室。

3. 改造后运行状况

（1）锅炉效率。该外置式热交换器传热系数高，热负荷大，结构紧凑，设计合理。经严格的热力计算可知，增加外置式换热器后可使锅炉负荷增加 15t/h，加上炉膛蒸发受热面的负荷，改造后的锅炉负荷完全可以达到原设计额定蒸发量，并且具有一定的超负荷能力。

旋风分离器分离效率可以达到 98.8%，80μm 以上的烟尘微粒被捕捉返回炉膛进行二次燃烧，锅炉的循环倍率由原来的 10 提高到 20。锅炉尾部增设的一组中温省煤器使排烟温度降低至 140℃ 左右，飞灰含碳量降至 12%，冷渣含碳量为 3%，锅炉热效率可达 87.6%（表 15－1）。

表 15－1　　　　　　　　　　　　　　改造前后锅炉效率

名　　称	改造前	改造后	名　　称	改造前	改造后
飞灰含碳量 C_{fh}（%）	20	12	排烟温度 θ_{py}	165	140
炉渣含碳量 C_{lz}（%）	4	3	排烟热损失 $q_2(a_{py}=1.46)$（%）	8.15	6.75
飞灰份额 a_{fh}	0.7	0.6	两项损失之和(q_4+q_2)（%）	17.75	11.45
固体未完全燃烧损失 q_4（%）	9.6	4.7	锅炉效率 η（%）	81	87.6

注　$Q_{net,V,ar}=4300k_cal/kg$，$A_{ar}=35\%$

（2）锅炉磨损情况。旋风分离器分离效率达到 98.8%，旋风分离器出口烟气粉尘粒径均在 80μm 以下，烟气的粉尘浓度低，粒径较细，减轻了过热器、省煤器等对流受热面的磨损。因而减少了停炉次数，降低了检修费用，改造后锅炉大修周期可达四年以上。

（3）锅炉负荷。在返料装置内布置蒸发受热面，增加低温过热器及中温省煤器的受热面积，使锅炉可完全达到额定负荷并具备一定超负荷能力。同时由于采用高效旋风分离器进行物料分离，提高了物料循环倍率和炉内颗粒浓度，锅炉负荷调整更方便，汽温、汽压及燃烧的稳定性得到了有力的保证。

4. 改造前后经济效益比较（表 15－2）

表 15－2　　　　　　　　　　　　　　改造前后经济效益比较

名　　称	改造前	改造后	名　　称	改造前	改造后
锅炉效率（%）	81	87.6	燃料单价（元/t）	165	165
燃料消耗量（t/h）	13	12	燃料年消耗费用（万元）	1716	1584
锅炉年运行时间（h）	7000	8000	锅炉年检修费用（万元）	75	15
燃料年消耗量（t）	104000	96000			

锅炉改造费用共计 286.88 万元。改造后燃料年消耗费用可节省 132 万元，年检修费用节省 60 万元，两项合计为 193 万元。加上锅炉改造后年运行时间可增加约一个月，故改造后的锅炉每年可节省费用 220 万元，改造费用可在一年半内收回。

二、一台 35t/h 前置式高温上排气旋风分离器 CFB 锅炉完善化改造

1. 锅炉存在问题

河南某厂一台 35t/h 中压参数循环流化床锅炉采用前置式高温上排气旋风分离器，分离下来的飞灰经流化密封返料器送入床内循环燃烧。从 1999 年 7 月 16 日开始投运到 2000 年 5 月 12 日，锅炉累计运行 3000h，最长连续运行时间为 35 天。

锅炉存在的主要问题有：

（1）锅炉煤耗高，飞灰含碳量高达 30% 以上。炉子截面积比较小，气流速度高，可燃物带出量大，其设计意图是采用较高的气流速度，配以较高的循环倍率来实现煤的高效燃烧。但在实际运行中，由于飞灰循环系统不能正常投入运行，致使大量的含碳高的细粒子来不及燃烧就被带出炉外，造成燃烧效率低。

（2）布风不均，易发生结渣。布风板为一长条形，长宽比大，风室为非等压风室。一次风从风室长度方向送入，三块分流板起不到均流作用，造成进风侧，即风室左侧风量不

足，而风室右侧风量偏大。低负荷时，易发生燃烧室左侧风量不够而结渣的现象。

（3）点火时间长，油耗高。该锅炉采用床上动态油枪点火。燃烧室左右各布置一根油枪，油枪中心标高4500mm，距布风板距离为1500mm，油枪沿水平线向下倾斜10°。由于是动态点火，点火过程中料层处于流化状态，一次风机与引风机的共同作用将油枪火焰往上吹送。高温区在1500mm以上，火焰很难达到料层表面。只有点火料层达800mm，膨胀比为2时表面物料才能到达高温区的边缘。因此，点火油枪的热量大部分被带到炉子上部，只有小部分用来加热物料，致使点火时间长，油耗大，点火一次耗柴油4.5t，浪费严重。

（4）飞灰循环燃烧系统运行不稳定，调节不灵活。该锅炉的飞灰循环系统由高温分离器和流化密封返料器组成，左右各一。整个系统缺乏有效的监控手段，无法了解该系统的飞灰循环情况，操作具有很大的盲目性和随意性，运行中经常发生"吹空"或"堵塞"现象。返料器出现结渣时，清除十分困难，而且必须停炉方可进行。另外，返料器移动床与流化床配风不合理，飞灰循环系统一直处于不正常的工作状态。飞灰系统中的关键部件——返料器在结构上存在不足，致使操作不便，调节性能不佳。

（5）给煤管容易结渣。该炉的返料器下灰与给煤于标高6502mm处汇合后流入炉内，由于飞灰温度高达800℃以上，与烟煤混合后即着火燃烧。入炉口处的中心标高距布风板只有1065mm，当厚料层运行时，此处为正压密相区，易造成煤在返料管中燃烧、结块。料层越厚，这种现象越严重。最后导致炉内结渣，严重影响安全连续运行。

2. 综合治理改造措施

2000年10月南阳电厂与华中科技大学煤燃烧国家重点实验室针对锅炉存在的问题，共同研究了分阶段改造方案和技术改造措施。第一阶段，改造重点集中在对布风系统、给煤和飞灰回燃系统的改造和改变油点火过程中对风量的控制，以消除燃烧过程中结渣现象，降低飞灰含碳量、节约点火油，达到提高锅炉运行的安全可靠性和经济性的目的。第二阶段为进一步节省点火油，拟将床上油枪点火改为床下油预燃筒点火，将点火油耗降低到0.5t左右。第三阶段考虑将电除尘灰送回床内再循环燃烧，最终将飞灰含碳量降到12%左右。

具体改造措施如下：

（1）给煤点和返料管改造（见图15-3）。

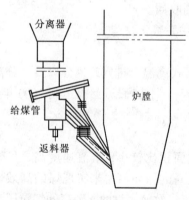

图15-3 给煤和返料系统改造

a. 将给煤与返料分开，各自单独送入床内。

b. 给煤点的入口位置提高。原给煤与回料一起从距布风板1400mm的高度送入，由于炉膛厚度的影响，实际上进入炉内的高度只有1065mm。下煤口的下沿距布风板的高度只有810mm，此处为密相区的底部，粒子浓度和料层阻力较高，使给煤困难。且由于流化床中的"腾涌"现象，不断有气流沿下煤管的空隙往上"冲击"，影响煤的正常送入。为此，将给煤口提至5300mm标高处，实际进入炉子后管子的中心距布风板的距离为1800mm。此处为密相区和稀相区的交界面，即零压区，落煤不会有什么困难。

c. 原返料管为 $\phi281 \times 12$mm 的不锈钢管，维持不变，只是在管内加53.5mm厚的内衬绝热层，以防管子烧红。

d. 下煤管送入炉内的角度为 60°，便于煤粒顺利落下。原安装在斜管上的平衡管仍然保留，以释放因"腾涌"而窜入管内的气流。

（2）布风装置改造。

a. 将一次风从炉后进入改为从炉左侧进入。这使得从总风管至风箱前有较长的平直管道，拐 90°弯后通过大小头的扩口进入风箱，获得平稳的气流。一次风从炉左侧引入的另一个优点是，以后如果改为床下热风点火，可在该段平直管道上加装预燃筒。风箱的进口标高与原来一致，仍为 2000mm。进口截面积为 780mm×780mm，与总风管截面一致。

b. 改风室为等压风室。该型式的等压风箱可使一次风送入后沿着倾斜的底板前进，保持气流速度相等，各处的风室静压相同，确保空气均匀进入布风板上的各个风帽的中心孔，达到稳压与均流的目的。改造前后风室示意图见图 15-4 和图 15-5。

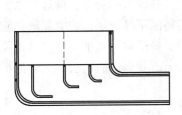

图 15-4 改造前风室结构

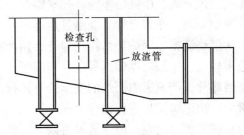

检查孔　放渣管

图 15-5 改造后风室结构

（3）返料器改造。

a. 重新设计了返料器布风板和风帽。风帽由原来的 26 个减少至 13 个。且风帽小孔也从 8-ϕ6mm 减少到 6-ϕ3.5mm。风帽分为 A，B 两种，A 型风帽为 6 个小孔，共 10 个。三个 B 型风帽为定向风帽，安装在松动床内。布风板的截面积不变。

b. 将返料器的整体高度减少了 159mm。现布风板至出灰口中心高度改为 784mm，分隔板高度减少 100mm，即为 560mm，布风板至出灰口下沿高度为 350mm。

c. 将返料器送风管上小孔径的节流阀改为大孔径的闸板阀，减小了送风系统的阻力，增加了返料器调节的灵敏性，改善了返料器的调节性能。

（4）点火过程中风量的控制。点火过程中根据床料温度的上升适当减小流化风量和控制炉膛压力为 -10Pa。当床料温度达到 450℃后投入少量烟煤。油点火时间从原来的 5h 左右减少到 2h 左右。点火油耗从 4~5t 减为 2t 左右。

（5）受热面防磨喷镀。锅炉累计运行 3000h 之后，经检查发现燃烧室上部膜式水冷壁、高温过热器和低温过热器均有磨损现象。结合改造对上述受热面均进行了喷镀防磨处理。喷镀材料采用 CFM-650 防磨材料，喷镀层厚度为 0.1~0.3mm。

3. 完善治理改造效果评价

（1）该锅炉进行完善治理改造后，经过调整试验和运行考验，锅炉已能正常、安全、稳定地供汽发电。锅炉的蒸发量、汽温、汽压、各参数均达到了设计指标。点火、压火启动操作方便，解决了以前运行不稳定、点火困难、给煤返料管易堵塞、结渣等事故多的被动局面。

（2）灰循环系统能正常稳定运行，返料器的工作特性可靠、输送能力好，能充分满足负荷变化的要求，自平衡调节性能好。

（3）通过不断实践探索总结，锅炉点火成功率大为提高，次次点火成功，且点火时间大大缩短，一般冷炉点火为 2h 左右，热炉点火为几十分钟到一个小时即可完成。以前点火一次耗油 4.5t 左右，现点火一次耗油 1.5t 左右，点火油耗大为减少。

（4）在锅炉正常运行时，对锅炉的炉渣、飞灰取样化验表明：锅炉燃烧工况良好，第一电场灰含碳量为 15.26%，第二电场灰含碳量为 2.6%，第三电场灰含碳量为 4.93%，与以前运行时第一电场飞灰含碳量为 40% 以上相比，飞灰含碳量显著下降，提高了锅炉的燃烧效率，降低了点火用油和运行煤耗。

三、一台 35t/h 循环流化床锅炉的完善化改造

1. 锅炉存在问题及分析

中国核工业总公司某厂有三台 35t/h 中压参数循环流化床锅炉，采用带埋管、第一代中温下排气旋风分离、中低倍率循环技术路线。炉膛上部为膜式水冷壁，布置有高温过热器，下部为重型炉墙，布置埋管。低温过热器布置在水平烟道，并设沉降灰斗。投运以来，虽然经过多次燃烧调整，锅炉仍然存在埋管磨损严重、过热器超温不易控制、炉墙漏灰、旋风分离器效率较低、排烟温度偏高等一系列问题，特别是埋管磨损严重，几乎一个多月就要停炉补焊防磨鳍片，严重影响锅炉的安全经济运行。为从根本上改变锅炉的面貌，充分挖掘锅炉设备潜力，决定对锅炉进行综合治理改造。

（1）埋管磨损问题。埋管磨损由以下因素引起：

a. 最下排埋管距布风板 315mm，太小，处于颗粒加速上升磨损区；

b. "回"形布风板和烟斗形风帽引起颗粒定向运动，加剧了管子磨损；

c. 错列管排不利于管子防磨；

d. 循环灰返料口位于埋管正上方，加剧了埋管磨损；

e. 煤粒尺寸大，现场发现给煤中有 70～80mm 直径大颗粒，冷渣中有 40～50mm 直径大颗粒，大颗粒的动量大，对管子的磨损强烈。

（2）床下温度大于 1000℃，炉膛出口只有 630℃ 左右。产生原因为：

a. 分离器分离效果差，返料器结构不合理，循环灰量小且不稳定，调节浓相区床温能力低；

b. 布风板面积偏大，致使进入炉内的风量大而风速相对较低，不利于调节燃烧份额在床上的分布；

c. 入炉煤粒径大，浓相区燃烧份额偏高。

（3）分离器分离效率较低。分离器分离效率较低的根本原因在于制造厂当时引进下排气旋风分离技术不彻底，只购买了部分砖图，对分离器结构没有进行优化，制造的分离器形似而神不似。

（4）过热器超温及磨损问题。计算表明，过热器超温是由于过热器面积偏大。低温过热器磨损是由于过热器出口距分离器进口太近。烟气在分离器进口的变化影响过热器区的烟气分布，同时过热器下面沉降灰斗的存在也扰乱了流场。

2. 完善化改造措施

（1）埋管。

a. 埋管由 $\phi42\times5$ 改为 $\phi60\times8$ 的厚壁钢管；

b. 加装防磨鳍片；

c. 调整最下排埋管距布风板距离，改为550mm；

d. "回"形布风板改为平板形布风板；

e. 烟斗形风帽改为无帽沿、水平直孔风帽；

f. 埋管改为4排顺列，面积50m²左右（含防磨片面积）；新增一个上埋管集箱，并对埋管下集箱进行改造，但下集箱标高不变；

g. 控制入炉煤粒径达到设计要求（<13mm，8～13mm颗粒<5%）；

h. 返料口布置在埋管检修空档。

（2）炉膛温度调节。改进目标：浓相区床温控制在850～900℃。

a. 优化分离器结构，提高分离效率；

b. 返料器改用能自动适应负荷变化需要的"流化密封送灰器"；

c. 将布风面积调整到11m²左右，适当提高运行风速；

d. 控制入炉煤粒径，减小浓相区燃烧份额，增加稀相区燃烧份额，提高炉膛出口温度。

（3）分离器。结构尺寸的优化、调整，包括进口、导流体及排气管，并注意解决排气管与斜底板的悬吊、密封和分离器进口与水平烟道之间的膨胀问题。

（4）其他。

a. 减小炉内高温过热器传热面积；

b. 增加省煤器面积；

c. 取消水平烟道下的沉降灰斗，恢复传统Ⅱ型布置锅炉水平烟道形式；

d. 用流化密封返料装置取代原先的H型返料器；

e. 设立独立的二次风机，避免一、二次风的相互影响；

f. 炉膛与水平烟道采取非金属膨胀节密封，解决膨胀问题，炉膛重型炉墙与轻型炉墙之间采用迷宫沙封，并适当加长沙封高度。

3. 改造效果

改造后锅炉结构如图15-6所示，改造取得了显著的效果：

（1）锅炉运行稳定，能达到额定蒸发量，并有10%超负荷能力；

（2）炉膛下部温度为850～900℃，炉膛出口温度约850℃，证明分离器分离效率明显提高，返料器运行稳定可靠；

（3）排烟温度约145℃。

从2004年11月到2005年4月已连续运行半年，没有出现爆管事故。运行半年后停炉检查，埋管、过热器等均未

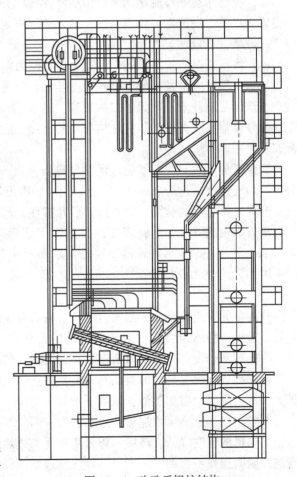

图15-6　改造后锅炉结构

出现明显磨损现象。

四、一台 35t/h 平面流分离循环流化床锅炉的完善化改造

1. 锅炉现状分析

北京某化工厂热电分厂有两台 35t/h 循环流化床锅炉，采用在炉膛出口加平面流惯性分离、夹墙式灰道和 L 阀回送的技术路线，布风板为锅底型，炉膛下部布置埋管受热面、过热器布置在上、下汽包之间的对流管束前，是我国最早生产的低倍率循环流化床锅炉之一。这种锅炉的布风板面积、炉膛空间、各段受热面面积的布置与同容量同参数的鼓泡流化床锅炉几乎没有区别，因此，即使分离器分离效率低，返料装置不能稳定运行，也不会影响锅炉的出力和用户的正常生产，只是锅炉燃烧效率较低，煤耗较高而已。

投运以来，锅炉基本达到设计参数，但锅炉飞灰分离和回送系统存在较严重的问题，表现为：

（1）平面流分离器分离效率低，现场查看发现灰道中分离下来颗粒物的量很小，导致飞灰含碳量高达 28%，锅炉燃烧效率低，煤耗较高；

（2）L 阀返料器运行不稳定，没能将本来分离下来就少的飞灰回送炉膛；

（3）由于锅炉的飞灰分离和回送系统效率低，回送不稳定，锅炉实际上是按鼓泡床的方式运行，没有体现循环流化床锅炉节能降耗的优势。

鉴于目前煤炭价格持续上涨的局面，该厂决定对锅炉进行完善化改造。

2. 完善化改造方案

（1）将布置在炉膛出口的平面流分离器改为双通道槽型惯性分离器。双通道槽型惯性分离器是华中科技大学发明的专利技术。技术要点是发明了独特的飞灰下落通道，将已分离的飞灰与烟气分隔开来，避免了二次夹带，从而提高了飞灰分离效率约 15%。研究和实践表明这种分离器具有高效低阻和结构简单的特点，适于布置在循环流化床锅炉炉膛出口作高温分离器使用。

为保证分离效率，烟气通过惯性分离器速度一般为 6～10m/s。现在锅炉布置的平面流分离器烟气速度高达近 20m/s，因此必须对炉膛出口烟窗重新设计。分离单元一般布置 2～5 排，分离效率最高的是第一、二排，后几排使分离效率略有提高。

出口烟窗调整方案。将现在出口烟窗下部标高 6900mm 的后水冷壁中间联箱标高下降 1000mm，相应地减少后墙水冷壁直段高度和灰斗高度，增加凝渣管高度，将炉膛出口烟窗高度增加为约 2500mm。在宽 4750mm、高 2500mm、深 600mm 的空间内布置三排共 74 个分离单元。

分离单元采用耐高温、耐磨合金钢材料，分组悬吊在炉顶框架梁上。每个分离单元下部自带小盖板，整体组合在一起形成灰斗的上盖板。拆除原灰仓上部标高 7140mm 的中间联箱，将横过灰仓上部的水冷管折向上行，与现在的凝渣管一起组成新的凝渣管。这排新增的凝渣管在出口烟窗上部与原凝渣管并行，并从原来的位置进入上汽包。因为出口烟窗面积的扩大，烟速降低，增加凝渣管根数不会带来磨损等问题。

炉膛出口烟窗高度增加后，过热器的一部分直接暴露在烟窗后面的烟道中。由于烟气流过出口烟道的速度降低，最后一排分离单元离过热器管的最近距离为 600mm，烟气对过热器管的冲刷磨损并不会加剧。同时，烟气流过过热器管的方式也由单一的纵向冲刷改变为纵、横向冲刷，过热器管的传热能力将略有增强。

（2）用新型流化密封返料器代替原有的 L 阀。将现在的通道式 L 阀拆除，相应取消四个返料口。取而代之的是将宽度 4750mm 的集灰通道均分为二，布置两个新型流化密封返料器，对应有两个在宽度方向均布的返料口。新型流化密封返料器采用单一风室、移动床定向风帽和流动死角遮蔽结构，特别适合于料柱高度较低时物料的回送。返料器上还设有多处温度和压力测点、检修孔，便于运行控制和维护。

返料装置也用耐高温、耐磨合金钢浇注，不需要敷设耐火材料，以适应返料装置砌筑于炉墙内的高温环境和原锅炉狭小的灰道空间。

3. 改造后的效果分析

实验研究和运行实践表明，布置三排双通道槽型惯性分离单元，飞灰的分离效率可以高达 85% 左右。新型流化密封返料器运行稳定，能自动适应负荷变化的需要。在投运初期的调试完成后，只要定时检查维护便能实现正常运行。

结构简单、具有较高分离效率的双通道槽型惯性分离器与运行稳定的流化密封返料器相配合，将逸出炉膛的飞灰分离，送入炉膛再燃，有效地提高了燃烧效率，降低了对流管束区沉降灰的含碳量，锅炉的耗煤量明显减少。同时布置这种高效惯性分离器后，降低了进入后续受热面的颗粒粒径，从而减轻了受热面的磨损。

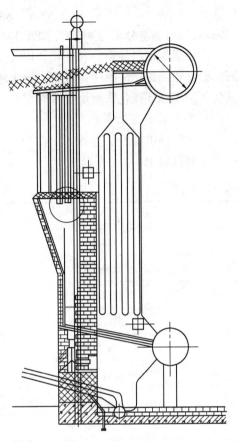

图 15 - 7　改造后分离与循环系统结构

第三节　煤粉锅炉改为循环流化床锅炉

一、一台 65t/h 煤粉锅炉改为 CFB 锅炉的方案分析

1. 锅炉现状

陕西某电力公司两台 65t/h 中压煤粉锅炉于 20 世纪 90 年代初投入运行，至今已 10 年。这两台 65t/h 四角燃烧煤粉锅炉型号为 UG - 65/3.82 - M，设计煤种为二类烟煤。锅炉燃烧方式为四角喷燃，炉膛宽度 5.945m，炉膛深度 5.345m，炉膛截面面积 31.8m²，炉膛总包覆面积 307.7m²，炉室容积为 350.9m³，辐射受热面积为 298.6m²，理论燃烧温度 1971℃，炉膛出口烟温 997℃，炉膛容积热负荷为 553.6 × 10⁶J/m³h，辐射受热面热负荷为 372.6 × 10⁶J/m²h。炉膛出口处，后墙水冷壁拉稀成四排凝渣管，受热面积为 61.6m²。水平烟道内布置有高、低温过热器，受热面积分别为 271.88m² 和 301m²，烟气流通面积分别为 14.47m² 和 8.67m²，烟气流速分别为 5.18m/s 和 7.39m/s，出口烟温设计值分别为 761℃ 和 580℃，其间采用减温器调节蒸汽温度。尾部竖井依次布置高温省煤器、高温空气预热器、低温省煤器、低温空气预热器，受热面积分别为 247m²、1400m²、299m² 和 1400m²，烟气流通面积分别为

$6.51m^2$、$3.98m^2$、$6.51m^2$ 和 $3.98m^2$，烟气流速分别为 $8.15m/s$、$11.08m/s$、$5.96m/s$ 和 $8.6m/s$，出口烟温分别为 410℃、288℃、232℃ 和 143℃。

由于煤炭市场的调整和变化，以及国家能源与环保政策的严格要求，需要燃用当地煤矸石。而煤粉锅炉无法燃用煤矸石，更无法满足日益严格的国家环保排放标准的要求。因此，该公司拟用循环流化床燃烧技术对煤粉锅炉进行技术改造。

2. 锅炉改造设计条件

改造后锅炉蒸发量为 65t/h 或 75t/h，中压参数。改造设计煤种为煤矸石，燃料成分及有关参数见表 15-3。

表 15-3　　　　　　　　　煤矸石分析数据

序号	名称	符号	单位	来源	数值
1	收到基碳分	C_{ar}			35.09
2	收到基氢分	H_{ar}			2.37
3	收到基氧分	O_{ar}			8.60
4	收到基氮分	N_{ar}		元素分析	0.40
5	收到基硫分	S_{ar}	%		0.90
6	收到基灰分	A_{ar}			48.13
7	收到基水分	M_{ar}			4.51
8	干燥无灰基挥发分	V_{daf}		工业分析	15.11
9	收到基低位发热量	$Q_{ar,net}$	kJ/kg	发热量分析	16310
10	灰熔融性		DT = 1360℃　ST = 1380℃　FT = 1410℃		

煤颗粒度：0~13mm，大于 8mm 颗粒不超过 8%。

改造要求尽量少改动，最大限度地利用现有设备。

3. 改造方案及分析

改造方案应根据我国的能源政策及有关规定，在设计中贯彻节约能源，改善环境污染状况的原则，采用一系列具体有效的技术措施，提高能源利用率，降低工程造价，缩短施工周期，提高工程的经济效益。由于改造后锅炉将燃用煤矸石，采用高循环倍率的循环流化床燃烧技术进行技术改造是不适宜的，磨损和电耗将大大增加，应该采用中低循环倍率的循环流化床燃烧技术进行技术改造，且有两大类技术方案可供选择，一是改造为不带埋管的中倍率循环流化床锅炉，二是改造为带埋管的中低倍率循环流化床锅炉。

（1）改造为不带埋管的中倍率循环流化床锅炉。采取中倍率循环流化床燃烧技术改造该煤粉锅炉，密相区内不布置埋管，必须提高流化速度，相应地，原炉膛截面必须缩小。为确保炉内能够布置足够的受热面吸收热量和细粒子有足够的停留时间燃尽，炉膛高度必须提高。为此，必须提高锅炉钢架及汽包标高。在此情形下，有条件对锅炉进行增容改造，可将蒸发量从 65t/h 提高到 75t/h。由于该煤粉锅炉投运时间不长，各部分受热面经过严格检测后都应尽可能利用。鉴于改用的煤含硫量低，故暂不考虑布置脱硫系统。根据所采取的飞灰分离技术的不同有单级分离和两级分离两套技术方案。

1）改造为不带埋管的下排气循环流化床锅炉（单级分离）。采取增设下排气旋风分离器、流化密封送灰器及燃烧室密相区，以构成中温、中倍率循环燃烧系统的技术路线，飞灰循环倍率为10。

总体改造方案如图15-8所示。保持原煤粉锅炉基础及钢架尺寸等不变，保持锅炉Ⅱ型布置。将汽包及钢架抬高8~10m，炉膛截面缩小，高度提高，炉膛下部增加密相流化床燃烧室及布风系统，原炉膛及凝渣管进行相应的改造。水平烟道中，高温过热器和低温过热器前移，受热面积作适当调整，转向室处布置两台下排气旋风分离器。旋风分离器收集的飞灰经流化密封送灰器送回炉膛循环燃烧。尾部烟道中，增加一组螺旋鳍片管省煤器，并将高温省煤器下移与低温省煤器一起构成三组省煤器，以确保锅炉热负荷。高温空气预热器拆除并下移作为低温空气预热器，拆除原低温空气预热器。

充分利用原锅炉炉膛形成循环流化床上部稀相区，炉膛宽度不变，深度缩小，即拆除两侧墙的中间一片水冷屏。凝渣管也根据截面的变化进行相应的调整改造。而炉膛下部则利用膜式水冷壁进行改造，形成密相流化床燃烧室和稀相燃烧区。利用膜式水冷壁形成水冷布风系统，其中水冷布风板及风箱由后墙水冷壁延伸并弯曲而成，两侧由侧墙水冷壁延伸而成。下部密相区为变截面结构（前后墙渐缩）。上下

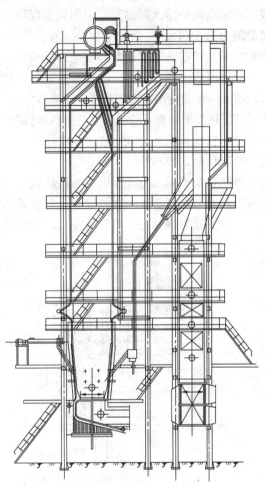

图15-8 不带埋管的75t/h下排气CFB锅炉

两部分炉膛水冷壁利用联箱相接。为防止下部密相区磨损并提高受热面的利用率，在距布风板约4m范围内的四周水冷壁上密焊短销钉，涂上一薄层高耐磨胶泥或浇注料。对于下部密相和上部稀相区之间的管子裸露部分也应作防磨处理，如用防磨涂料喷涂（高度为500~800mm），以保护该区域内的水冷壁受热面。另外，需新增钢架系统实现后墙水冷壁及其炉墙的支撑。

改变为循环流化床燃烧方式后，凝渣管烟气流速较低，可不必考虑防磨问题。但考虑到高温过热器的防磨，可在凝渣管上焊上防磨鳍片，并与凝渣管一起构成惯性分离器，主要捕集粗颗粒，防止高温过热器的磨损。被捕集的颗粒则沿折焰角落下，强化炉内循环。

高温过热器位置尽可能向前移。为进一步防止磨损，前两排管子可焊接防磨瓦或作防磨喷涂处理。低温过热器也前移，尽可能压缩与高温过热器之间的检修通道，以便留有空间形

成分离器进口的渐缩加速段。同时将低温过热器加高，以降低烟气流速，减轻磨损。

原转向室拆除，在该处布置两台下排气旋风分离器。为确保分离器前有足够的空间，既防止过热器的磨损又利于形成分离器进口加速段，分离器筒体中心线需向后偏移尾部烟道中心线。分离器通过"日"字形梁支撑在锅炉构架上。分离器为绝热型，筒体外壳由钢板制成，内层由耐磨耐火砖砌筑，中间则为保温绝热材料。分离器排气管则采用耐热合金钢。分离器阻力为550Pa，分离效率为98.8%，切割粒径为100μm。分离器排气管与尾部竖井烟道相连，灰斗经落灰管与送灰器相连，分离器收集的飞灰由送灰器送入炉膛内循环燃烧。

原高温省煤器下移，与原低温省煤器一起构成两级省煤器，同时根据锅炉给水的吸热需求，增加一组螺旋鳍片管省煤器。原高温空气预热器下移，作为低温空气预热器，让出空间便于尾部受热面的布置。原低温空气预热器拆除。空气预热器的出口管道则向下与风箱相连。

一、二次风比例为65:35，形成分段燃烧，降低NO_x污染，二次风分上下两层低位布置，便于负荷调节和燃烧控制。

布风系统采用水冷等压风室、柱状风帽均匀配风，分为2个进风管路，各安装有快速截止风门和调节风门。在一次风管上设有旁通预燃室。锅炉整床启动时，在预燃室采用油枪点火，产生的高温烟气进入风管与空气混合后送入床内，加热床料，直至正常运行。

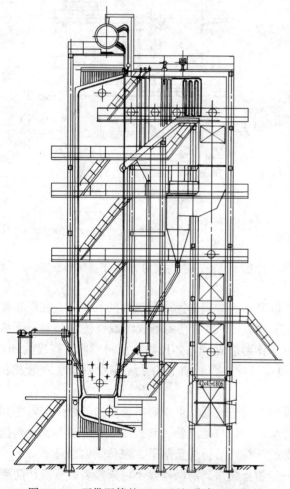

为了保证飞灰在炉内有足够的停留时间以确保锅炉具有较高的效率，需要有足够的炉膛高度，为此除提高炉膛高度外，还需将流化床布风板降至标高4600mm处，为便于操作，在标高4500mm处增设一点火启动操作平台。在标高7000mm的运行平台上另设置螺旋给煤机，并加装溜煤管和播煤二次风，以输送和播散燃煤，并防止烟气反窜。煤粉仓到螺旋给煤机之间装设一台皮带输送机，利用原煤仓作为分配仓，煤从煤粉仓由皮带输送机输送至布置在炉膛前的小煤仓后由螺旋给煤机送入炉膛。

除此之外，原有鼓风机换成高压鼓风机，而引风机可以不变。取消制粉设备，充分利用原有破碎系统、输煤装置等进行燃料制备系统的改造，需增加振动筛和碎煤机，使之适应循环流化床锅炉燃煤粒度的要求。

2）改造为不带埋管的分级循环流化床锅炉（两级分离）。采取增设双通道惯性分离器和低温旋风分离器、流化密封送灰器及流化床燃烧室构成循环燃烧系统的技术路线，为高温和低温物料两级循环燃烧方式，循环倍率为15。

总体改造方案如图15-9所示。保持

图15-9　不带埋管的75t/h两级分离CFB锅炉

原煤粉锅炉基础及钢架尺寸等不变，保持锅炉Ⅱ型布置。将汽包及钢架抬高 8～10m，炉膛截面缩小，高度提高，炉膛下部增加密相流化床燃烧室及布风系统，原炉膛及凝渣管进行相应的改造。水平烟道中，在炉膛出口布置高温惯性分离器，原高、低温过热器位置不变，仅进行受热面积的调整。尾部烟道中，高温省煤器位置不变，高温空气预热器下移至 7m 运转层以下作为低温空气预热器（原低温空气预热器拆除），以确保尾部竖井有足够的空间方便布置分离器。高温省煤器之后布置上排气旋风分离器。两级分离器收集的飞灰汇合，经增设的流化密封送灰器送回炉膛，形成外部高、低温两级循环燃烧。

拆除原锅炉炉膛，新增全膜式壁炉膛，并与抬高了 8～10m 的原锅炉汽包衔接。在炉膛出口增设双通道高温惯性分离器，分离器的分离单元采用耐热合金钢制成。分离单元分三排错列布置，各分离单元通过悬吊板和悬吊杆分组悬吊在锅炉顶部的横梁上。分离器下部增设灰斗和立管，收集的飞灰经增设的流化密封送灰器送回炉膛形成外部高温循环燃烧。

高温过热器和低温过热器位置不变。原低温省煤器下移并增加一组螺旋鳍片管省煤器。分离器收集的飞灰经增设的流化密封送灰器送回炉膛形成外部低温循环燃烧。

（2）改造为带埋管的循环流化床锅炉。改造为带埋管的循环流化床锅炉，可以不必提高汽包标高，并最大限度地利用原煤粉锅炉的各部件，可大大节省改造投资。鉴于该煤粉锅炉投运时间不长，各部分受热面经过严格检测后都应尽可能利用。由于改用的煤含硫量低，故暂不考虑布置脱硫系统。

1）改造为带埋管的两级分离循环流化床锅炉。采取增设双通道惯性分离器和低温旋风分离器、送灰器及带埋管的流化床燃烧室构成循环燃烧系统的技术路线，为高温和低温物料两级循环燃烧方式，循环倍率为 8。

总体改造方案如图 15－10 所示。保持原煤粉锅炉基础、钢架、汽包标高及外形尺寸等不变。将原锅炉冷灰斗改造为循环流化床密相区，增加埋管及布风系统。原炉膛上部不变，成为循环流化床稀相区，利用高温惯性分离器的灰斗增设折焰角，凝渣管由四排减为两排（增设集箱）。在炉膛出口布置高温惯性分离器，原高、低温过热器位置不变，仅进行受热面积的调整。尾部烟道中，高温省煤器位置不变，高温空气预热器下移至 7m 运转层以下作为低温空气预热器（原低温空气预热器拆除），以确保尾部竖井有足够的空间布置分离器。高温省煤器之后布置上排气旋风分离器。分离器收集的飞灰经增设的流化密封送灰器送回炉膛形成外部低温循环燃烧。

布风系统采用钢板制成布风板及等压风箱。将原冷灰斗的前墙或后墙水冷壁，或前后墙水冷壁一起改动，而其他几面墙的水冷壁及

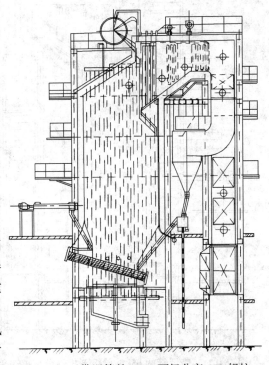

图 15－10　带埋管的 65t/h 两级分离 CFB 锅炉

其联箱、下降管分配管路等不需变动，即可形成循环流化床密相区。采用两个独立分床，各分床单独配风，其中一个分床为点火床，其布风板采用耐热合金钢。

密相区和过渡区受热面按前述方法作防磨处理。原燃烧器取消，其四角区域内的弯曲让管改直，既利于防磨，又利于增加受热面。而炉膛上部孔、门处的让管则均需敷上防磨材料，折焰角处也应敷上防磨材料。

按上述方法改造，炉膛内不需额外增加受热面即可满足设计要求。

在炉膛上部增设折焰角以方便双通道高温惯性分离器及其灰斗的布置，对受热面的均匀冲刷也有利。双通道高温惯性分离器的分离单元采用耐热合金钢制成。分离单元分三排错列布置，各分离单元通过悬吊板和悬吊杆分组悬吊在锅炉顶部的横梁上。

一、二次风比例为 85∶15，形成分段燃烧，降低 NO_x 排放污染。二次风单层布置，简化系统。

布风系统采用等压风室、柱状风帽均匀配风，分为 2 个进风管路，各安装有快速截止风门和调节风门。在其一次风管上设有旁通预燃室。采用绞龙负压给煤，在标高 7000mm 的操作平台上另设置螺旋给煤机，并加装溜煤管和播煤二次风，以输送和播散燃煤，并防止烟气倒灌。利用原煤粉仓作为分配仓，煤从煤粉仓进入布置在炉膛前的原煤仓后送至螺旋给煤机，由溜煤管和播煤二次风送入炉膛。

流化床燃烧室内布置斜埋管，埋管作防磨处理，能保证不低于 2～3 年使用寿命。为保证飞灰在炉内有足够的停留时间以确保锅炉具有较高的效率，将布风板降至标高 4000mm 处，在标高 3400mm 处增设一操作平台。运行平台上另设置螺旋给煤机，用于输送燃料进流化床燃烧。

除此之外，原有鼓风机换成高压鼓风机，而引风机可以不变。取消制粉设备，充分利用原有破碎系统、输煤装置等进行燃料制备系统的改造，需增加振动筛和碎煤机，使之适应循环流化床锅炉燃煤粒度的要求。

2）改造为带埋管的单级分离循环流化床锅炉。采取增设下排气旋风分离器，流化密封送灰器及带埋管的流化床燃烧室构成循环燃烧系统的技术路线。采用低循环倍率燃烧技术，循环倍率为 5。

总体改造方案如图 15–11 所示。保持原锅炉基础及钢架、外形尺寸等不变，锅炉仍为Ⅱ型布置。将原锅炉冷灰斗改造为循环流化床密相区，增加埋管及布风系统。原炉膛上部不变，成为循环流化床稀相区，增设折焰角，高温过热器和低温过热器位置前移，受热面减少。原转向室处布置两台下排气旋风分离器，

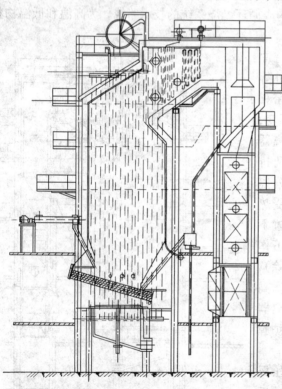

图 15–11　带埋管的 65t/h 单级下排气分离 CFB 锅炉

收集的飞灰由增设的流化密封送灰器送回炉膛形成外部中温循环燃烧。尾部烟道中，高温省煤器下移，与低温省煤器（基本不予变动）一起构成两组省煤器；高温空气预热器下移作为低温空气预热器，留出空间以确保尾部竖井有足够的位置布置下排气旋风分离器和对流受热面。低温空气预热器拆除。

炉膛结构和布风装置如（2）中1）方案，下排气旋风分离器的结构和悬吊、尾部受热面的布置与（1）中2）方案相同。

（3）改造方案比较。对于该65t/h煤粉锅炉的技术改造，改造为不带埋管的中倍率循环流化床锅炉或改造为带埋管的中低倍率循环流化床锅炉的实施都是可行的，技术也都是可靠的。

两种改造方案技术上的主要差别在于炉膛的改造，这种差别造成不带埋管的方案比带埋管的方案改造投资高约40%。改造为不带埋管的中倍率循环流化床锅炉的技术方案，炉膛内烟气流速要提高，使烟气能够携带足够多的飞灰离开炉膛进入分离器，实现中倍率的物料循环，从而确保循环流化床燃烧技术的各项优势得以全面发挥，为此炉膛截面要缩小。而为保证能布置足够的受热面和有足够的烟气与飞灰的停留时间以实现高效燃烧，汽包和炉膛高度要提高，致使其改造工程量较大，投资较多，属于一种较大、较彻底的改造方案。比较而言，其负荷调节特性更好，石灰石的利用率更高，对煤种的适应性更好，机组的运行成本较低。它适应了煤燃烧高效低污染的发展方向，从长远来看，属较佳方案。改造为带埋管的中低倍率循环流化床锅炉的技术方案，则不必提高炉膛高度，可以通过增加埋管来解决受热面的布置问题，通过较大的炉膛截面（炉膛截面不缩小）以较低的烟气流速来确保足够的烟气与飞灰的停留时间。其改造工程量较小、投资较少，但其负荷调节特性、石灰石的利用率、对煤种的适应性等略差一些。

二、一台35t/h煤粉锅炉改为CFB锅炉实例

1. 煤粉锅炉概况

广西某化工厂的煤粉锅炉是1974年按广西合山贫煤设计的，采用正四角切圆燃烧，炉膛横截面呈正方形（4240mm×4240mm），炉膛四壁布置有节距为110mm的光管水冷壁，每侧两个水循环回路，前、后墙单独的水循环回路，共6个水循环回路。

由于受到煤质的影响，该煤粉锅炉不能燃用本地劣质煤和造气车间剩下的无烟煤屑，更不能使用本公司造气炉渣（造气炉渣的热值为9210～10300kJ/kg），严重影响了工厂的经济效益。随着环保的要求越来越严格，针对该锅炉已使用了近三十年的现实，工厂决定用循环流化床技术对该炉进行改造。

改造要求扩容，达到40t/h蒸发量。

2. 改造方案及技术措施

（1）燃烧室下部冷灰斗拆除，增加布风装置，浓相床内布置埋管受热面，尾部受热面作适当的调整。过热器面积和空气预热器的面积有所减少，省煤器的面积有所增加。

（2）维持煤粉炉上部尺寸不变，降低悬浮段烟速，使煤粒在炉内有足够的停留时间和维持较高的温度，确保良好的燃烧效果。

（3）在水平烟道与尾部烟道相连接处，采用中温下排气旋风分离器收集飞灰，并通过流化密封送灰器送入床内循环燃烧，以提高锅炉的燃烧效率。

（4）为了降低烟速减少磨损，将Z4柱向后移800，其余支撑钢架不变，汽包标高不

动。

（5）为了减轻点火时的劳动强度，设置油预燃筒点火，即在一次风道上设置旁通 ϕ800 的预燃筒。点火时，由 ϕ80 的点火油枪将燃油喷入预燃筒，燃烧产生的高温烟气经等压风室和布风板进入床内，实现整床流态化点火。

（6）为了减少燃烧产生的 NO_x 造成对环境的污染，采用二次风使炉膛形成上部氧化区下部还原区的二段燃烧，既可以维持炉内较低的温度，产生较少的 NO_x，同时又保证了炉内燃烧所需的足够的空气量。

改造后锅炉结构如图 15-12 所示。

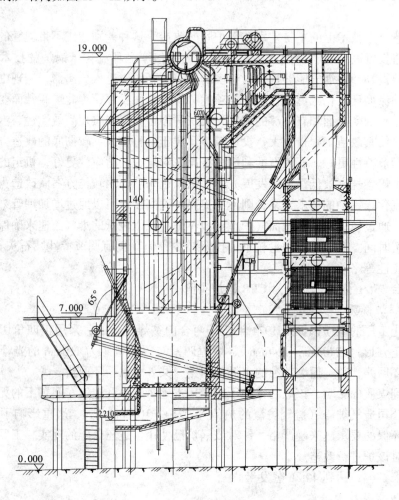

图 15-12　40t/h 中参数 CFB 锅炉结构

3. 改造效果

改造后，在燃用 $V_{daf}=6.18\%$、$Q_{net,v,ad}=19228kJ/kg$ 的混煤时，锅炉能达到改造设计的额定参数，热效率为 83%，飞灰含碳量为 16%。尾部烟气成分中的 SO_2 为 114ppm，NO_x 为 285ppm，粉尘排放达标。

改造后的锅炉与原锅炉相比，热效率提高 5%~10%。由于燃用造气炉渣（热值平均为 $9.7\times10^6J/kg$），仅此一项一年可节省标煤 4896t（按年运行 7200h 计）。改造所取得的经济效益和环保效益都是明显的。

第四节 链条锅炉改为循环流化床锅炉

一、锅炉概况

山东某热电厂的型号为 UG35/392M$_{\text{II}}$ 的正转链条炉，长期以来大渣和飞灰含碳量较高，导致煤耗高、热效率低，严重影响了企业的经济效益。

原锅炉为中温中压正转链条炉，采用 II 型布置、重型炉墙、光管水冷壁，斜烟道依次布置高、低温两级过热器，尾部竖烟道依次布置三级光管省煤器和两组空气预热器。原锅炉参数为额定蒸发量 35t/h，额定蒸汽压力为 3.82MPa，额定蒸气温度为 450℃，额定给水温度为 105℃，设计煤种为烟煤（热值 22990kJ/kg）。改造后要求锅炉改燃煤矸石或混煤（热值 12540～18810kJ/kg），锅炉的运行参数不变，总体框架应尽可能不做很大改变。

二、改造方案

根据原锅炉结构形式，改造采用低倍率的循环燃烧系统，分离装置采用中温分离技术，炉膛密相区采用斜埋管大面积低速床（见图 15-13）。

改造中汽包位置不动，空气预热器和炉膛上部不作变动。炉膛下部的水冷系统增加埋管受热面。过热器系统割去部分管系，减少低温段的面积。高温省煤器重新布置。增加中温分离和返料系统。具体改造措施如下：

（1）增加两个中温旋风分离器。在炉膛与尾部之间和水平烟道以下的空间，增加两个直径为 1800mm 的中温旋风分离器及 U 形返料器。这样烟气离开炉膛后，流经过热器，再通过布置在转向室两侧的烟道进入两个中温旋风分离器。从烟气中分离下来的物料通过料腿、返料装置进入炉膛密相区循环燃烧，分离后的烟气进入省煤器，经过空气预热器排出炉外。

（2）流化床布置在运转层以下的 3500mm 处，炉前布置三台正压螺旋给煤装置，床上布置三支点火油枪。重新设计炉膛下部的水冷壁和集箱，增加埋管受热面，埋管焊有防磨鳍片。经过预热的一次风进入等压风室，然后通过布风板上均匀布置

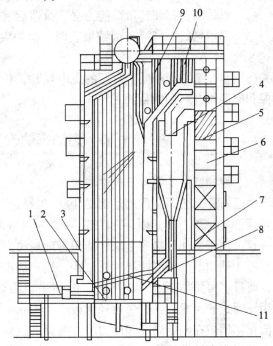

图 15-13 改造后锅炉结构形式

1—螺旋给煤机；2—流化床系统；3—二次风系统；4—中温旋风分离器；5—螺旋肋片管省煤器；6—光管省煤器；7—空气预热器；8—U 型返料器；9—高温过热器；10—低温过热器；11—埋管受热面

的蘑菇形风帽，进入燃烧室。炉膛下部由耐火烧注料浇注形成燃烧室密相区。炉膛前后墙布置二次风，二次风为冷风，通过二次风对烟气的扰动，改善了炉膛内的烟气动力场，增强了粒子与氧气的混合，以利于粒子的燃尽。

（3）经热力计算，将低温过热器的面积减少 10%，以保证额定过热蒸汽温度。

（4）布风板、风室及燃烧室密相区浇注料的质量由新增加的钢架承担。

（5）高温级省煤器采用螺旋鳍片管形式。一方面可以减小高温省煤器所占烟道宽度，方便烟道两侧设置分离器入口烟道；另一方面可以降低管组的高度，方便在省煤器上部布置分离器出口。

（6）锅筒、过热器、低温级省煤器和空气预热器不变。

（7）重新计算锅炉的烟风阻力，更换锅炉一次风机、引风机、新增加二次风机。

三、改造效果

锅炉改造后性能特点如下：

（1）两个中温旋风分离器的分离效率≥90%，返料正常，飞灰循环良好，达到了设计要求。

（2）通过降低布风板的高度，提高了炉膛净高，使分离器不能捕捉的飞灰在炉膛内停留时间延长，明显降低了飞灰含碳量，锅炉效率得到提高。

（3）改造后锅炉燃用低热值的矸石，并且可掺烧链条炉渣，节约了能源，降低了锅炉运行成本。

（4）锅炉满负荷和超负荷能力强。改造后锅炉负荷可达 45t/h，且参数正常，运行稳定。

（5）锅炉热效率高。测试结果表明：锅炉大渣含碳量≤1%，飞灰含碳量≤10%，热效率达 84%。

（6）本改造工程降低了电厂的发电煤耗，炉渣可直接作为水泥厂的熟料，达到了节能、环保和资源综合利用的目的。

第五节　燃油锅炉改为循环流化床锅炉

一、燃油锅炉的特点及改造要求

中国石化总公司某厂燃油锅炉 1993 年投运，燃用油田自产的重油。该炉为煤粉锅炉改成中压燃油锅炉，自然循环，"Ⅱ" 布置，重型炉墙，炉膛结构和尺寸与同容量煤粉锅炉基本一致。由于燃油价格的上涨，油田管理局决定将其改为燃煤流化床锅炉。

鉴于油田所处的流沙层地质结构，用户提出改造后锅炉现有基础（水泥柱、梁）不得改变，而且不得添加新的基础构件。燃用平顶山烟煤，V_{daf} 为 33.5%、$Q_{net,v,ad}$ 为 20934kJ/kg。采用环锤式破碎机，入炉煤粒径保证小于 13mm，小于 1mm 颗粒份额不小于 30%。改造后循环流化床锅炉在额定温度和压力下，要保证达到 32t/h。

二、主要改造措施

由于基础结构不能变动，升高汽包受到锅炉房限制，而且还会大幅度增加改造投资，经反复的方案论证，设计了床下热风点火、大小粒子叠加循环、中温旋风分离器（上排气）与流化密封送灰器组成飞灰循环燃烧系统的改造方案。

改造后锅炉仍将保持单锅筒、自然循环、锅炉典型Ⅱ型布置、钢架结构、重型炉墙的基本面貌，锅炉基础、横、纵向立柱、锅筒及内部装置和外围构件、锅筒开孔位置及数量、减温器、各处炉墙结构等都没有改变。变动的部分主要有：拆除了原一次风系统和重油燃烧系统，增加了床下热风点火系统；添加了由布风板、等压风室和风道等组成的布风系统；对原炉冷渣斗部分进行改造，使炉膛形成新的倒锥形结构；添加埋管受热面，与调整后的前墙水冷管形成一个水循环回路；对两侧墙及后墙的水冷受热面和下降管进行了调整；减少高、低过热器受热面；拆除已经损坏的省煤器和空气预热器，添置新的省煤器和空气预热器；在一级省煤器后，将烟气引出，添加由旋风分离器、立管、流化密封送灰器等组成的飞灰分离和回送系统。

具体改造措施如下：

（1）采用大小粒子叠加循环燃烧技术。为适应宽筛分煤粒的燃烧需要，将炉膛上部稀相区的横断面设计与燃油锅炉一样。这样由高速气流携带从浓相区进入稀相区的粒子，因为烟气速度大为降低而使较大尺寸颗粒分离出来，并沿炉膛四壁附近向下流动，从而形成大粒子的循环燃烧；从炉膛逃逸的细粒子在后部被高效分离器分离回收，并经送灰器进入炉膛再燃，形成小粒子的循环燃烧。

（2）在浓相区布置恰当的埋管受热面。由于锅炉基础结构不能改变，炉膛升高存在困难，若将改造后的锅炉设计成快速床的膜式壁形式是不经济的。如果不布置埋管受热面，就要求在尾部烟道布置较多的省煤器受热面。但是，本燃油锅炉的尾部烟道截面比燃煤锅炉小近三分之一，在尾部烟道基础结构基本不变的情况下，要比一般同容量的循环流化床锅炉布置更多的省煤器受热面是十分困难的。而且锅炉燃煤热值较高，2～4mm的粒子占的份额大，客观上也需要在炉膛下部恰当布置埋管受热面。实践也证明，我国设计、投运的35t/h循环流化床锅炉带埋管的负荷特性明显好于无埋管的。

（3）采用恰当的炉膛结构，并调整受热面与之匹配。为了改善沿炉膛高度粒子浓度的分配，将较多的粒子带入稀相区燃烧，在炉膛下部采用"V"形结构，炉膛前后墙在1m高直段的基础上以与水平方向成70°的夹角向外伸展，保证炉膛下部和上部均有较高的烟气流速。

（4）采用中温上排气旋风分离器。由于炉膛基础不能变动，在炉膛外、在炉膛与尾部烟道之间加常规高温旋风分离器的改造方案都无法实现。经过计算，在一级省煤器将烟气温度降到500℃后，采用中温旋风分离器的方案是可行的。分离器布置在炉膛后墙与尾部烟道前墙之间的空间中。

（5）采用流化密封送灰器。与"L"阀等送灰器相比，流化密封送灰器运行稳定，能够自动适应负荷变化的需要。

（6）采用螺纹管省煤器。为了在尾部烟道较小的空间内布置足够的省煤器，采用三级螺纹管省煤器替换现有的光管省煤器。

（7）适当调整过热器受热面。由于循环流化床飞灰浓度大于燃油锅炉，传热系数高，因此需将现有过热器受热面适当减少。

（8）采用热风床下点火。这种点火方式成功率高，大大降低劳动强度，节省点火成本，而且可以部分利用燃油管路系统和储、控设备。

改造后，锅炉结构如图15-14所示。

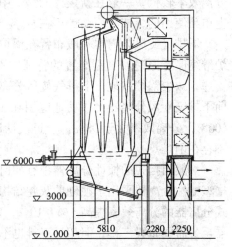

图15-14 CFB锅炉结构简图

三、改造后锅炉运行状况

改造后锅炉于 2000 年 9 月一次点火投运成功，锅炉运行稳定，飞灰循环正常。在面式减温器开度为 40% ~ 70% 时，蒸汽温度能稳定在 450℃，浓相区温度约 950℃，炉膛出口温度约 800℃，锅炉负荷可在 33 ~ 38t/h 范围内调节，锅炉热效率达到 83%。证明对燃用较高挥发分的煤，用中温分离器是成功的。

但是，比较其他新设计的 CFB 锅炉，燃用较好烟煤的改造型 CFB 锅炉煤耗仍然偏高。经过分析，发现主要是由以下两方面原因造成的：

（1）由于锅炉炉膛后墙和尾部烟道前墙之间的空间高度有限，上排气旋风分离器锥体段和筒体段高度与分离器直径的比未达到最佳，使分离器的分离效率有所下降。

（2）运行平台处平行于前后墙的水泥横梁高 1000mm，"V" 形炉膛下部前墙厚度 1820mm，这都给给煤装置的布置带来困难。为保证给煤的稳定性和便于检修，实际给煤口距离布风板约 3000mm，致使煤粒中细小颗粒不能落入浓相区料层，降低了煤粒在炉膛中的停留时间和燃尽程度。

第六节　用循环流化床燃烧技术改造锅炉时应注意的问题

一、用循环流化床技术改造锅炉时分离技术的选择

流化床锅炉中应用的气固分离装置从应用的环境温度水平看，有高、中、低温分离器之分。布置在炉膛出口、工作温度高于 800℃ 为高温分离器。布置在低温过热器和一级省煤器之间，或者一、二级省煤器之间、工作温度为 450 ~ 600℃ 的为中温分离器。布置在两级省煤器之后、工作温度约 300℃ 的为低温分离器。从分离机理上分有旋风分离器和惯性分离器两类，旋风分离器，如常规上排气旋风分离器、中温下排气旋风分离器和内旋涡分离器等，分离效率高，为锅炉较高效率的燃烧提供了保证。但体积较大，由于中、低容量的锅炉空间有限，在改造时往往不能保证旋风分离器按最佳结构设计，从而导致阻力增加和分离效率下降。惯性分离器，如平面流分离器、百叶窗分离器、Ω 形惯性分离器、双通道槽型惯性分离器，一般能达到 55% ~ 80% 的分离效率，结构简单，需要占据的空间小。惯性分离器由于分离效率较低，一般在新设计的锅炉中作为两级分离系统的初级分离。但也有在小容量锅炉上单独使用的，如江西锅炉厂在 90 年代初生产的平面流分离器 10t/h CFB 锅炉。

下排气旋风分离器一般布置在锅炉水平烟道与尾部竖井之间的转向室，它使改造后的锅炉继续保持原锅炉 Ⅱ 型布置的特征，不占据锅炉布置受热面的空间，而且不需要另立钢架支撑，减少锅炉占地。下排气旋风分离器的分离效率与上排气的相当，而阻力略有降低。目前下排气旋风分离器已成功地应用在 35 ~ 75t/h CFB 锅炉上。分离器进口烟气温度为 500 ~ 600℃，分离效率大于 98%。经过设计计算，410t/h 以下 CFB 锅炉布置下排气旋风分离器都不存在困难。

一般阻挡式的惯性分离器都有如何避免飞灰二次夹带而使分离效率降低的问题。双通道槽型惯性分离器采用了独创的灰腔结构，有效地避免了飞灰的二次夹带，使分离效率比槽钢式分离器的分离效率提高 5% ~ 10%，实际应用中分离效率可以达到 80%。双通道槽型分离器至少需要布置三排，但超过五排也不会使分离效率继续提高。

根据将数十台链条锅炉、煤粉锅炉、旋风锅炉、油锅炉等改造为流化床锅炉的成功经

验，在将旧锅炉改为流化床锅炉时，分离器的选择一般要遵循下列原则：

（1）在选择分离器时，首先要根据改造后锅炉燃用煤种，计算高、中温烟气的体积，然后根据原锅炉各处的实际空间，确定分离器布置上的可能性。再在可能布置的分离器中选择性价比最优者。因为一般用户都要求尽量利用原有设备，尽量少改动，以节省改造投资。

（2）中、小容量的锅炉改造时，尽量只选择一级分离。

（3）当燃用低挥发分、低灰分的劣质燃料时，要选择高温分离器，如化工厂要掺烧造气炉渣时，通过在炉膛出口布置高温分离器分离飞灰，可以缩短循环灰在炉膛内的加热时间，有效提高锅炉的燃烧效率。

（4）当燃用挥发分较高的煤时，如烟煤、褐煤等，采用中温分离器也可以达到较高的锅炉效率。如果是单锅筒的锅炉，在水平烟道与尾部竖井的转向室处布置下排气旋风分离器，或在尾部竖井与炉膛之间的空间布置中温上排气旋风分离器，也是不错的选择。在选择中温分离器时，还应注意中温灰进入炉膛后有一个吸热升温过程，浓相区受热面布置数量要与之相适应。在燃用这类高挥发分燃料时，采用内旋涡分离器也是一种不错的选择。但要注意尽量少占用炉膛上部燃烧空间，同时保证有足够的循环灰柱高度，使循环灰能稳定回送。

（5）双通道槽型惯性分离器的分离效率虽然低于旋风分离器，但比一般的惯性分离器的分离效率明显提高。它布置在炉膛出口与对流烟道之间，占据的深度空间小于700mm。布置比较灵活，可以将后墙水冷管拉稀错列布置成三排，每个分离单元与水冷管在迎气流方向固接，也可单独布置，分组悬吊在炉顶支撑梁上。在两种情况下采用这种分离器会获得良好的回报：一是对于没有空间布置旋风分离器的锅炉，二是燃用灰分特别高、热值特别低的燃料时，如低热值煤矸石和石煤。因为对于这种含灰量极高的煤，高倍率的灰循环没有太大意义，反而加剧了磨损。

（6）对6t/h以下容量的锅炉，采用鼓泡床加沉降灰回燃的方式是一种经济的改造方案。因为该方案改动量小，投资省，工期短。采用其他形式的分离器不仅布置困难，经济上也得不偿失。

二、关于是否布置埋管

埋管受热面的传热系数是炉膛水冷壁的3倍左右，因此对要求布置蒸发受热面较多的中、低压CFB锅炉，在炉膛浓相区布置埋管受热面是锅炉出力的有力保证。用CFB技术改造35t/h及以下中、小容量锅炉时，应考虑在浓相区布置埋管受热面。对75t/h中压参数CFB锅炉，布置埋管受热面也是经济的，只是这时埋管的面积并不与容量同比例地增加。因为若不布置埋管受热面，需大幅度减小锅炉横截面积，改变炉膛的支撑结构，同时还需适当提高炉膛高度，显然这样会较多地增加改造投资。我国目前中小容量流化床锅炉的煤破碎系统，一般均采用环锤破碎，一级或两级筛分，很难使入炉煤粒径达到快速床的级配要求，特别是2~5mm颗粒占的份额较大，采用埋管系统，利于保持锅炉的燃烧稳定性和良好的负荷特性。目前我国75t/h及以下容量的CFB锅炉，布置埋管的负荷特性普遍要好于不布置埋管的。

对于埋管，用户最担心的是磨损问题。实际上只要布置埋管距布风板高度适当，设计恰当的操作气速，同时选择厚壁管材，并在迎风面设置防磨鳍片，埋管能经受至少20000h的考验。中国石化总公司的那台油炉改造而成的CFB锅炉，埋管已运行了五年，从来未出现埋管爆裂，只在运行满两年时停炉补焊了防磨鳍片。目前一些专业厂家生产的特殊材质埋管也至少保用3年。

第七节　国外采用循环流化床技术改造旧锅炉，减少 NO_x、SO_x 排放量实例

一、法国 Gardanne 电厂 700t/h（25 万 kW）煤粉锅炉改循环流化床锅炉

普诺旺斯 Gardanne 电厂 4 号煤粉锅炉于 1967 年投运，烧普诺旺斯高硫煤（硫含量 3.68%）。为了满足法国更为严格的 SO_2 和 NO_x 的排放要求（1990 年当地政府要求到 1994 年 Gardanne 电厂 SO_2 的排放必须减少 30%，即限制每年排放 33500t，NO_x 的排放也要求有显著的减少），法国电力部和煤炭部成立了一个工作组来研究决定 Gardanne 电厂锅炉改造和烧高硫煤控制 SO_2 和 NO_x 的排放问题。

工作组考虑到 4 号煤粉锅炉容量大，将超龄，决定翻新改造成循环流化床锅炉。

该工程新安装一台 25 万 kW 的循环流化床锅炉，取代老的同容量的 4 号煤粉锅炉。循环流化床锅炉有一个非常大的燃烧室，其截面积为 $11.5m \times 14.8m = 170.2m^2$。燃烧室下部为一个裤衩形流化床，裤衩上部燃烧室截面积为 $11.5m \times 7.4m = 85.1m^2$。有四个旋风高温分离器，直径为 7.4m，布置在炉子的两侧。每个分离器下有一个外部流化床热交换器，其中两个外部流化床热交换器内布置有中温过热器，用来控制床温，另外两个外部流化床热交换器内布置有低温过热器和最后一级再热器，用来控制再热蒸汽温度。管式空气预热器用来加热一次风，回转式空气预热器用来加热二次风。原有电厂的大多数设备均被利用。

锅炉设计参数如下：蒸发量 700t/h，蒸汽压力 163bar，蒸汽温度 565℃，再热蒸汽压力 37.5bar，再热蒸汽温度 565℃，再热蒸汽流量 651t/h，锅炉效率 90.5%。

锅炉的燃煤特性：

燃用电厂附近 Gardanne 煤矿生产的高硫次烟煤。燃煤尺寸为 0 ~ 10mm，尺寸小于 1mm 的煤粒为 50%。燃煤特性如下：

水分 11% ~ 14%；灰分 28% ~ 32%（灰中 CaO 占 57%）；碳 40%；氮 0.97%；硫 3.68%；低位发热量 14775kJ/kg。

改造之后锅炉的排放性能（烟气中含氧 6%）：

$SO_2 \leqslant 400mg/m^3$（标准状态下），Ca/S 比小于 3 时 97% 的脱硫效率，$NO_x \leqslant 250mg/m^3$（标准状态下），粉尘 $\leqslant 50mg/m^3$（标准状态下）。

改造后的循环流化床锅炉炉型参见图 6 – 23。

二、美国黑狗电站 2 号煤粉锅炉改 12.5 万 kW 带飞灰循环燃烧的鼓泡流化床锅炉

1. 黑狗电站 2 号煤粉锅炉改循环流化床锅炉的目的

a. 找一种燃烧高硫煤的燃烧方式，使 SO_2、NO_x 和粉尘排放能达到美国新的环保标准，以解决美国中西部严重的酸雨问题和 NO_x、粉尘污染问题。改造要求加石灰石脱硫，SO_2 的排放量减少 80%；采用低温、分级燃烧，NO_x 排放量减少 50%；粉尘排放达到美国新的排放标准。

b. 为超龄煤粉锅炉的改造提供经验。

c. 证实流化床锅炉改造工程的经济性。

2. 黑狗电站 2 号煤粉锅炉主要改造内容

a. 燃烧室下部的冷灰斗拆除，增加布风装置，浓相床内布置埋管受热面，尾部受热面

作适当调整；

    b. 空气预热器前装多管式旋风分离器，将收集下来的飞灰送入床内循环燃烧；

    c. 拆除磨煤机及制粉系统，装置抛煤机；

    d. 更换鼓风机、引风机；

    e. 更新再生式空气预热器；

    f. 电除尘器的改造。

锅炉于 1986 年 2 月启动，到 1988 年 3 月负荷带到 13 万 kW，超出设计出力 0.5 万 kW。锅炉改造达到了降低 SO_2 和 NO_x 排放的目标。

改造后的锅炉炉型如图 15 – 15 所示。

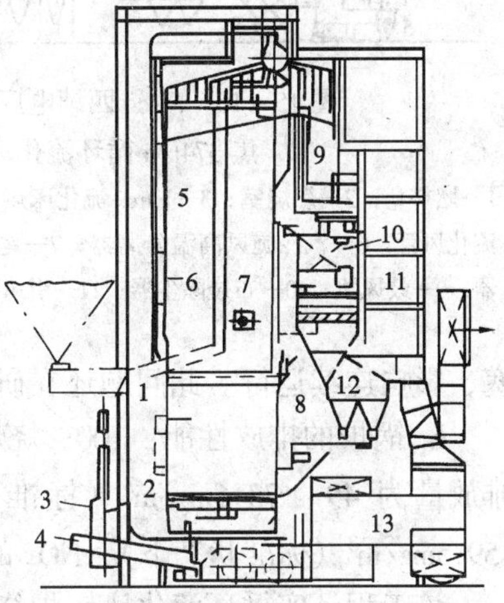

三、美国 Nisco 西湖电厂燃用天然气锅炉改循环流化床锅炉

Nisco 西湖电厂原有两台燃烧天然气的锅炉，为了适应烧高硫石油焦的需要，Foster Wheeler 锅炉公司设计、制造了两台 10 万 kW 的循环流化床锅炉，取代原有燃气锅炉。

    1. Nisco 循环流化床锅炉简介

锅炉蒸发量为 374t/h，蒸汽压力为 11.2MPa，蒸汽温度为 541℃。锅炉采用了 Foster Wheeler 的 Intrex 流化床热交换器。旋风分离器收集下来的飞灰经 Intrex 流化床热交换器冷却之后，经飞灰回送装置送入床内循环燃烧。飞灰回送装置与 Intrex 流化床热交换器、燃烧室整装成一体。

    2. Nisco 循环流化床锅炉设计燃料——石油焦

石油焦成分如下：

C = 79.6%，H = 3.31%，N = 1.61%，S = 4.47%，A = 0.27%，O = 0%，M = 10.6%，高位发热量为 31311.7kJ/kg。

石油焦尺寸为 0~6mm。

    3. 锅炉改造效果

锅炉于 1992 年带满负荷运行，至今已运行 10 余年，取得了很好的效果：

    a. 运行维修费用低，可靠性高。

    b. 低污染特性：床温为 871℃时，脱硫效率为 90%，NO_x 排放为 137mg/m³（标准状态下）。

改造后的锅炉炉型如图 15 – 16 所示。

四、美国 Northside 发电厂 JEA 大型燃油、燃气锅炉改烧高硫石油焦的循环流化床锅炉

该工程属美国能源部资助的清洁煤计划中的示范工程之一。将 Northside 发电厂中燃油、燃气的 1、2 号电功率为 275MW 锅炉翻新改造成带 Intrex 热交换器的 F&W 型循环流化床锅炉。改造之后锅炉能单烧高硫煤或高硫石油焦，或者能混烧这两种燃料。锅炉设计煤种的热值大于 26946.8kJ/kg，硫分为 0.5%~4.5%，灰分为 7%~15%，挥发分为 30%~60%。石

图 15 – 15　美国黑狗电站 472t/h 循环流化床锅炉

1—播煤机；2—埋管；3—循环泵；4—绞龙冷渣器；5—炉子侧管；6—辐射过热器；7—上部燃烧器；8—二次风；9—末级过热器；10——一级过热器；11—省煤器；12—多管除尘器；13—空气预热器

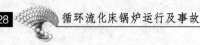

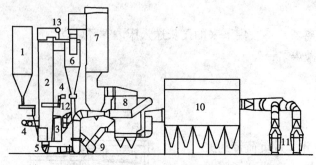

图 15-16 Nisco 西湖电厂烧高硫石油
焦 374t/h 循环流化床锅炉

1—燃料仓；2—燃烧室；3—Intrex 流化床热交换器；4—二次风管；5—流化风管；6—汽冷旋风高温分离器；7—尾部受热面区；8—空气预热器；9—鼓风机；10—布袋除尘器；11—引风机；12—返料器；13—汽包

油焦的热值为 30238kJ/kg，硫分为 3%～8%，灰分 < 3%，挥发分 > 7%。锅炉蒸汽参数为：537.8℃，17.15MPa，中间再过热。改造后的锅炉蒸发量为 908t/h，电功率为 297.5MW。1 号锅炉于 2002 年 5 月 29 日投入运行。2 号锅炉于 2002 年 2 月 19 日投入运行。

锅炉改造效果：

a. 纯烧煤和石油焦与煤混烧获得了成功。100% 烧石油焦时，在循环燃烧系统，特别在分离器和 Intrex 流化床热交换器内发生床料成团堵塞，影响连续运行。此问题还在研究解决之中。

b. 锅炉的排放性能：100% 烧煤时，SO_2 的排放量为 0～49mg/m³（标准状态下），NO_x 的排放量为 49～73.6mg/m³（标准状态下）。100% 烧石油焦时，SO_2 的排放量为 36.8～159.5mg/m³（标准状态下），NO_x 的排放量为 24.6mg/m³（标准状态下）。

该工程证实循环流化床锅炉烧高硫燃料，完全能达到允许的 SO_2、NO_x 排放标准。

参 考 文 献

1　刘德昌，阎维平主编．流化床燃烧技术．北京：水利电力出版社，1995

2　刘德昌主编．流化床燃烧技术的工业应用．北京：中国电力出版社，1999

3　刘德昌，陈汉平主编．锅炉改造技术．北京：中国电力出版社，2001

4　郑楚光主编．洁净煤技术．武昌：华中理工大学出版社，1996

5　毛健雄等编著．煤的清洁燃烧．北京：科学出版社，1998

6　阎维平编著．洁净煤发电技术．北京：中国电力出版社，2002

7　P. Jaud, L. Jacouet, O. piedfer, L. Jestin. The Provence 250 MWe unit：the largest CFB boiler ready for operation. The 3rd International Symposium of Coal Combustion, Beijing, China, sep. 18～21, 1995

8　刘德昌，陈汉平等．我国循环流化床锅炉的发展现状和建议．动力工程，2003（6）

9　M. M. Marchett：and et al. Alstom's Large CFBS and results. Proceedings of FBC 2003 17th International Fluidized Bed Combustion Conference, May 18～21, 2003, Jacksonville, Florida, USA

10　T. L. Guevel, and et. al., Fuel flexibility and petroleum coke combustion at provence 250 MW CFB. Proceedings of FBC 2003 17th International Fluidized Bed Combustion Conference, May 18～21, 2003, Jacksonville, Florida, USA

11　Frang Pallter, et al. Petcoke co–fring in a power CFB—boiler originally designed for cool—effects on operation, efficiency and desulfurization. Proceedings of 17th Inter. Confe. on FBC, 2003, Florida, USA

12　Thterry le Guevel, et al. Fuel flexibility and petroleum coke combustion at provence 250MW CFB. Proceedings of 17th Inter. Confe. on FBC, 2003, Florida, USA

13　Hiltunen Ma, et al. Green energy from wood based fuels using Foster Wheeler CFB boilers. Proceedings of 17th Inter. Confe. on FBC, 2003, Florida, USA

14　岑可法，倪明江，骆仲泱等著．循环流化床锅炉理论设计与运行．北京：中国电力出版社，1998

15　党黎军编著．循环流化床锅炉的启动调试与安全运行．北京：中国电力出版社，2002

16　屈卫东，杨建华等编著．循环流化床锅炉设备及运行．郑州：河南科学出版社，2002

17　吕俊复，张建胜，岳光溪主编．循环流化床锅炉运行与检修．北京：中国水利水电出版社，2003

18　路春美，程世庆，王永征编著．循环流化床锅炉设备与运行．北京：中国电力出版社，2003

19　林宗虎，魏敦崧等编著．循环流化床锅炉．北京：化学工业出版社，2004

20　陆厚根．粉体技术导论．上海：同济大学出版社，1998

21　时钧，汪家鼎等主编．化学工程手册．北京：化学工业出版社，1996

22　Liu Xin, Coal fragmentation, attrition and ash formation under circulating fluidized bed combustion conditions. Dissertation. Jan. 2002（刘昕，博士学位论文）

23　P. Jaud, L. Jestin, L. Jacouet. O. Piedfer. The Provence 250MWe unit：The largest CFB boiler ready for operation, EDF, France. 1996

24　冯梭凯，岳光溪，吕俊复主编．循环流化床燃烧锅炉．北京：中国电力出版社．2003

25　P. Basu and P. K. Nag. Heat transfer to walls of a circulating fluidized bed furnace. Chemical Engineering Science, Vol. 51, NO. 1, pp. 1～pp. 26, 1996

26　Liu De—Chang. Fluidized Bed Combustion. Huazhong University of Science and Technology. Wuhan. China. 1990

27　J. y. Shang, B. M. Gibbs and Hampartsoumian, Fluidized bed boiler. Design and application

28　冯波．流化床煤燃烧中氧化亚氮（N_2O）生成与分解机理的研究．博士学位论文．武汉：华中理工大

学，1994

29　刘焕彩主编．流化床锅炉原理与设计．武汉：华中理工大学出版社．1988

30　傅宗海，徐辉强．内江电厂循环流化床锅炉示范电站及环境效益．电力环境保护，2006，第16卷第2期：1～6

31　王智微等．分宜100MW CFB锅炉设计考虑．循环流化床锅炉最新发展研讨会论文集．2004：23～28，67～72

32　刘德昌等．大型循环流化床锅炉的发展状况．电力设备．2002～2004年CFB协作网循环流化床锅炉论文集萃．2004：1～6

33　吴星家．浅析大型循环流化床锅炉的特点．循环流化床锅炉最新发展研讨会论文集．2004：48～50

34　胡志宏等．465t/h循环流化床锅炉屏式再热器超温原因分析及改造．中国电力，2004（11）：57～59

35　吴正舜．煤的破碎机理及循环流化床燃烧技术的应用研究．博士学位论文．2001

36　刘德昌等．煤的颗粒粒径分布对循环流化床锅炉设计和运行的影响．中国粉体技术，1999：23～25

37　金时雄，陈桂春．循环流化床锅炉燃料制备系统中存在的若干问题及改进方法初探．CFB机组技术交流服务协作网技术交流论文集（五）．2004：146～155

38　大屯煤电（集团）有限责任公司电业分公司组编．循环流化床锅炉应用及事故处理．北京：中国水利水电出版社，2004

39　朱国桢，徐洋编著．循环流化床锅炉设计与计算．北京：清华大学出版社，2004

40　马利强等．流化床条件下的一次爆裂特性的实验研究．燃料化学学报．2000（1）：44～48

41　吴正舜等．煤在燃烧过程中破碎模型的建立．燃料化学学报．2003（1）：17～21

42　吕俊复等．流化床燃烧煤的成灰磨耗特性．燃烧科学与技术．2003（1）：1～5

43　刘彦鹏等．不同煤种下循环流化床灰渣特性的试验研究．锅炉技术．2004（3）：18～22

44　边立秀等．450t/h循环流化床锅炉冷渣器的调试及运行．华东电力．2004（6）：32～34

45　Han－Ping Chen, et al., Test research of bed ash coolers for a 50MWe CFB boiler. 13th International Conference on Fluidized Bed Combustion, ASME, May, 1995

46　孙振龙．风水冷滚筒式冷渣机的研究．电站系统工程．2002（2）：26～27

47　韩东太等．循环流化床锅炉自动冷渣系统的研制等．煤矿机电等．2004（5）：97～100

48　陈汉平等．热交换式螺旋输送机．起重运输机械．1998（4）：12～13

49　陈汉平．流化床锅炉水冷绞龙冷渣器的试验研究．热能动力工程．1998（4）：264～266

50　段钰锋等．振动流化床冷渣器试验研究．工程热物理学报．1998（4）：504～508

51　袁宏等．SZL水冷式振动冷渣器的应用．节能技术．1999（1）：40～42

52　范仁东．大型CFB锅炉冷渣输渣系统的选择．电力建设．2003（6）37～41

53　刘耀辉等．SC型气槽式冷渣机在140t/h流化床锅炉上的应用．南方金属2003（8）：27～29

54　吕怀安等．国产410t/h循环流化床锅炉底灰处理系统技术研究．热力发电．2000（3）：2～5

55　陈培远．75t/h CFB锅炉炉膛爆炸事故分析及预防探讨．热电技术，2004（2）：27～29

56　阎维平等．DG450/9.81－1型循环流化床锅炉布风板漏渣分析．电力设备，2004（专刊）：216～219

57　胡坤后．75t/h循环流化床锅炉炉布风板结构及其完善．全国电力行业CFB机组技术交流服务协作网第三届年会技术交流论文集（五）．2004：360～366

58　P. 巴苏等著．循环流化床锅炉的设计与运行．北京：科学出版社，1994

59　傅宗海，徐辉强．内江电厂循环流化床锅炉示范电站及环境效益．电力环保，2000：1～6

60　郑世才，胡加．流化床脱硫计算探讨，循环流化床锅炉技术，四川电力1990：12～17

61　崔建川，吴学超．DG410t/h CFB锅炉的点火和投煤．循环流化床（CFB）机组技术交流论文集（1－4）合集．2004：214～217

62　郑泓．循环流化床锅炉灰循环系统和除灰系统的设计．循环流化床锅炉技术．四川电力，1990：18～22

63 刘昕，王戒. 循环流化床锅炉耐火耐磨内衬材料损坏原因分析及其防范措施. 工业锅炉，2004（4）：56～58

64 吴钧，刘德昌，王戒. 循环流化床锅炉耐火防磨层问题及处理. 锅炉压力容器安全技术. 2004（6）：36～39

65 丁国旺，候栋岐. CFB 锅炉无烟烘炉法. CFB 机组技术交流服务协作网第三届年会论文集（五）2004：453～458

66 陆延昌. 加大电力结构调整力度关停小火电机组. 提高电力工业的经济和环保效益. 中国电力，1999（9）

67 方为群. 一台 75t/h 循环流化床锅炉的改造. 工业锅炉，2004（4）

68 张世红，王贤华. 用流化床燃烧技术改造锅炉时分离技术的选择. 化肥工业，第 28 卷，2001（5）

69 张世红，王贤华. 用循环流化床燃烧技术改造 35t/h 燃油锅炉. 工业锅炉，2002（2）

70 申莉，张世红，刘德昌. 40t/h 循环流化床锅炉燃烧工况差的原因分析及改造. 电站系统工程，2002（3）

71 陈晓明等. 循环流化床技术在 35t/h 链条锅炉改造上的应用. 能源技术，第 25 卷（6），2004